STEAM EDUCATION SERIES

융합교육 시리즈 3

프랙탈 디자인을 유혹하다

안대영 지음

KYOWOOSA 교우사

머리말

프랙탈은 자연을 탐구하는 수학이다. 자연에서 나타나는 자기닮음의 현상을 수학적으로 탐구하는 학문이다. 프랙탈은 자기닮음을 기본으로 한다. 프랙탈을 생성하는 방법은 여러 가지 있지만, 여기서는 대수적인 방법으로 프랙탈을 생성하는 것을 다룬다. 곱셈을 이용하여 프랙탈을 생성하는 방법을 다루고 있다.

1장에서는 4×4에서 9×9까지의 프랙탈 생성을 행렬의 곱을 이용하여 나타내었다. 두 개의 프랙탈을 단계별로 행렬의 곱을 이용하여 새로운 프랙탈을 생성하는 방법을 소개하였다. 프랙탈과 프랙탈의 여집합을 만들어 행렬의 곱을 이용하여 새로운 프랙탈을 생성하는 방법을 소개하였다. 이러한 과정에서 행렬의 계산은 엑셀을 이용하였다.

2장에서는 초기치를 가지는 프랙탈을 소개하였다. 프랙탈의 자가닮음 성질은 자기 안에 반복적으로 자기의 모습이 나타나는 것이다. 세상은 프랙탈처럼 엄격한 자기닮음을 가지지 않는다. 여기서는 자신안에 다른 도형을 가지는 프랙탈을 만들어 보았다. 차원은 유지되지 않는다. 또한 자연의 생명은 각자가 다양성을 가진다. 초기치를 9개, 16개, 25개, 36개, 등을 가지는 프랙탈을 통해서, 복잡해 보이는 자연의 모습을 좀 더 세밀하게 표현하였다.

3장에서는 프랙탈의 분할을 다루었다. 프랙탈을 0과 1의 이진수에서 양수와 음수로 변경하였다. 단계별 프랙탈 과정을 양수의 프랙탈과 음수의 프랙탈로 나누어 보았다. 프랙탈이 정해진 것으로 받아들이기 보다는 분할하고, 합치는 과정을 반복하여 새로운 프랙탈을 생성해 갈 수 있는 것으로 받아 들였으면 한다.

프랙탈은 기본적으로 도형의 아름다운 성질을 나타낸다. 예술로 볼 수 있으며, 디자인으로 이용할 수 있다. 영국, 미국, 핀란드 등은 조기 디자인 교육을 장기적인 정책과제로 체계적으로 실시하고 있다. 영국의 디자인 교육은 모든 학생들이 각자 다른 개성을 갖도록 하는 데 중점을 두고 있으며, 디자인과 테크놀리지를 의무적으로 배워야 한다고 한다. 프랙탈은 수학을 통하여 디자인으로 가는 길을 소개한다.

프랙탈을 이용하여 디자인 하는 과정은 수학, 미술, 공학의 융합과정이다. 수학과 미적 감성, 공학에 대한 배경, 수학에 대한 배경 등 다양한 지식을 통해서 창조하는 기회를 제공한다.

우리가 배우는 수학은 문제해결을 중심으로 하고 있다. 프랙탈을 이용한 디자인 활동은 학생들 각자의 다른 표현 방법을 나타낼 수 있다. 창의성을 키우는 활동은 만져보고 그려 보아야 한다. 프랙탈을 만드는 과정을 통하여, 수학을 디자인으로 표현하는 능력을 기를 수 있다.

프랙탈의 내용을 수학적으로 접근할 뿐 아니라 미술이나 건축의 관점에서 바라 볼 수 있는 능력이 있으면 좋겠다. 수학을 통해 디자인에 대해 생각할 수 있는 기회를 제공하고자 한다. 프랙탈을 IT 기반으로 문화성, 창의성, 시대성을 반영하는 디자인의 가치를 통하여 미술과 수학을 함께 즐길 수 있는 기회가 되길 바란다. 이 책이 세상에 의미를 갖게 도와주신 오판근 사장님을 비롯한 임직원 여러분의 수고에 깊이 감사드린다.

2014년 3월

안대영

차례

3장 프랙탈 분할 디자인 / 259

제 1 장

행렬곱을 이용한 프랙탈 디자인

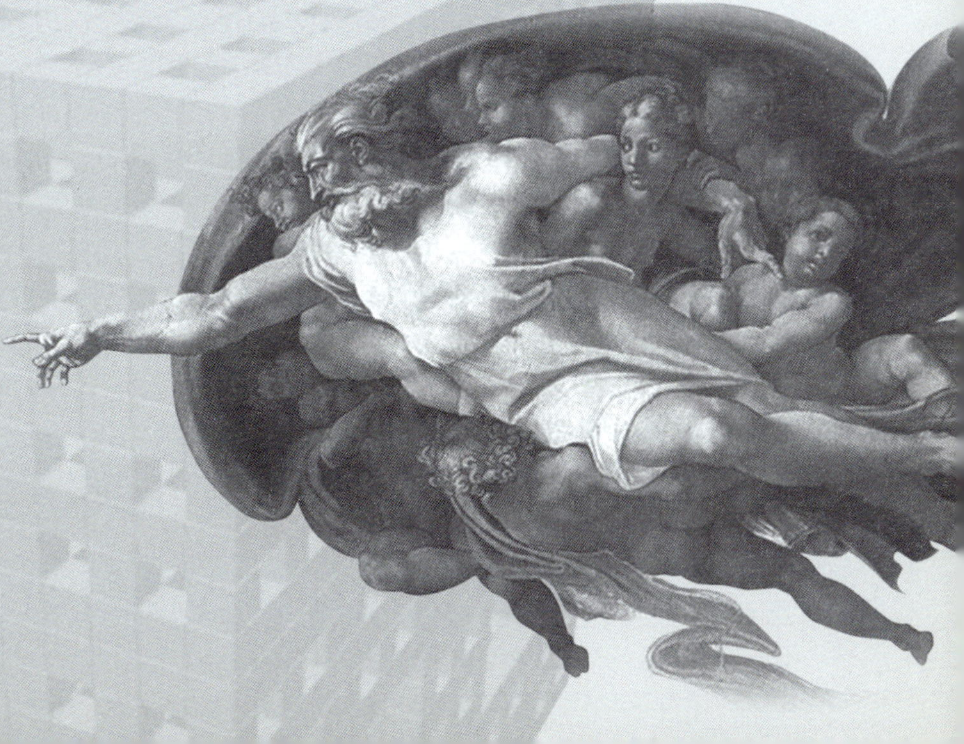

곱셈을 이용하여 프랙탈 도형을 만드는 과정은 '프랙탈과 카오스'란 책에서 자세히 설명하였다. 프랙탈과 카오스에서는 1단계 3×3 프랙탈을 중심으로 다루었다. 여기서는 4×4, 5×5, ⋯, 9×9까지의 프랙탈 행렬 곱셈 연산을 다루고자 한다. 두 개의 1단계 프랙탈 행렬의 곱을 이용하여 새로운 1단계 프랙탈을 만들고 있다.

	F_{16770}	F_{38505}	F_{27030}
1단계			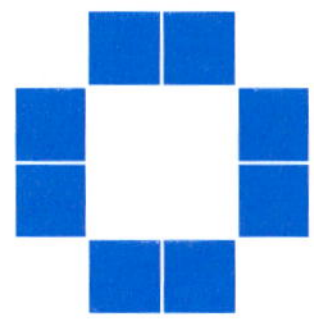
	$\begin{pmatrix}0&1&0&0\\0&0&0&1\\1&0&0&0\\0&0&1&0\end{pmatrix}$	$\begin{pmatrix}1&0&0&1\\0&1&1&0\\0&1&1&0\\1&0&0&1\end{pmatrix}$	$\begin{pmatrix}0&1&0&0\\0&0&0&1\\1&0&0&0\\0&0&1&0\end{pmatrix}\begin{pmatrix}1&0&0&1\\0&1&1&0\\0&1&1&0\\1&0&0&1\end{pmatrix}=\begin{pmatrix}0&1&1&0\\1&0&0&1\\1&0&0&1\\0&1&1&0\end{pmatrix}$
	$\log_4 4 = 1$	$\log_4 8 = 1.5$	$\log_4 8 = 1.5$

F_{16770}은 프랙탈을 이진수의 자리값으로 나타낸 후 십진수로 계산한 것이다. 프랙탈을 수로 표현할 수 있다.

프랙탈			
0	1	0	0
0	0	0	1
1	0	0	0
0	0	1	0

자리값			
2^{15}	2^{14}	2^{13}	2^{12}
2^{11}	2^{10}	2^{9}	2^{8}
2^{7}	2^{6}	2^{5}	2^{4}
2^{3}	2^{2}	2^{1}	1

프랙탈값×자리값			
0×2^{15}	1×2^{14}	0×2^{13}	0×2^{12}
0×2^{11}	0×2^{10}	0×2^{9}	1×2^{8}
1×2^{7}	0×2^{6}	0×2^{5}	0×2^{4}
0×2^{3}	0×2^{2}	1×2^{1}	0×1

계산
16384
256
128
2

자리의 값을 계산하면 16384+256+128+2=16770이다.

1 1단계 4×4 프랙탈

프랙탈은 나의 즐거움이며 소망이다.

	F_{16770}	F_{38505}	F_{27030}
1단계			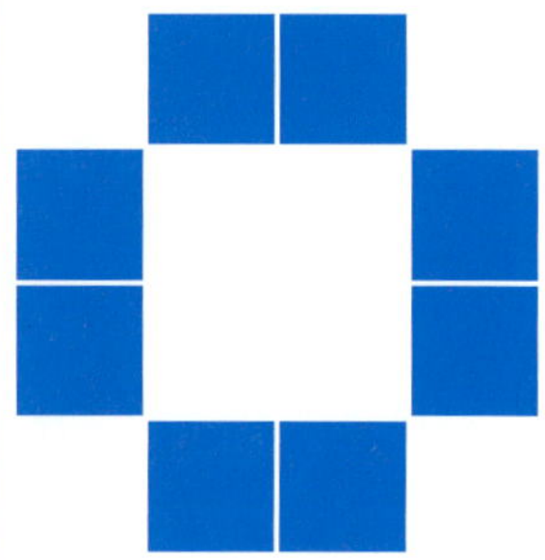
	$\log_4 4 = 1$	$\log_4 8 = 1.5$	$\log_4 8 = 1.5$
2단계	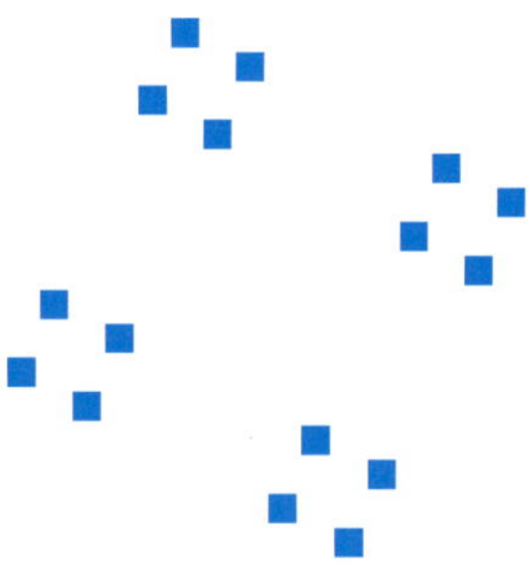	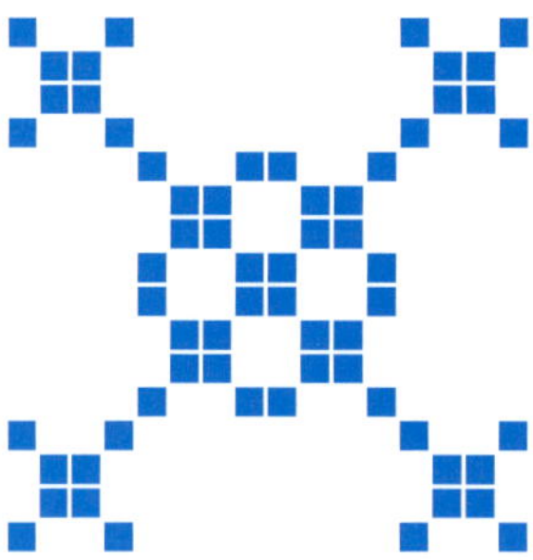	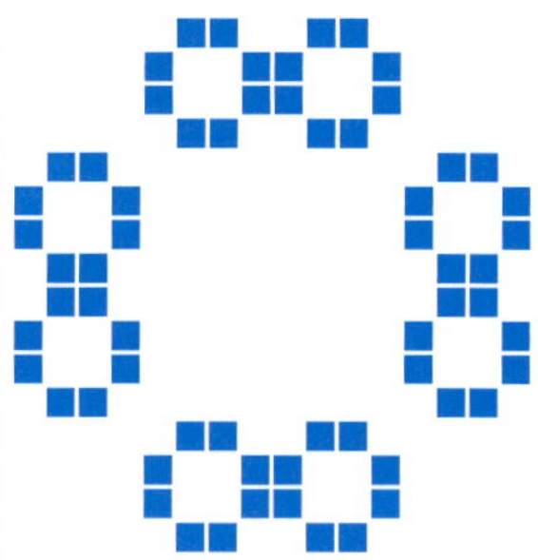
	$\log_{16} 16 = 1$	$\log_{16} 64 = 1.5$	$\log_{16} 64 = 1.5$
3단계	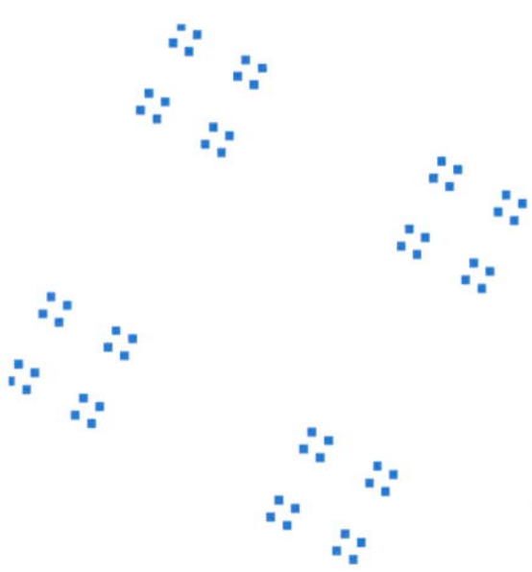	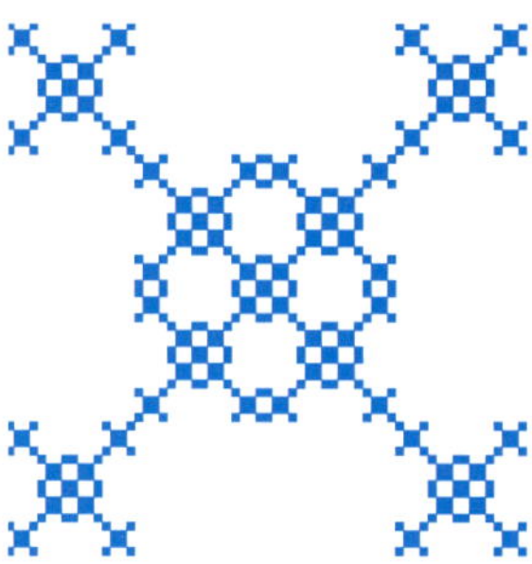	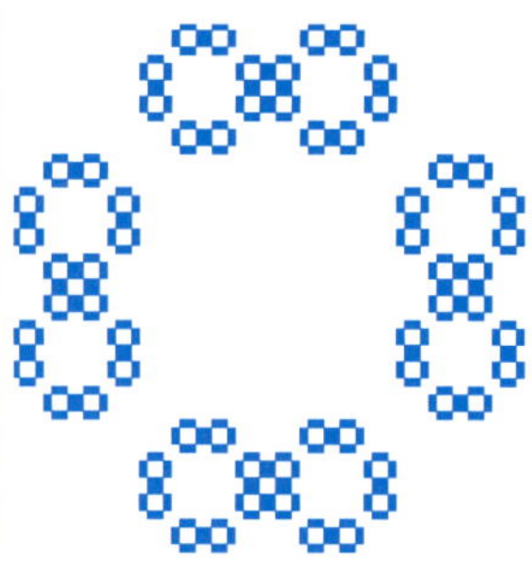
	$\log_{64} 64 = 1$	$\log_{64} 512 = 1.5$	$\log_{64} 512 = 1.5$

더 많이 고민하고, 더 많이 사랑하자

	F_{38505}	F_{27030}	F_{27030}
1단계			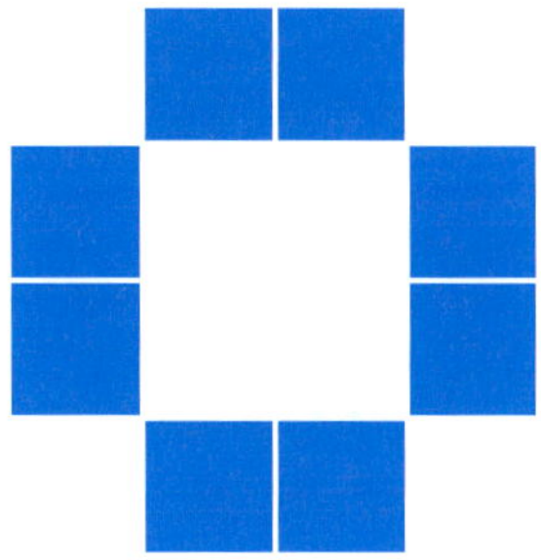
	$\log_4 8 = 1.5$	$\log_4 8 = 1.5$	$\log_4 8 = 1.5$
2단계	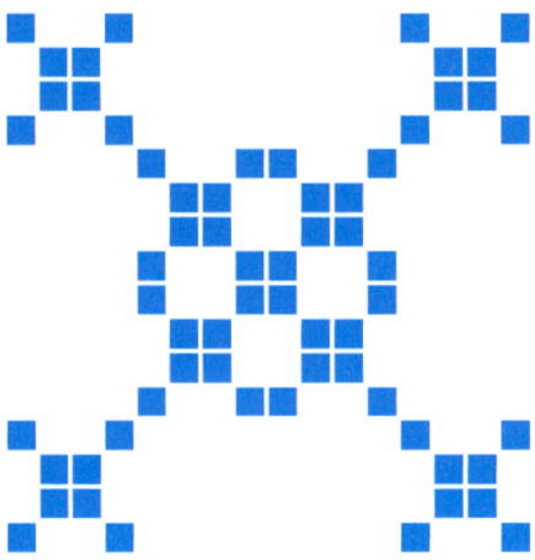	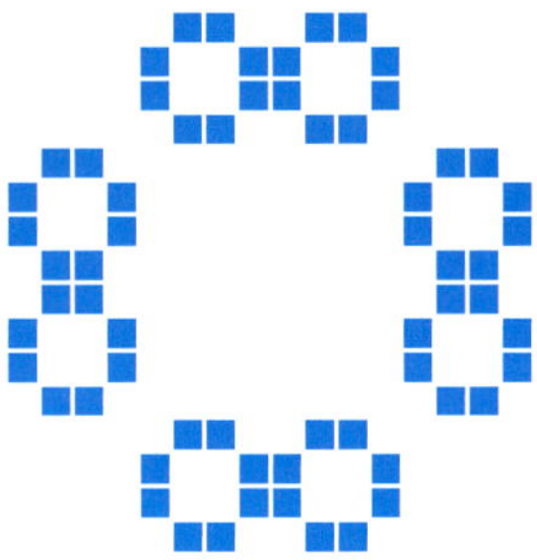	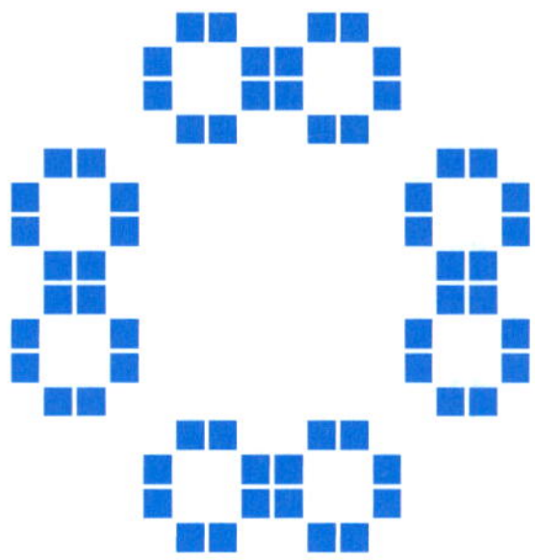
	$\log_{16} 64 = 1.5$	$\log_{16} 64 = 1.5$	$\log_{16} 64 = 1.5$
3단계	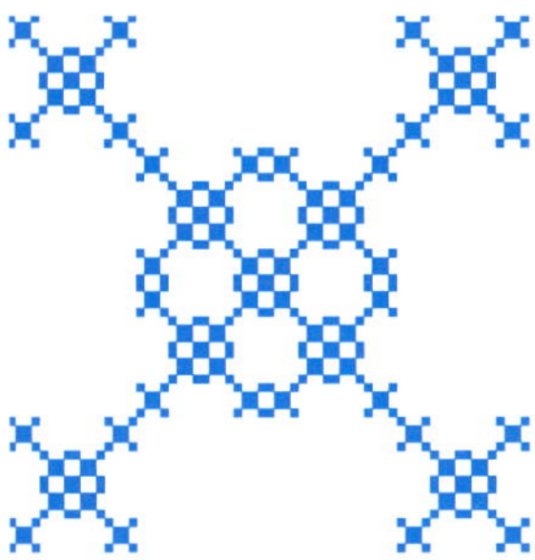	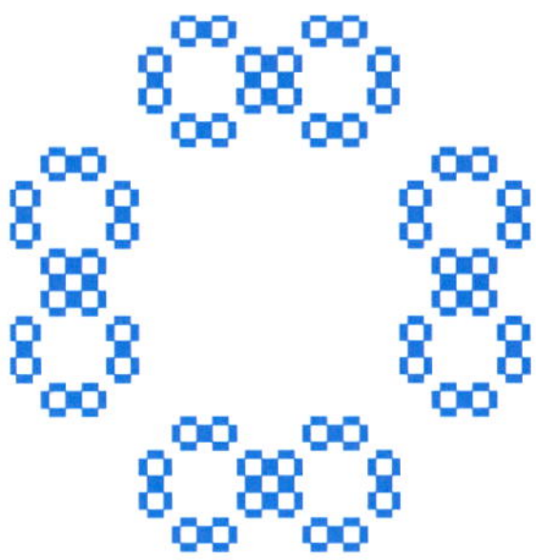	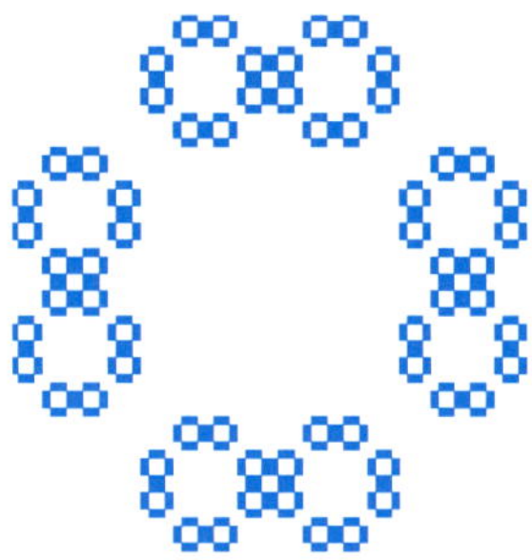
	$\log_{64} 512 = 1.5$	$\log_{64} 512 = 1.5$	$\log_{64} 512 = 1.5$

온갖 시련을 이긴 나무도 작은 벌레에 쓰러질 수 있다

	F_{16770}	F_{18402}	F_{29262}
1단계		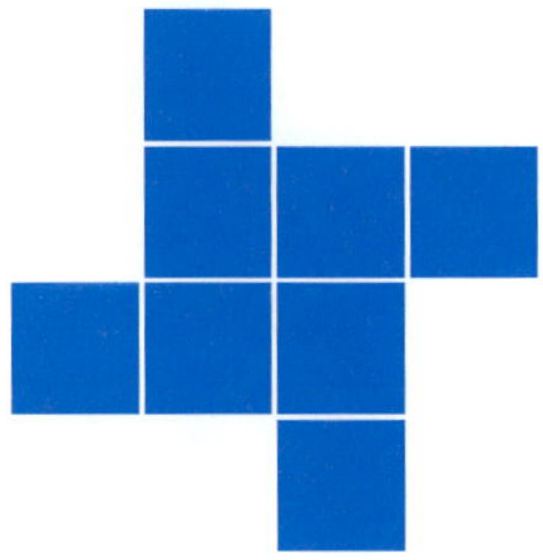	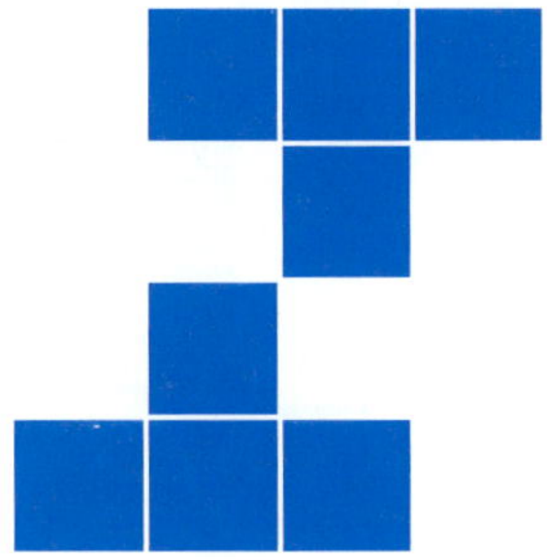
	$\log_4 4 = 1$	$\log_4 8 = 1.5$	$\log_4 8 = 1.5$
2단계			
	$\log_{16} 16 = 1$	$\log_{16} 64 = 1.5$	$\log_{16} 64 = 1.5$
3단계	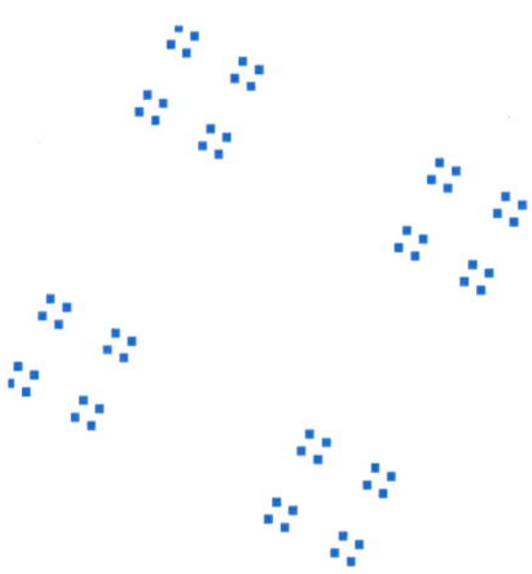	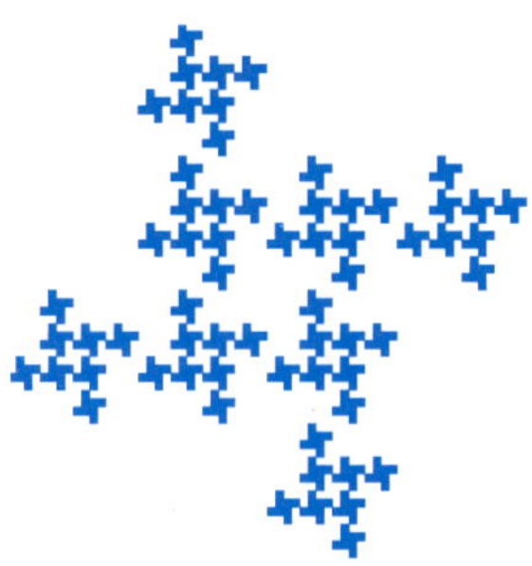	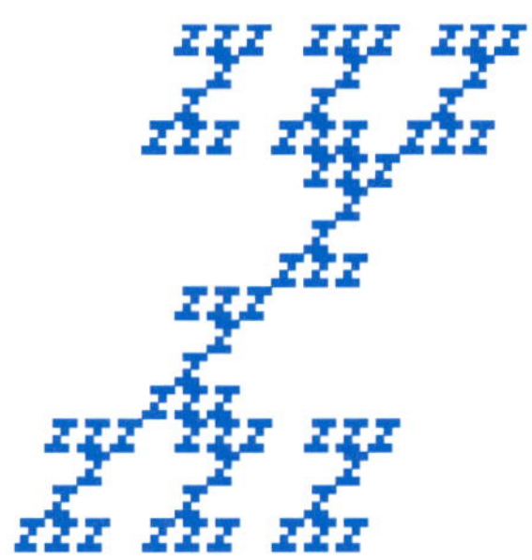
	$\log_{64} 64 = 1$	$\log_{64} 512 = 1.5$	$\log_{64} 512 = 1.5$

달콤한 인생이란 남과 더불어 사는 것이다.

	F_{16770}	F_{55275}	F_{31710}
1단계			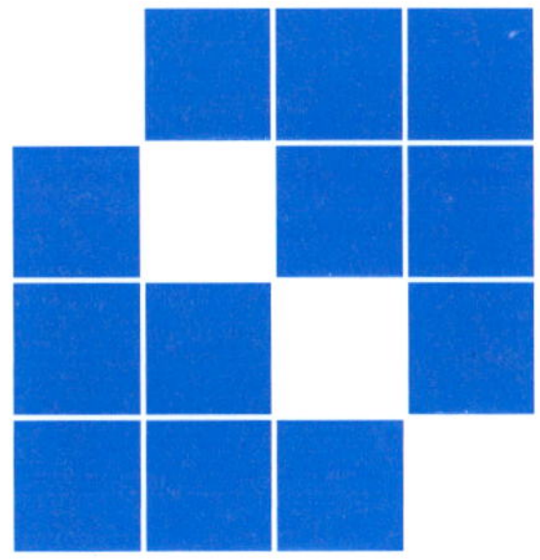
	$\log_4 4 = 1$	$\log_4 12 = 1.792$	$\log_4 12 = 1.792$
2단계		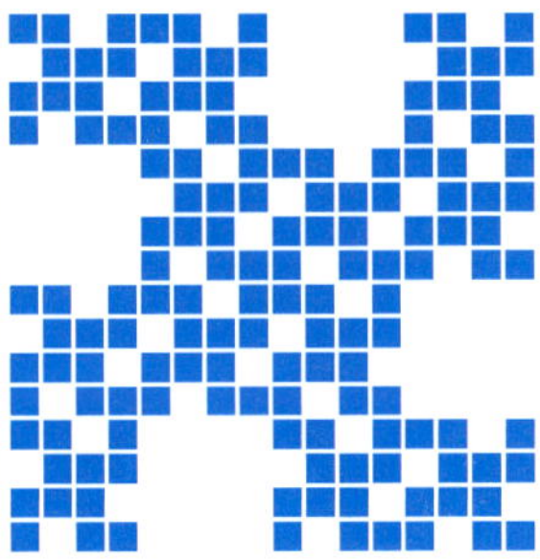	
	$\log_{16} 16 = 1$	$\log_{16} 144 = 1.792$	$\log_{16} 144 = 1.792$
3단계	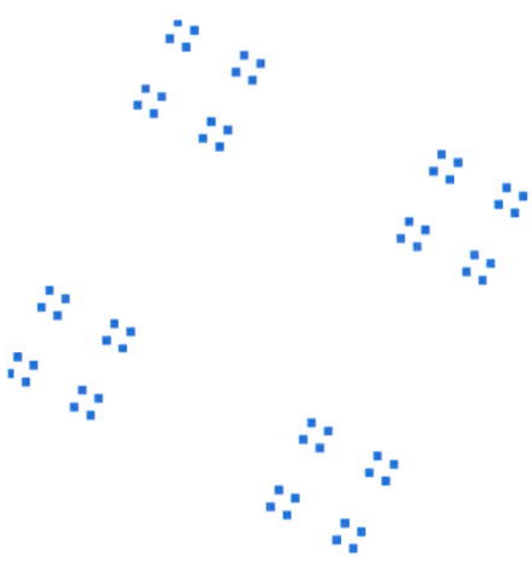	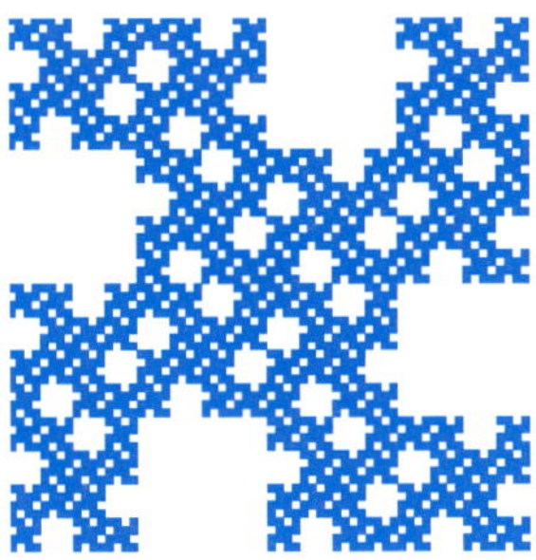	
	$\log_{64} 64 = 1$	$\log_{64} 1728 = 1.792$	$\log_{64} 1728 = 1.792$

수학은 수학일 뿐이다. 모든 것에 답을 주지는 않는다.

	F_{16770}	F_{63903}	F_{40953}
1단계			
	$\log_4 4 = 1$	$\log_4 12 = 1.792$	$\log_4 12 = 1.792$
2단계	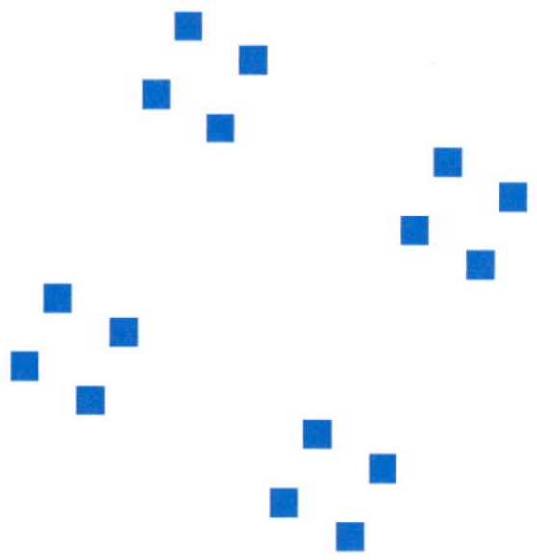	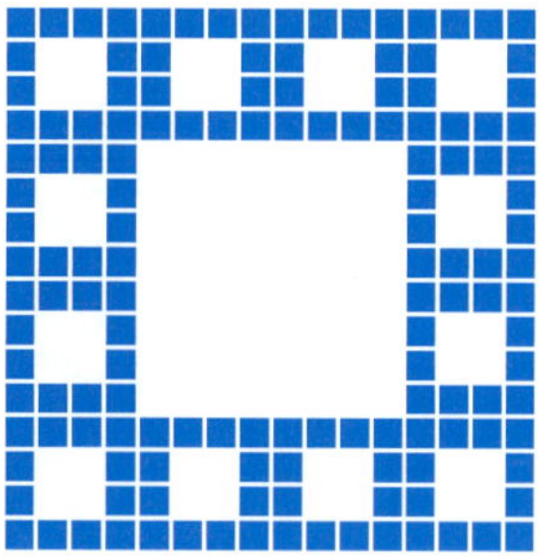	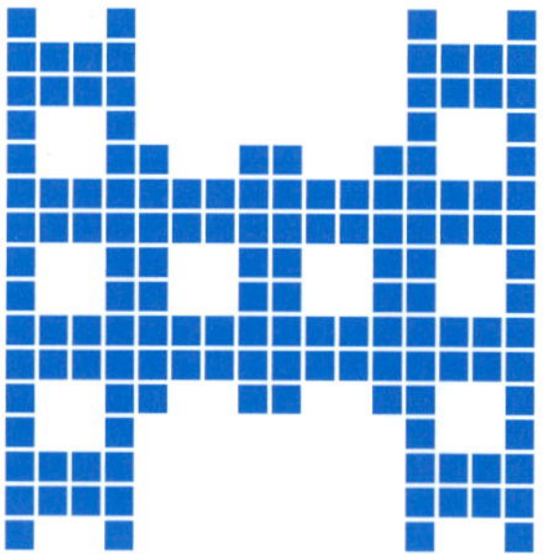
	$\log_{16} 16 = 1$	$\log_{16} 144 = 1.792$	$\log_{16} 144 = 1.792$
3단계	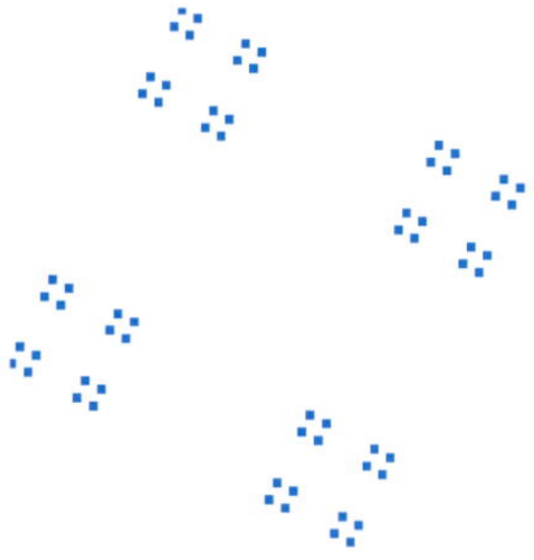	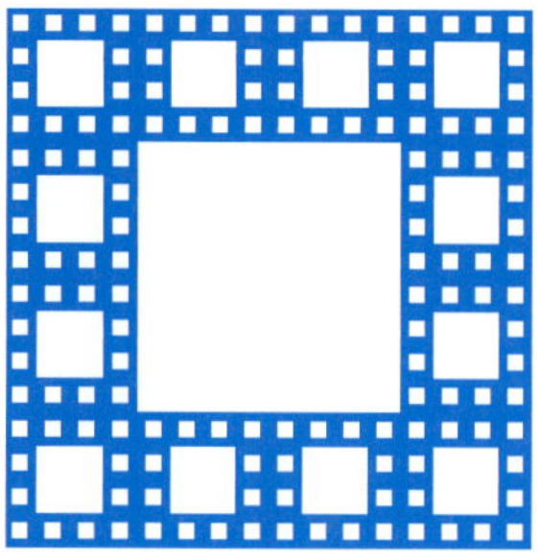	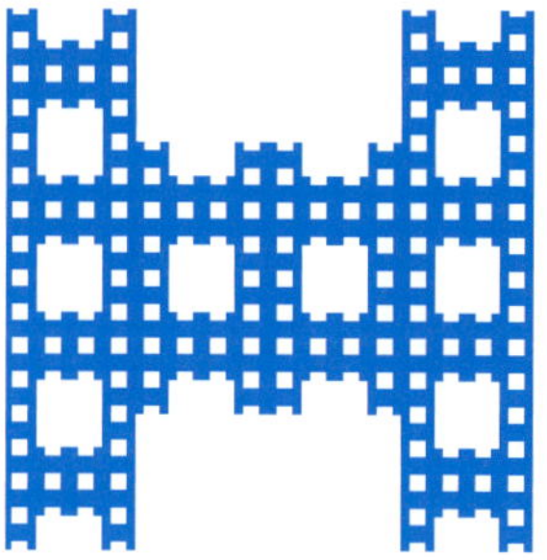
	$\log_{64} 64 = 1$	$\log_{64} 1728 = 1.792$	$\log_{64} 1728 = 1.792$

기억 속에서 살아질 것들을 밤새 부둥켜 안고 있었다.

	F_{16770}	F_{28662}	F_{63087}
1단계			
	$\log_4 4 = 1$	$\log_4 12 = 1.792$	$\log_4 12 = 1.792$
2단계		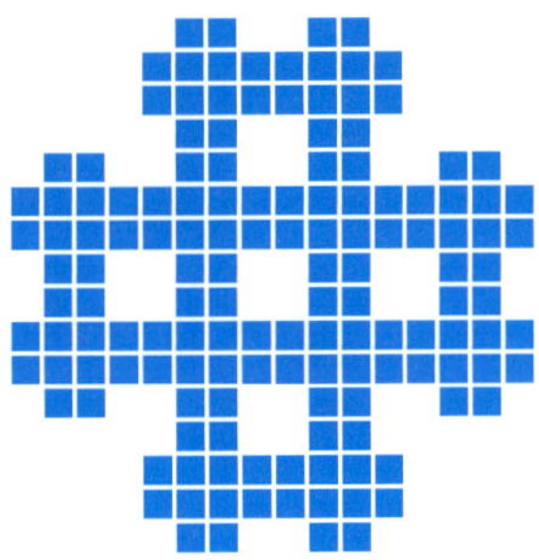	
	$\log_{16} 16 = 1$	$\log_{16} 144 = 1.792$	$\log_{16} 144 = 1.792$
3단계	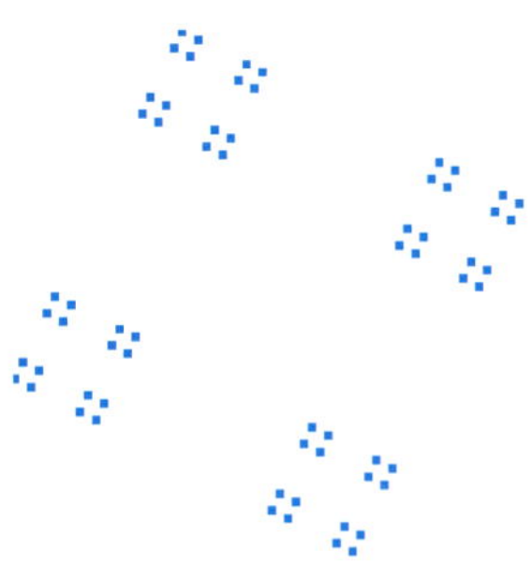		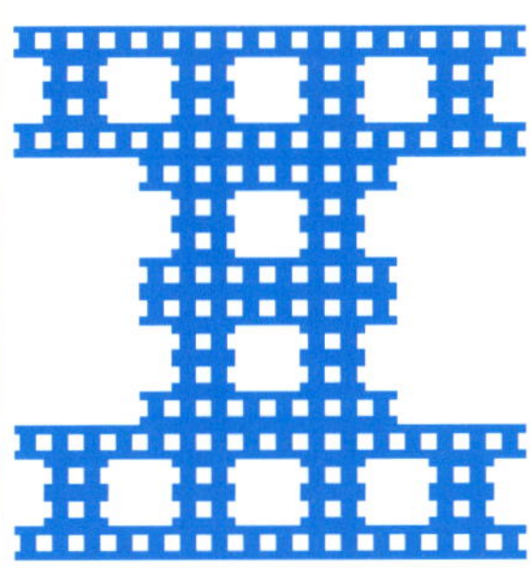
	$\log_{64} 64 = 1$	$\log_{64} 1728 = 1.792$	$\log_{64} 1728 = 1.792$

크게 생각하라.

	F_{38505}	F_{18402}	F_{28662}
1단계		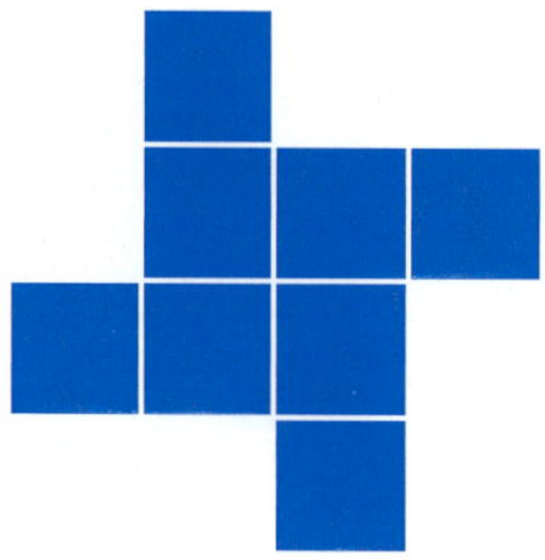	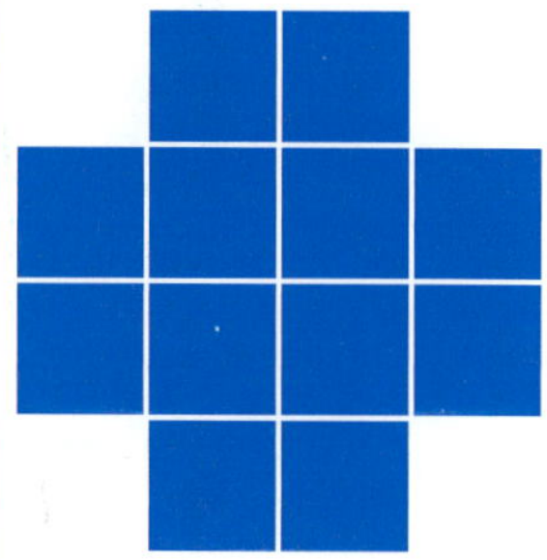
	$\log_4 8 = 1.5$	$\log_4 8 = 1.5$	$\log_4 12 = 1.792$
2단계			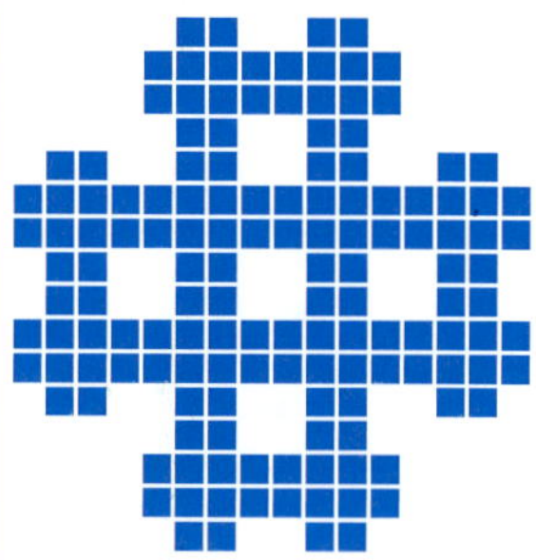
	$\log_{16} 64 = 1.5$	$\log_{16} 64 = 1.5$	$\log_{16} 144 = 1.792$
3단계	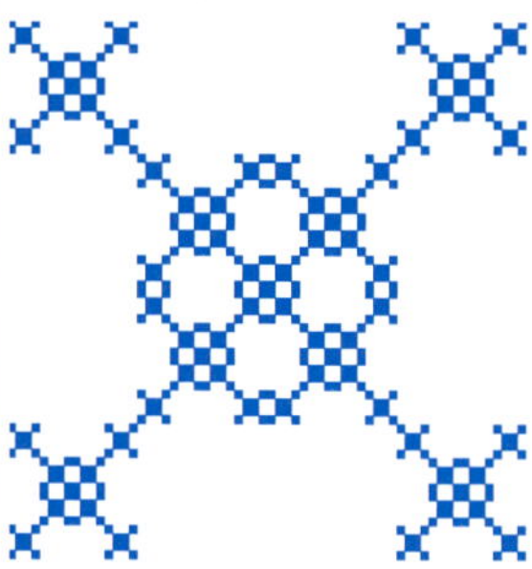	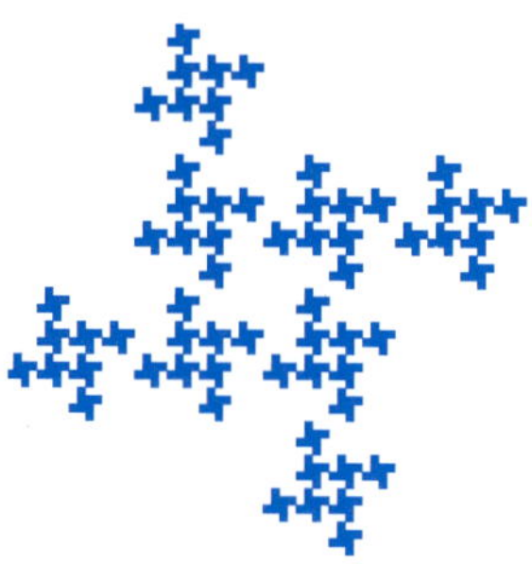	
	$\log_{64} 512 = 1.5$	$\log_{64} 512 = 1.5$	$\log_{64} 1728 = 1.792$

더 깊은 수학을 알아서 무엇하나.

	F_{18402}	F_{55275}	F_{32766}
1단계			
	$\log_4 8 = 1.5$	$\log_4 12 = 1.792$	$\log_4 14 = 1.904$
2단계	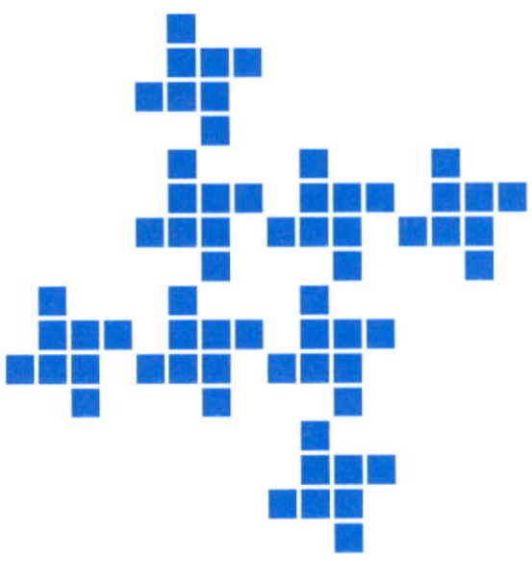	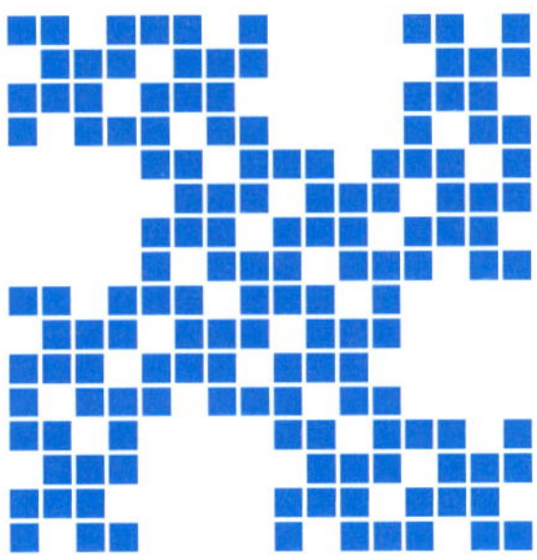	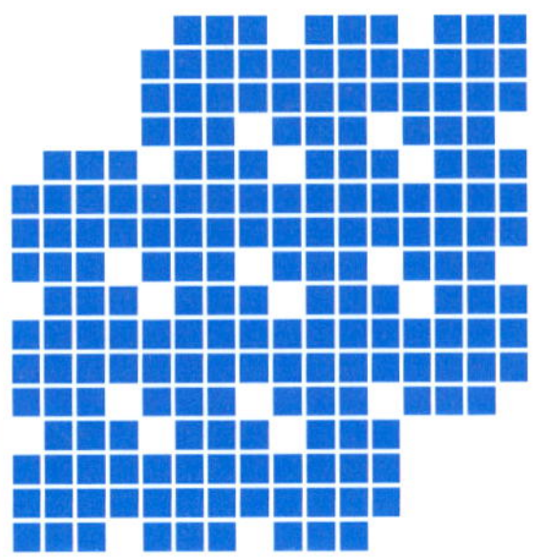
	$\log_{16} 64 = 1.5$	$\log_{16} 144 = 1.792$	$\log_{16} 196 = 1.904$
3단계	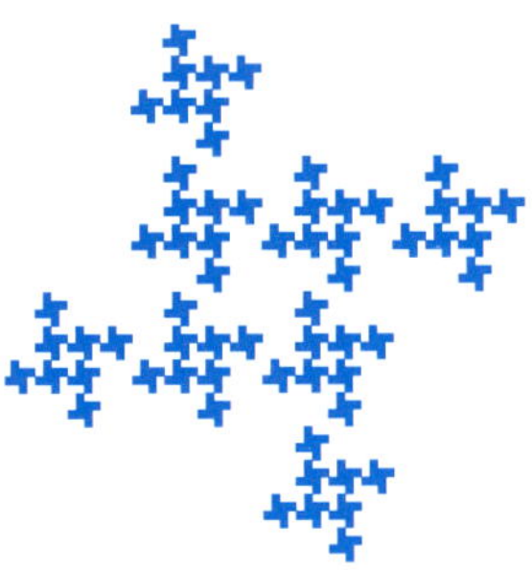	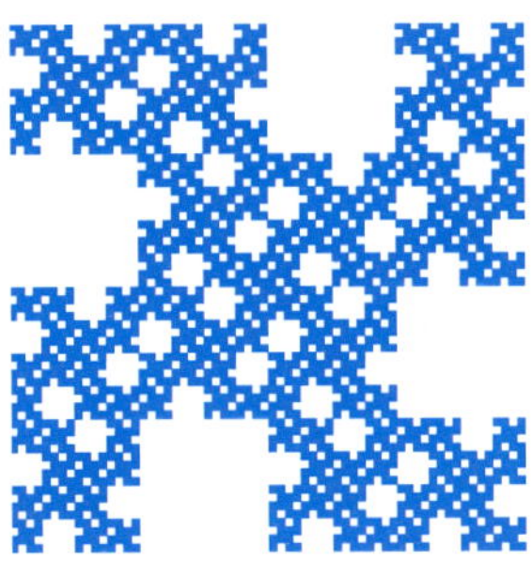	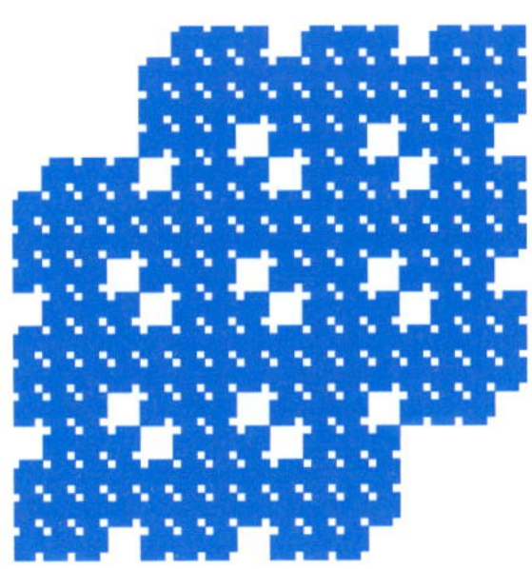
	$\log_{64} 512 = 1.5$	$\log_{64} 1728 = 1.792$	$\log_{64} 2744 = 1.904$

힘들지 않는 인생이 있을까.

	F_{18402}	F_{63903}	F_{40953}
1단계			
	$\log_4 8 = 1.5$	$\log_4 12 = 1.792$	$\log_4 12 = 1.792$
2단계	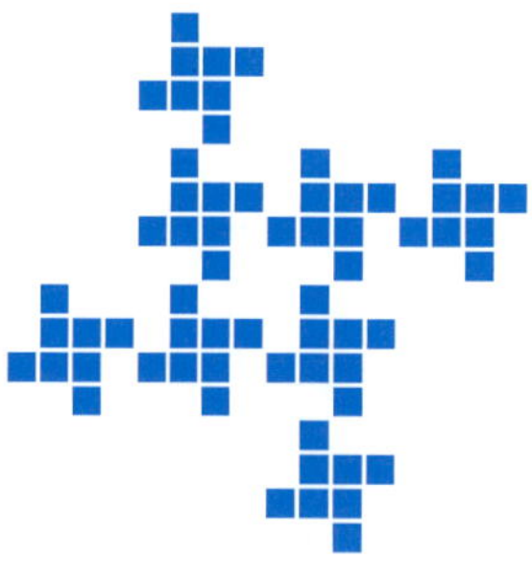	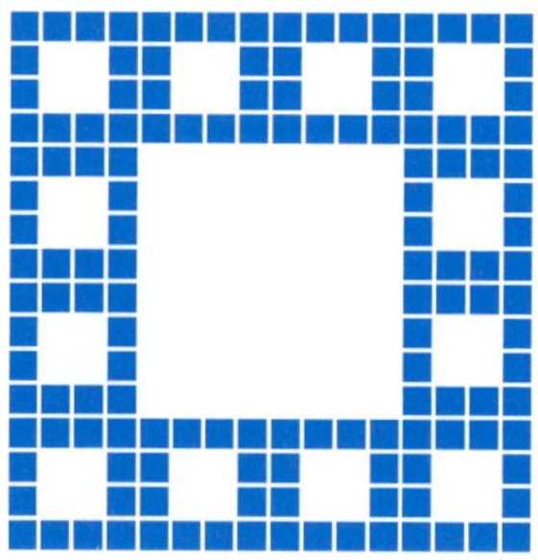	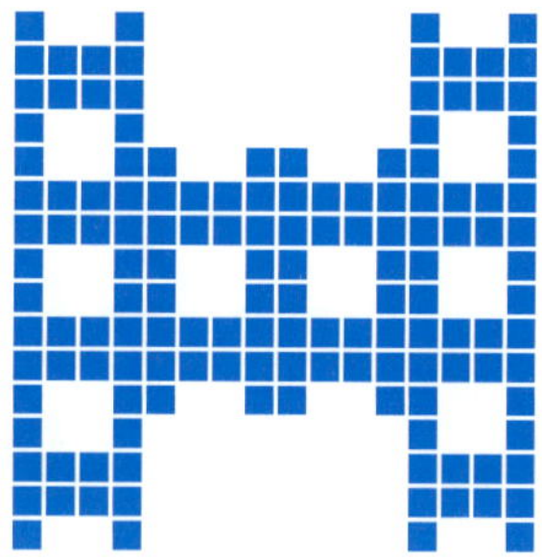
	$\log_{16} 64 = 1.5$	$\log_{16} 144 = 1.792$	$\log_{16} 144 = 1.792$
3단계	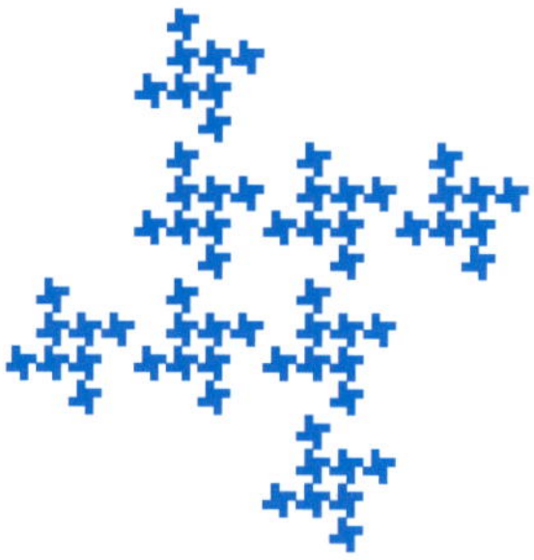	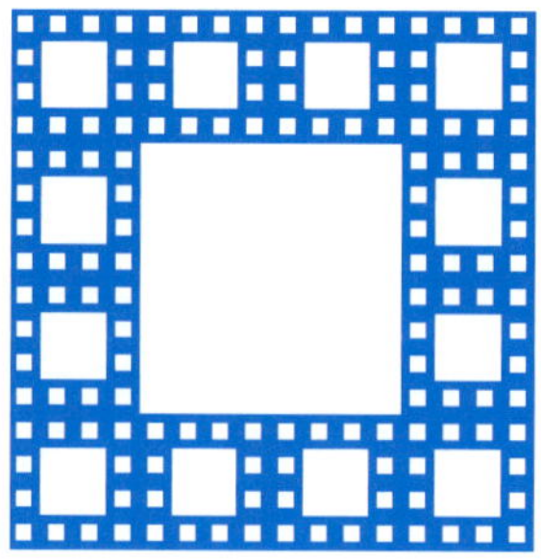	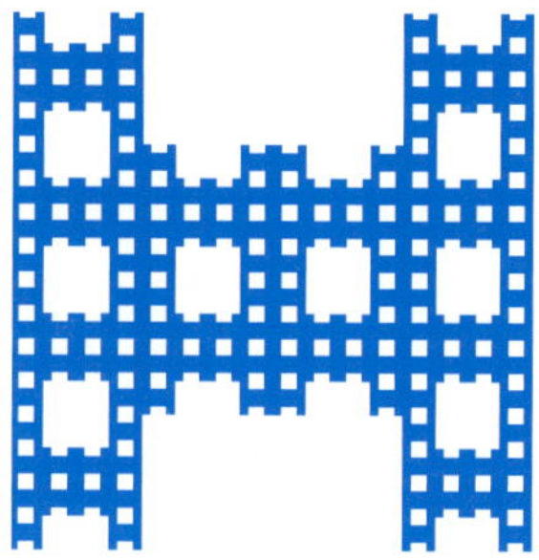
	$\log_{64} 512 = 1.5$	$\log_{64} 1728 = 1.792$	$\log_{64} 1728 = 1.792$

다양한 경험이 재산이다.

	F_{18402}	F_{47133}	F_{36273}
1단계			
	$\log_4 8 = 1.5$	$\log_4 8 = 1.5$	$\log_4 8 = 1.5$
2단계	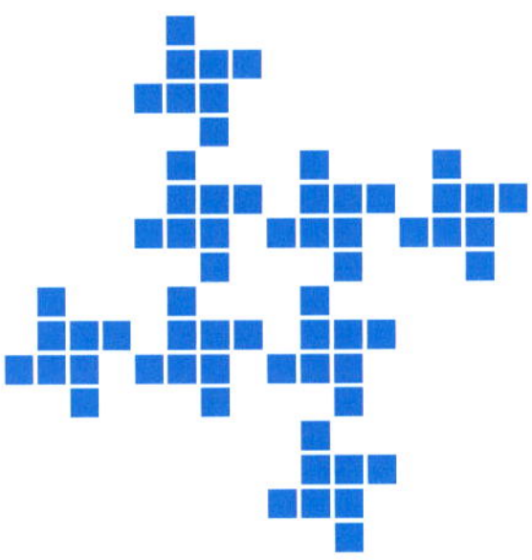	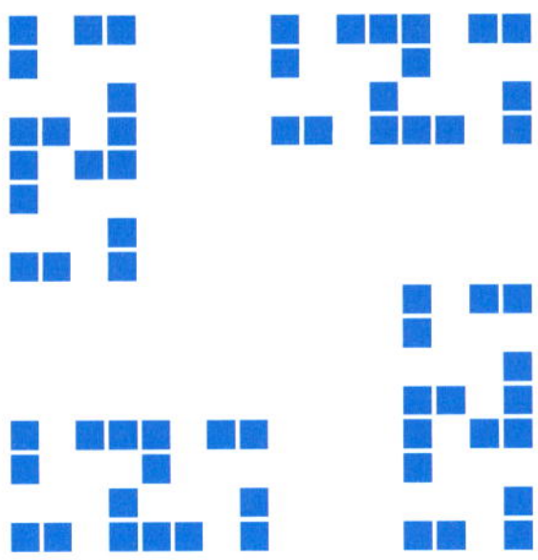	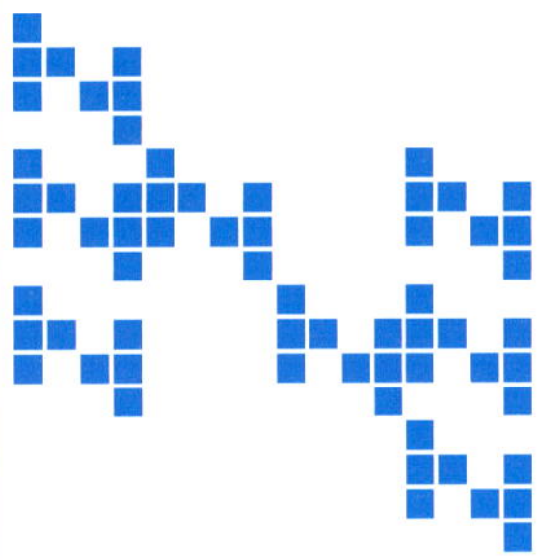
	$\log_{16} 64 = 1.5$	$\log_{16} 64 = 1.5$	$\log_{16} 64 = 1.5$
3단계	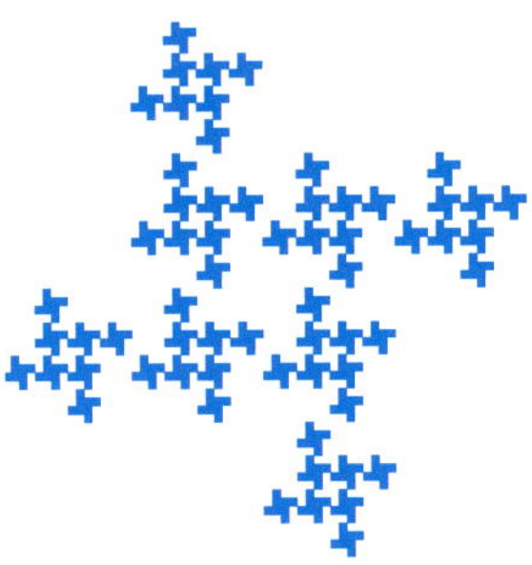	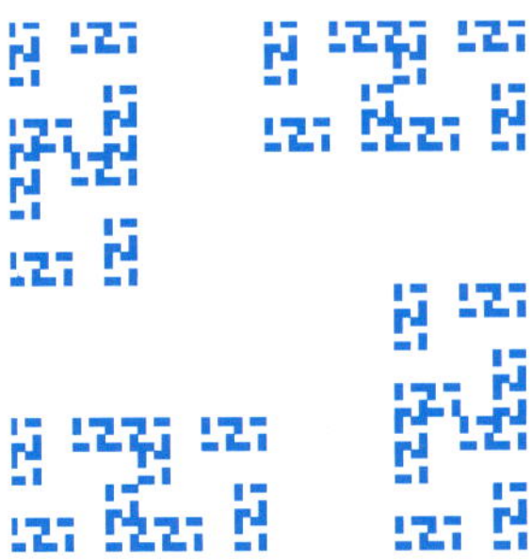	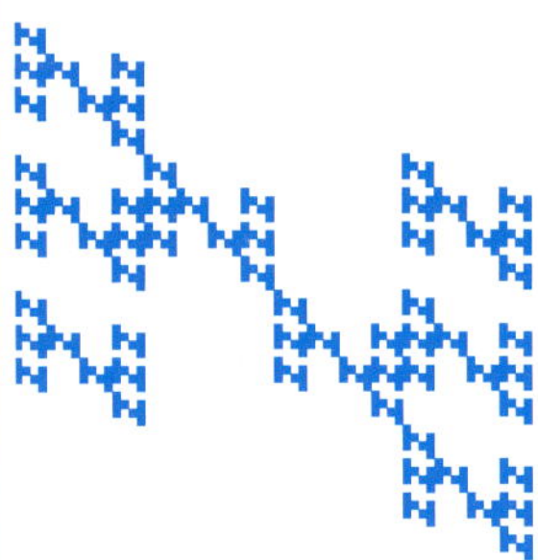
	$\log_{64} 512 = 1.5$	$\log_{64} 512 = 1.5$	$\log_{64} 512 = 1.5$

사람의 마음은 큰 것보다 자그마한 잔잔한 일에 더 감동 받는다.

	F_{55275}	F_{16770}	F_{31710}
1단계			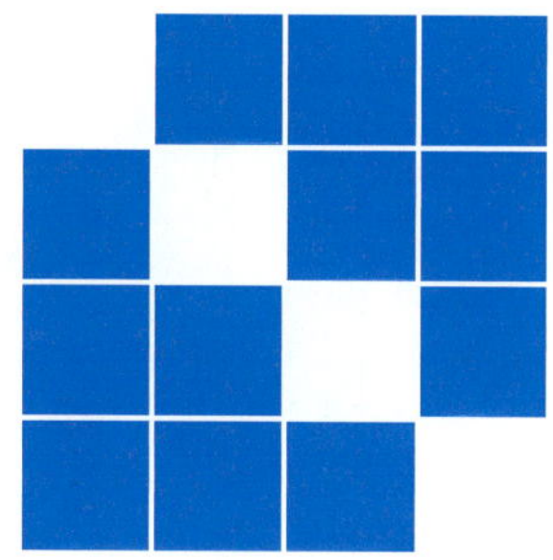
	$\log_4 12 = 1.792$	$\log_4 4 = 1$	$\log_4 12 = 1.792$
2단계	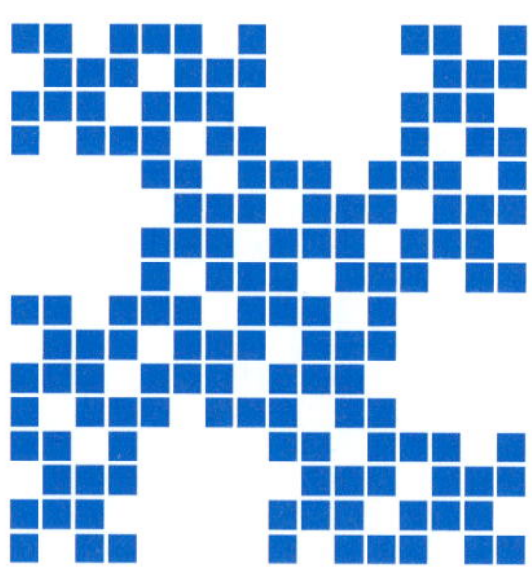	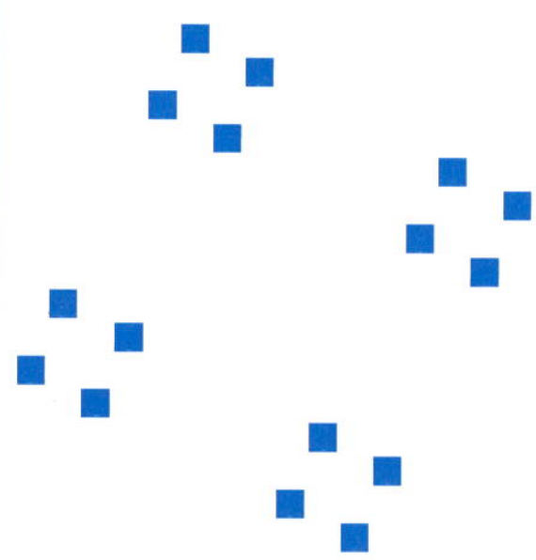	
	$\log_{16} 144 = 1.792$	$\log_{16} 16 = 1$	$\log_{16} 144 = 1.792$
3단계	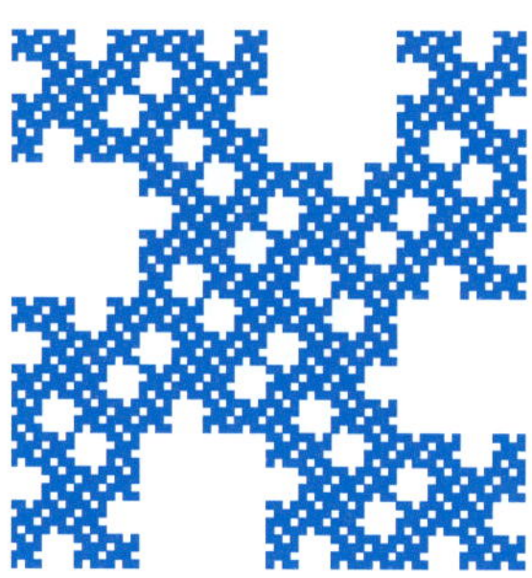	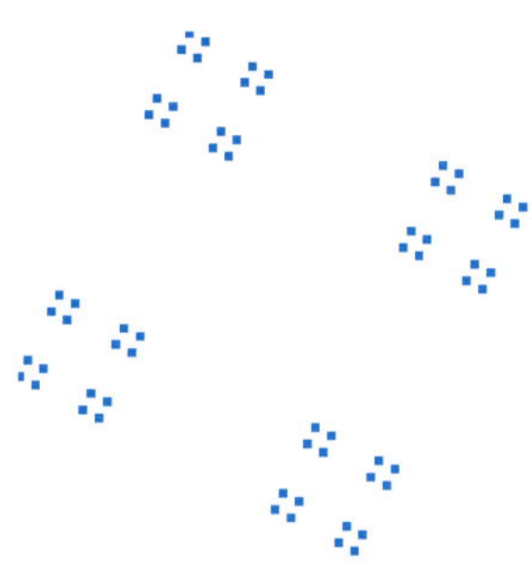	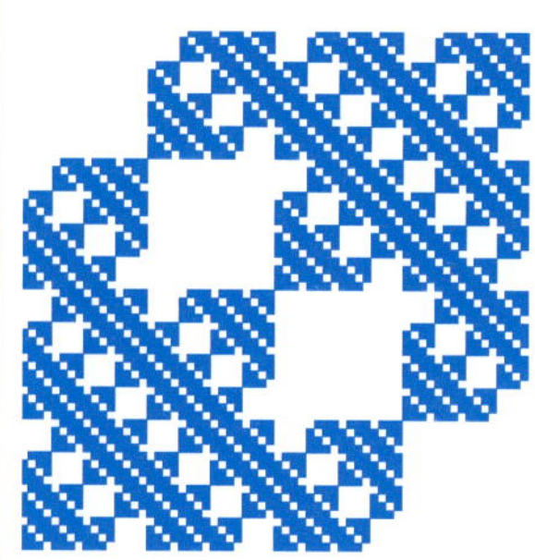
	$\log_{64} 1728 = 1.792$	$\log_{64} 64 = 1$	$\log_{64} 1728 = 1.792$

2 1단계 5×5 프랙탈

오늘을 어떻게 보냈느냐에 따라 내일이 결정된다.

	$F_{15255086}$	$F_{18153809}$	$F_{11060778}$
1단계			
	$\log_5 12 = 1.544$	$\log_5 8 = 1.292$	$\log_5 10 = 1.431$
2단계	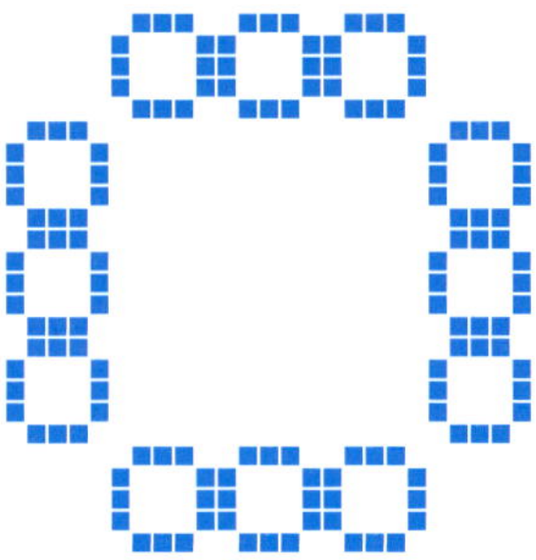	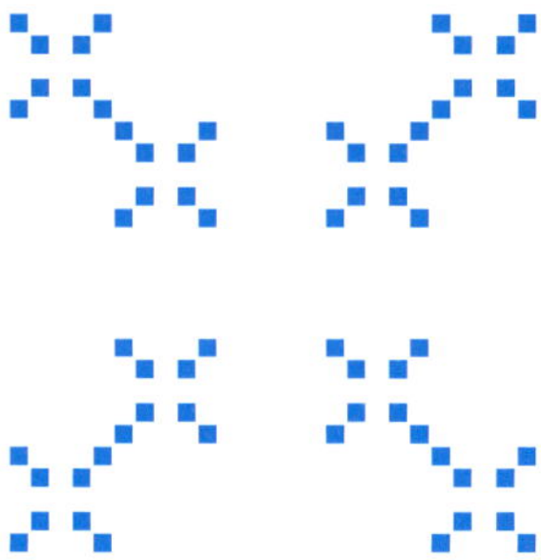	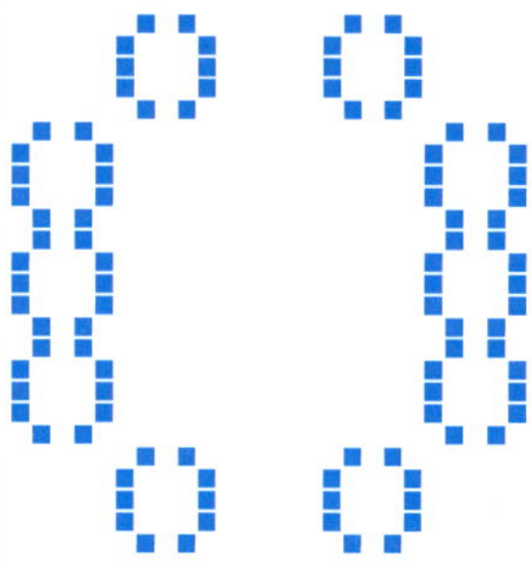
	$\log_{25} 144 = 1.544$	$\log_{25} 64 = 1.292$	$\log_{25} 100 = 1.431$
3단계	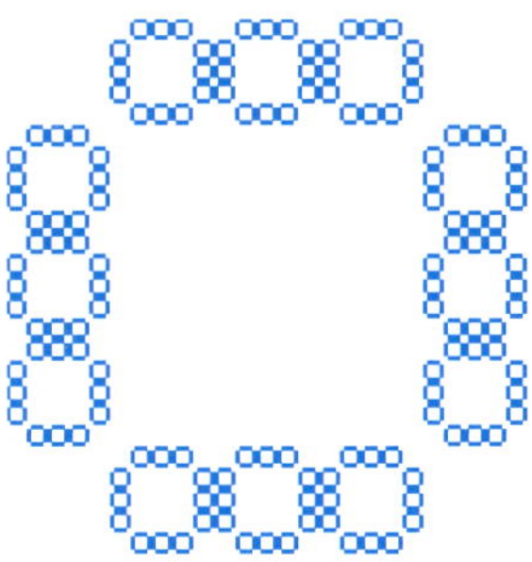	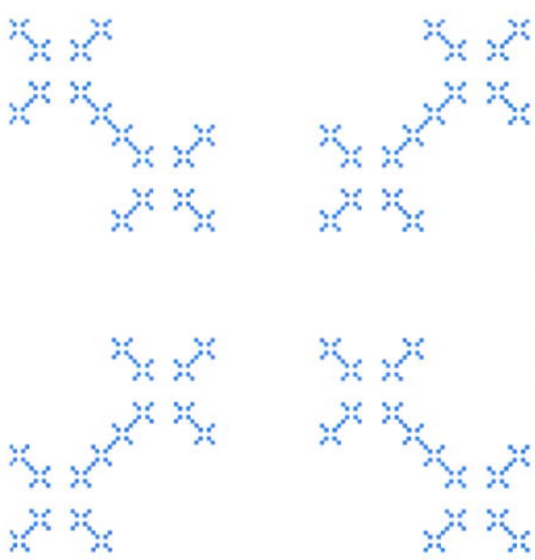	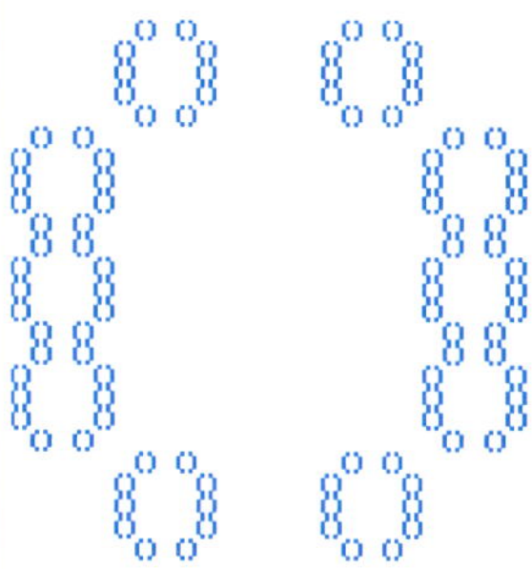
	$\log_{125} 1728 = 1.544$	$\log_{125} 512 = 1.292$	$\log_{125} 1000 = 1.431$

눈이 올땐 프랙탈을 만들어 보자.

	$F_{11047466}$	$F_{4539716}$	$F_{11060362}$
1단계			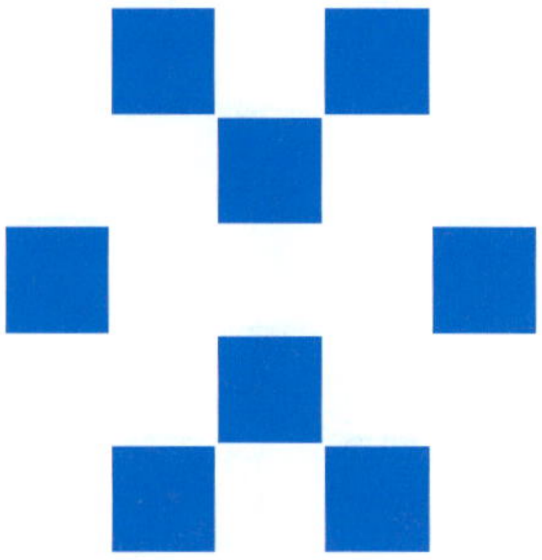
	$\log_5 9 = 1.365$	$\log_5 8 = 1.292$	$\log_5 8 = 1.292$
2단계	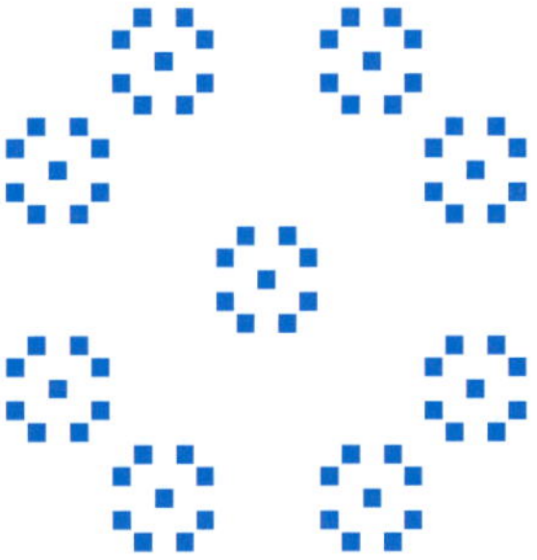	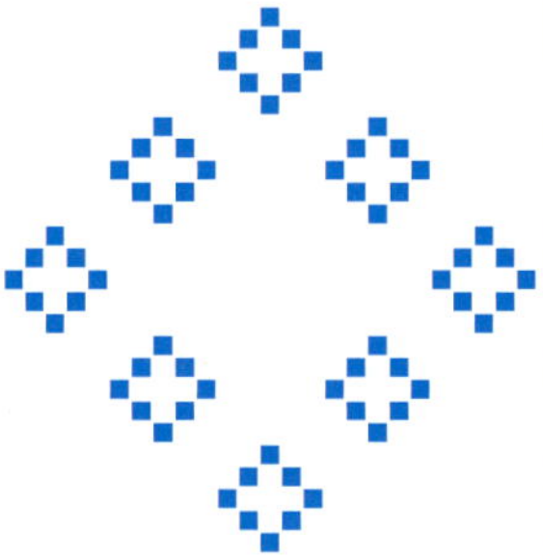	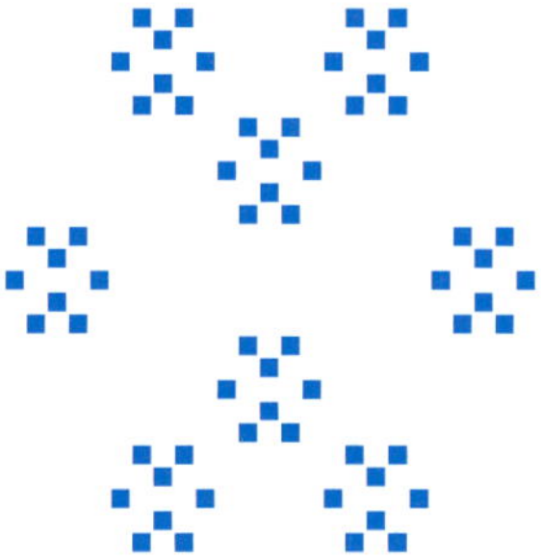
	$\log_{25} 81 = 1.365$	$\log_{25} 64 = 1.292$	$\log_{25} 64 = 1.292$
3단계		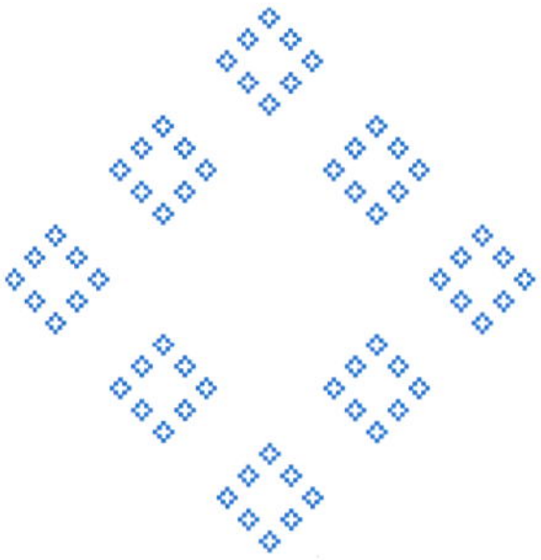	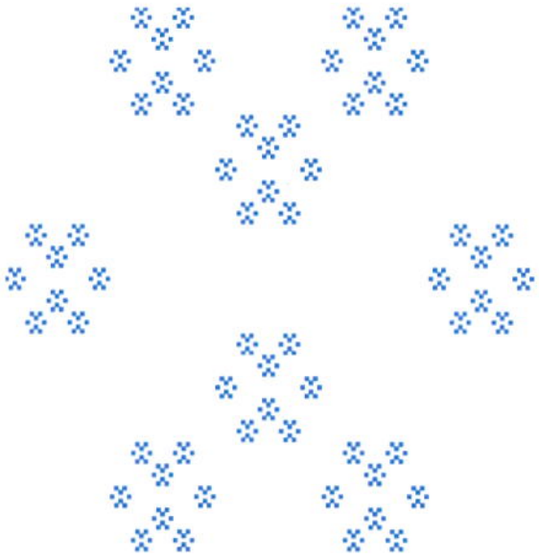
	$\log_{125} 729 = 1.365$	$\log_{125} 512 = 1.292$	$\log_{125} 512 = 1.292$

삶이 아프고 힘겨울 땐 하늘을 보세요.

	$F_{11043370}$	$F_{17191345}$	$F_{4194852}$
1단계			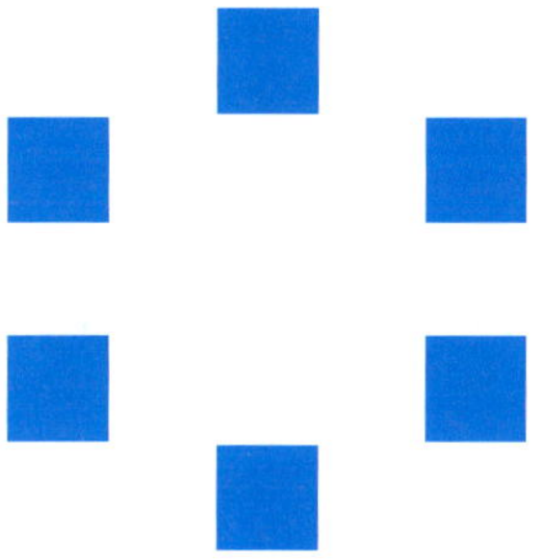
	$\log_5 8 = 1.292$	$\log_5 9 = 1.365$	$\log_5 6 = 1.113$
2단계	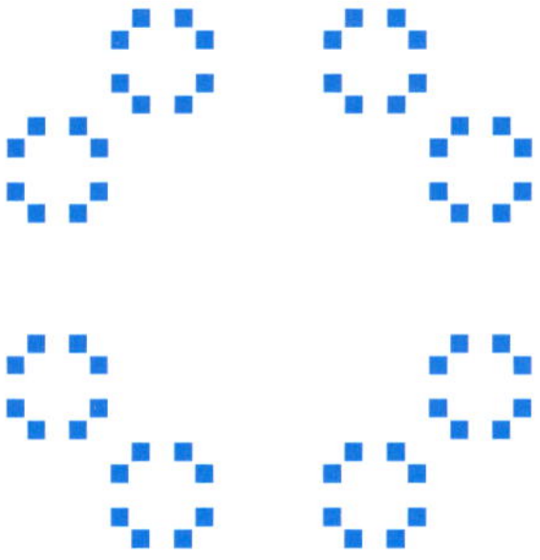	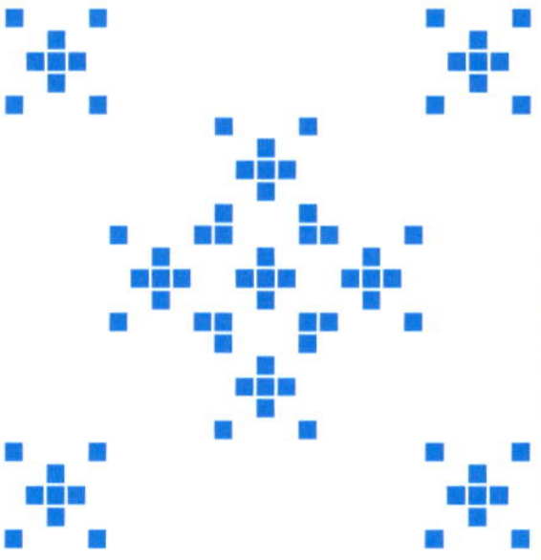	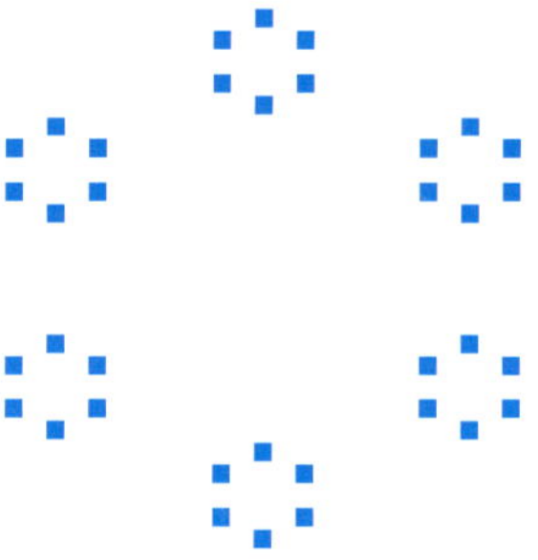
	$\log_{25} 64 = 1.292$	$\log_{25} 81 = 1.365$	$\log_{25} 36 = 1.113$
3단계			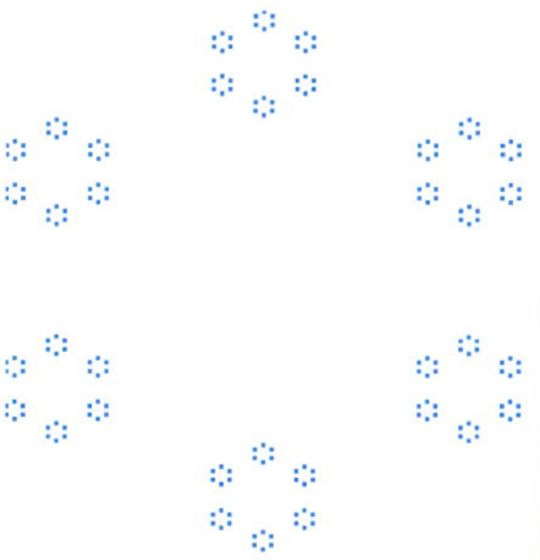
	$\log_{125} 512 = 1.292$	$\log_{125} 729 = 1.365$	$\log_{125} 216 = 1.113$

아프지 않은 청춘은 없다.

	$F_{17829905}$	$F_{4543812}$	$F_{4903940}$
1단계			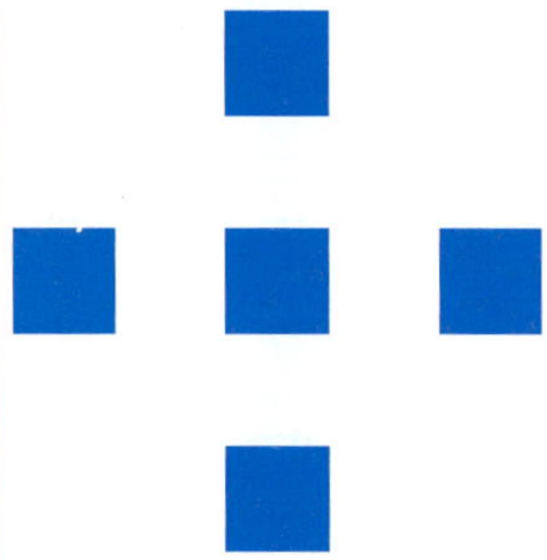
	$\log_5 5 = 1$	$\log_5 9 = 1.365$	$\log_5 5 = 1$
2단계	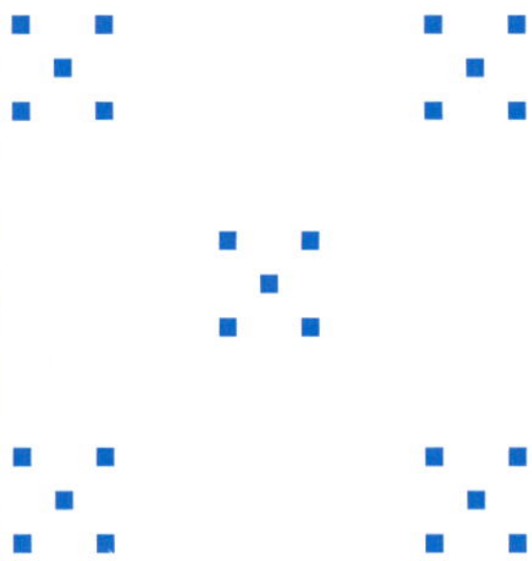		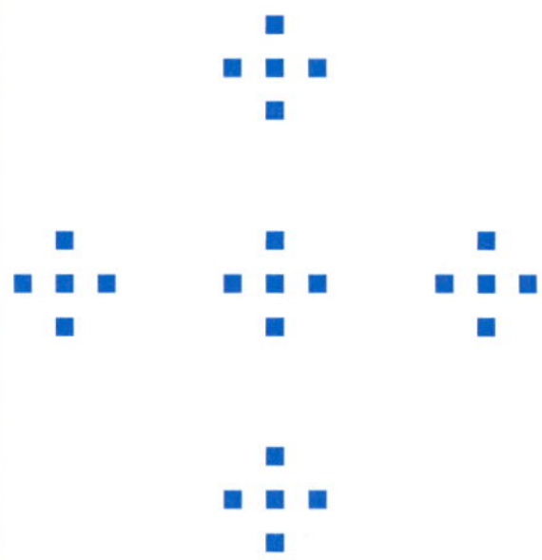
	$\log_{25} 25 = 1$	$\log_{25} 81 = 1.365$	$\log_{25} 25 = 1$
3단계	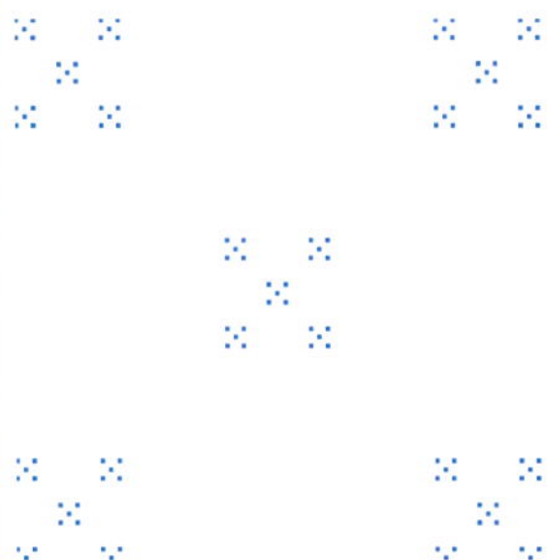		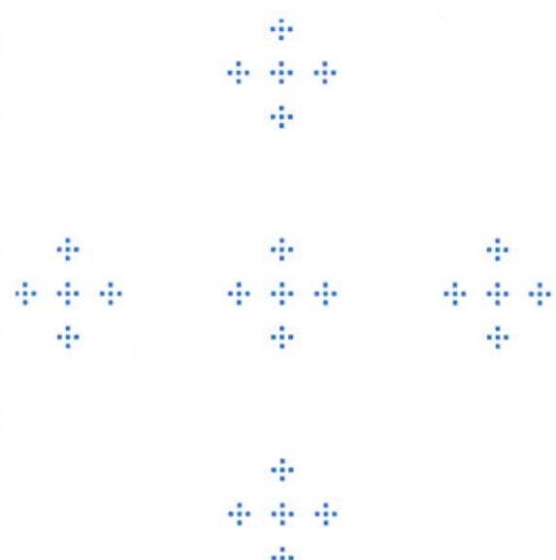
	$\log_{125} 125 = 1$	$\log_{125} 729 = 1.365$	$\log_{125} 125 = 1$

사랑은 모든 것을 참으며...

	$F_{29010619}$	$F_{4543812}$	$F_{15018670}$
1단계			
	$\log_5 16 = 1.723$	$\log_5 9 = 1.365$	$\log_5 14 = 1.640$
2단계	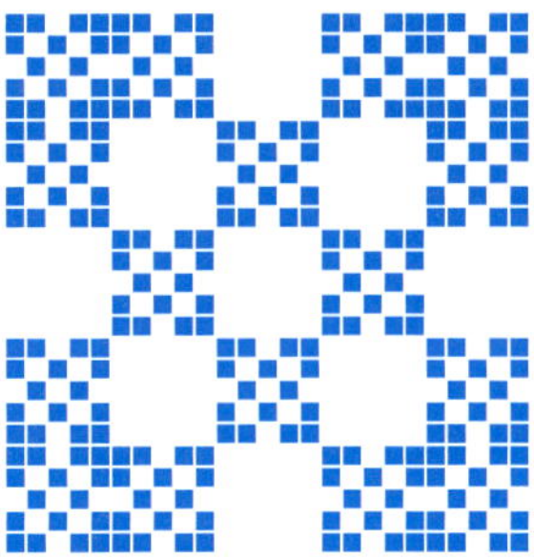		
	$\log_{25} 256 = 1.723$	$\log_{25} 81 = 1.365$	$\log_{25} 196 = 1.640$
3단계			
	$\log_{125} 4096 = 1.723$	$\log_{125} 729 = 1.365$	$\log_{125} 2744 = 1.640$

자기만의 철학을 가진 사람은 꿈을 이룬다.

	$F_{29010619}$	$F_{22365525}$	$F_{32844479}$
1단계			
	$\log_5 16 = 1.723$	$\log_5 12 = 1.544$	$\log_5 20 = 1.861$
2단계	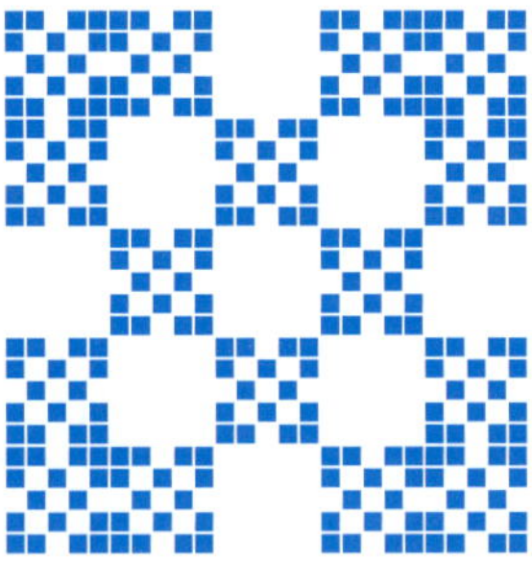	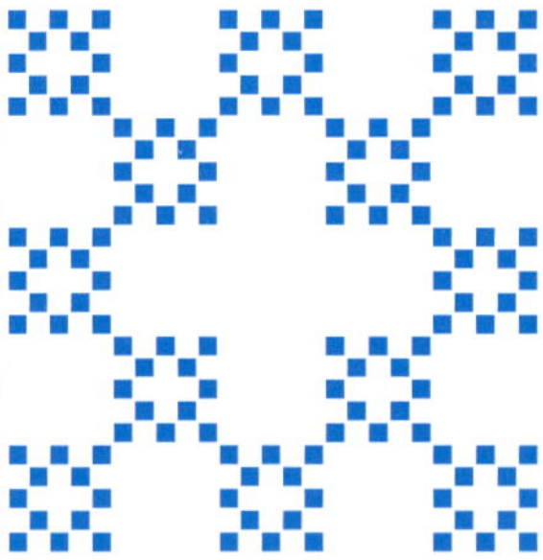	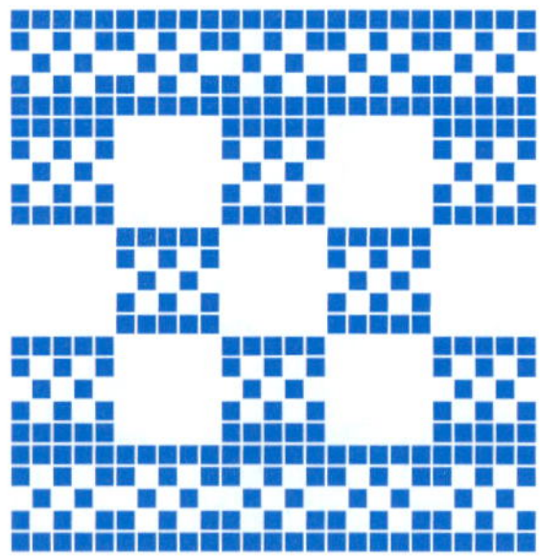
	$\log_{25} 256 = 1.723$	$\log_{25} 144 = 1.544$	$\log_{25} 400 = 1.861$
3단계			
	$\log_{125} 4096 = 1.723$	$\log_{125} 1728 = 1.544$	$\log_{125} 8000 = 1.861$

인생을 바꾸려면 바로 시작하라.

	$F_{29010619}$	$F_{28869179}$	$F_{28886907}$
1단계			
	$\log_5 16 = 1.723$	$\log_5 12 = 1.544$	$\log_5 18 = 1.796$
2단계	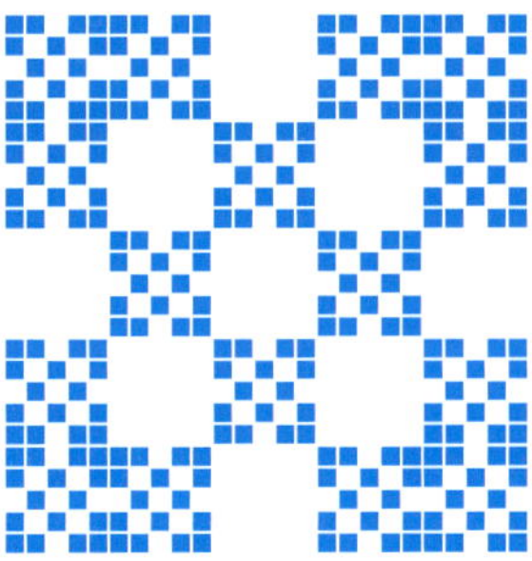	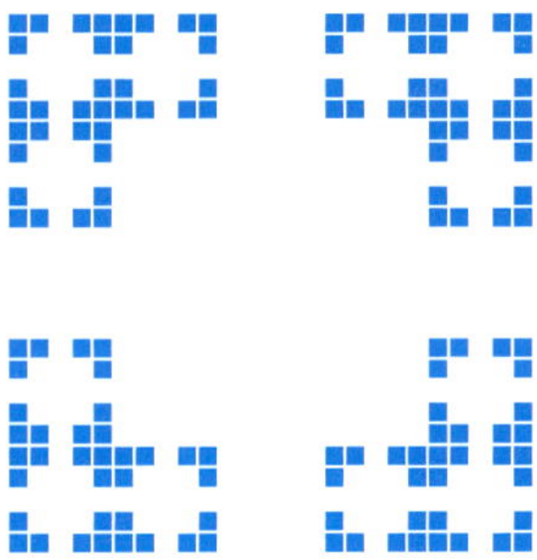	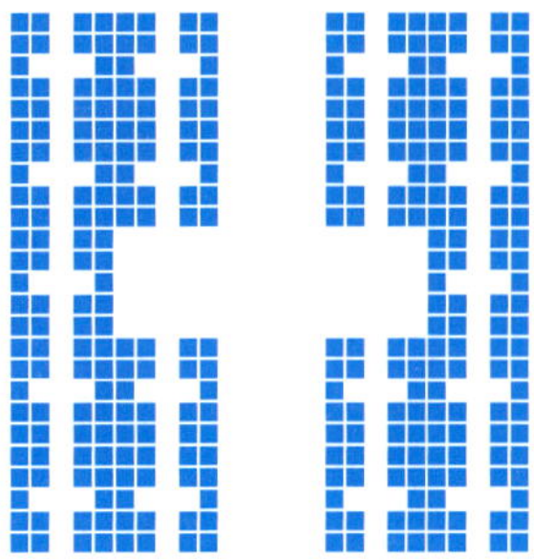
	$\log_{25} 256 = 1.723$	$\log_{25} 144 = 1.544$	$\log_{25} 324 = 1.796$
3단계		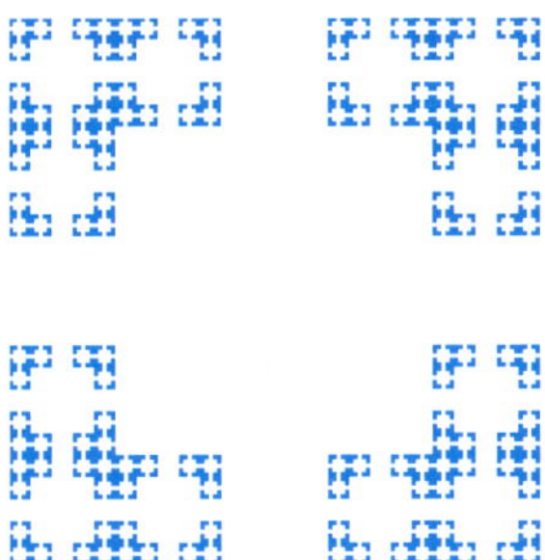	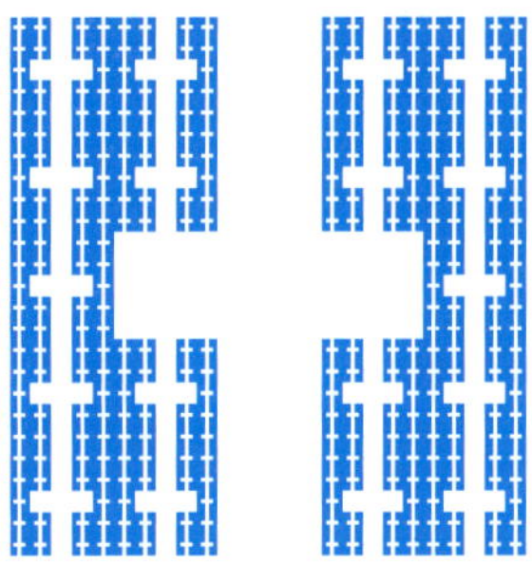
	$\log_{125} 4096 = 1.723$	$\log_{125} 1728 = 1.544$	$\log_{125} 5832 = 1.796$

따스한 햇살을 마음에 담아 두고 싶다.

	$F_{29010619}$	$F_{30459415}$	$F_{33081343}$
1단계			
	$\log_5 16 = 1.723$	$\log_5 12 = 1.544$	$\log_5 22 = 1.921$
2단계	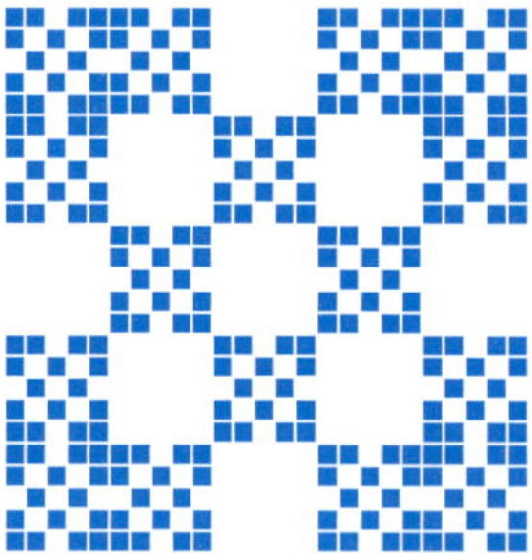	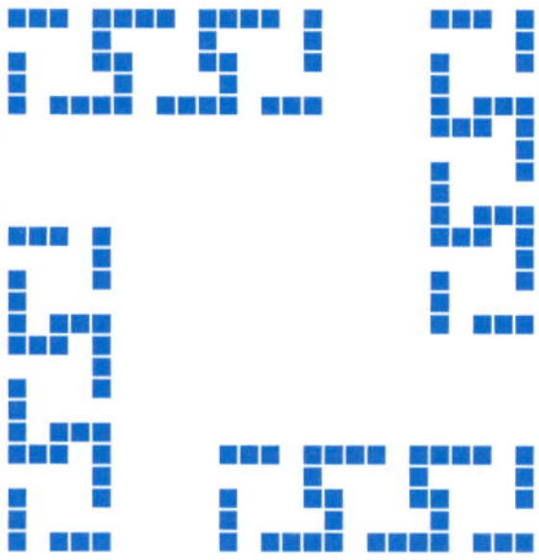	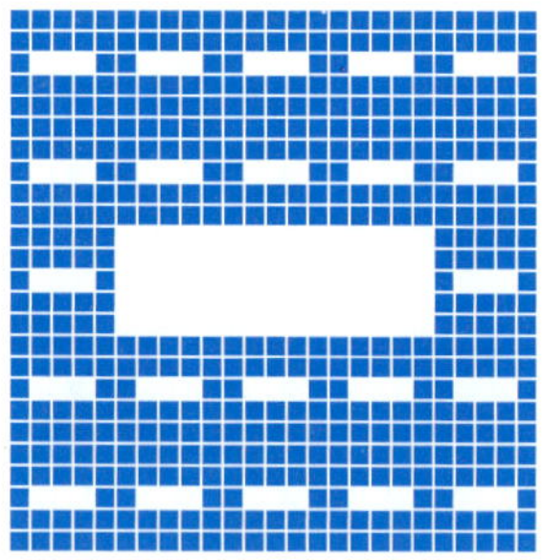
	$\log_{25} 256 = 1.723$	$\log_{25} 144 = 1.544$	$\log_{25} 484 = 1.921$
3단계		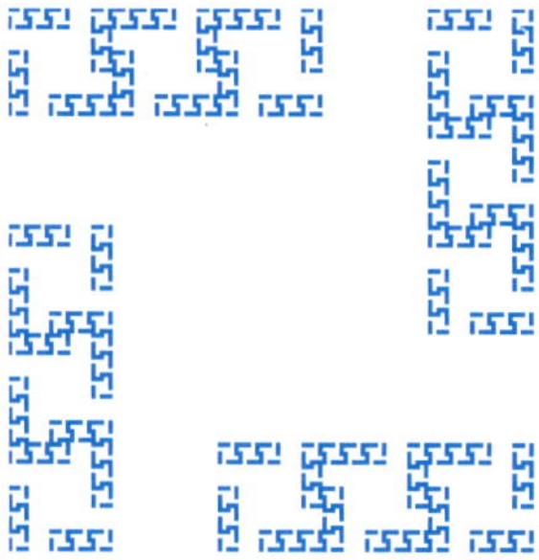	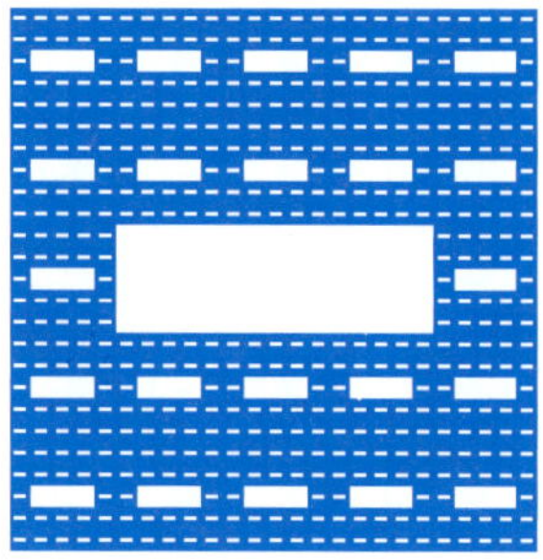
	$\log_{125} 4096 = 1.723$	$\log_{125} 1728 = 1.544$	$\log_{125} 10648 = 1.921$

푸른 산을 보면 마음이 즐겁다. 산처럼 살아가는 것은 즐겁다.

	$F_{4681156}$	$F_{19015825}$	$F_{11195850}$
1단계			
	$\log_5 12 = 1.544$	$\log_5 8 = 1.292$	$\log_5 13 = 1.594$
2단계	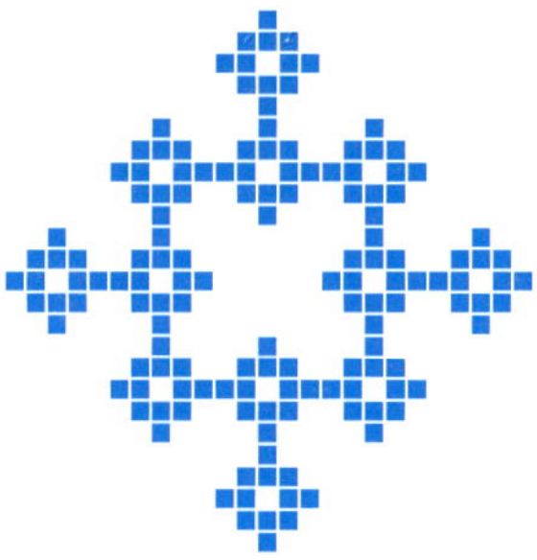	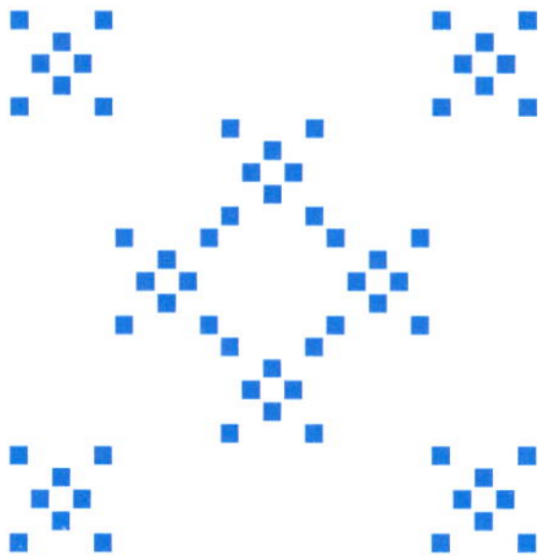	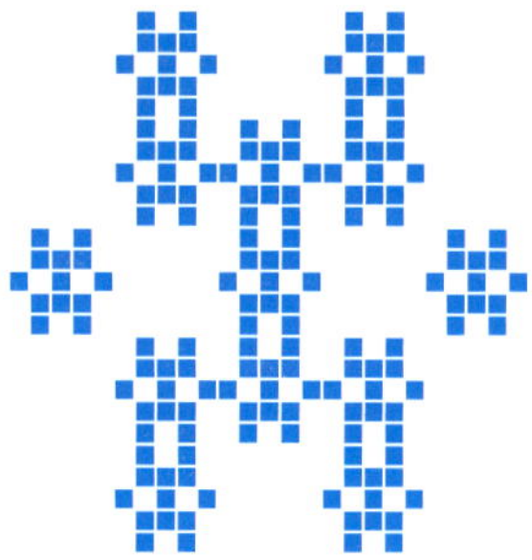
	$\log_{25} 144 = 1.544$	$\log_{25} 64 = 1.292$	$\log_{25} 169 = 1.594$
3단계			
	$\log_{125} 1728 = 1.544$	$\log_{125} 512 = 1.292$	$\log_{125} 2197 = 1.594$

노력은 사람을 속이지 않는다.

	$F_{22178965}$	$F_{22178965}$	$F_{33216383}$
1단계			
	$\log_5 12 = 1.544$	$\log_5 12 = 1.544$	$\log_5 21 = 1.892$
2단계	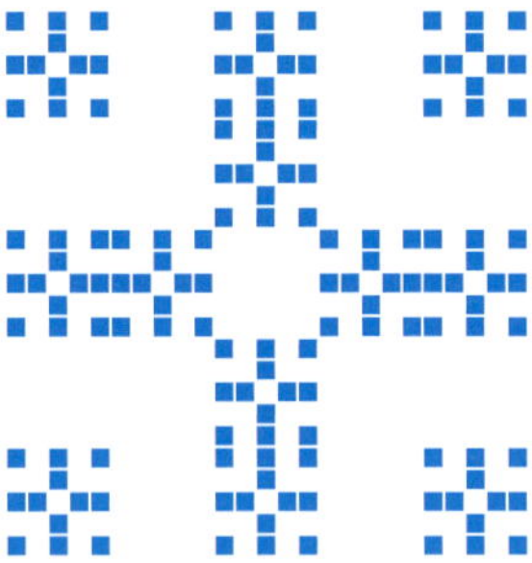	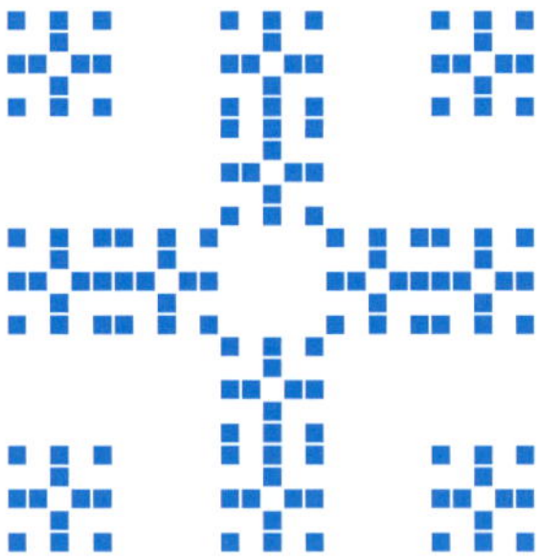	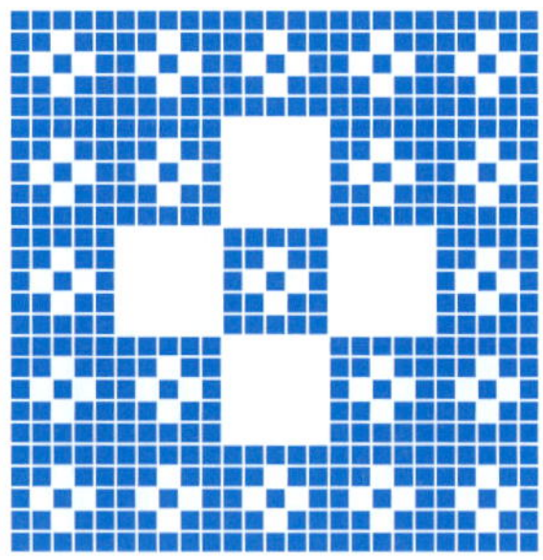
	$\log_{25} 144 = 1.544$	$\log_{25} 144 = 1.544$	$\log_{25} 441 = 1.892$
3단계			
	$\log_{125} 1728 = 1.544$	$\log_{125} 1728 = 1.544$	$\log_{125} 9261 = 1.892$

오늘이란 말 속에는 새로움이 있다.

	$F_{28873275}$	$F_{28873275}$	$F_{28447611}$
1단계			
	$\log_5 13 = 1.594$	$\log_5 13 = 1.594$	$\log_5 17 = 1.760$
2단계	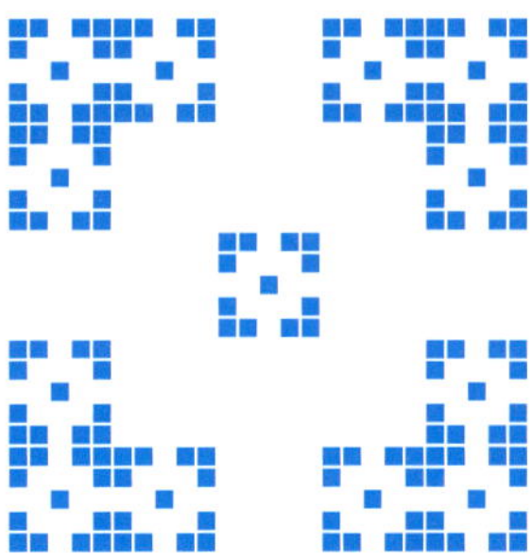	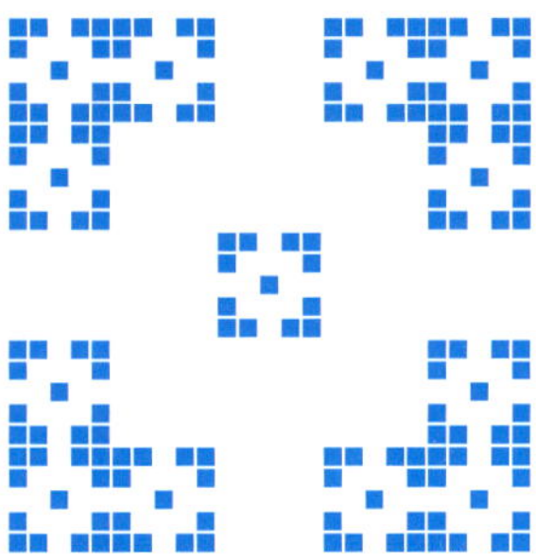	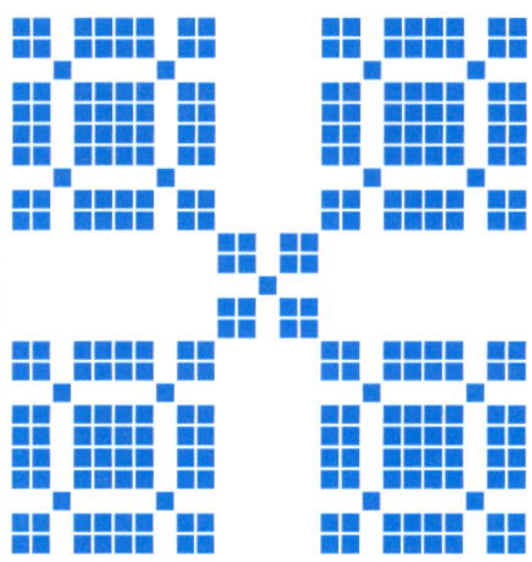
	$\log_{25} 169 = 1.594$	$\log_{25} 169 = 1.594$	$\log_{25} 289 = 1.760$
3단계	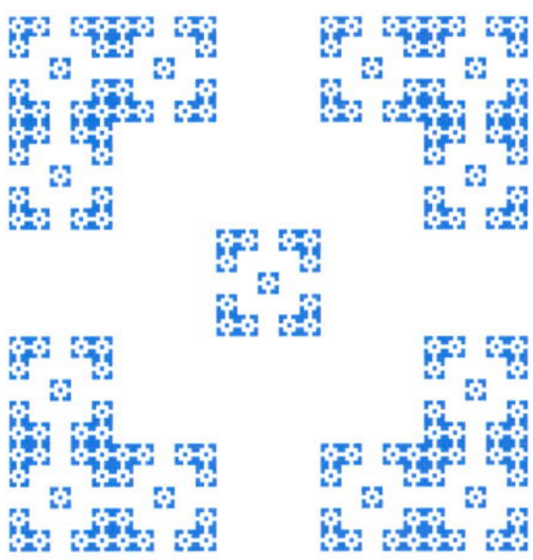	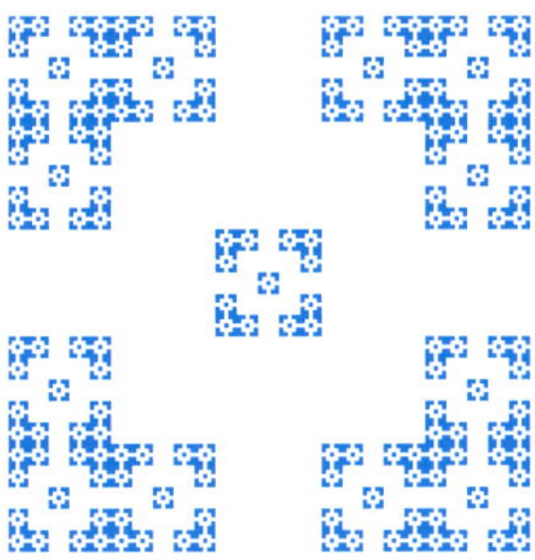	
	$\log_{125} 2197 = 1.594$	$\log_{125} 2197 = 1.594$	$\log_{125} 4913 = 1.760$

세상은 생각 만큼 아름답지 않다.

	$F_{10543268}$	$F_{17451535}$	$F_{21648370}$
1단계	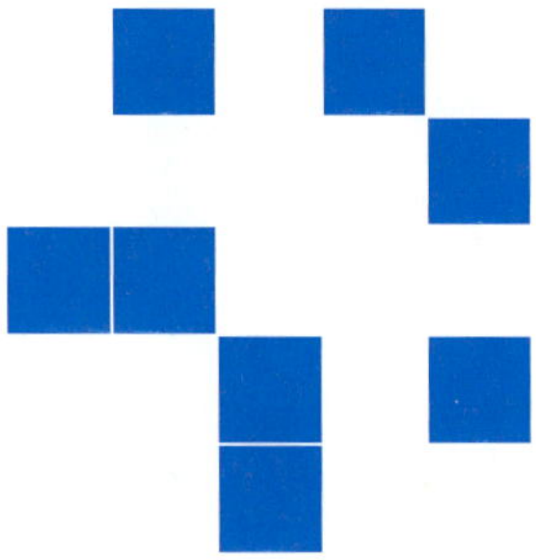	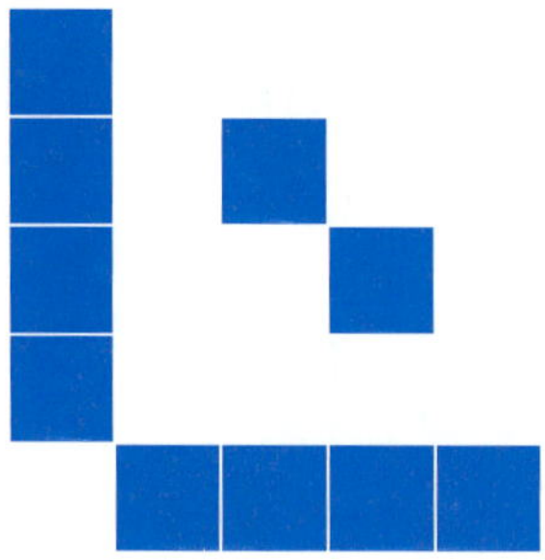	
	$\log_5 8 = 1.292$	$\log_5 10 = 1.431$	$\log_5 15 = 1.683$
2단계	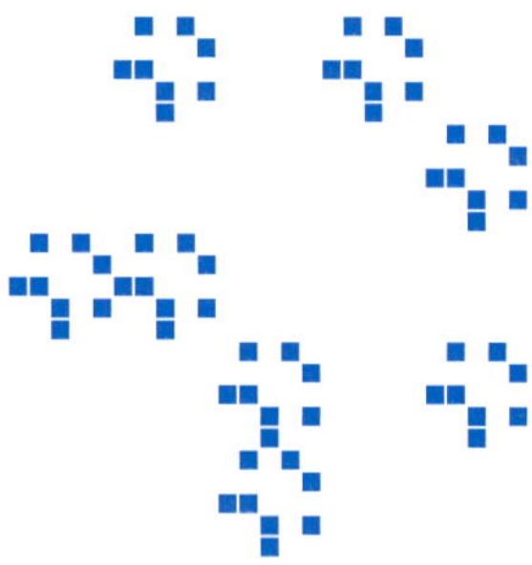	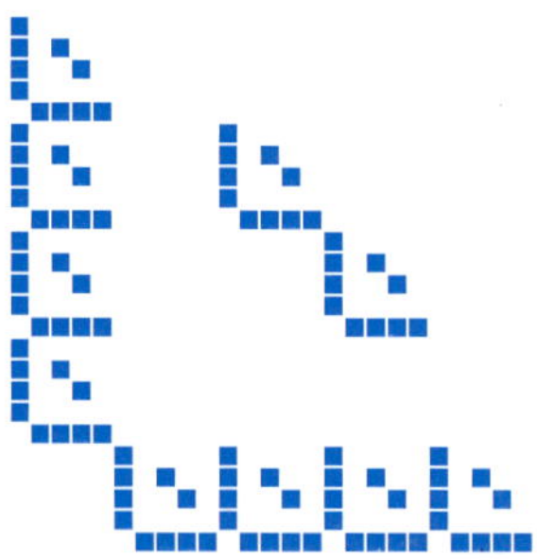	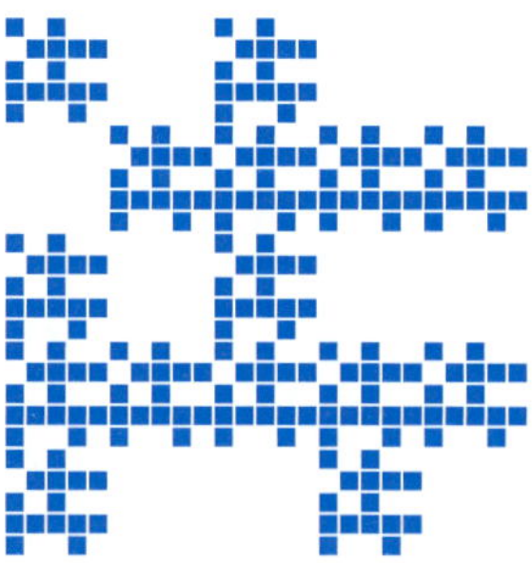
	$\log_{25} 64 = 1.292$	$\log_{25} 100 = 1.431$	$\log_{25} 225 = 1.683$
3단계	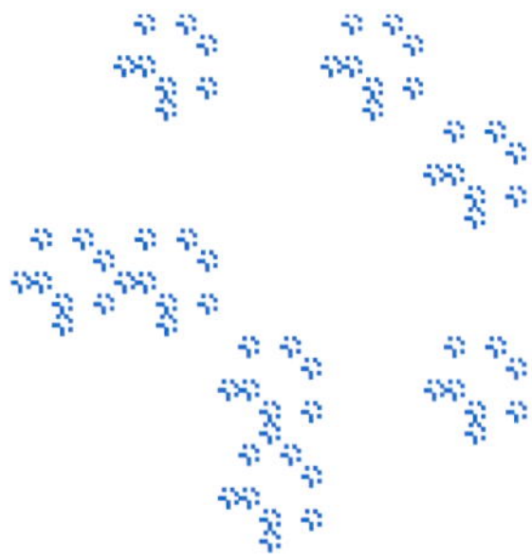	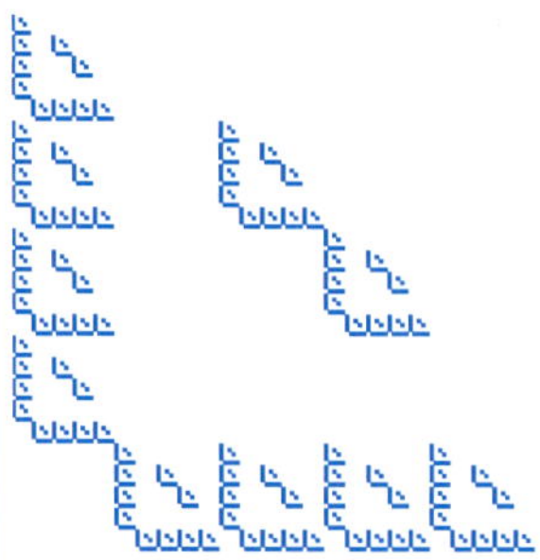	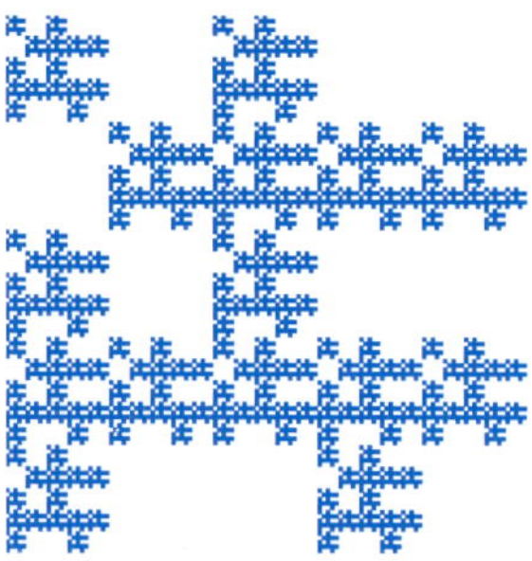
	$\log_{125} 512 = 1.292$	$\log_{125} 1000 = 1.431$	$\log_{125} 3375 = 1.683$

비바람을 맞은 사람은 어디에서나 잘 산다.

	$F_{12961606}$	$F_{7161196}$	$F_{28785659}$
1단계			
	$\log_5 12 = 1.544$	$\log_5 12 = 1.544$	$\log_5 21 = 1.892$
2단계		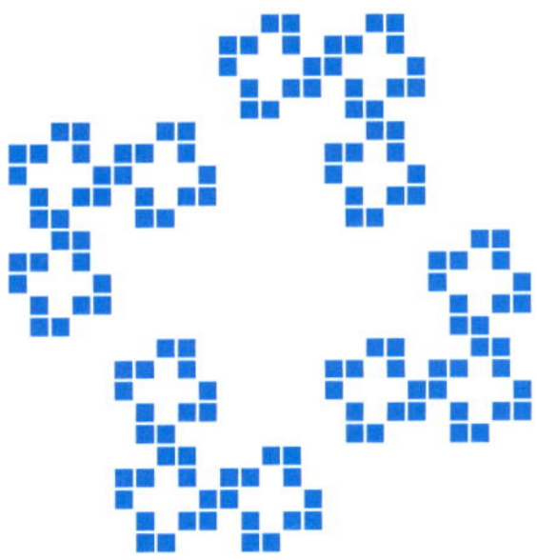	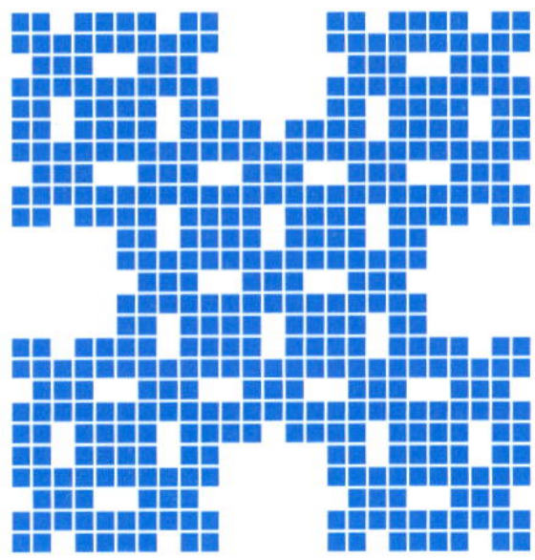
	$\log_{25} 144 = 1.544$	$\log_{25} 144 = 1.544$	$\log_{25} 441 = 1.892$
3단계	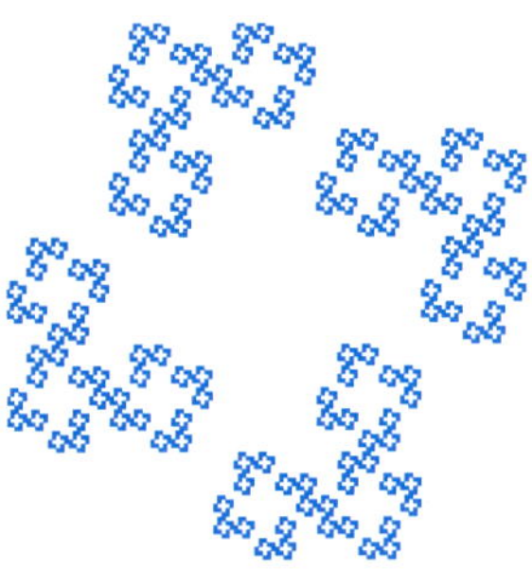	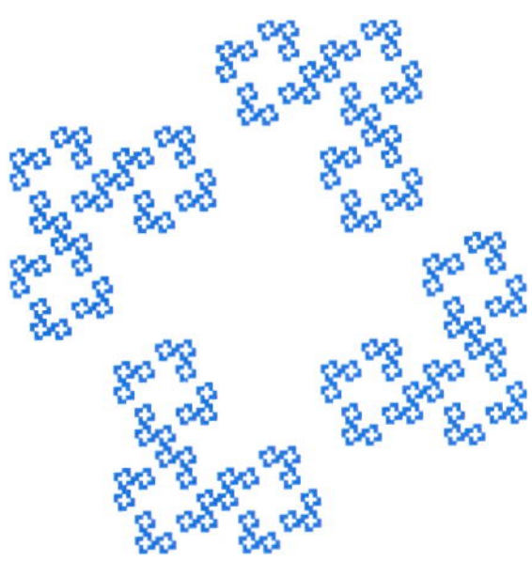	
	$\log_{125} 1728 = 1.544$	$\log_{125} 1728 = 1.544$	$\log_{125} 9261 = 1.892$

행복은 마음의 준비가 있어야 한다.

	$F_{6411540}$	$F_{24829503}$	$F_{25165495}$
1단계			
	$\log_5 10 = 1.431$	$\log_5 18 = 1.796$	$\log_5 21 = 1.892$
2단계	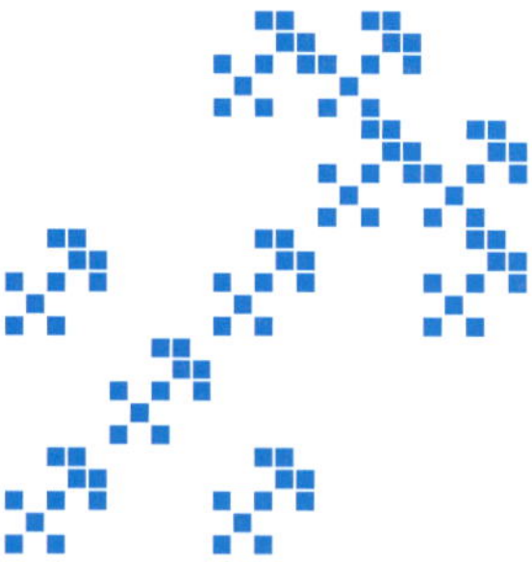	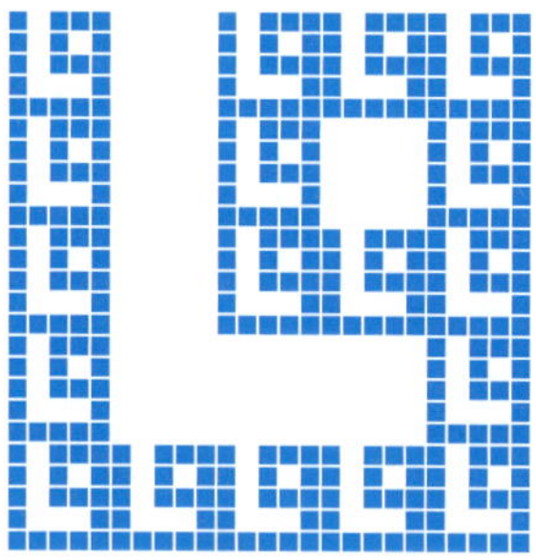	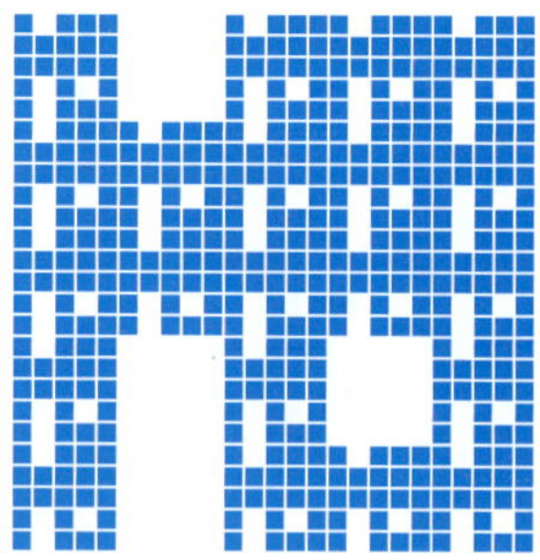
	$\log_{25} 100 = 1.431$	$\log_{25} 324 = 1.796$	$\log_{25} 441 = 1.892$
3단계	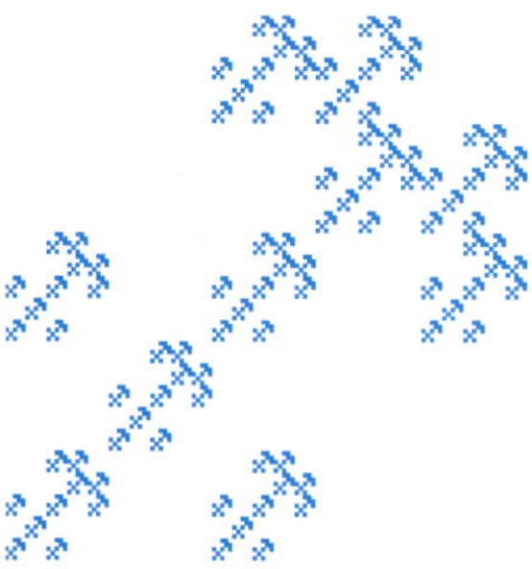		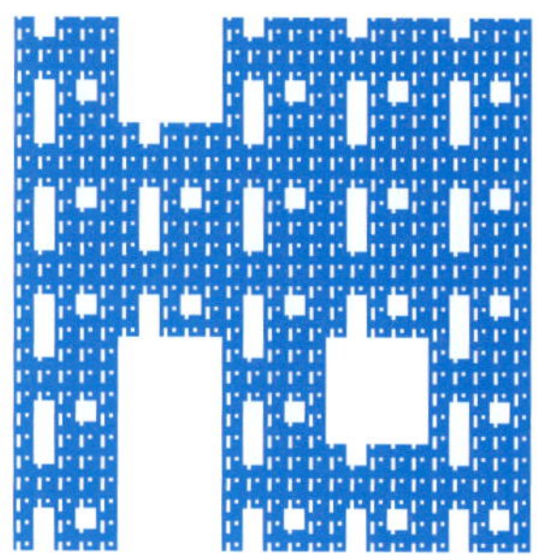
	$\log_{125} 1000 = 1.431$	$\log_{125} 5832 = 1.796$	$\log_{125} 9261 = 1.892$

수학이 내게 가져다 준 의미는 무엇인가.

	$F_{20588729}$	$F_{28869307}$	$F_{33216379}$
1단계			
	$\log_5 12 = 1.544$	$\log_5 13 = 1.594$	$\log_5 20 = 1.861$
2단계	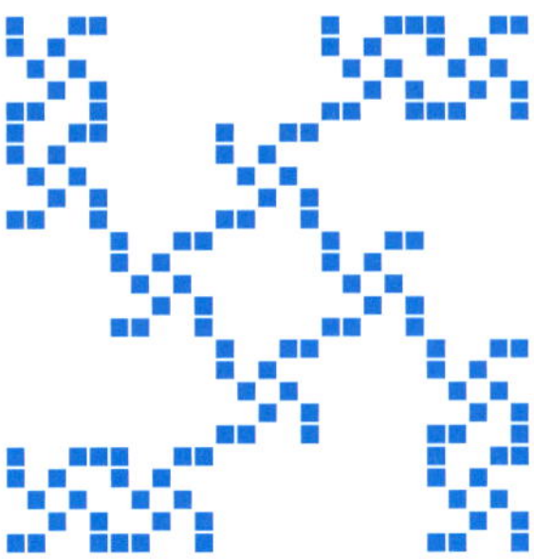	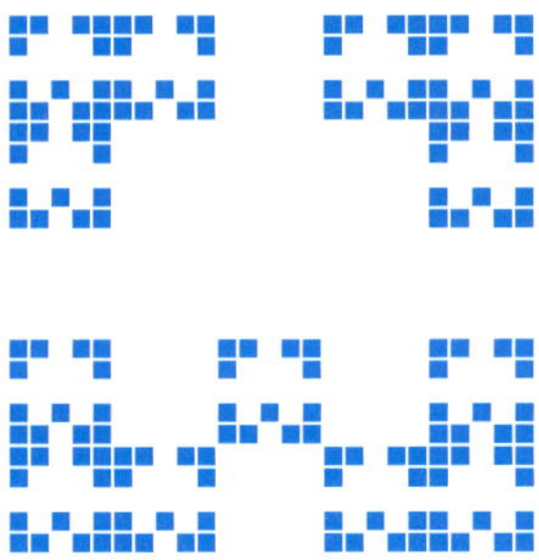	
	$\log_{25} 144 = 1.544$	$\log_{25} 169 = 1.594$	$\log_{25} 400 = 1.861$
3단계	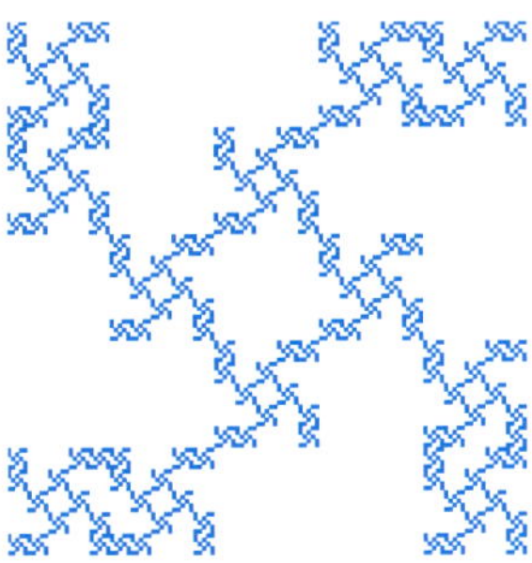	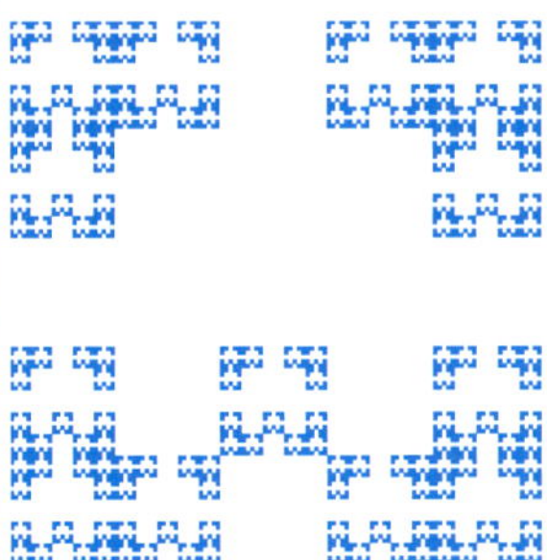	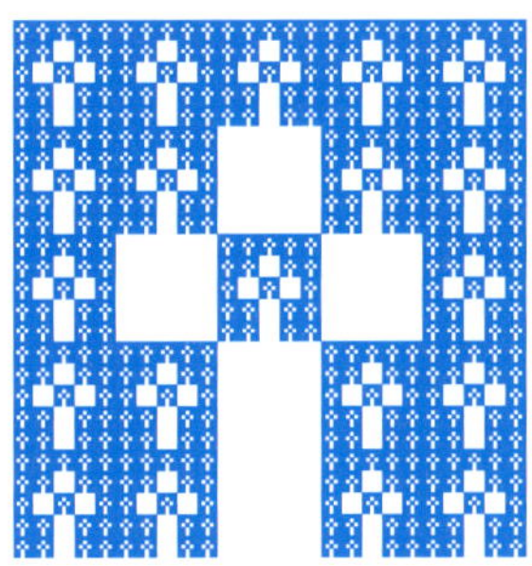
	$\log_{125} 1728 = 1.544$	$\log_{125} 2197 = 1.594$	$\log_{125} 8000 = 1.861$

수학을 통해 얻은 것과 잃은 것

	$F_{33408891}$	$F_{11184450}$	$F_{32844799}$
1단계			
	$\log_5 19 = 1.829$	$\log_5 10 = 1.431$	$\log_5 22 = 1.921$
2단계	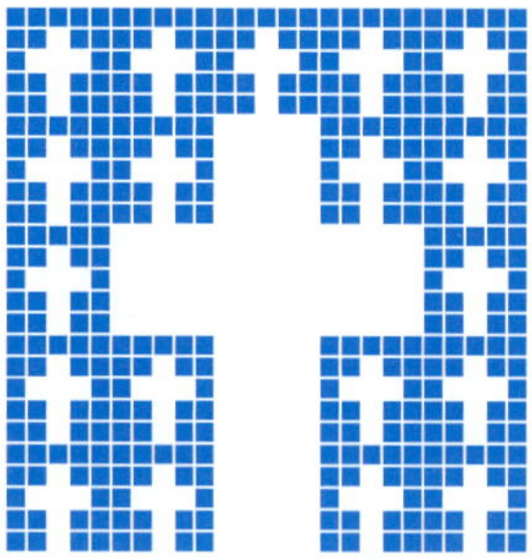	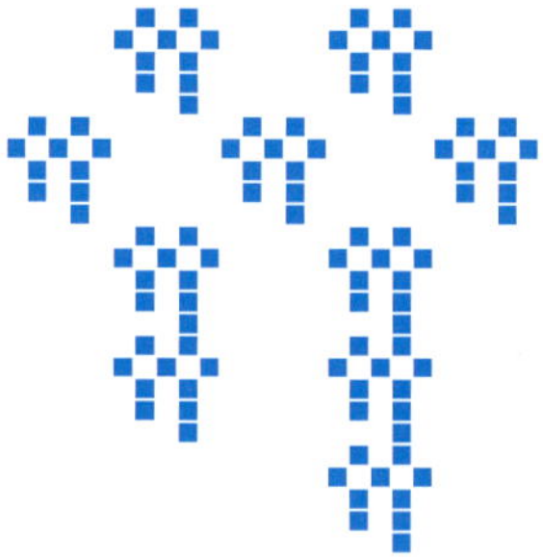	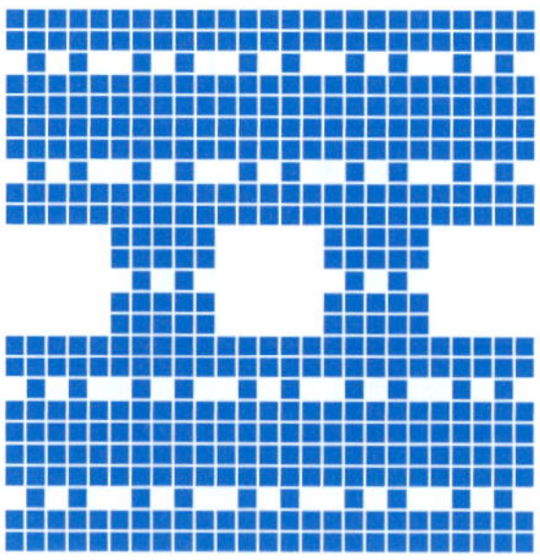
	$\log_{25} 361 = 1.829$	$\log_{25} 100 = 1.431$	$\log_{25} 484 = 1.921$
3단계		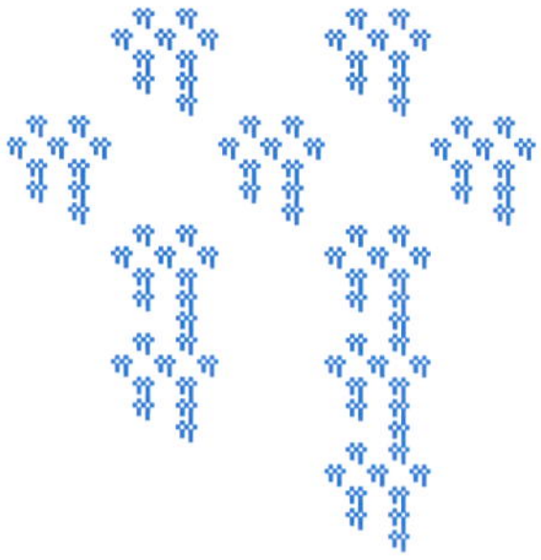	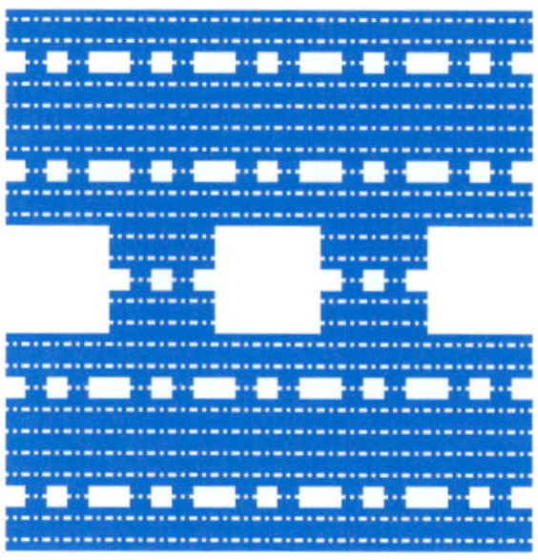
	$\log_{125} 6859 = 1.829$	$\log_{125} 1000 = 1.431$	$\log_{64} 10648 = 1.921$

수학을 창조의 영역에서 바라 보아야 한다.

	$F_{11184450}$	$F_{30604951}$	$F_{22730420}$
1단계			
	$\log_5 10 = 1.431$	$\log_5 17 = 1.760$	$\log_5 16 = 1.723$
2단계	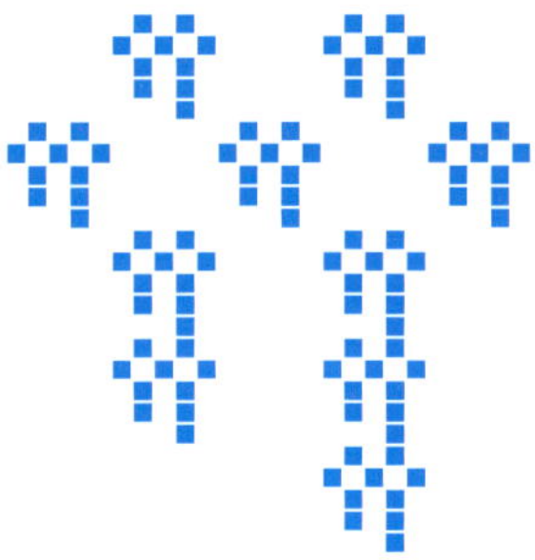	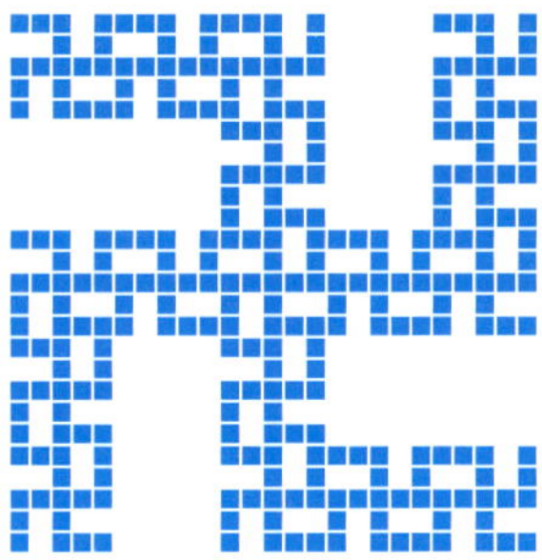	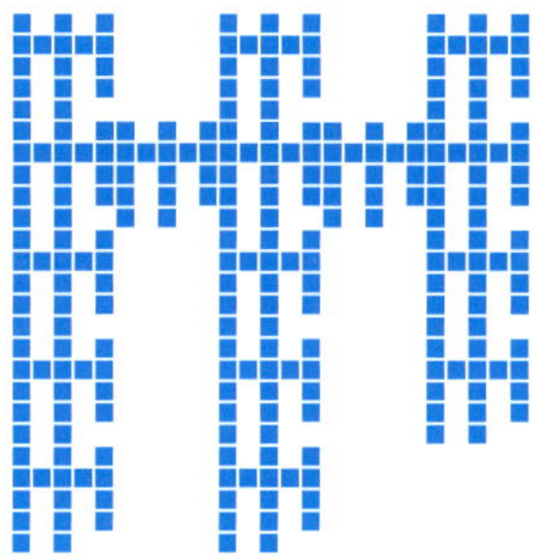
	$\log_{25} 100 = 1.431$	$\log_{25} 289 = 1.760$	$\log_{25} 256 = 1.723$
3단계	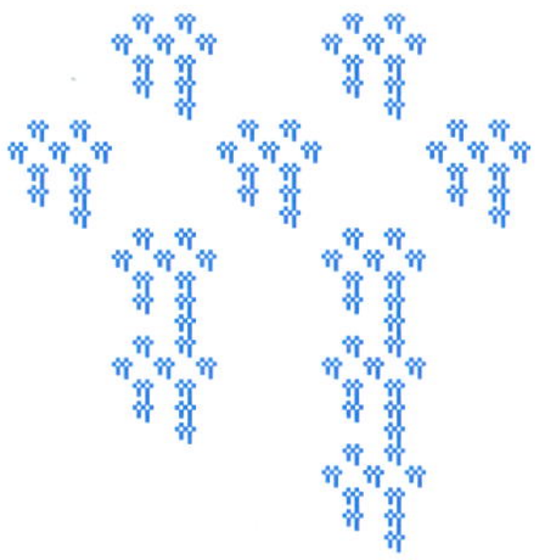		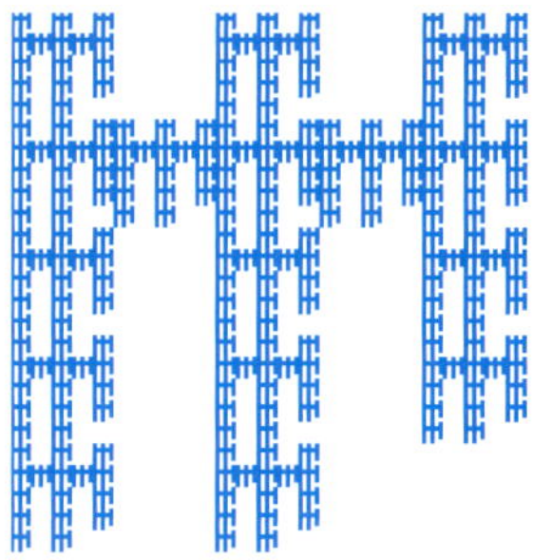
	$\log_{125} 1000 = 1.431$	$\log_{125} 4913 = 1.760$	$\log_{125} 4096 = 1.723$

3 1단계 6×6 프랙탈

(1) $F_1(35735471265)$, $\log_6 8=\log_{36}64=\log_{216}512=1.161$

① 1단계	② 2단계
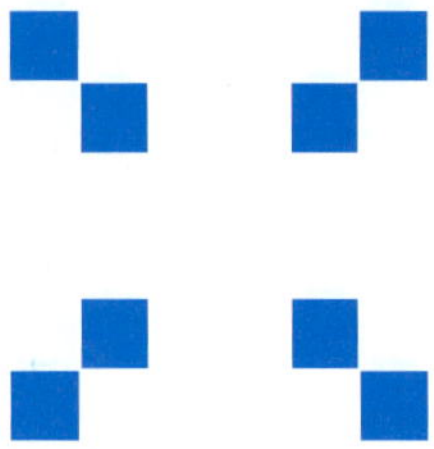	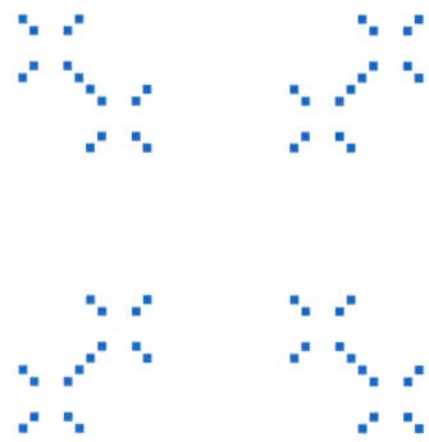

③ 3단계

$F_1^C(32984005470)$, $\log_6 28 = \log_{36} 784 = \log_{216} 21952 = 1.860$

<table>
<tr><th>① 1단계</th><th>② 2단계</th></tr>
<tr><td></td><td>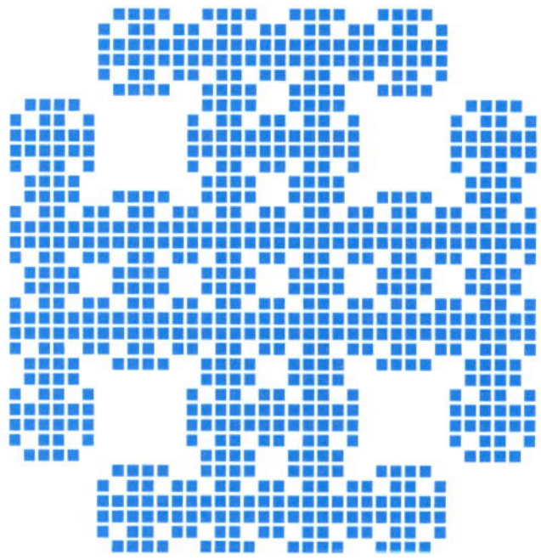</td></tr>
<tr><th colspan="2">③ 3단계</th></tr>
<tr><td colspan="2"></td></tr>
</table>

(2) $F_1(17402768130)$, $\log_6 12 = \log_{36} 144 = \log_{216} 1728 = 1.387$

① 1단계	② 2단계
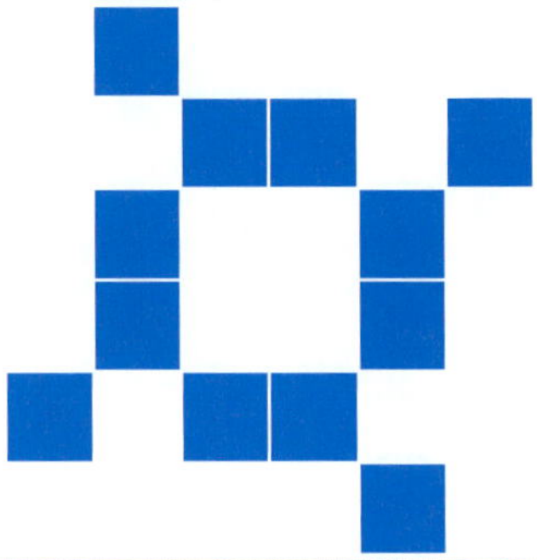	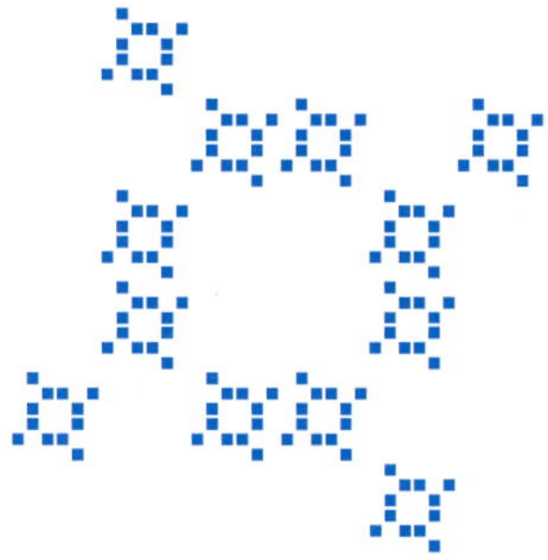

③ 3단계
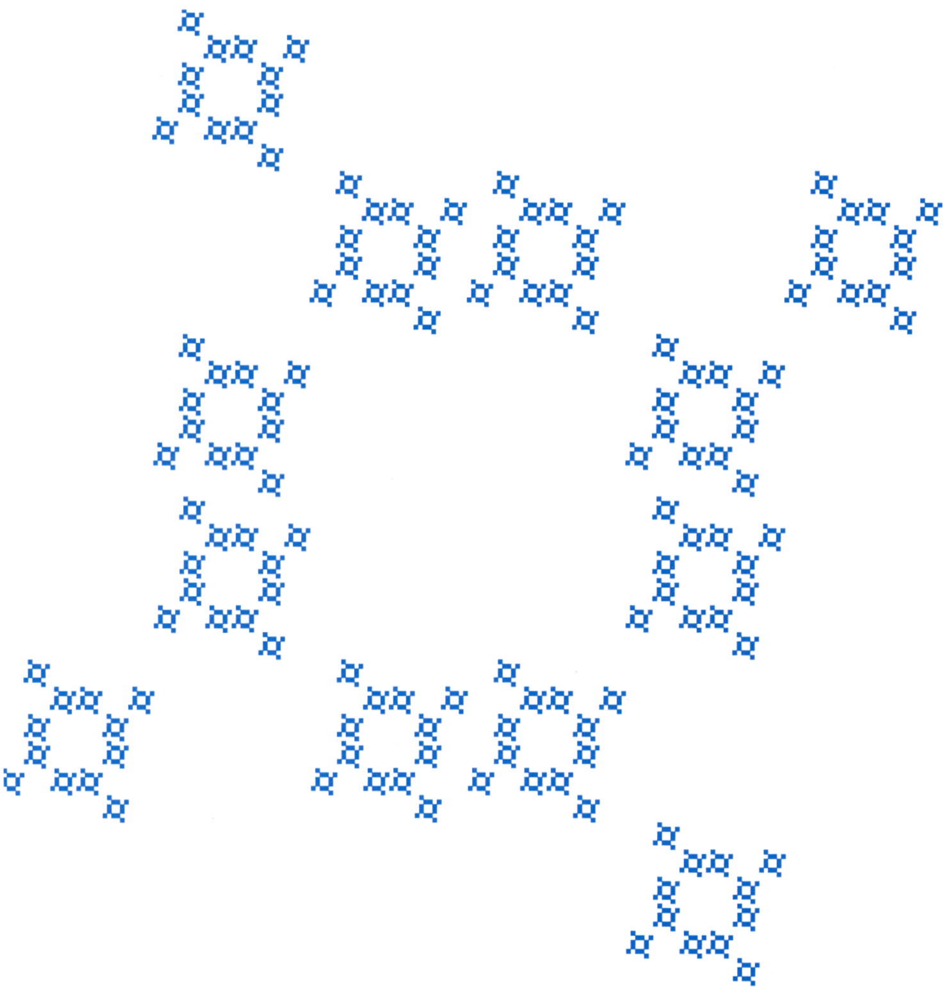

$F_1^C(51316708605)$, $\log_6 24 = \log_{36} 576 = \log_{216} 13824 = 1.774$

① 1단계	② 2단계

③ 3단계

(3) $F_1(55314483315)$, $\log_6 12 = \log_{36} 144 = \log_{216} 1728 = 1.387$

① 1단계

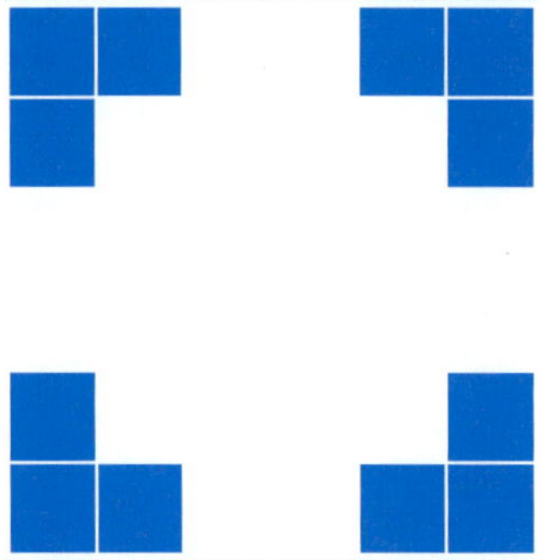

② 2단계

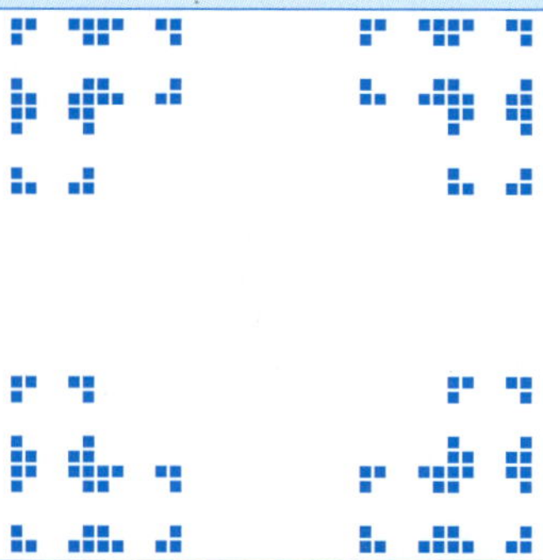

③ 3단계

$F_1^C(13404993420)$, $\log_6 24 = \log_{36} 576 = \log_{216} 13824 = 1.774$

① 1단계	② 2단계

③ 3단계

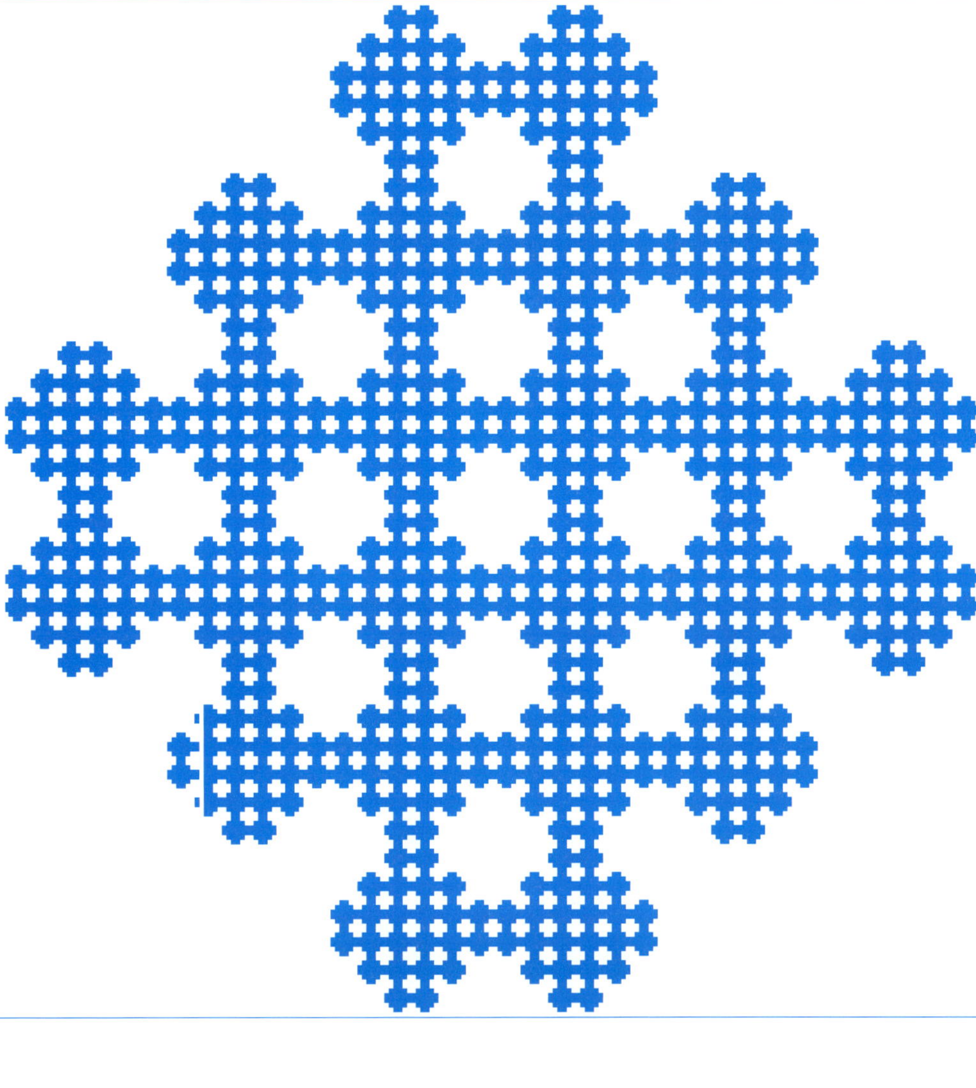

(4) $F_1(13330486668)$, $\log_6 16 = \log_{36} 256 = \log_{216} 4096 = 1.547$

① 1단계	② 2단계
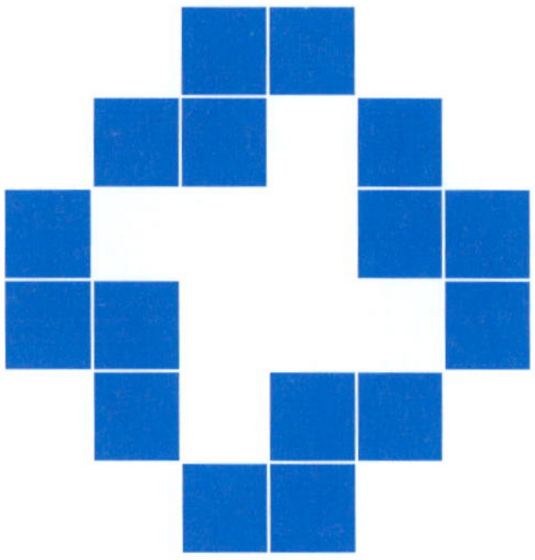	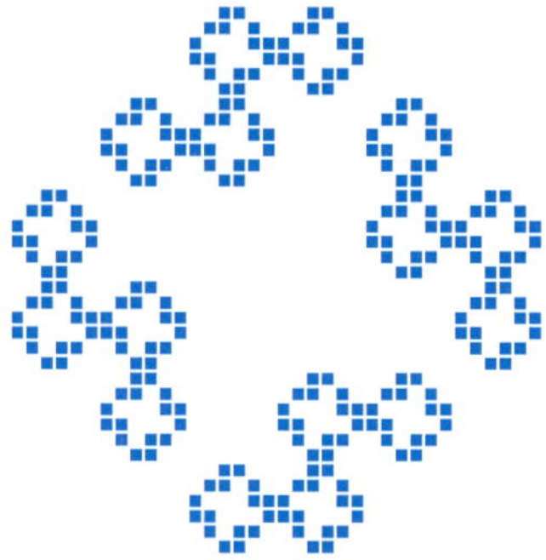

③ 3단계

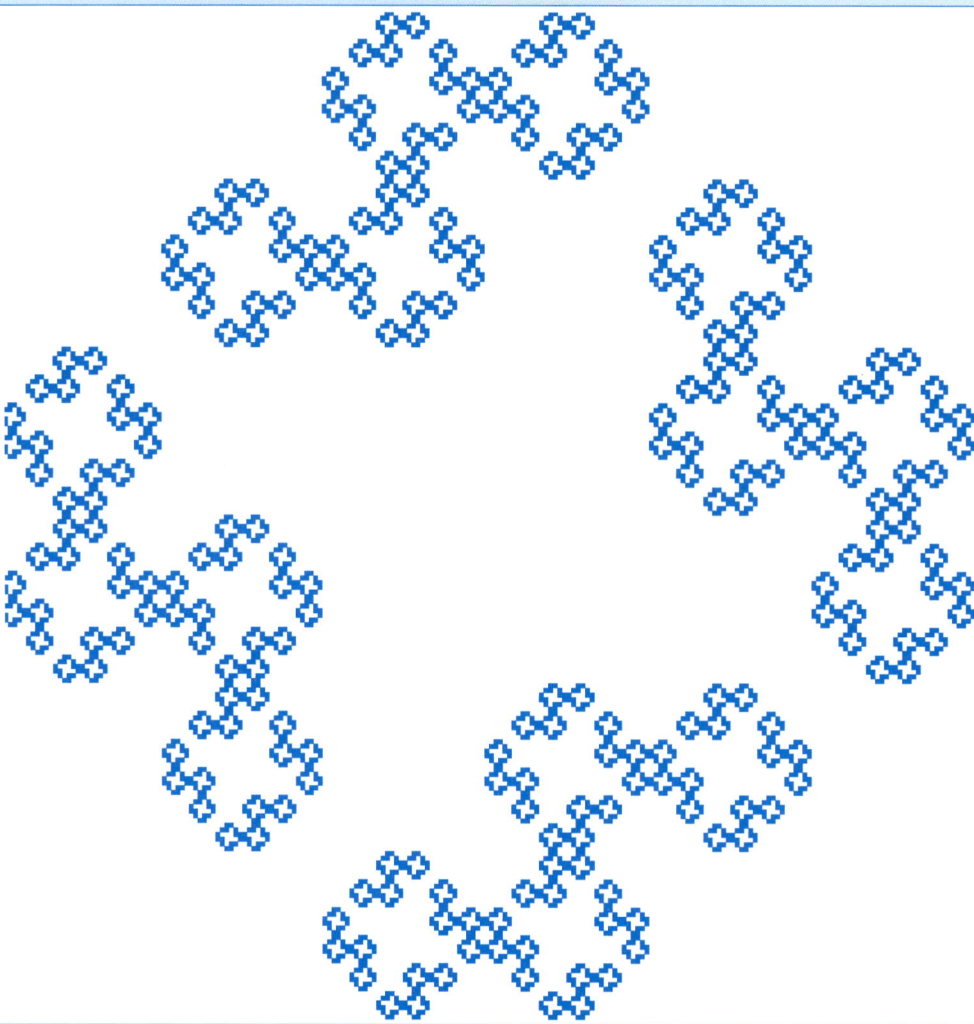

$F_1^C(53284555123)$, $\log_6 20 = \log_{36} 400 = \log_{216} 8000 = 1.672$

① 1단계	② 2단계
	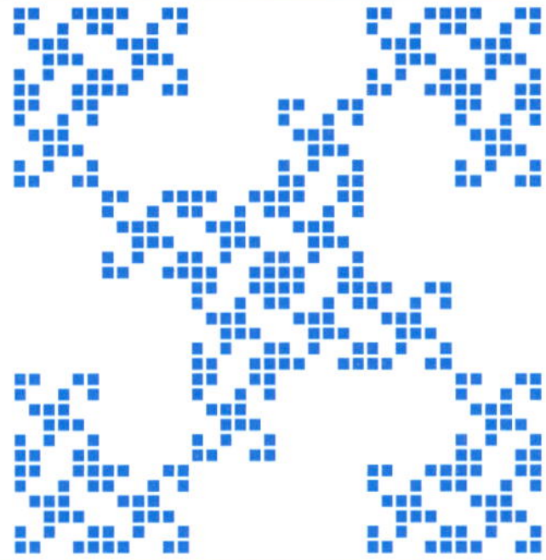

③ 3단계

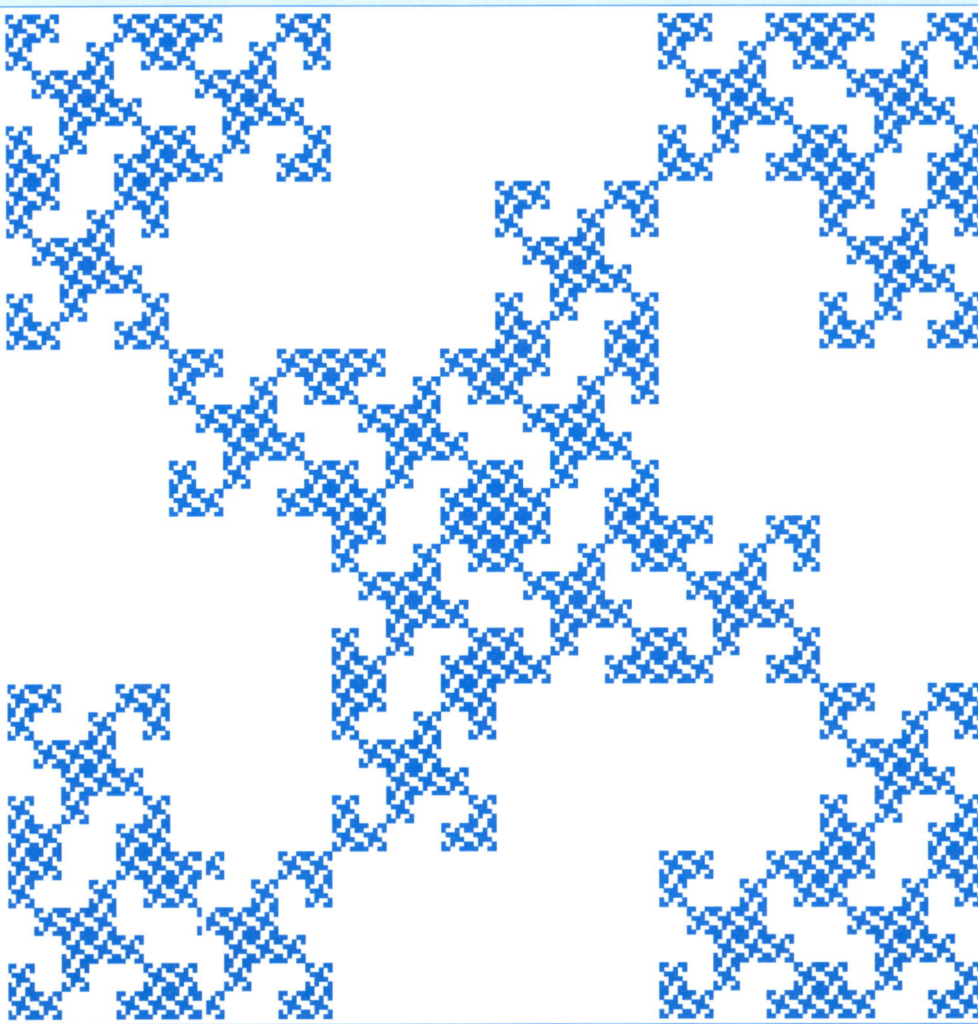

(5) $F_1(35941590945)$, $\log_6 16 = \log_{36} 256 = \log_{216} 4096 = 1.547$

① 1단계	② 2단계
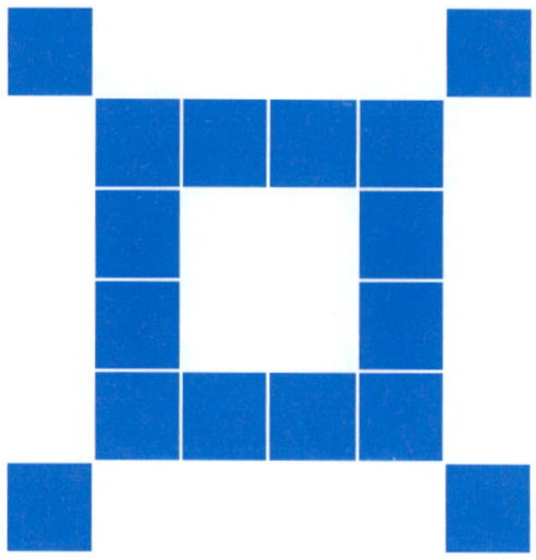	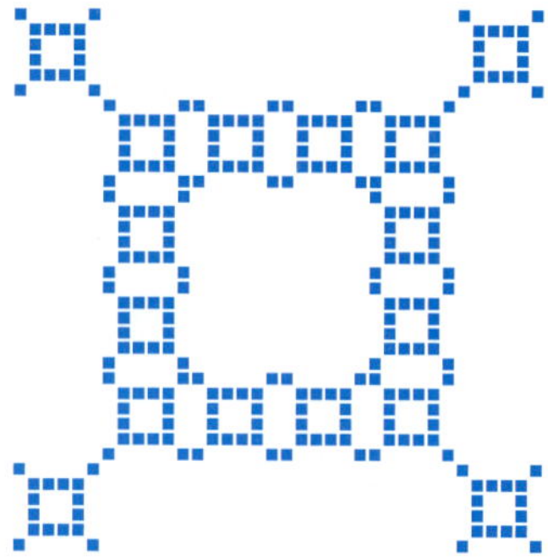

③ 3단계

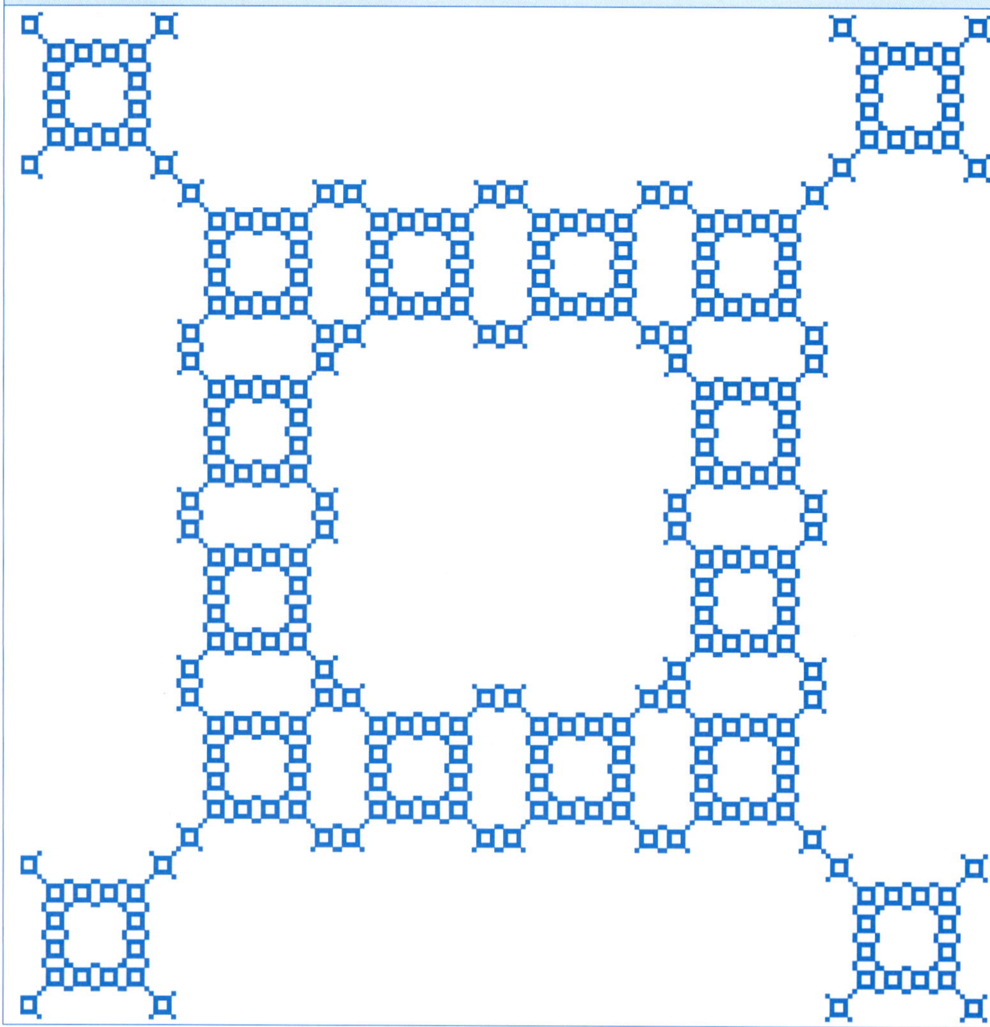

$F_1^C(32782604382)$, $\log_6 20 = \log_{36} 400 = \log_{216} 8000 = 1.672$

① 1단계	② 2단계
	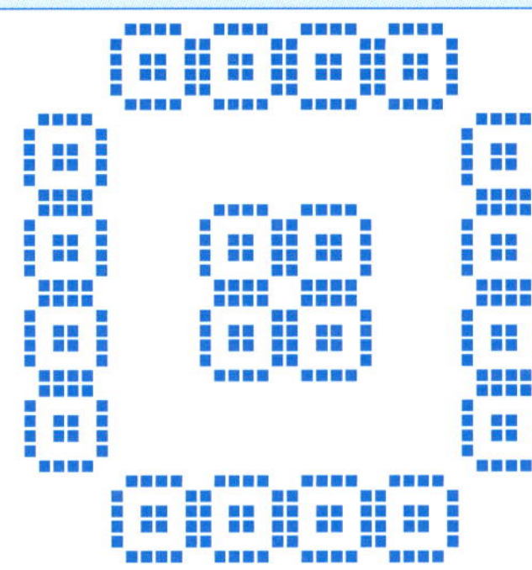

③ 3단계

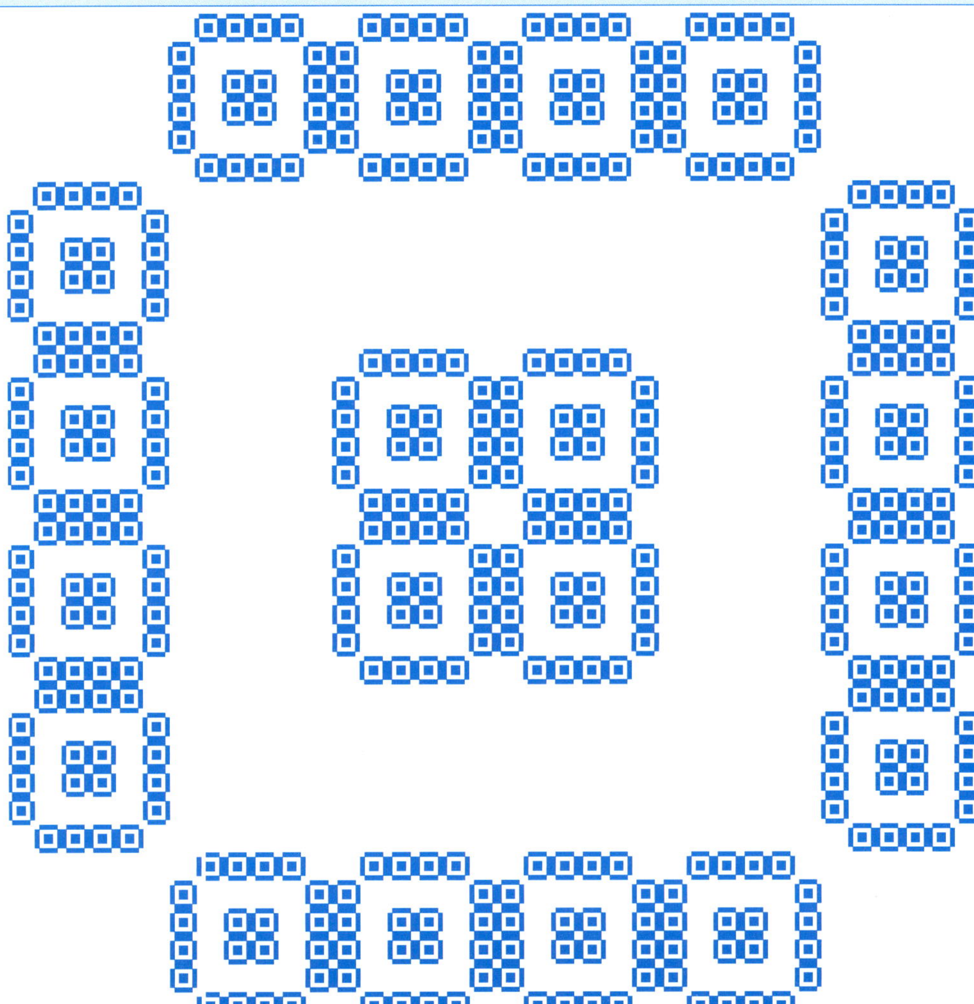

(6) $F_1(55317678195)$, $\log_6 16 = \log_{36} 256 = \log_{216} 4096 = 1.547$

① 1단계	② 2단계
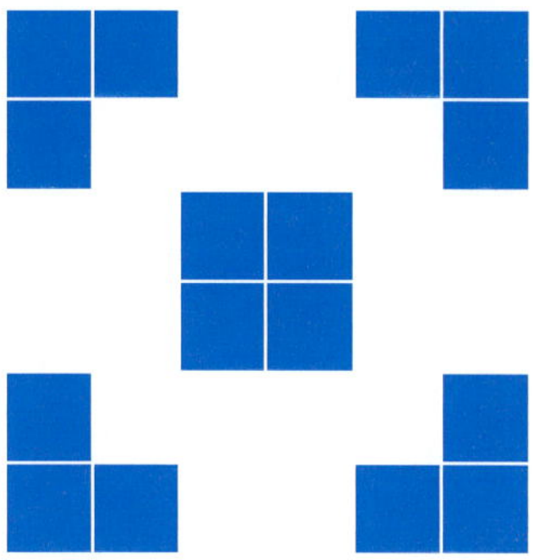	

③ 3단계

$F_1^C(13404944268)$, $\log_6 20 = \log_{36} 400 = \log_{216} 8000 = 1.672$

① 1단계	② 2단계
	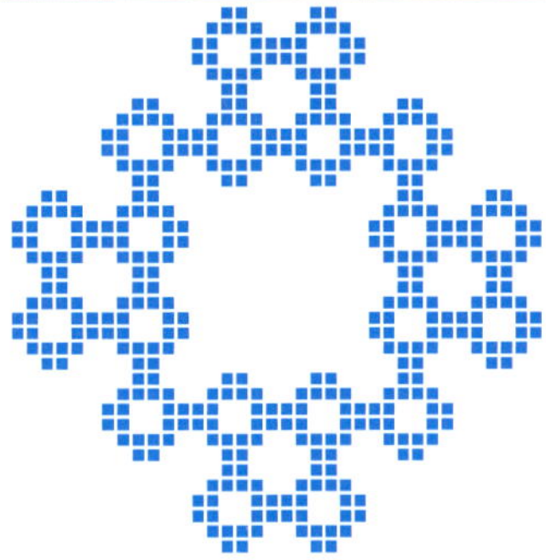

③ 3단계

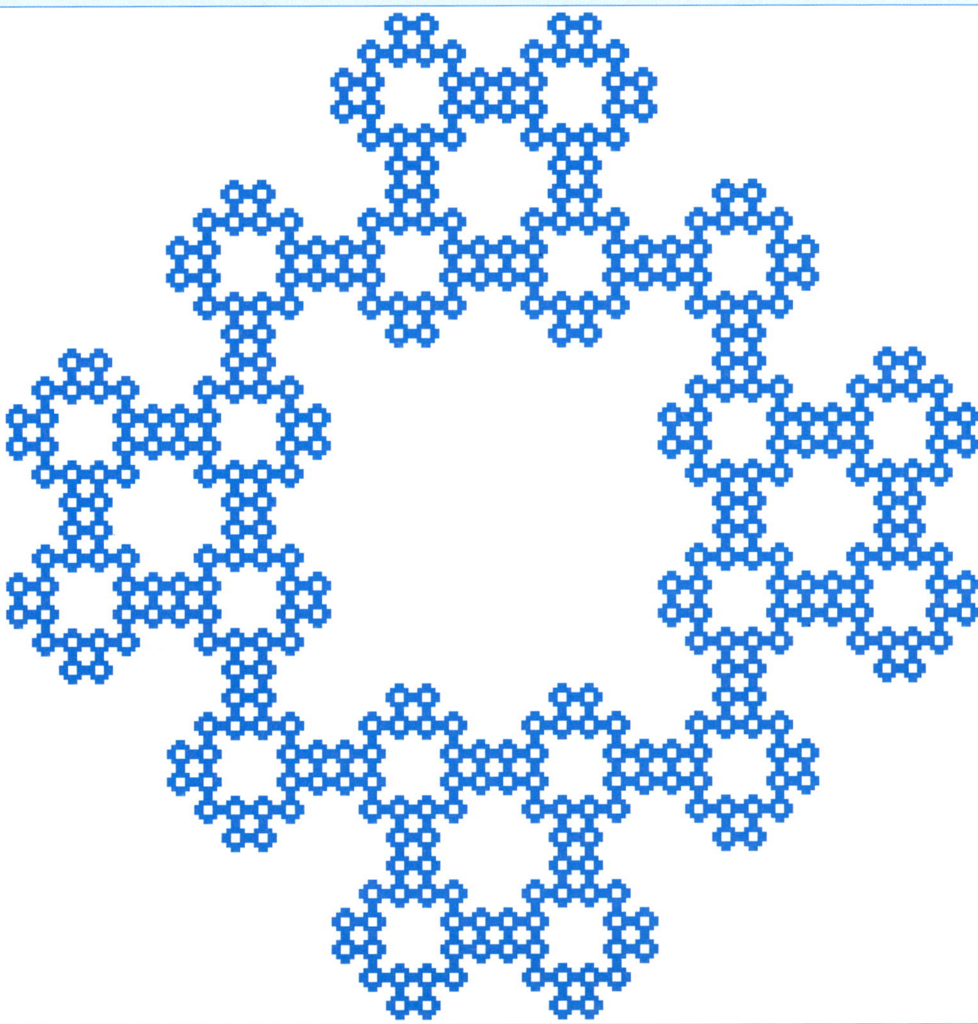

(7) $F_1(30161648142)$, $\log_6 16 = \log_{36} 256 = \log_{216} 4096 = 1.547$

① 1단계	② 2단계
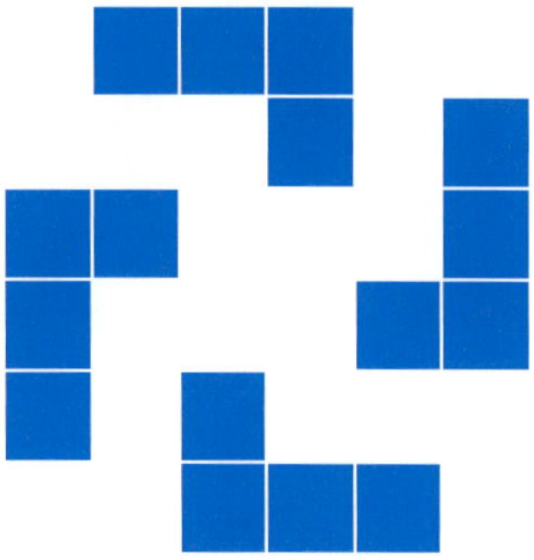	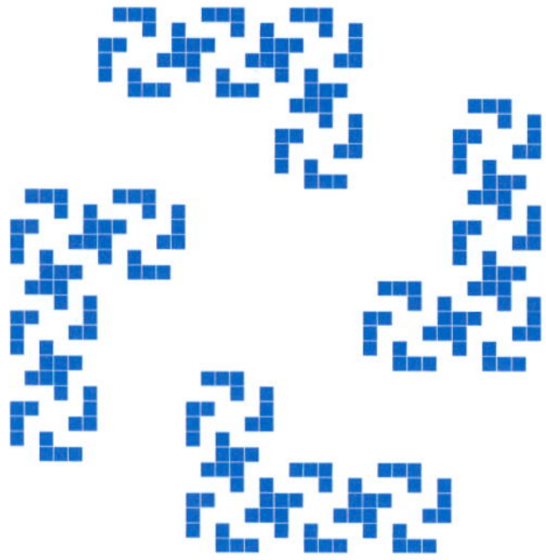

③ 3단계

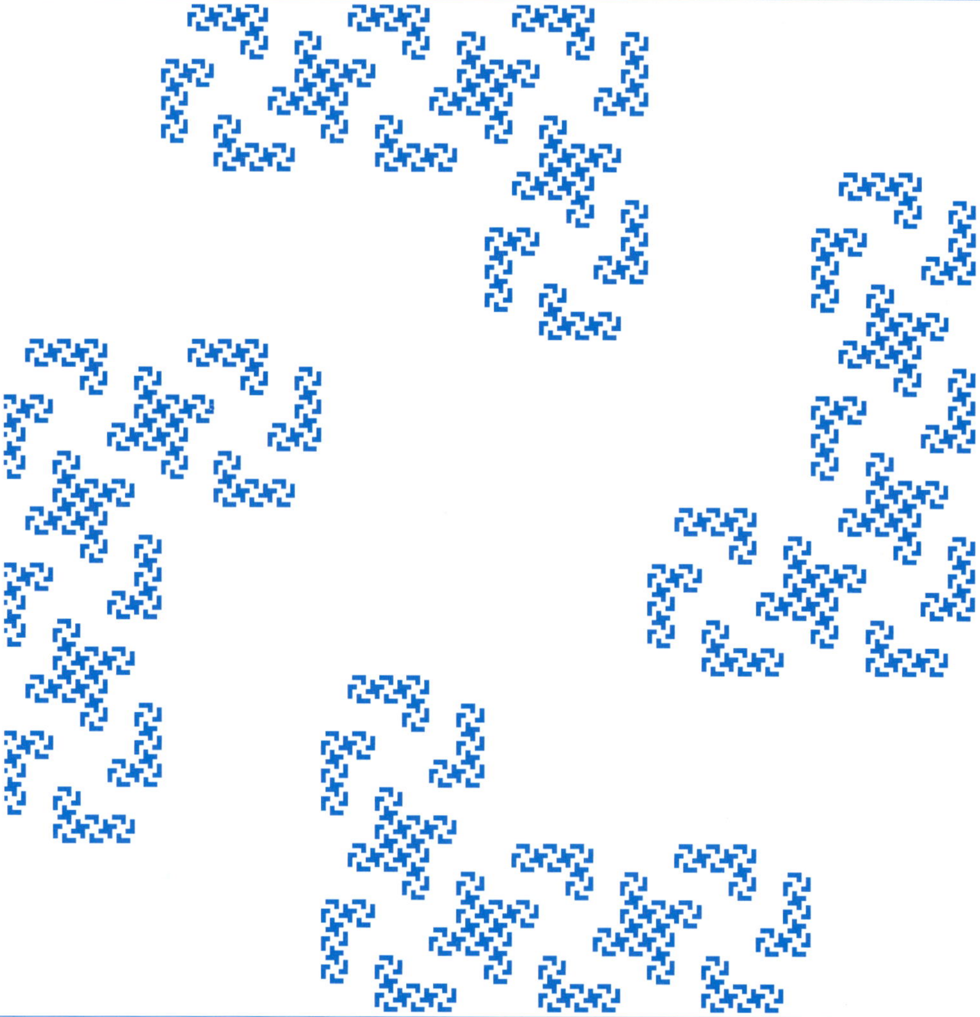

$F_1^C(38554158577)$, $\log_6 20 = \log_{36} 400 = \log_{216} 8000 = 1.672$

① 1단계	② 2단계
	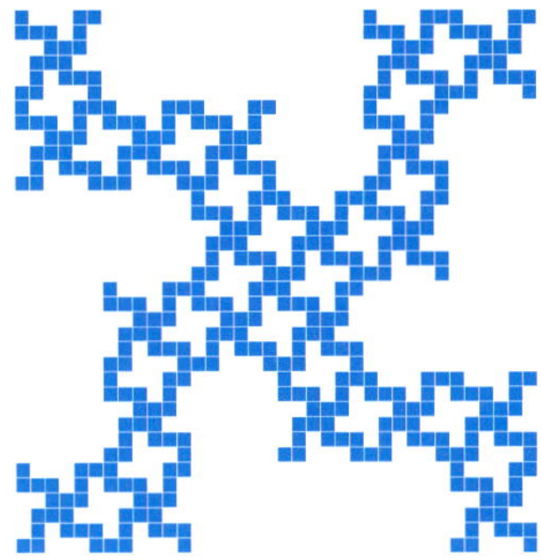

③ 3단계

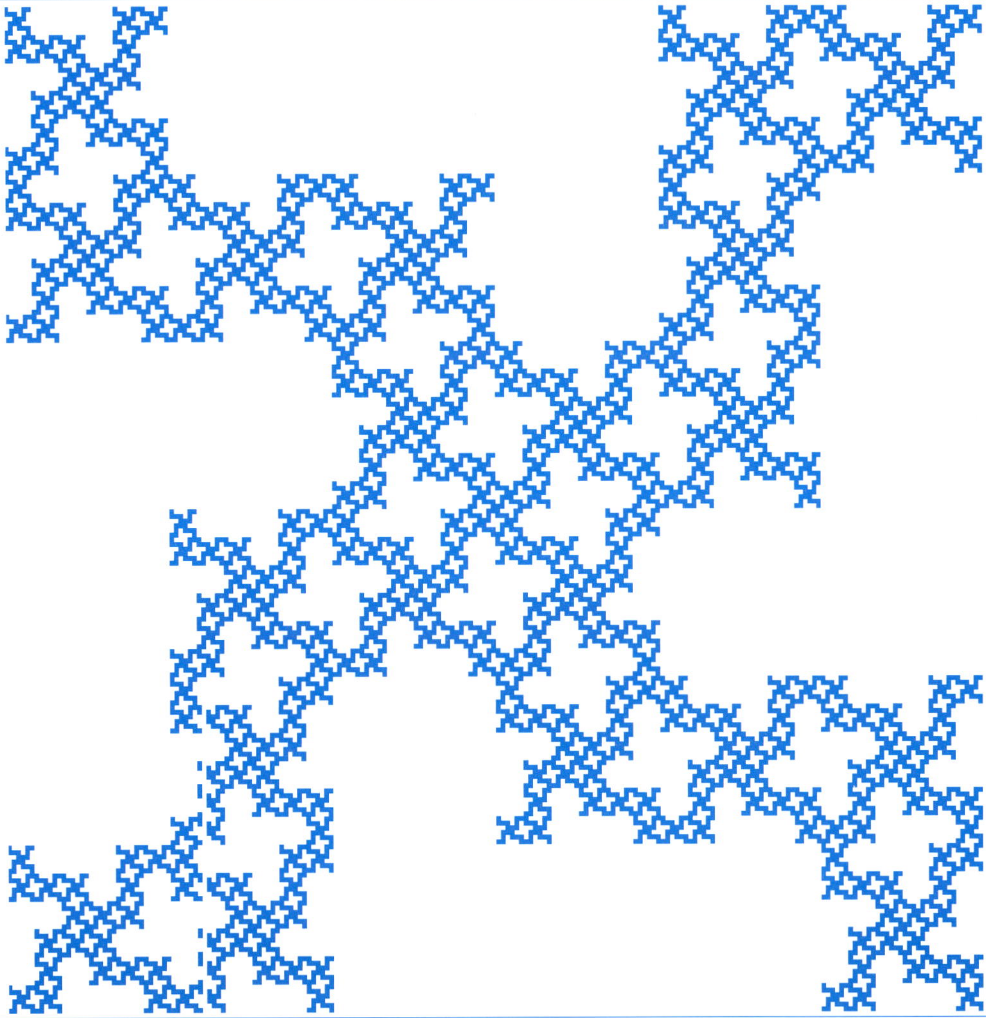

(8) $F_1(48536482605)$, $\log_6 20 = \log_{36} 400 = \log_{216} 8000 = 1.672$

① 1단계	② 2단계
	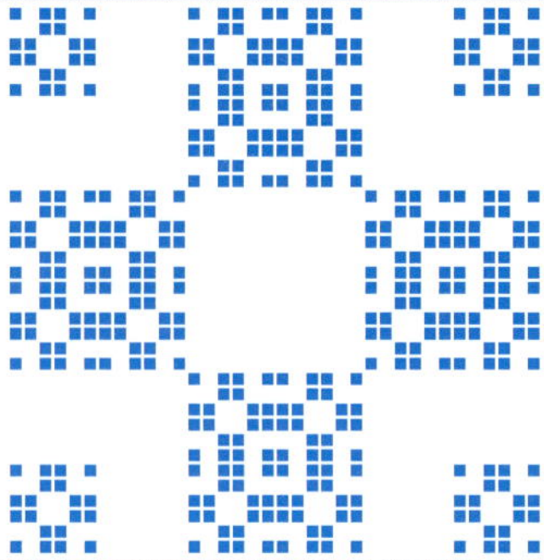

③ 3단계

$F_1^C(20183043282)$, $\log_6 16 = \log_{36} 256 = \log_{216} 4096 = 1.547$

① 1단계	② 2단계
	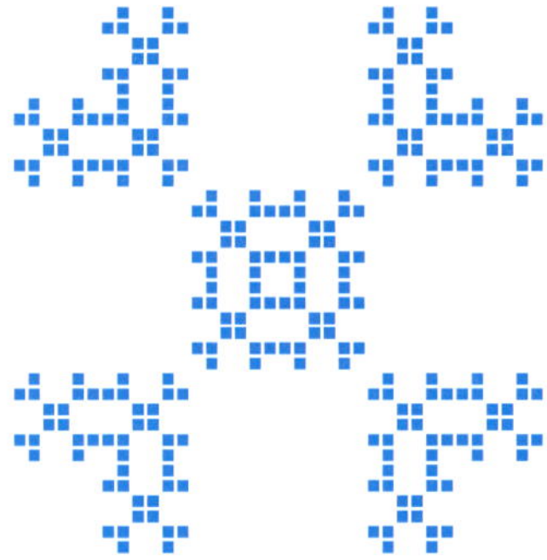

③ 3단계

(9) $F_1(48465170733)$, $\log_6 20 = \log_{36} 400 = \log_{216} 8000 = 1.672$

① 1단계	② 2단계
	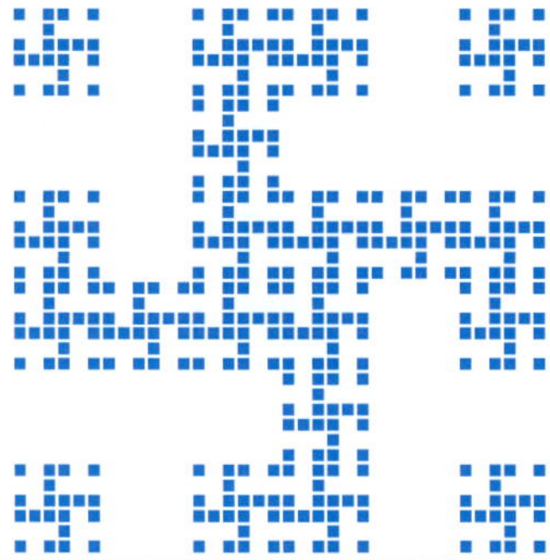

③ 3단계

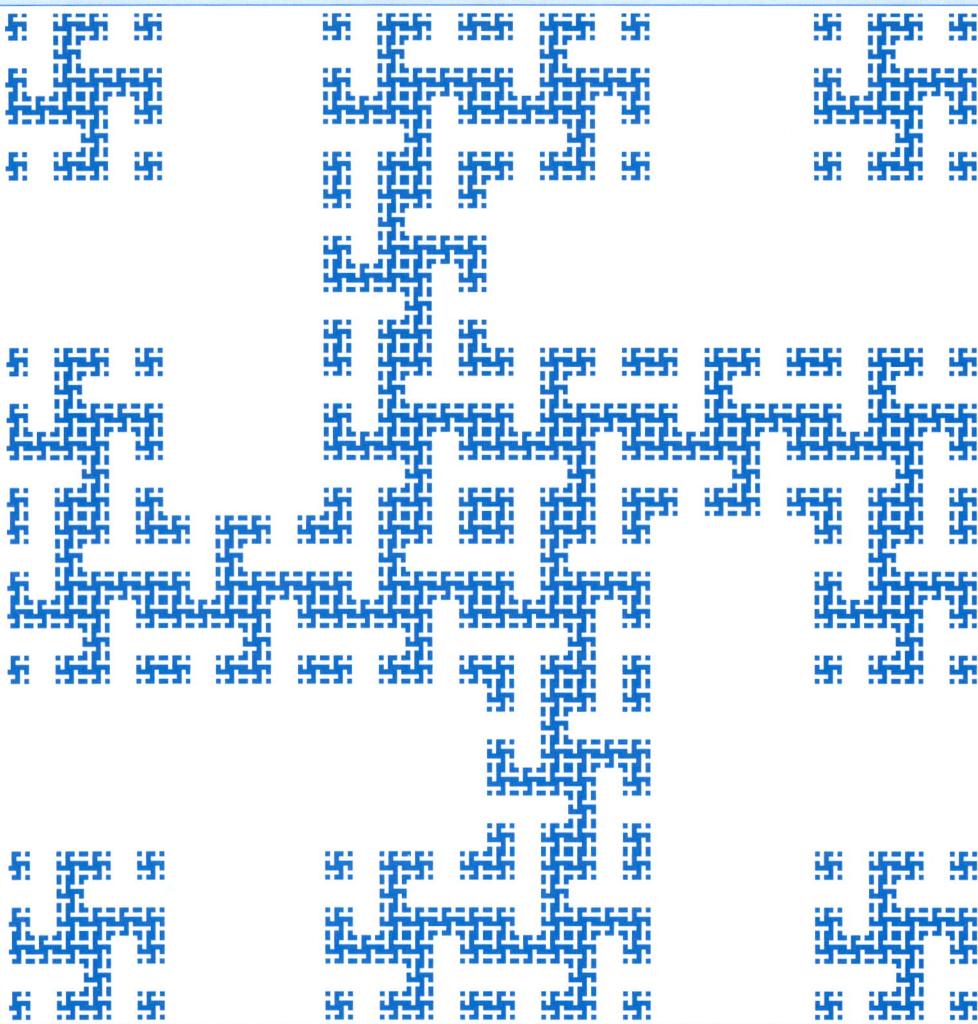

$F_1^C(20250111698)$, $\log_6 16 = \log_{36} 256 = \log_{216} 4096 = 1.547$

<table>
<tr><th>① 1단계</th><th>② 2단계</th></tr>
<tr><td></td><td>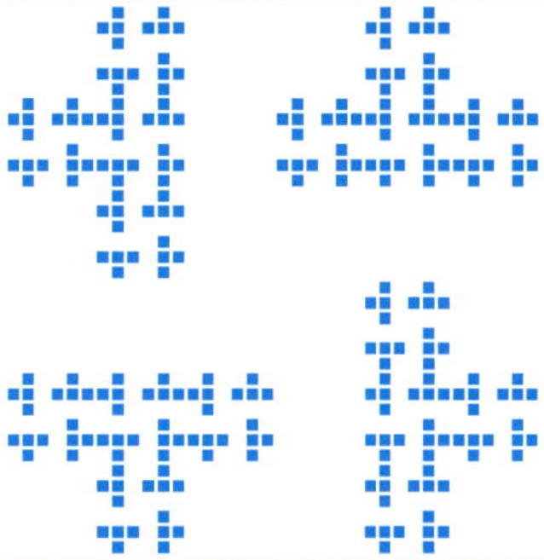</td></tr>
<tr><th colspan="2">③ 3단계</th></tr>
<tr><td colspan="2">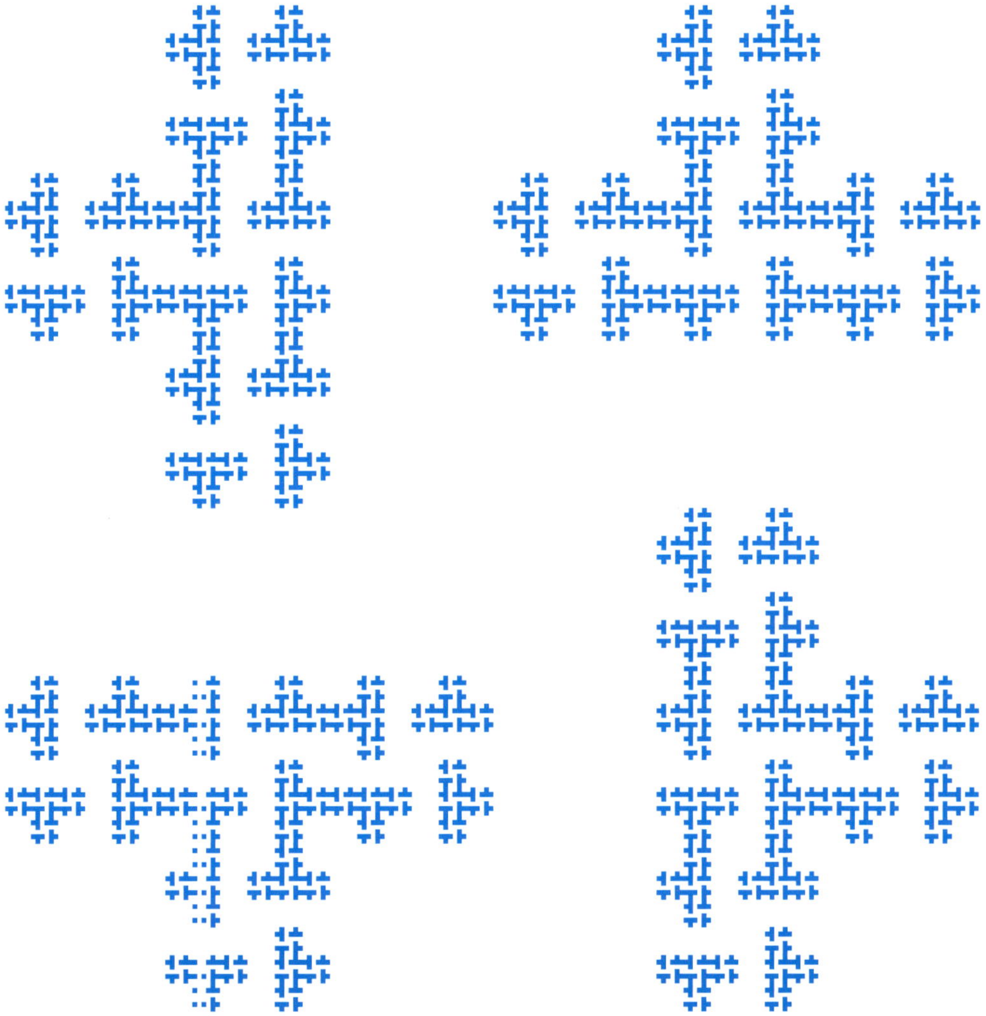</td></tr>
</table>

(10) $F_1(55520602995)$, $\log_6 20 = \log_{36} 400 = \log_{216} 8000 = 1.672$

<table>
<tr><th>① 1단계</th><th>② 2단계</th></tr>
<tr><td></td><td>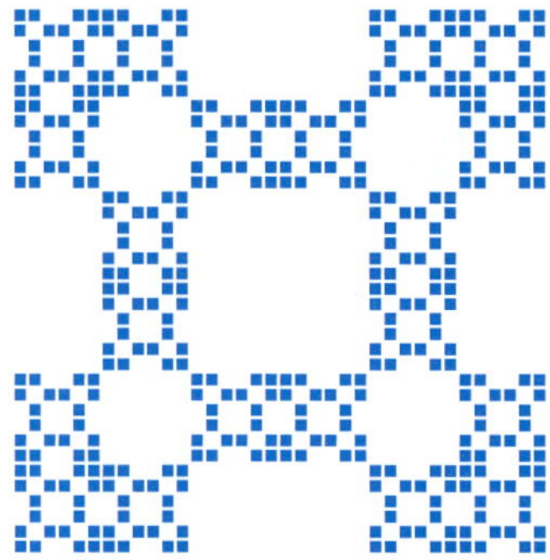</td></tr>
<tr><th colspan="2">③ 3단계</th></tr>
<tr><td colspan="2"></td></tr>
</table>

$F_1^C(13198873740)$, $\log_6 16 = \log_{36} 256 = \log_{216} 4096 = 1.547$

① 1단계	② 2단계
	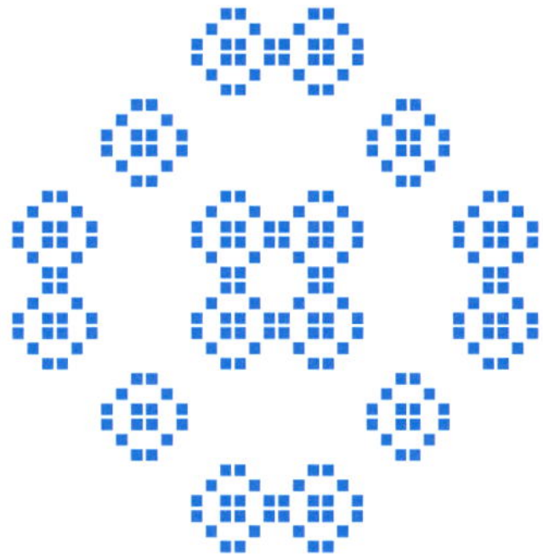

③ 3단계

(11) $F_1(48835278765)$, $\log_6 24 = \log_{36} 576 = \log_{216} 13824 = 1.774$

<table>
<tr><th>① 1단계</th><th>② 2단계</th></tr>
<tr><td></td><td>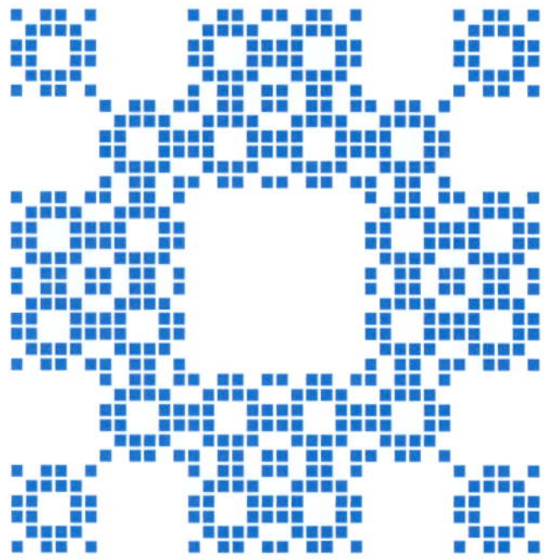</td></tr>
<tr><th colspan="2">③ 3단계</th></tr>
<tr><td colspan="2"></td></tr>
</table>

$F_1^C(19881052242)$, $\log_6 12 = \log_{36} 144 = \log_{216} 1728 = 1.387$

① 1단계	② 2단계
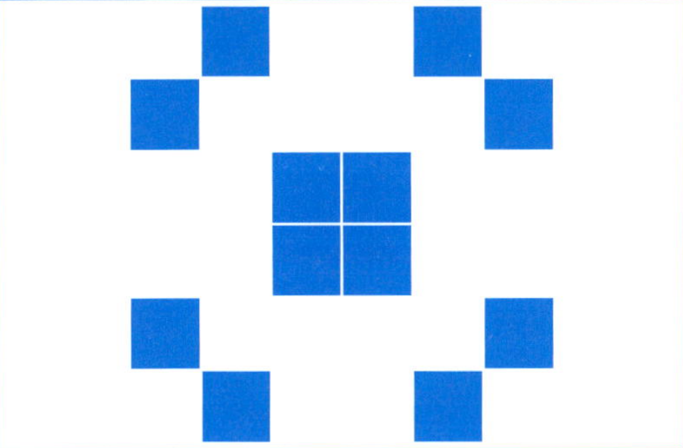	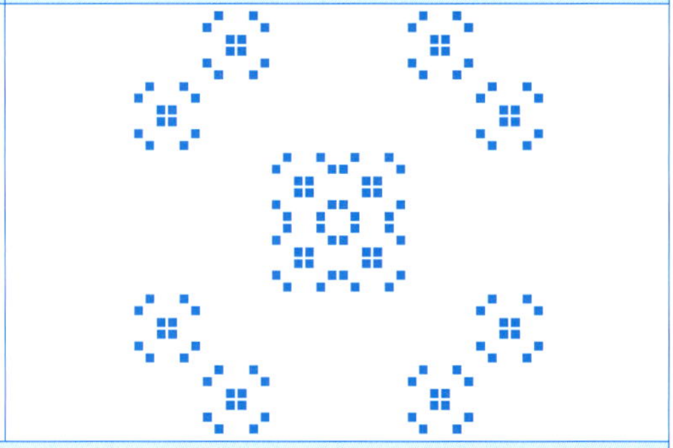

③ 3단계

(12) $F_1(55523797875)$, $\log_6 24 = \log_{36} 576 = \log_{216} 13824 = 1.774$

① 1단계	② 2단계

③ 3단계	

$F_1^C(13203543180)$, $\log_6 12 = \log_{36} 144 = \log_{216} 1728 = 1.387$

① 1단계	② 2단계
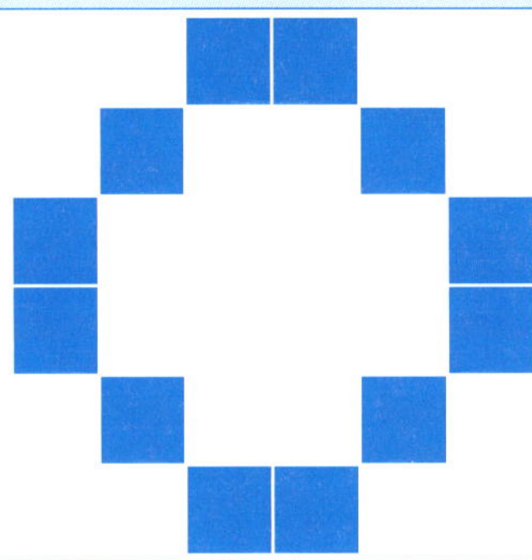	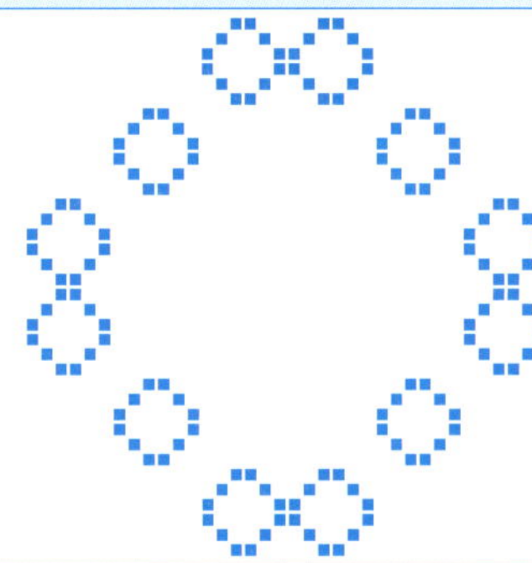

③ 3단계
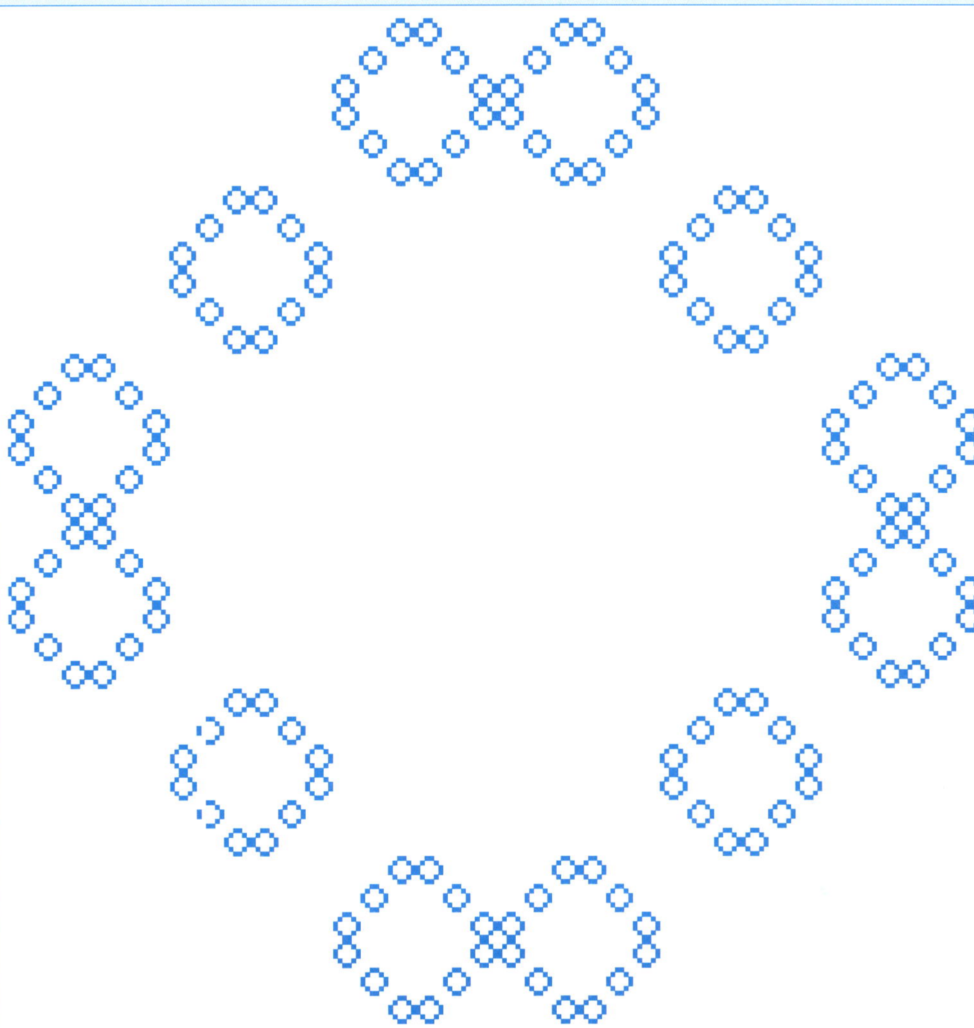

(13) $F_1(48536482605)$, $\log_6 24 = \log_{36} 576 = \log_{216} 13824 = 1.774$

① 1단계	② 2단계
	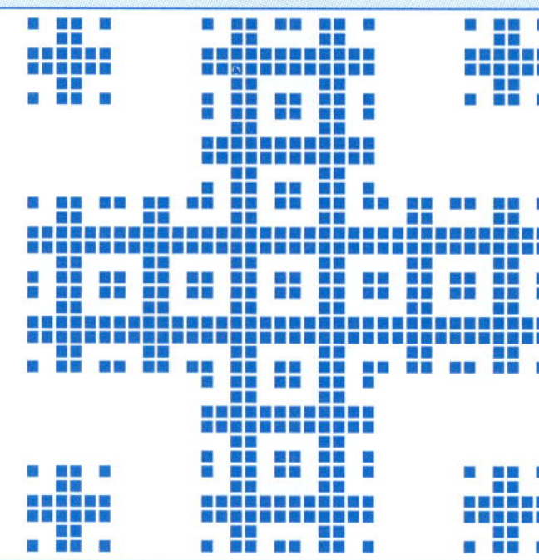

$F_1^C(20182994130)$, $\log_6 12 = \log_{36} 144 = \log_{216} 1728 = 1.387$

① 1단계	② 2단계
	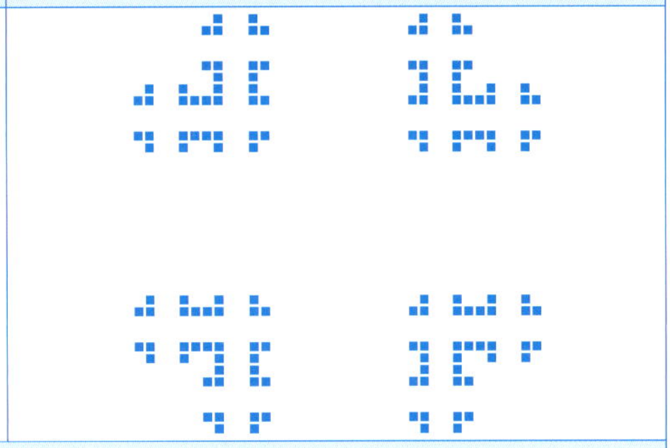

③ 3단계
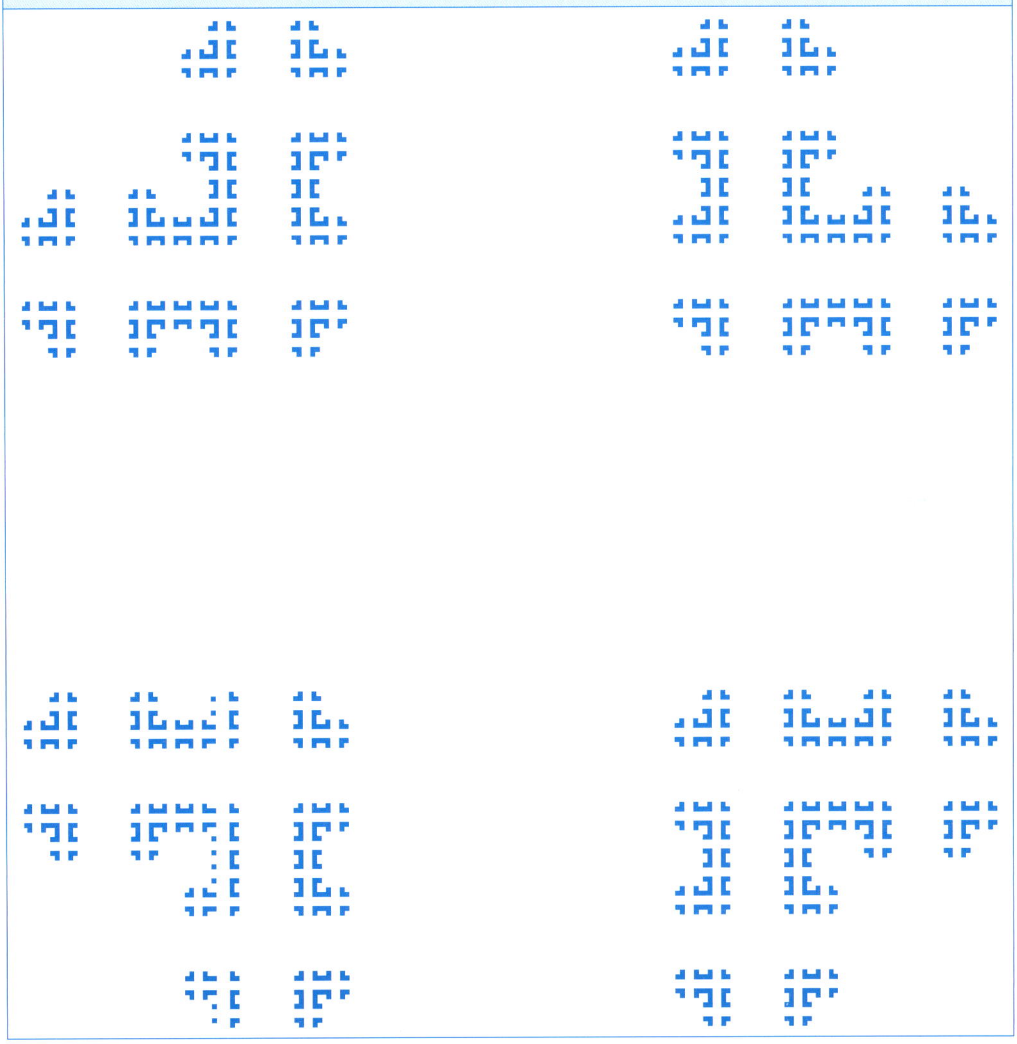

(14) $F_1(20087122770)$, $\log_6 16 = \log_{36} 256 = \log_{216} 4096 = 1.547$

① 1단계	② 2단계
	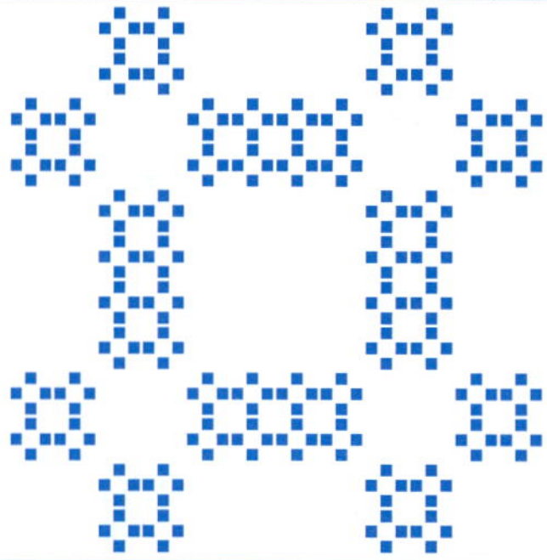

③ 3단계

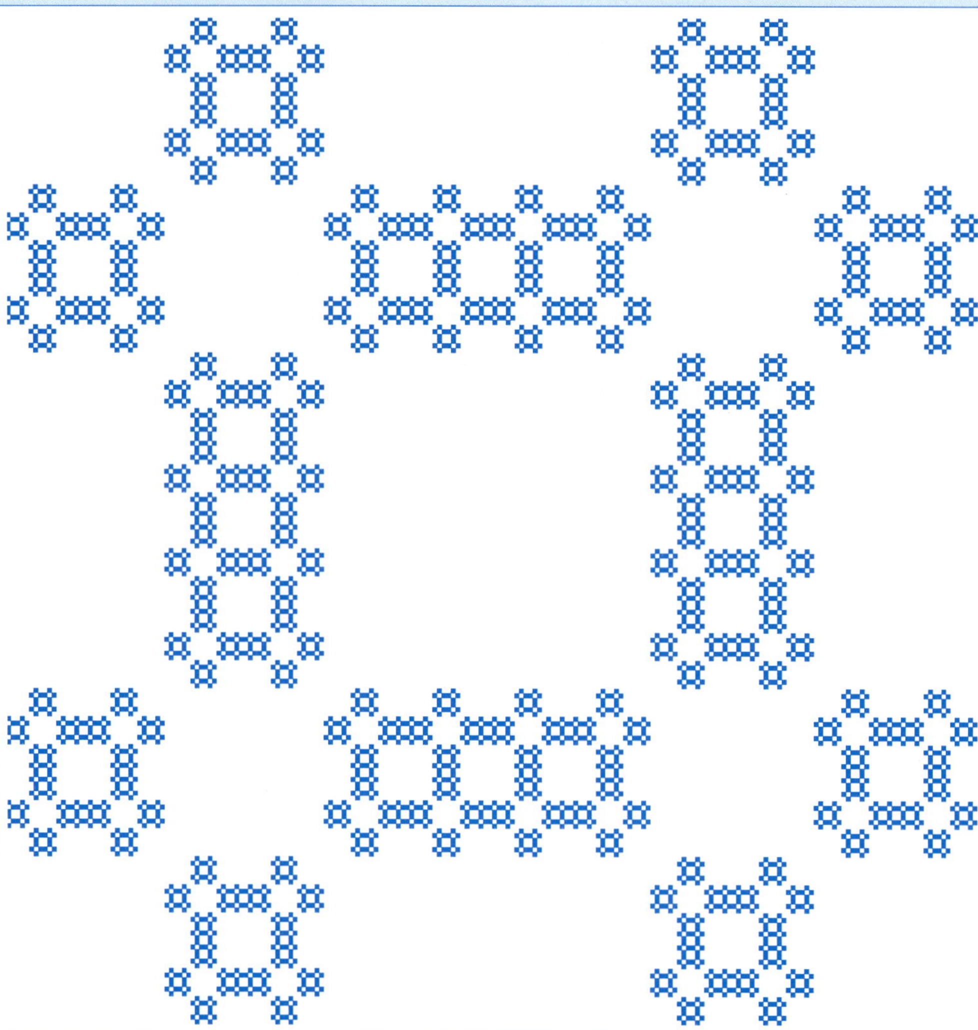

$F_1^C(4863707257)$, $\log_6 20 = \log_{36} 400 = \log_{216} 8000 = 1.672$

① 1단계	② 2단계
	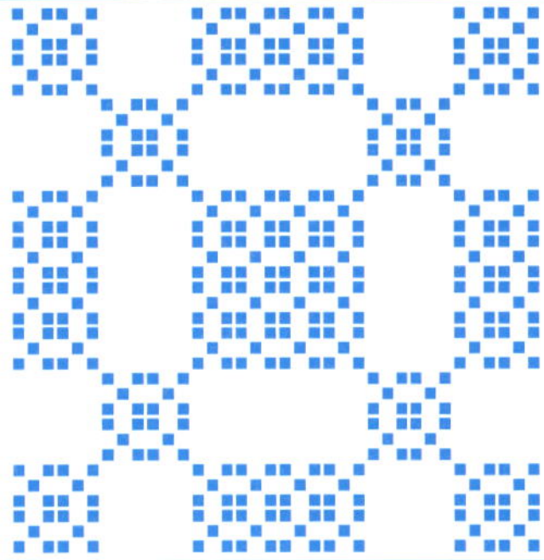

③ 3단계

(15) $F_1(59991146235)$, $\log_6 24 = \log_{36} 576 = \log_{216} 13824 = 1.774$

① 1단계	② 2단계
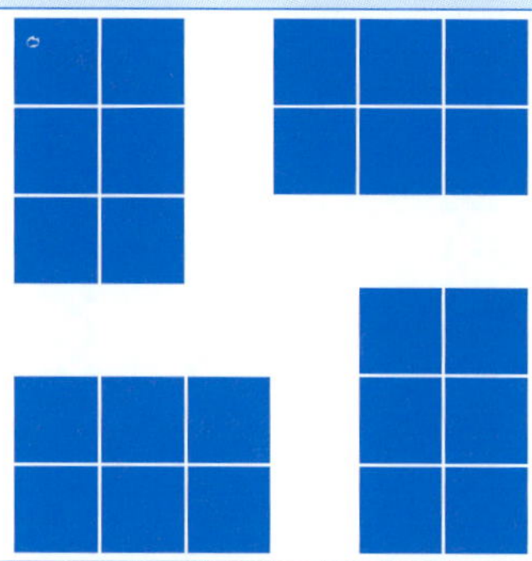	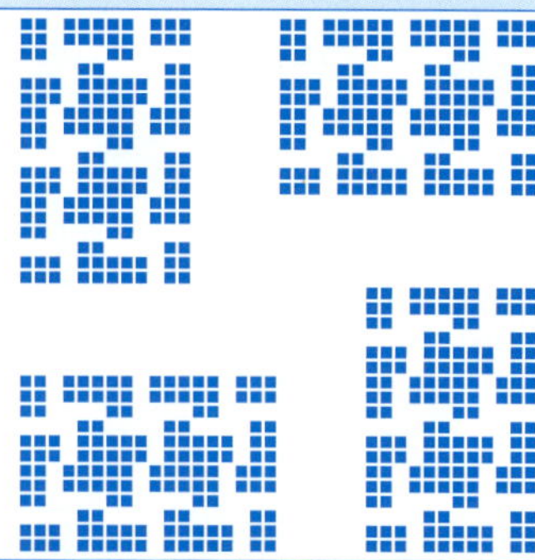

③ 3단계

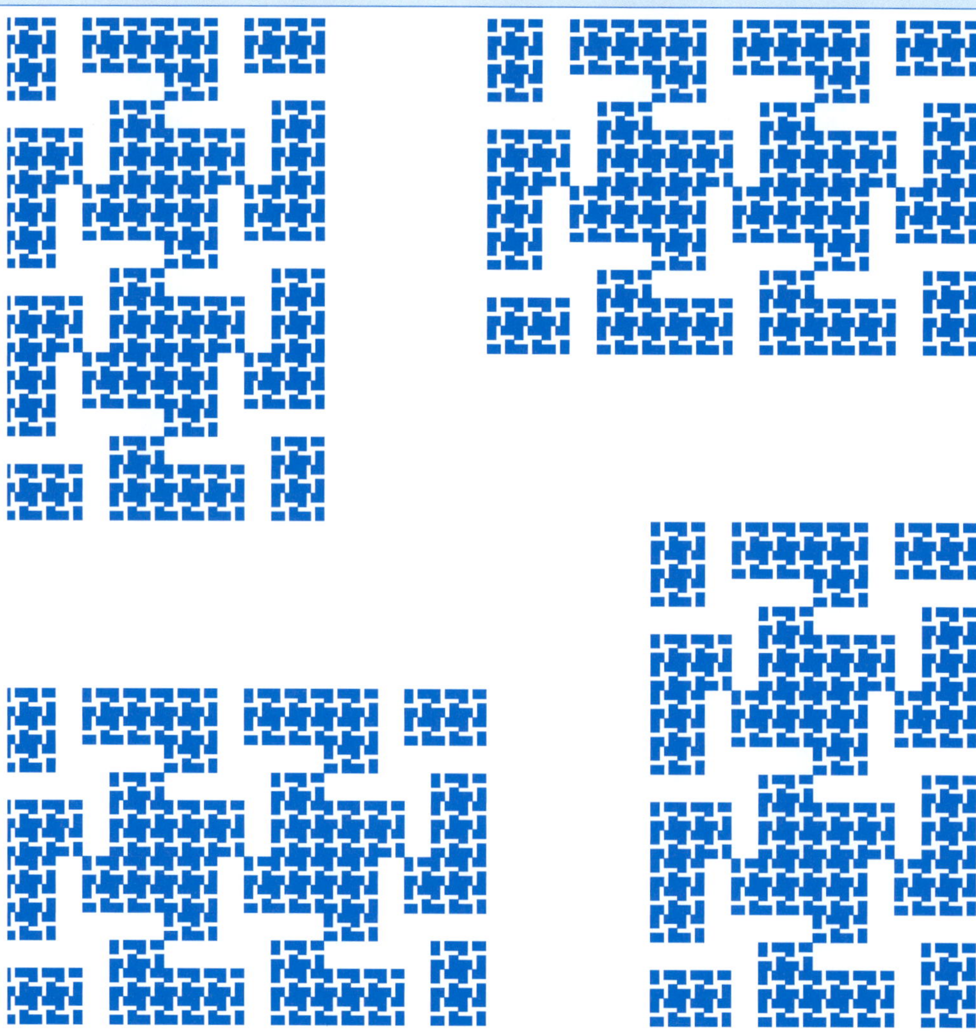

$F_1^C(8724398340)$, $\log_6 12 = \log_{36} 144 = \log_{216} 1728 = 1.387$

① 1단계	② 2단계
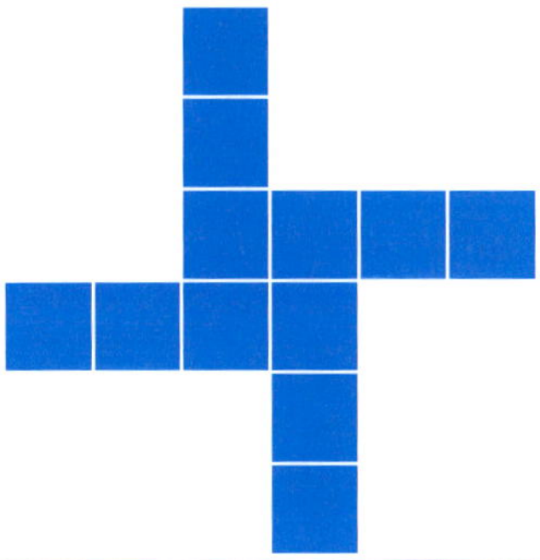	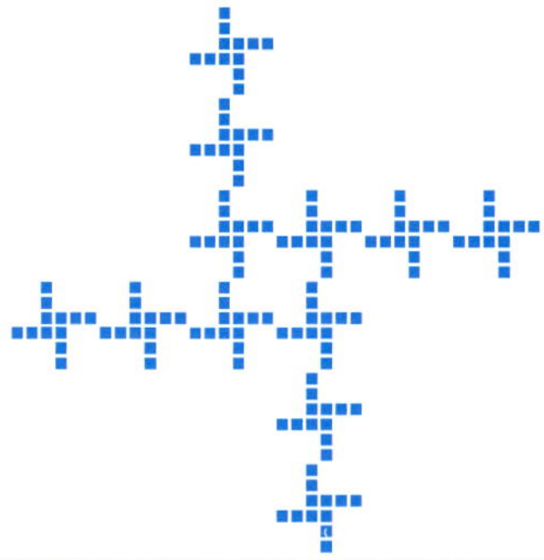

③ 3단계

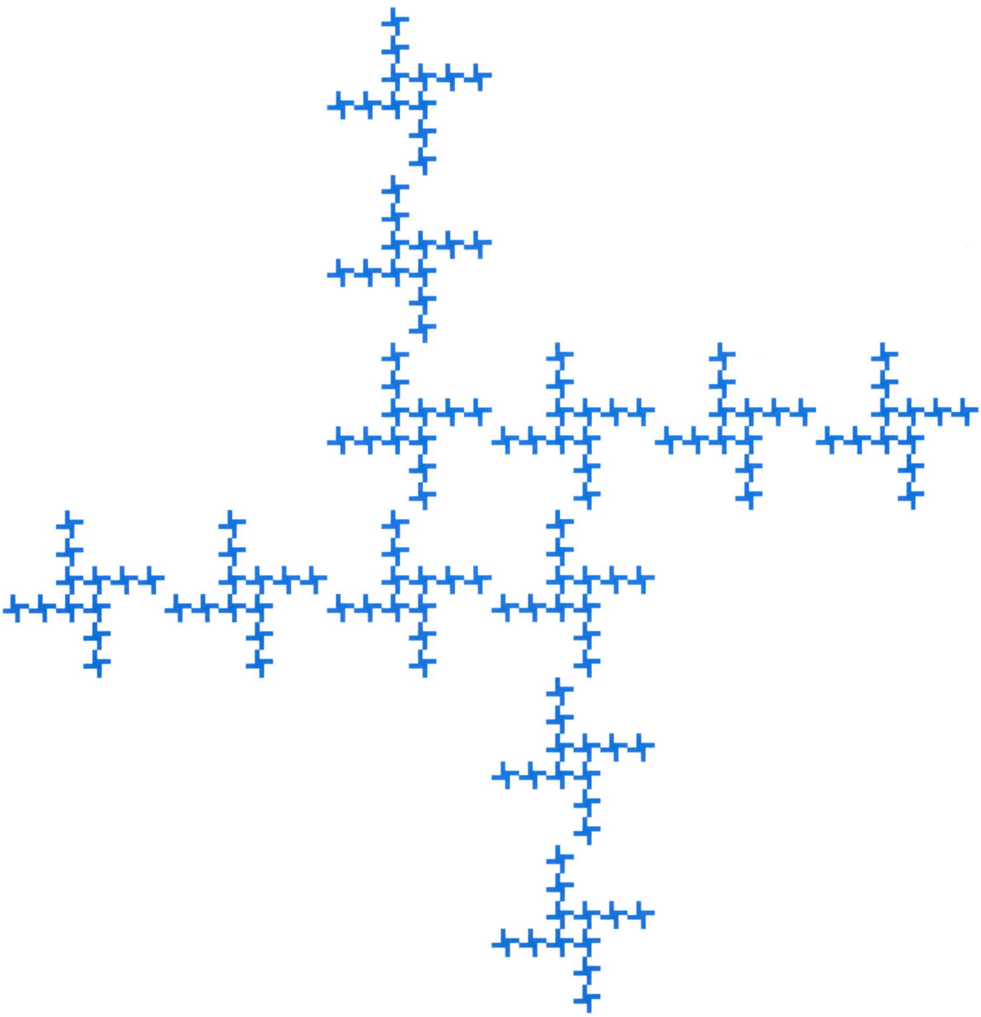

(16) $F_1(33285947358)$, $\log_6 28 = \log_{36} 784 = \log_{216} 21952 = 1.860$

① 1단계	② 2단계
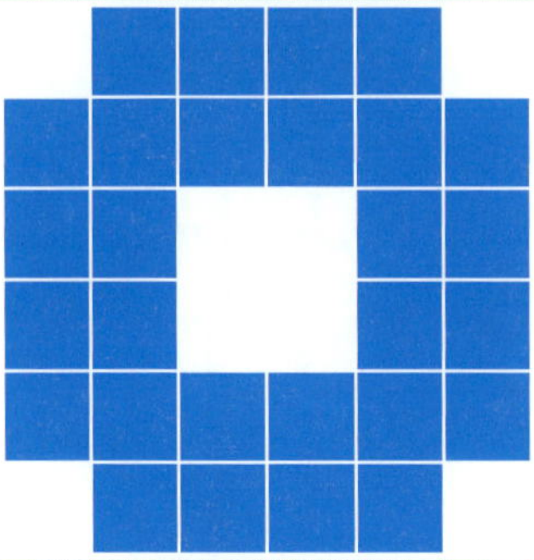	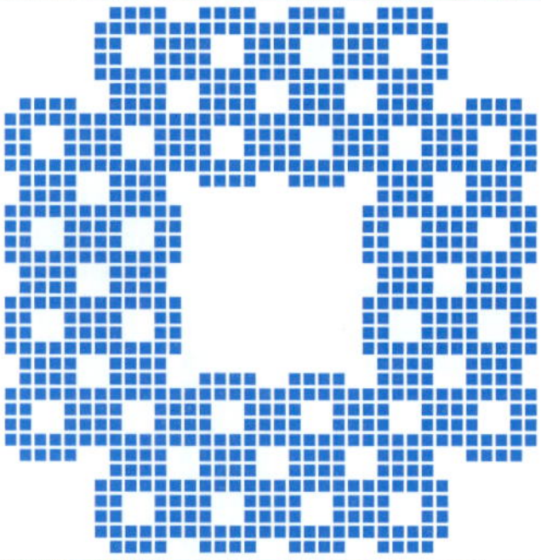

③ 3단계

$F_1^C(35436675105)$, $\log_6 8 = \log_{36} 64 = \log_{216} 512 = 1.161$

① 1단계

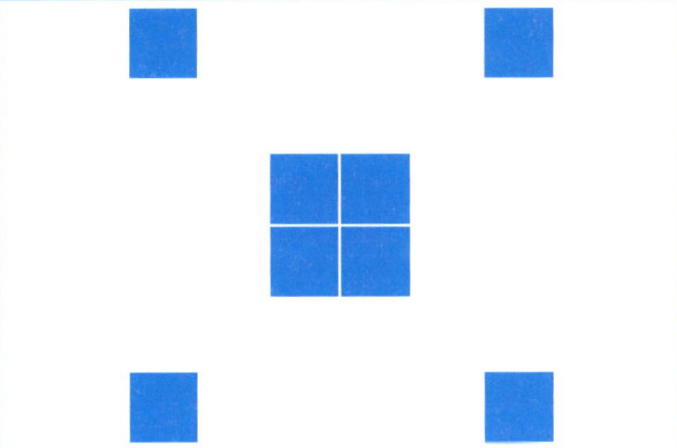

② 2단계

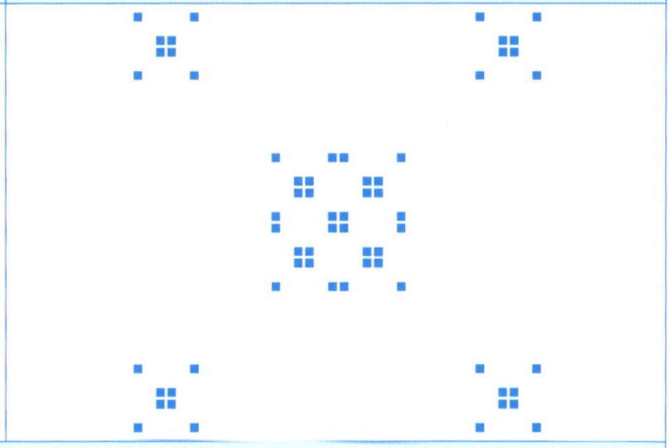

③ 3단계

(17) $F_1(33079876830)$, $\log_6 24 = \log_{36} 576 = \log_{216} 13824 = 1.774$

① 1단계	② 2단계
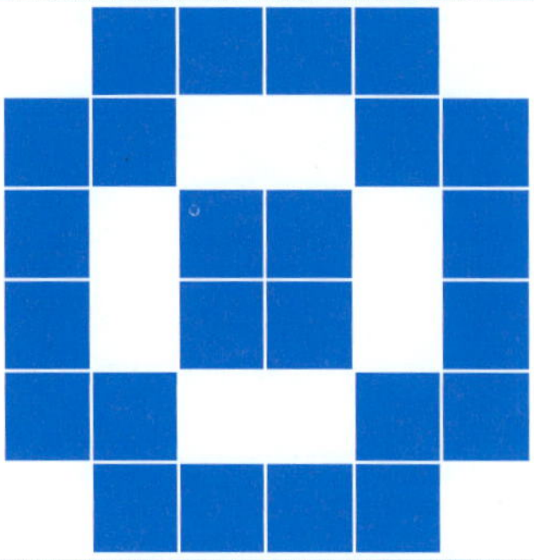	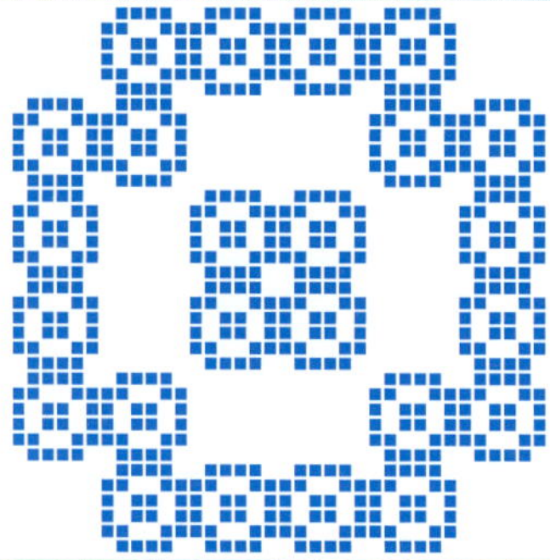

③ 3단계

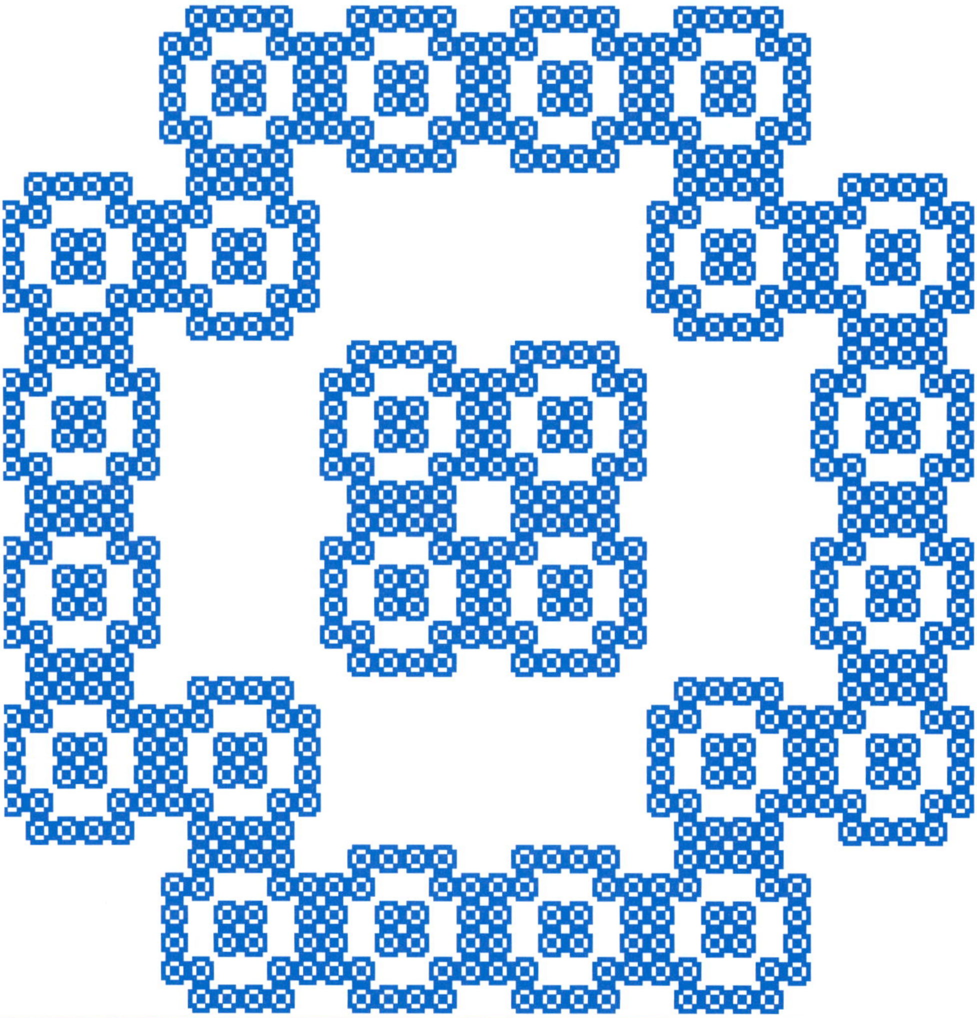

$F_1^C(35634881313)$, $\log_6 12 = \log_{36} 144 = \log_{216} 1728 = 1.387$

① 1단계	② 2단계
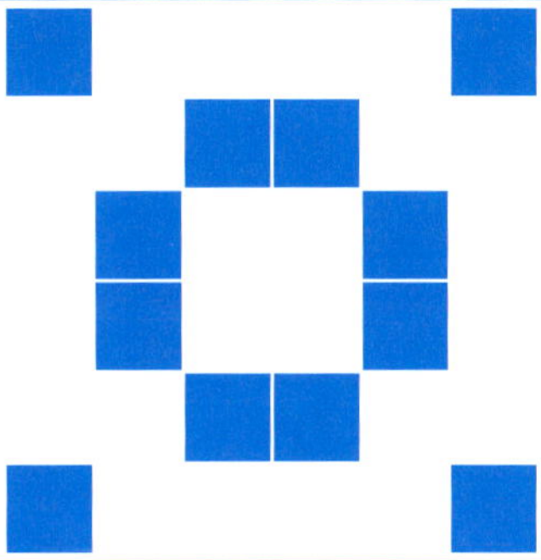	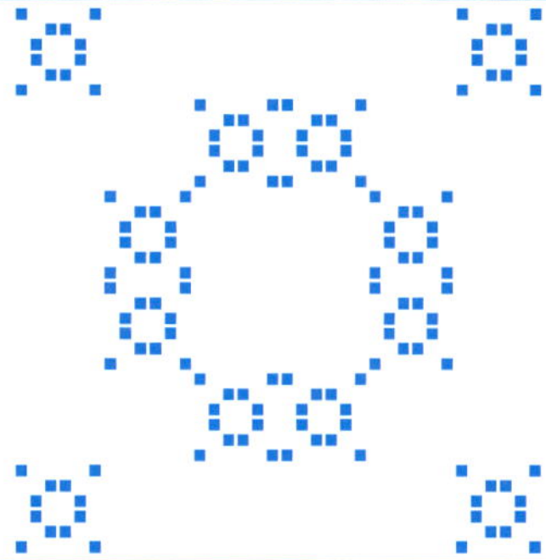

③ 3단계

(18) $F_1(33079876830)$, $\log_6 28 = \log_{36} 784 = \log_{216} 21952 = 1.860$

① 1단계	② 2단계
	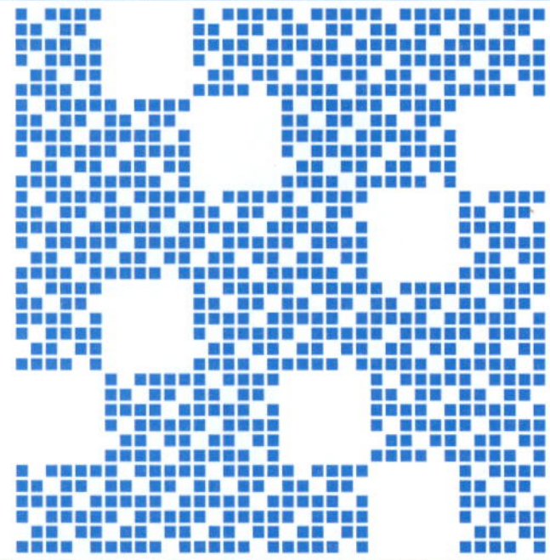

③ 3단계

$F_1^C(35634881313)$, $\log_6 8 = \log_{36} 64 = \log_{216} 512 = 1.161$

① 1단계	② 2단계
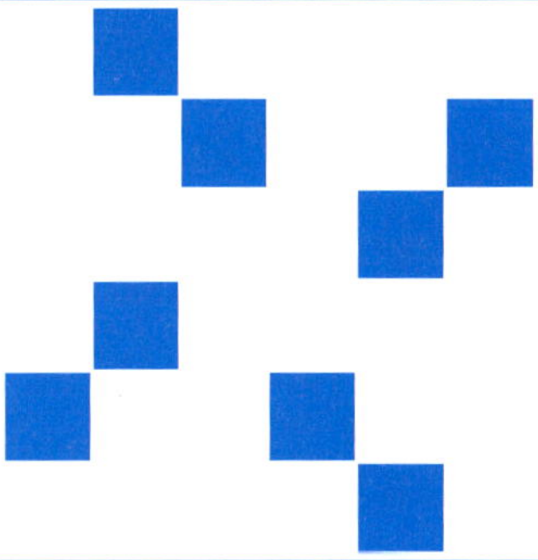	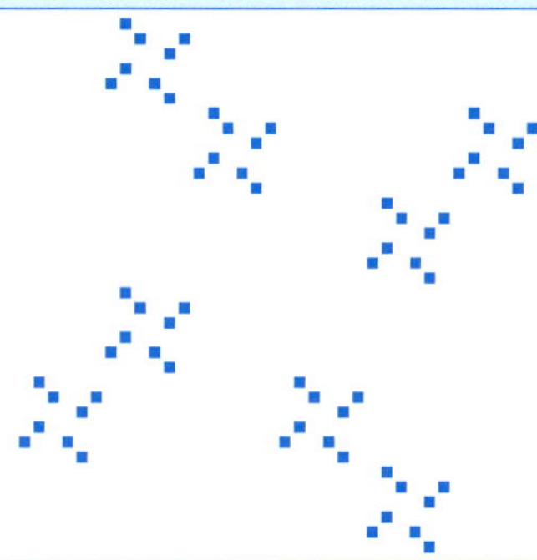

③ 3단계
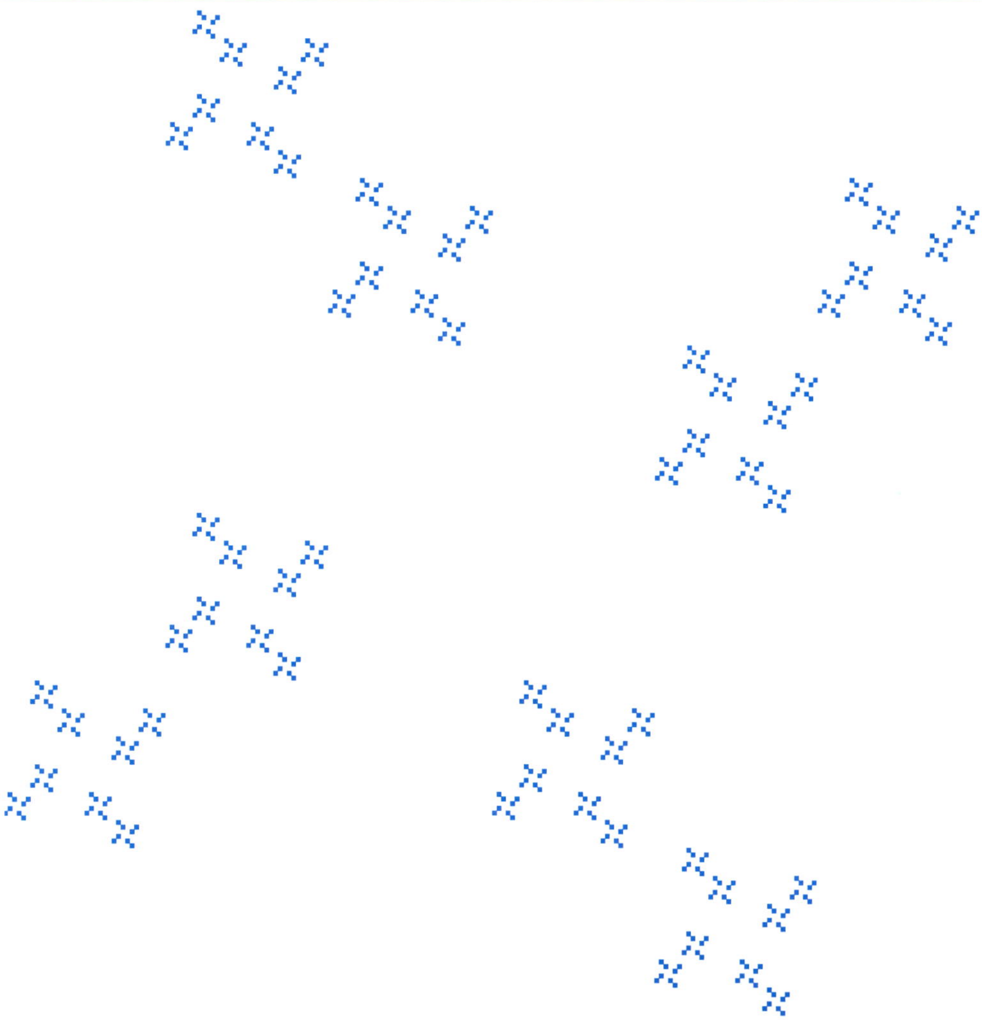

(19) $F_1(33079876830)$, $\log_6 24 = \log_{36} 576 = \log_{216} 13824 = 1.774$

① 1단계	② 2단계
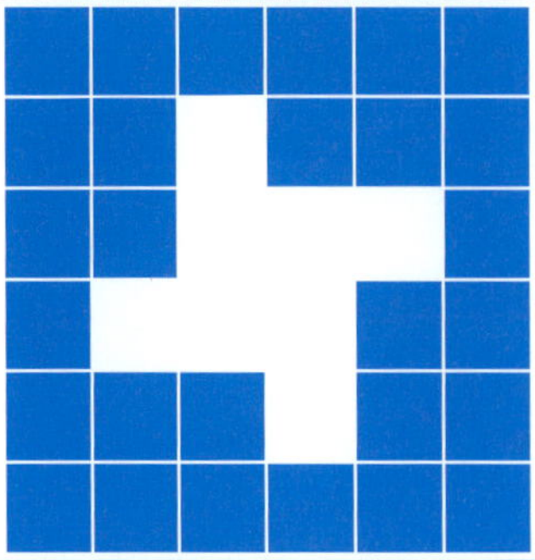	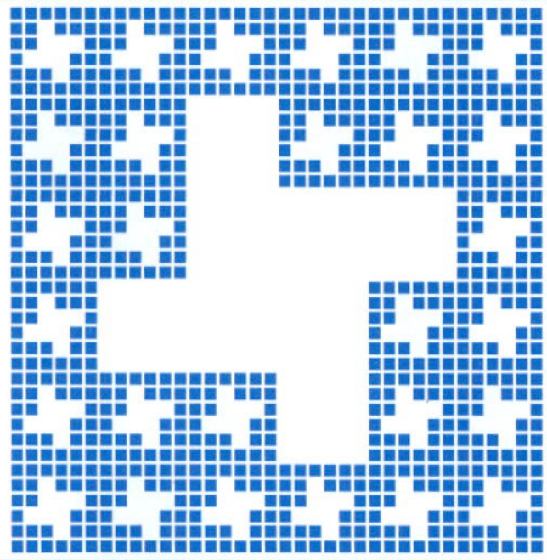
③ 3단계	
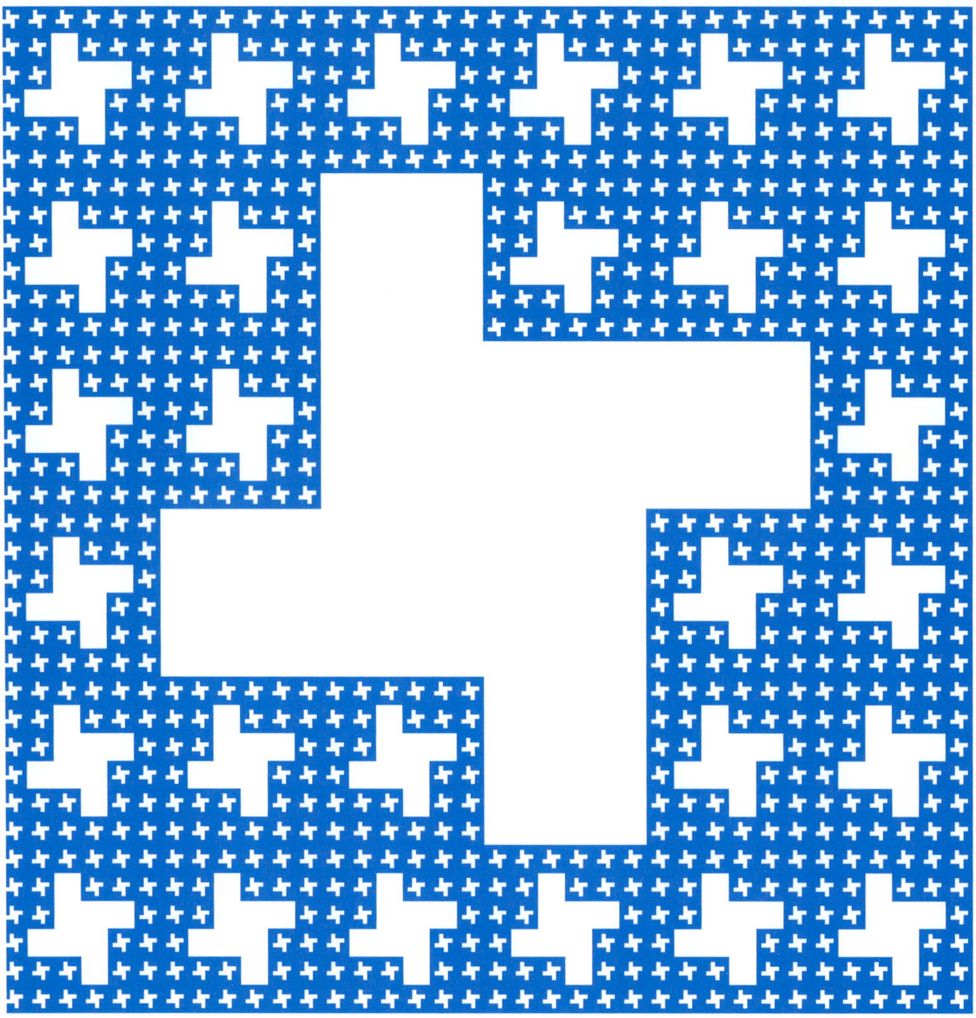	

$F_1^C(35634881313)$, $\log_6 12 = \log_{36} 144 = \log_{216} 1728 = 1.387$

<table>
<tr><th>① 1단계</th><th>② 2단계</th></tr>
<tr><td></td><td>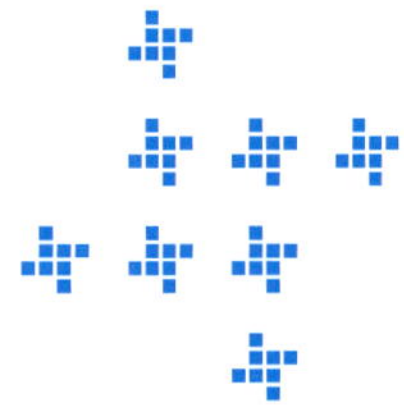</td></tr>
<tr><th colspan="2">③ 3단계</th></tr>
<tr><td colspan="2">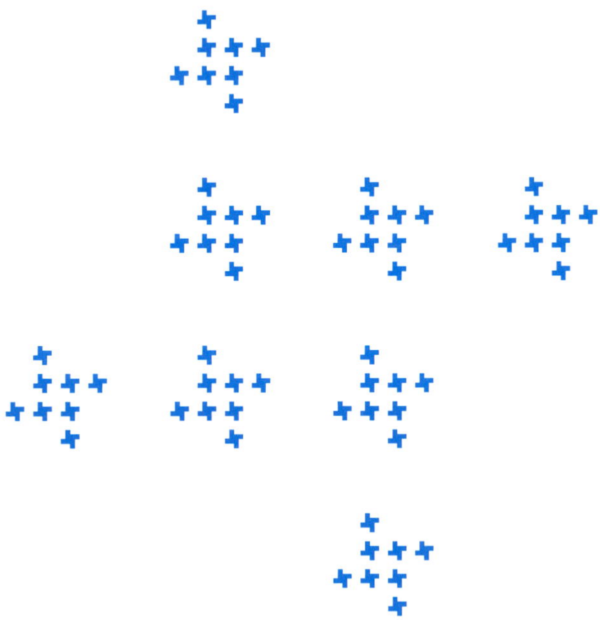</td></tr>
</table>

4 1단계 7×7 프랙탈

(1) $F_1(287048829702465)$, $\log_7 17 = \log_{49} 289 = \log_{343} 4913 = 1.456$

① 1단계	② 2단계
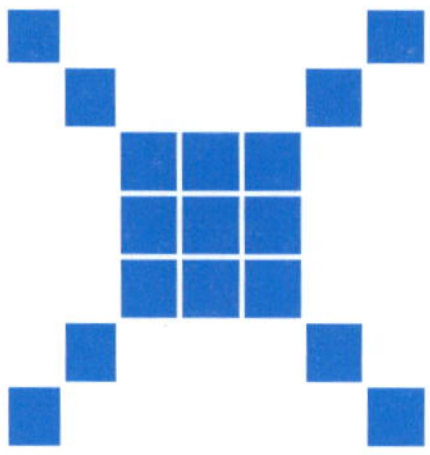	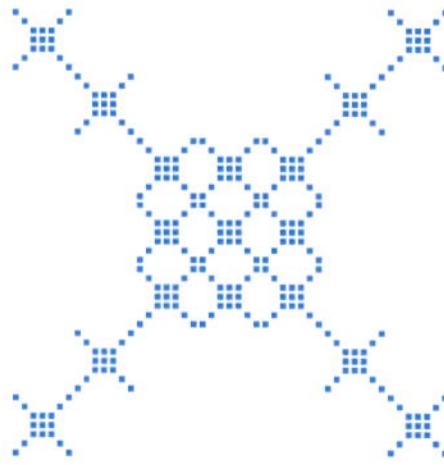
③ 3단계	
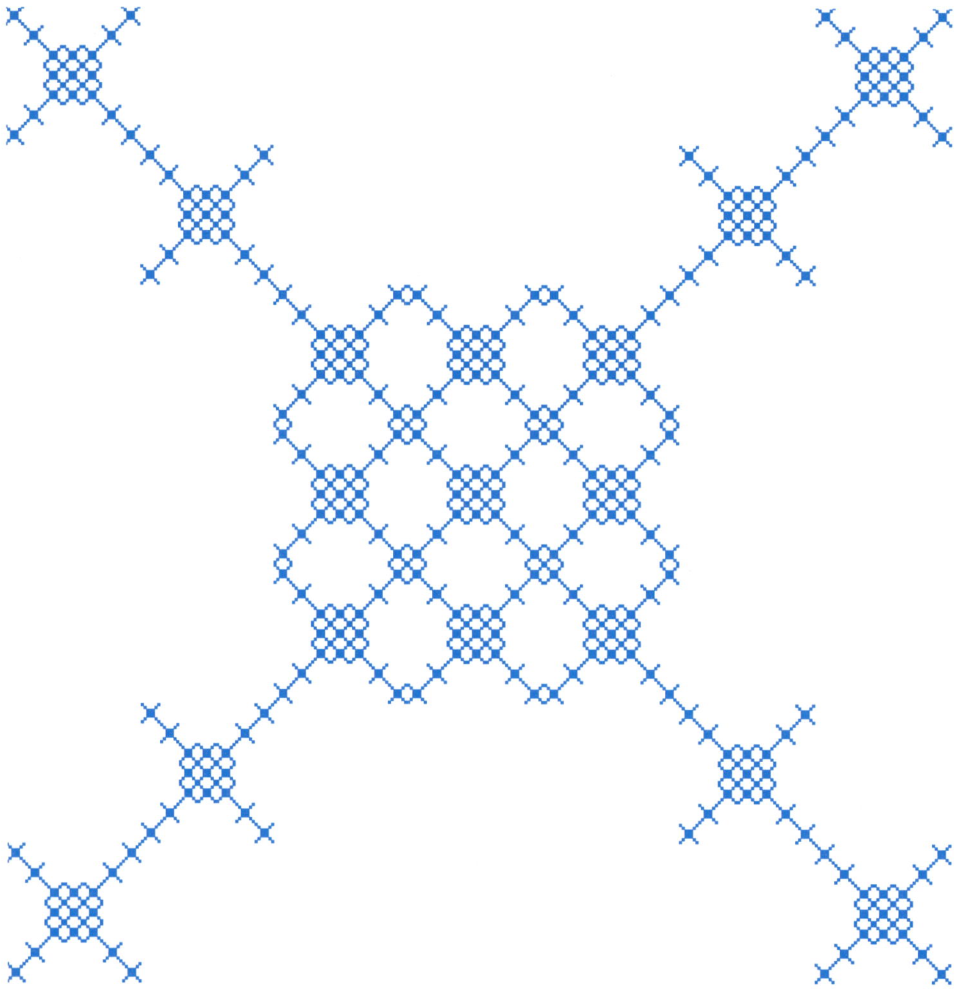	

$F_1^C(275901123718846)$, $\log_7 32 = \log_{49} 1024 = \log_{343} 32768 = 1.781$

① 1단계

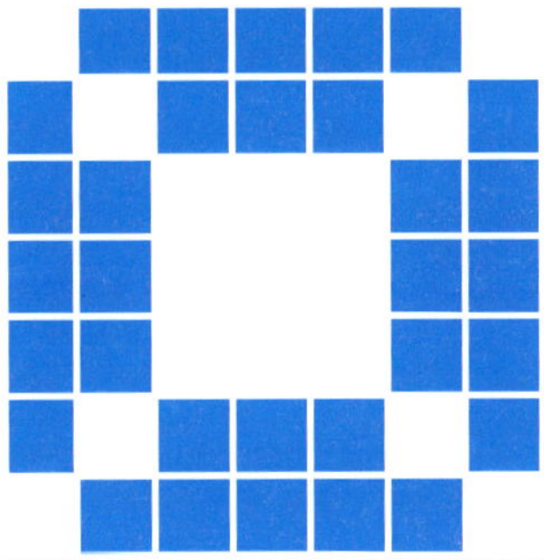

② 2단계

③ 3단계

$F_1 F_1^C(275901123718846)$, $\log_7 32 = \log_{49} 1024 = \log_{343} 32768 = 1.781$

<table>
<tr><td>① 1단계</td><td>② 2단계</td></tr>
<tr><td>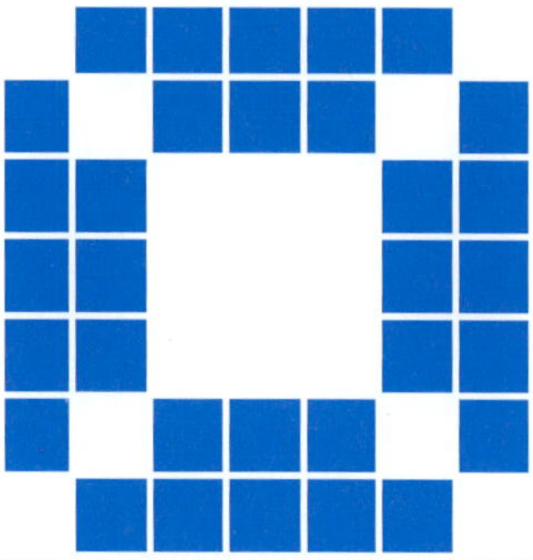</td><td></td></tr>
<tr><td colspan="2">③ 3단계</td></tr>
<tr><td colspan="2">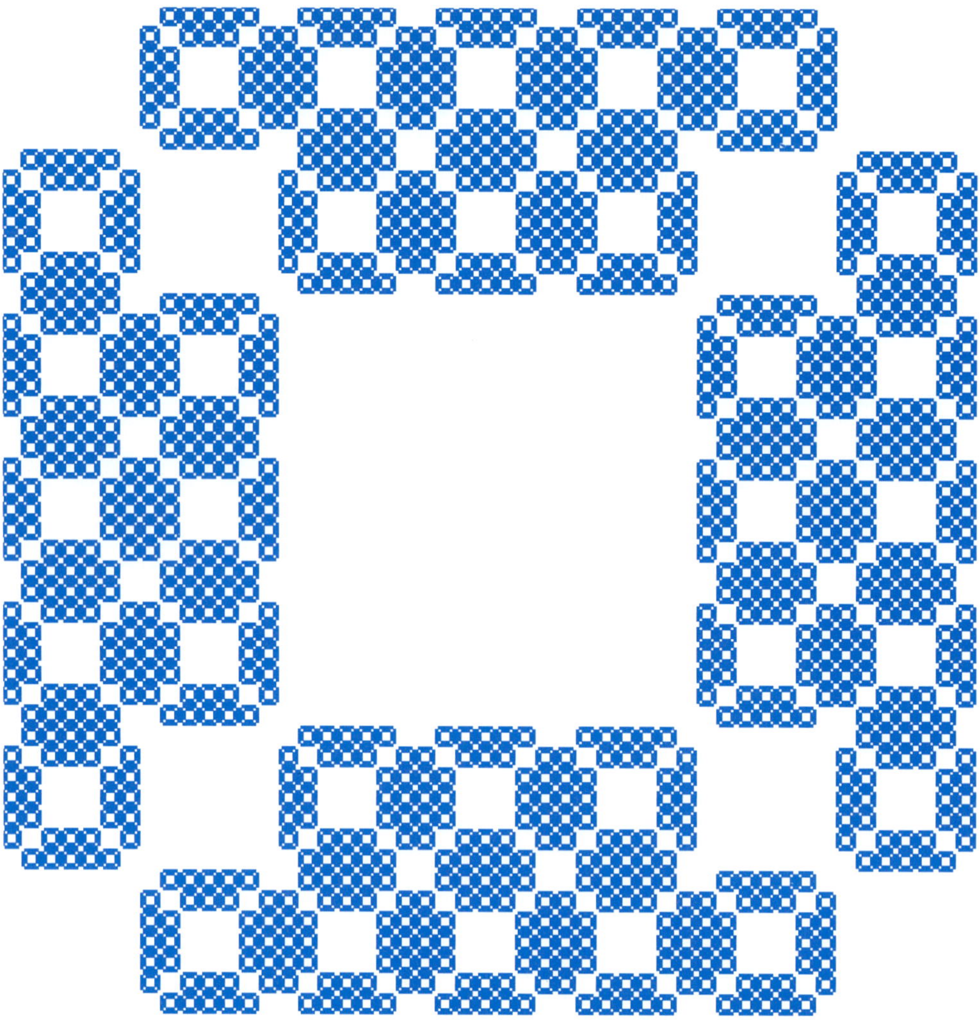</td></tr>
</table>

$F_1 F_1(287048829702465)$, $\log_7 17 = \log_{49} 289 = \log_{343} 4913 = 1.456$

① 1단계

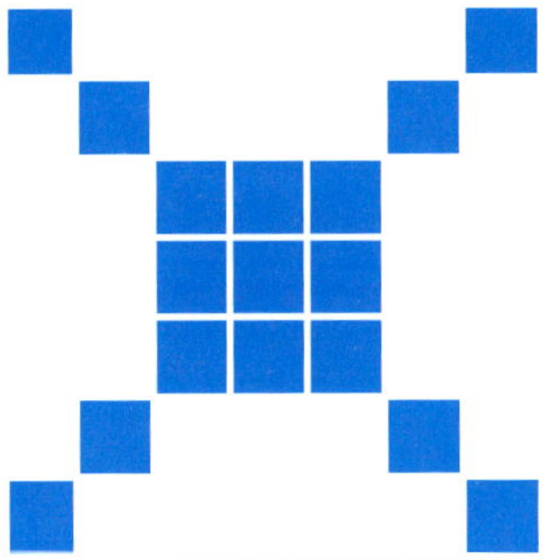

② 2단계

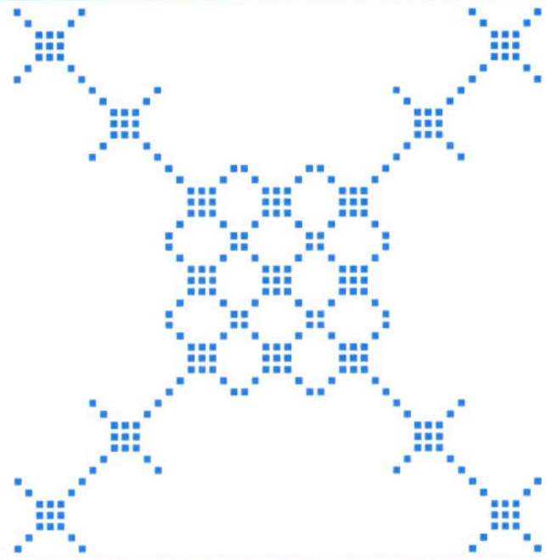

③ 3단계

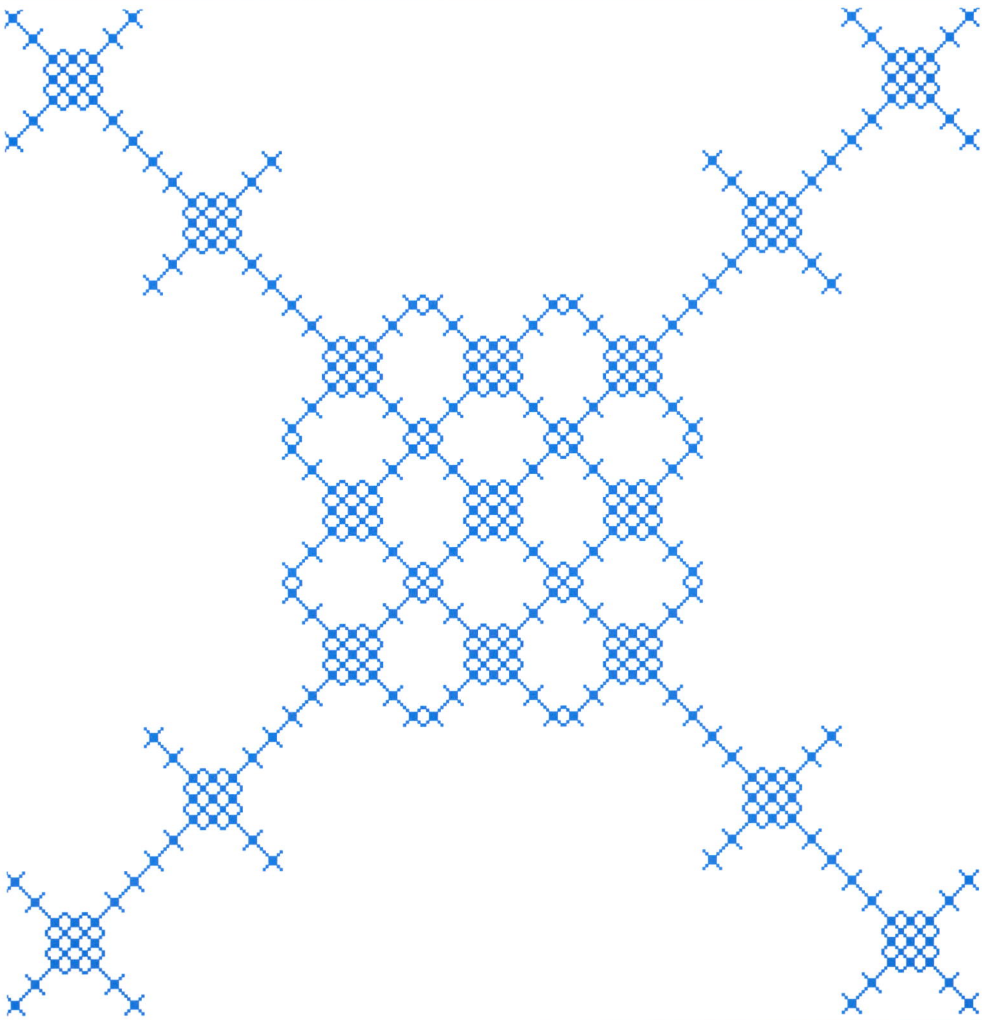

(2) $F_1(1529373852430 42)$, $\log_7 17 = \log_{49} 289 = \log_{343} 4913 = 1.456$

<table>
<tr><th>① 1단계</th><th>② 2단계</th></tr>
<tr><td>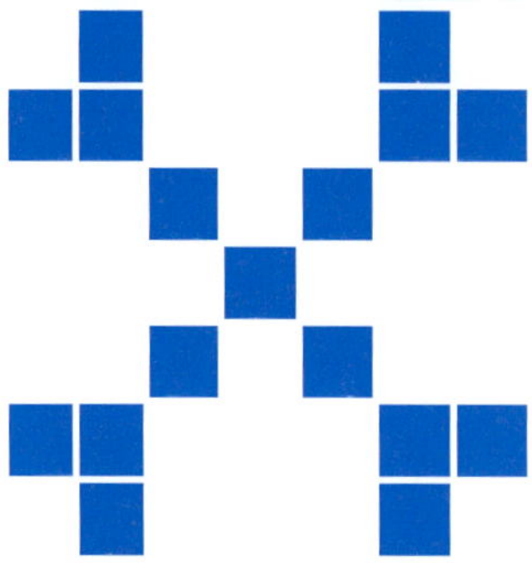</td><td></td></tr>
<tr><th colspan="2">③ 3단계</th></tr>
<tr><td colspan="2"></td></tr>
</table>

$F_1^C(410012568178269)$, $\log_7 32 = \log_{49} 1024 = \log_{343} 32768 = 1.781$

① 1단계	② 2단계
	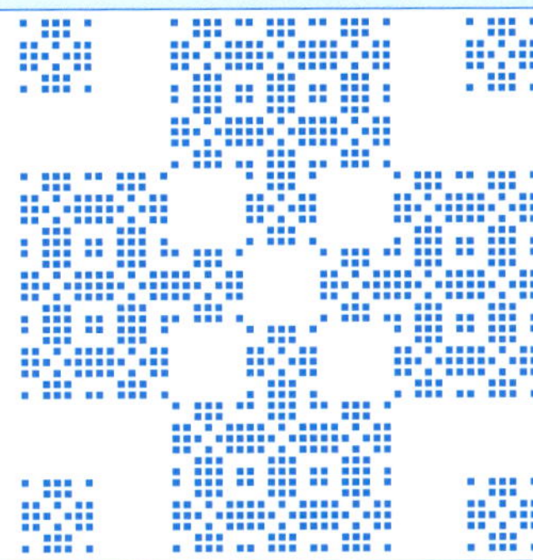

③ 3단계

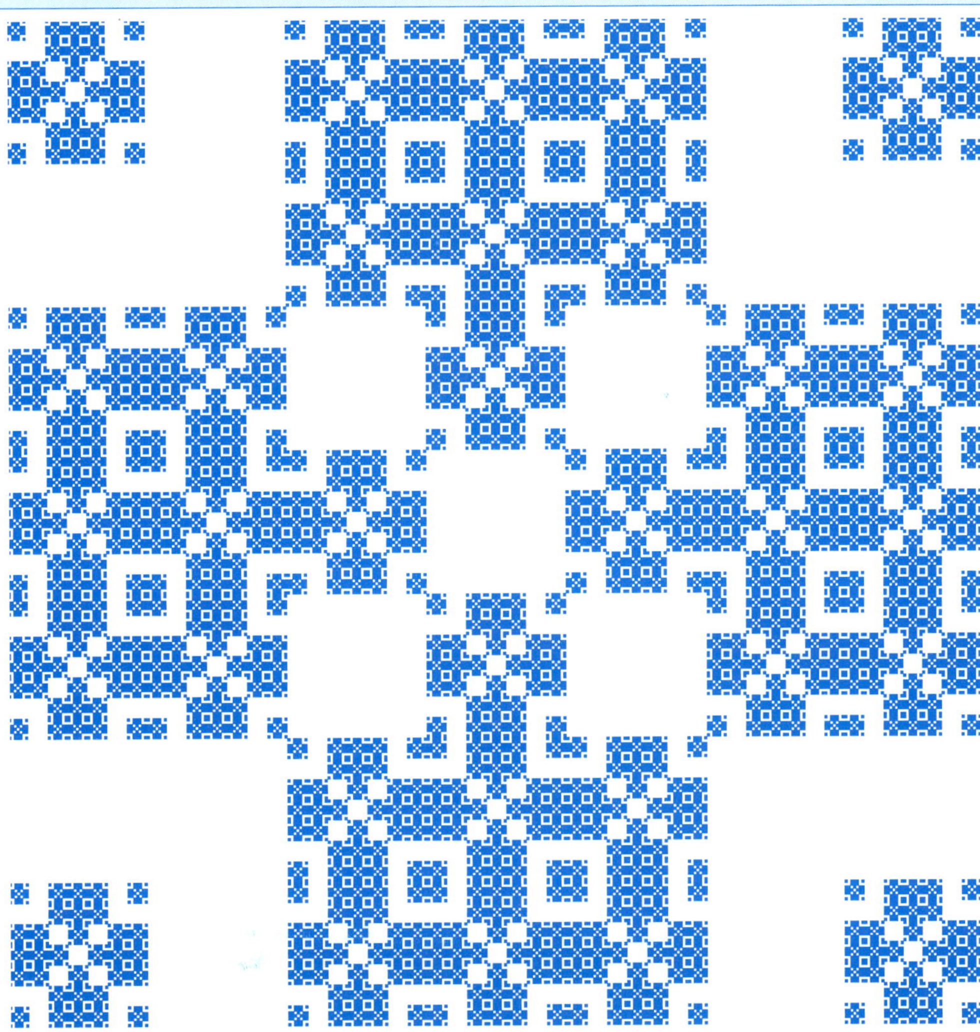

$F_1 F_1^C(126372927958684)$, $\log_7 32 = \log_{49} 1024 = \log_{343} 32768 = 1.781$

① 1단계	② 2단계
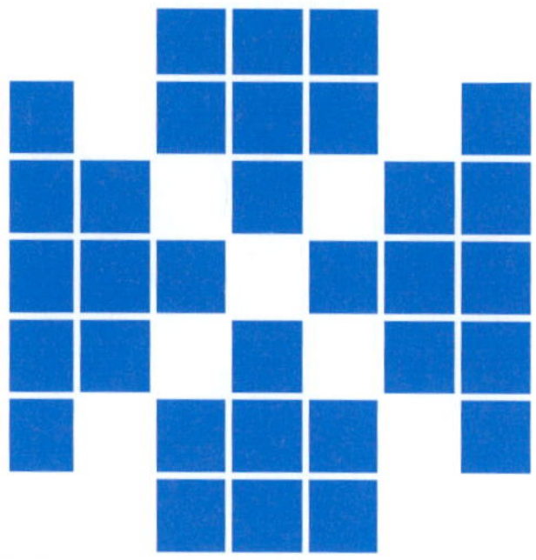	

③ 3단계

$F_1 F_1(4388104084648 67)$, $\log_7 21 = \log_{49} 441 = \log_{343} 9261 = 1.565$

<table>
<tr><th>① 1단계</th><th>② 2단계</th></tr>
<tr><td></td><td></td></tr>
<tr><th colspan="2">③ 3단계</th></tr>
<tr><td colspan="2">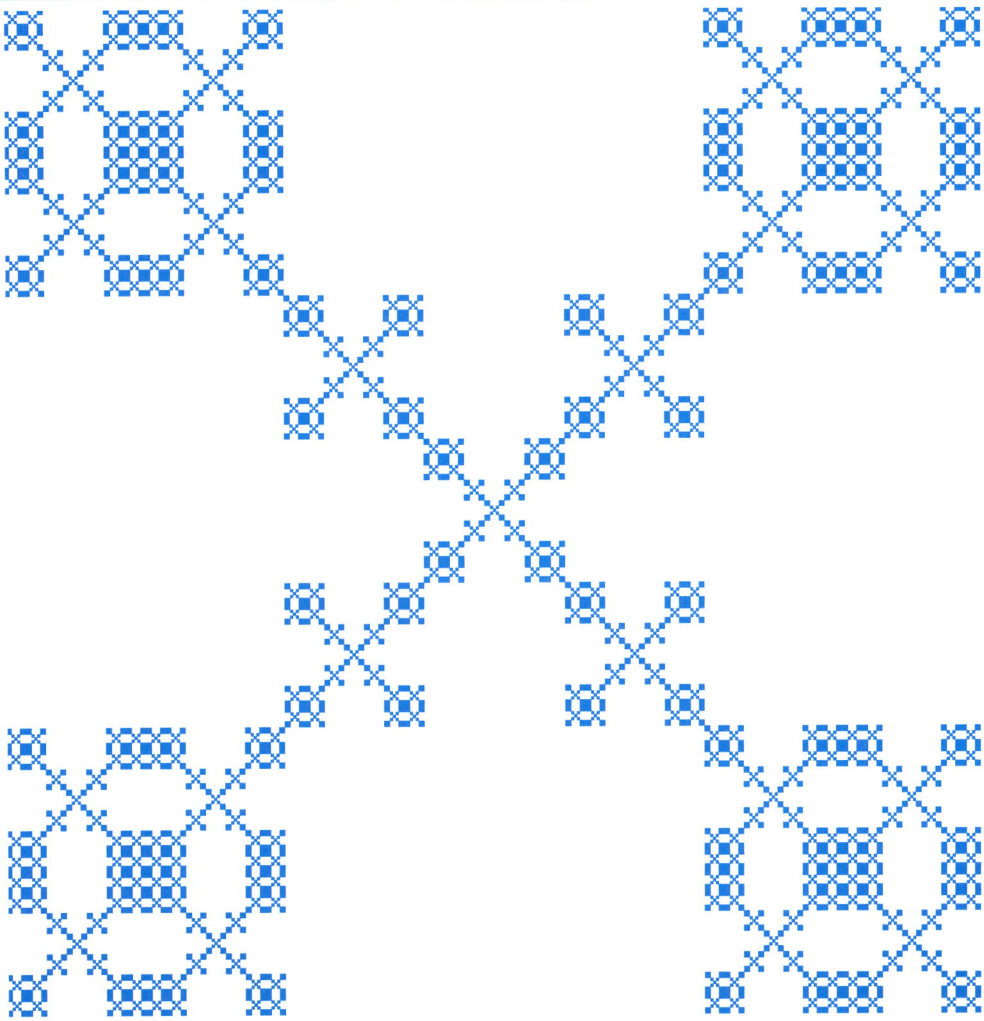</td></tr>
</table>

(3) $F_1(375007707550037)$, $\log_7 20 = \log_{49} 400 = \log_{343} 8000 = 1.540$

① 1단계

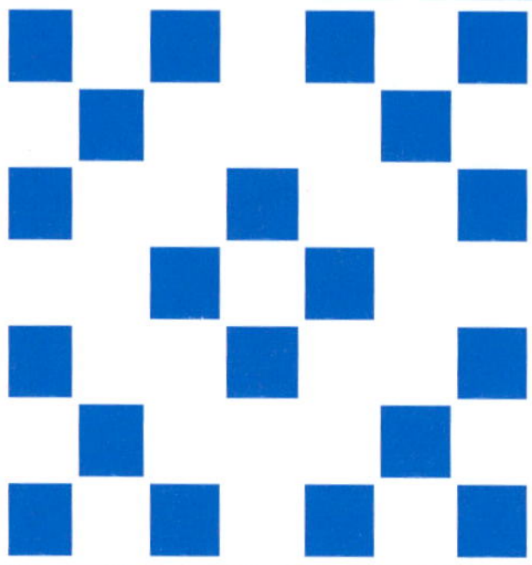

② 2단계

③ 3단계

$F_1^C(187942245871274)$, $\log_7 29 = \log_{49} 841 = \log_{343} 24389 = 1.730$

<table>
<tr><th>① 1단계</th><th>② 2단계</th></tr>
<tr><td></td><td></td></tr>
<tr><th colspan="2">③ 3단계</th></tr>
<tr><td colspan="2"></td></tr>
</table>

$F_1 F_1^C(275889061031614)$, $\log_7 34 = \log_{49} 1156 = \log_{343} 39304 = 1.812$

① 1단계	② 2단계

③ 3단계	

$F_1 F_1(410206332080477)$, $\log_7 25 = \log_{49} 625 = \log_{343} 15625 = 1.654$

① 1단계	② 2단계
	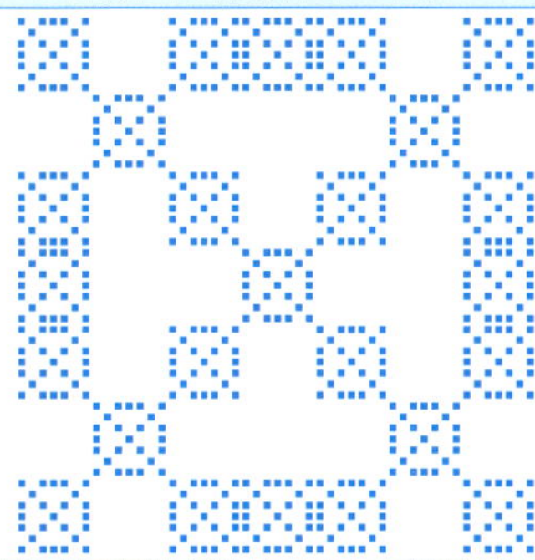

③ 3단계

(4) $F_1(373841666195541)$, $\log_7 21 = \log_{49} 441 = \log_{343} 9261 = 1.565$

① 1단계	② 2단계
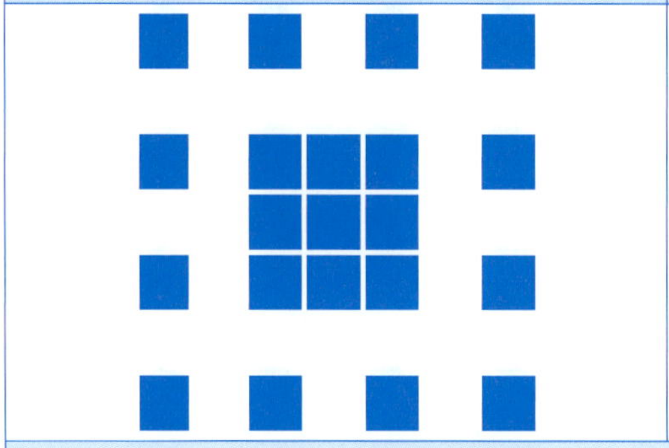	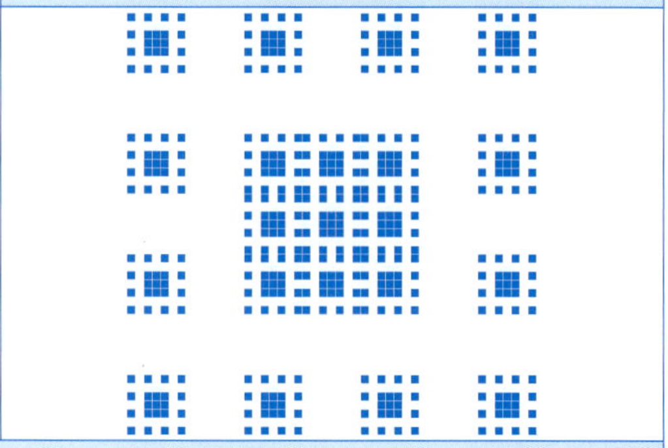

③ 3단계

$F_1^C(189108287225770)$, $\log_7 28 = \log_{49} 784 = \log_{343} 21952 = 1.712$

① 1단계	② 2단계
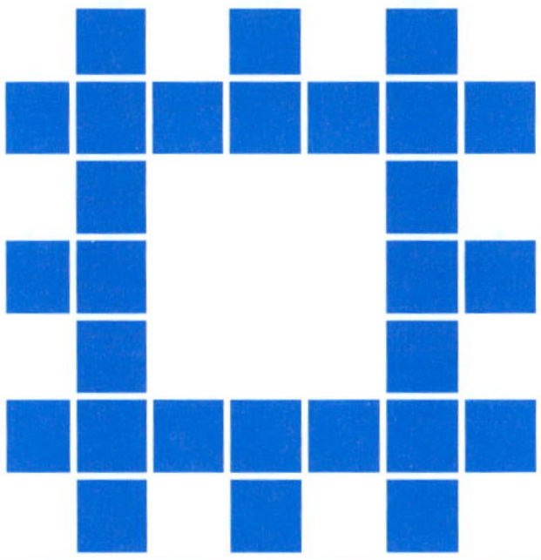	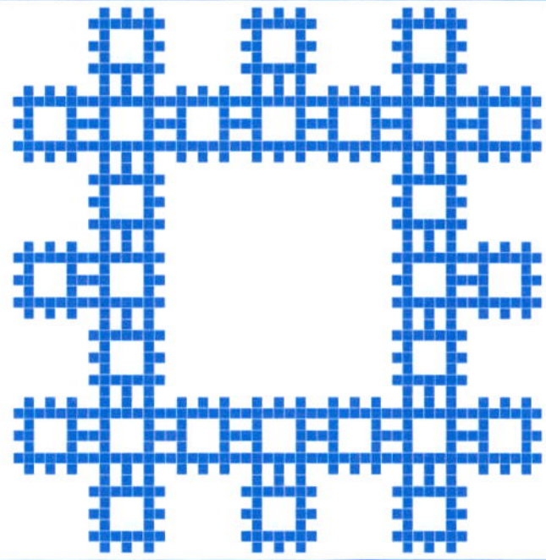

③ 3단계

$F_1 F_1^C(184744754724906)$, $\log_7 20 = \log_{49}400 = \log_{343}8000 = 1.540$

① 1단계

② 2단계

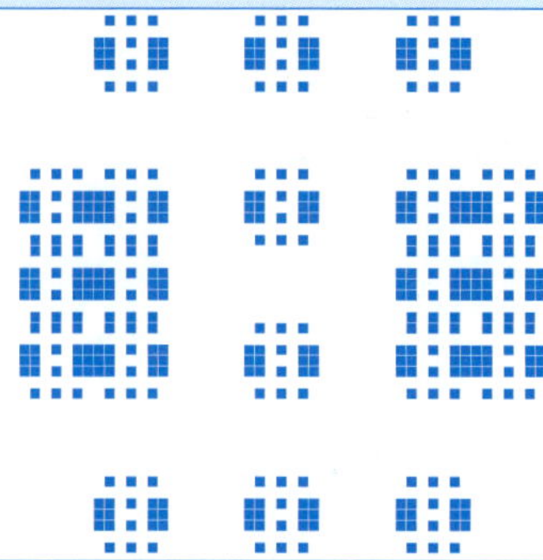

③ 3단계

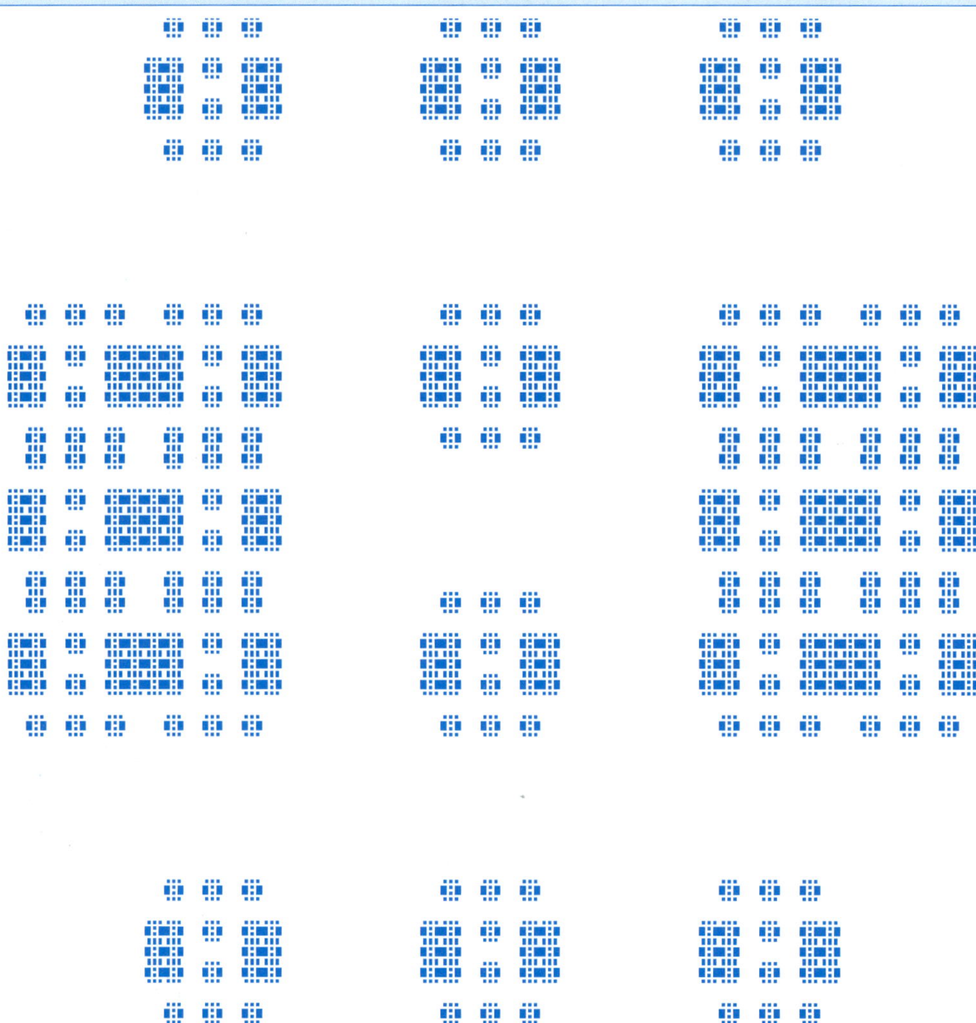

$F_1 F_1(409043486589021)$, $\log_7 25 = \log_{49} 625 = \log_{343} 15625 = 1.654$

① 1단계	② 2단계

③ 3단계

(5) $F_1(385379030549237)$, $\log_7 20 = \log_{49} 400 = \log_{343} 8000 = 1.540$

① 1단계	② 2단계
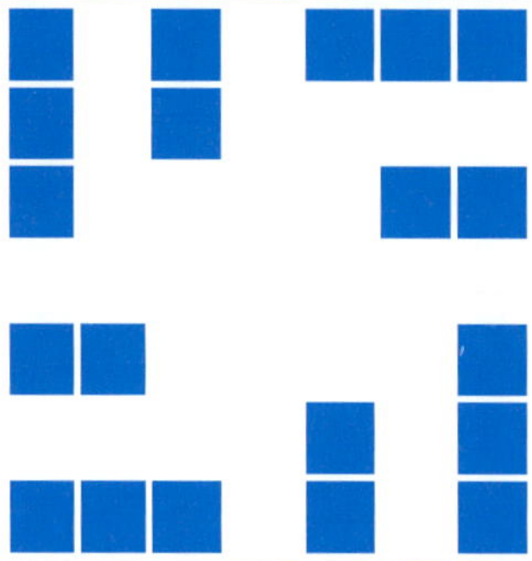	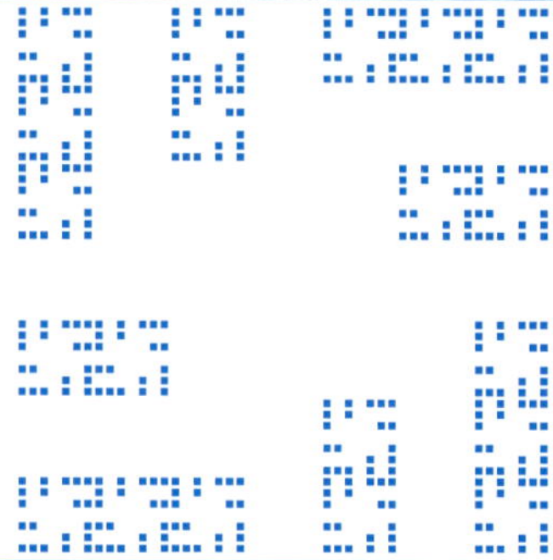

③ 3단계

$F_1^C(177570922872074)$, $\log_7 29 = \log_{49} 841 = \log_{343} 24389 = 1.730$

① 1단계

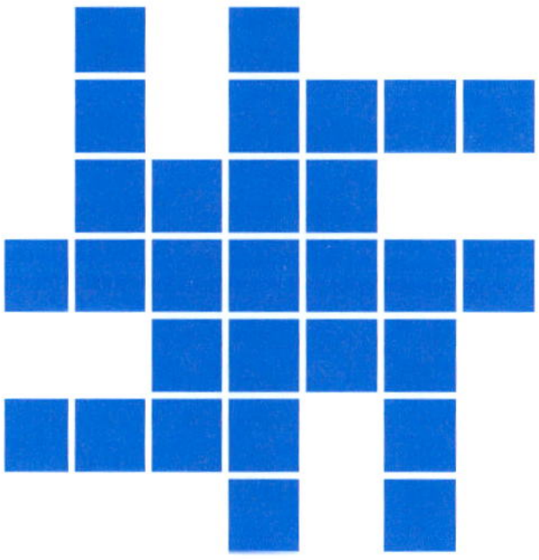

② 2단계

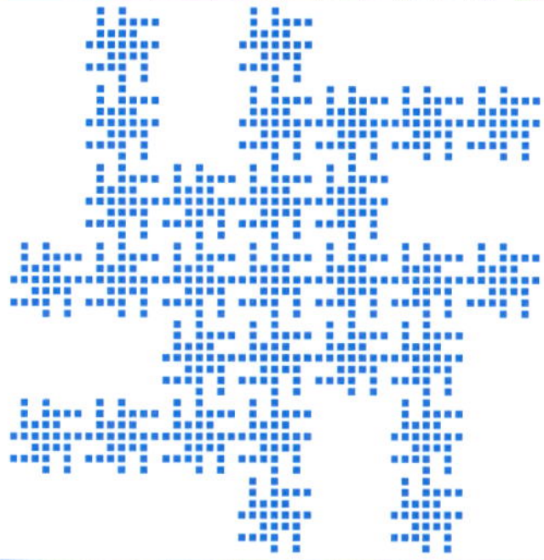

③ 3단계

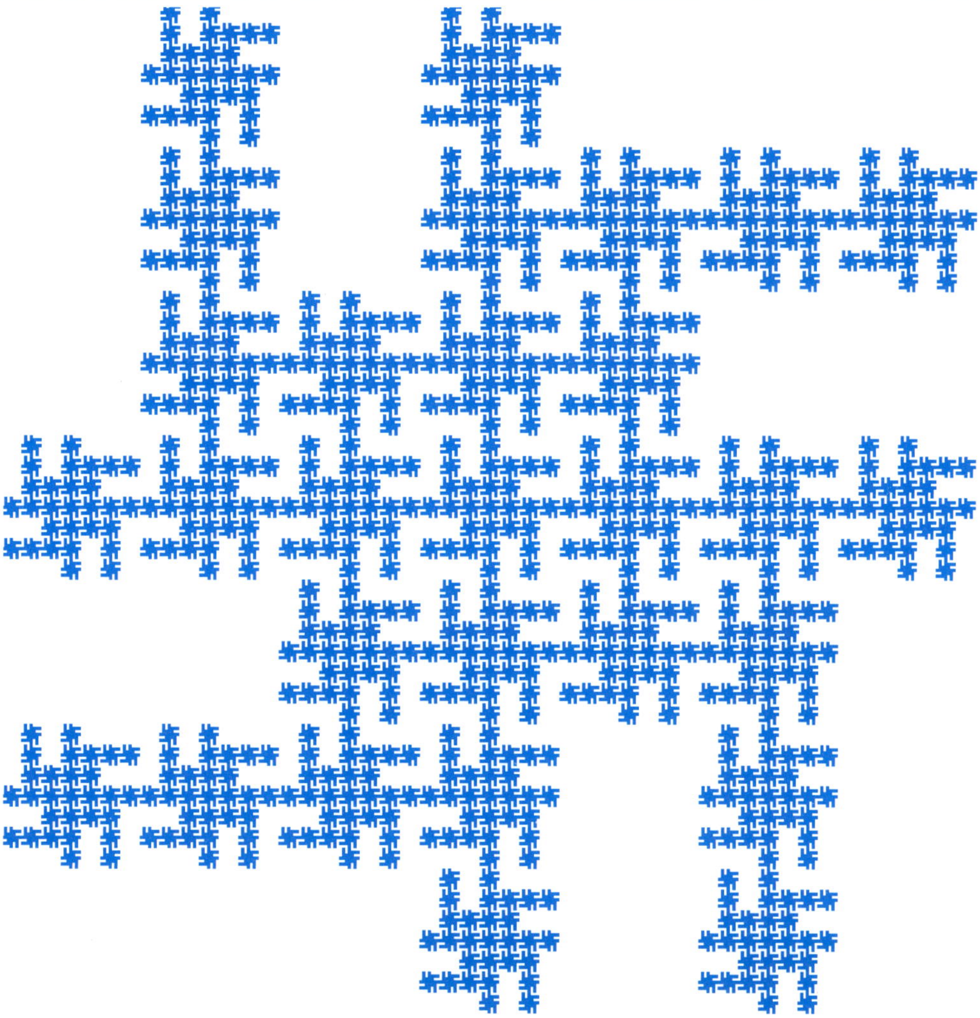

$F_1 F_1^C(556215544041279)$, $\log_7 30 = \log_{49} 900 = \log_{343} 27000 = 1.748$

<table>
<tr><th>① 1단계</th><th>② 2단계</th></tr>
<tr><td>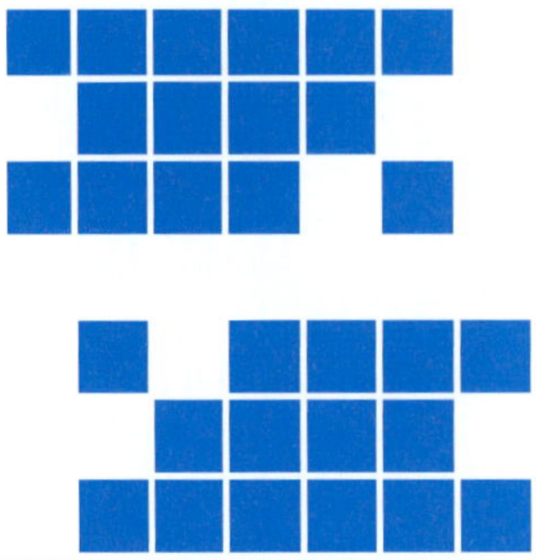</td><td>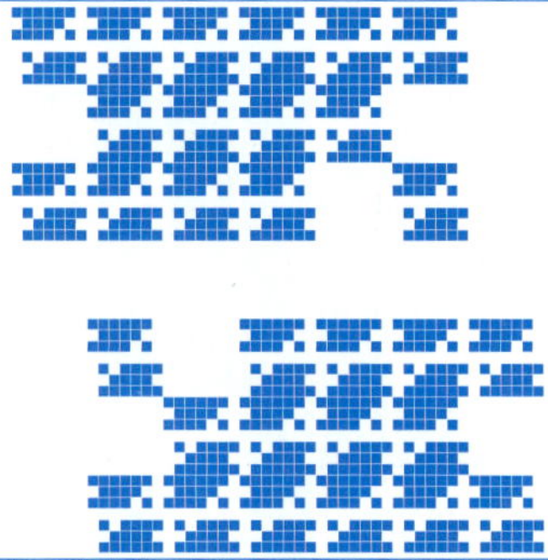</td></tr>
<tr><th colspan="2">③ 3단계</th></tr>
<tr><td colspan="2">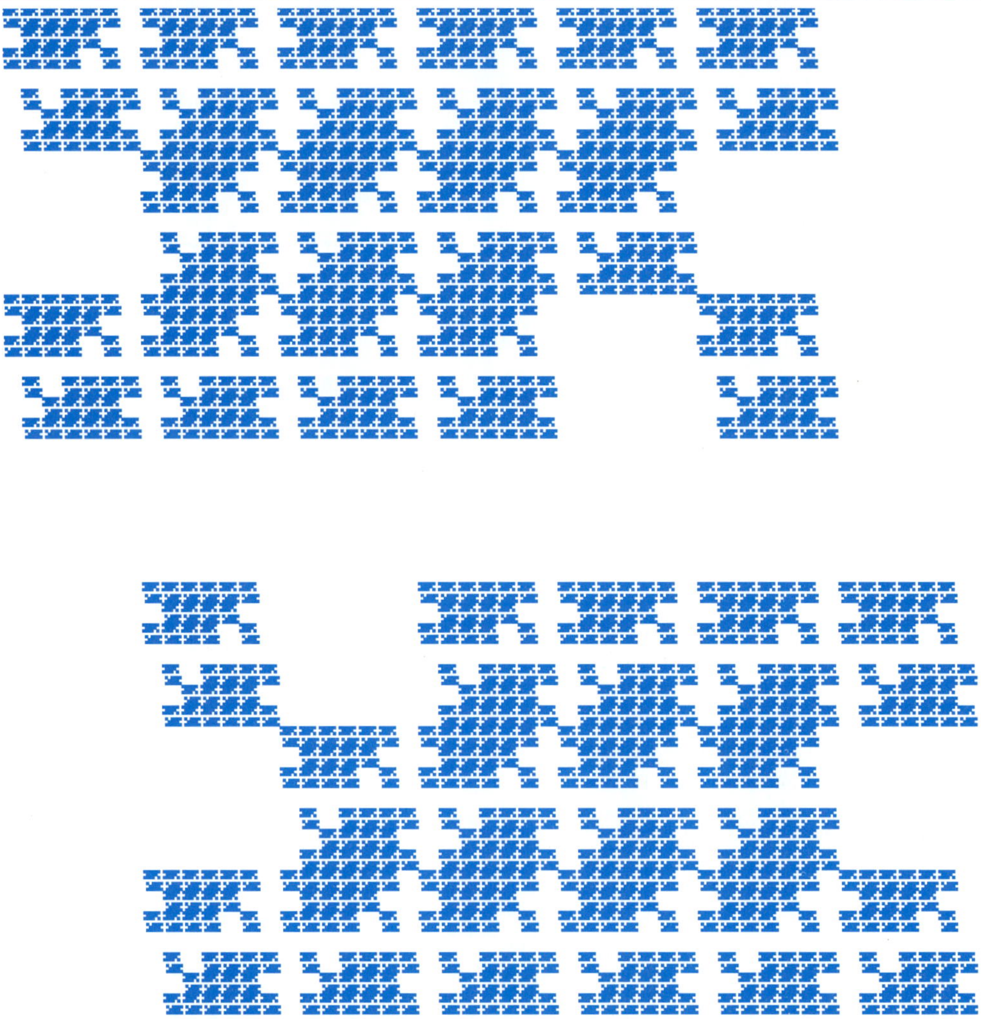</td></tr>
</table>

$F_1 F_1(526357083585271)$, $\log_7 34 = \log_{49} 1156 = \log_{343} 39304 = 1.812$

<table>
<tr><th>① 1단계</th><th>② 2단계</th></tr>
<tr><td>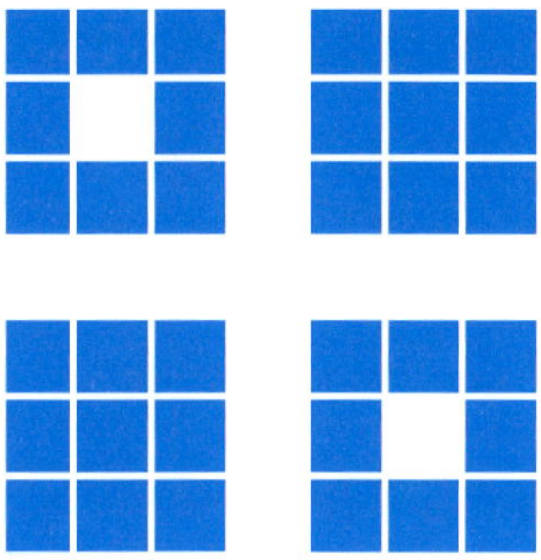</td><td></td></tr>
<tr><th colspan="2">③ 3단계</th></tr>
<tr><td colspan="2">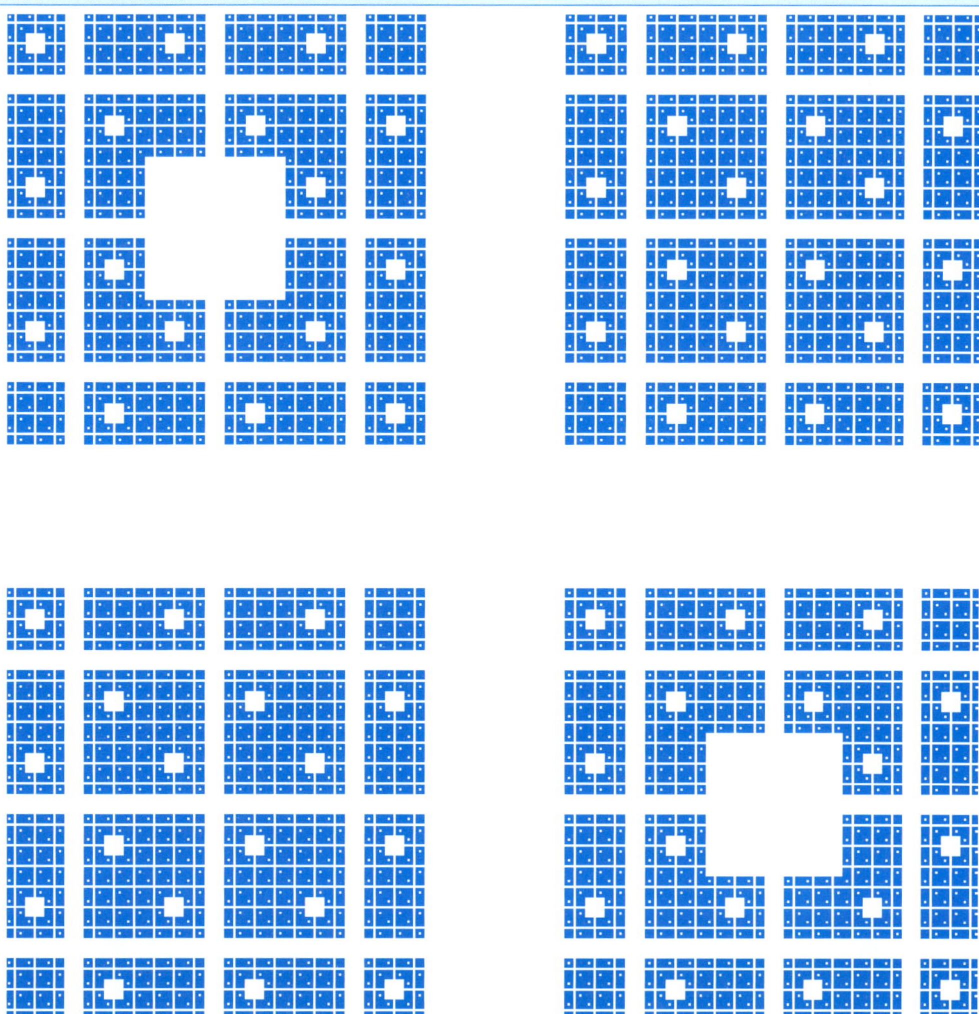</td></tr>
</table>

(6) $F_1(287327448798529)$, $\log_7 17 = \log_{49} 289 = \log_{343} 4913 = 1.456$

① 1단계	② 2단계
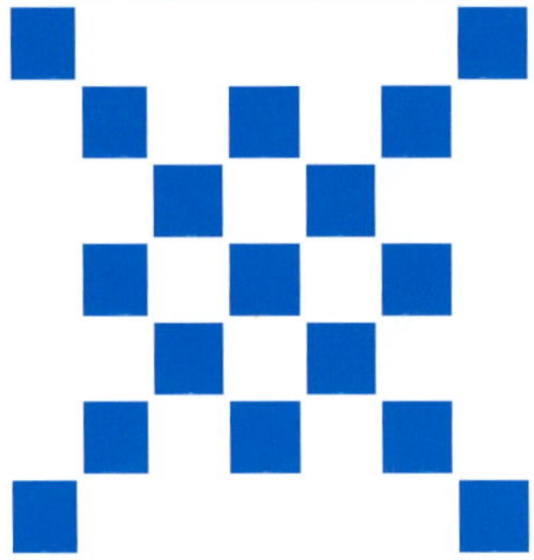	

③ 3단계

$F_1^C(275622504622782)$, $\log_7 32 = \log_{49} 1024 = \log_{343} 327683 = 1.781$

① 1단계

② 2단계

③ 3단계

$F_1 F_1^C$(275622504622782), $\log_7 32 = \log_{49} 1024 = \log_{343} 32768 = 1.781$

① 1단계	② 2단계
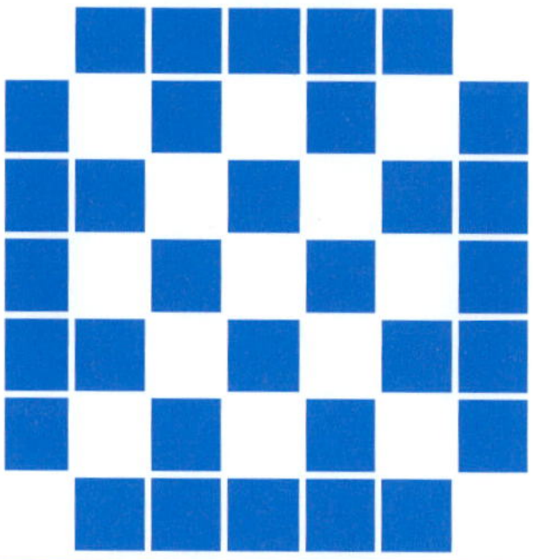	

③ 3단계

$F_1F_1(287327448798529)$, $\log_7 17 = \log_{49} 289 = \log_{343} 4913 = 1.456$

① 1단계	② 2단계
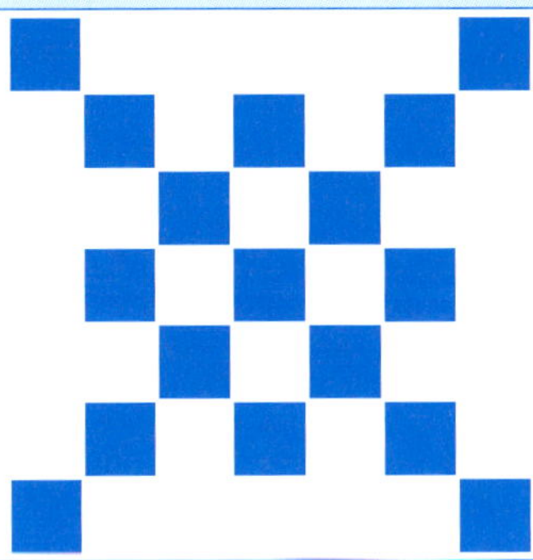	

③ 3단계

(7) $F_1(322529269192009)$, $\log_7 21 = \log_{49} 441 = \log_{343} 9261 = 1.565$

① 1단계	② 2단계
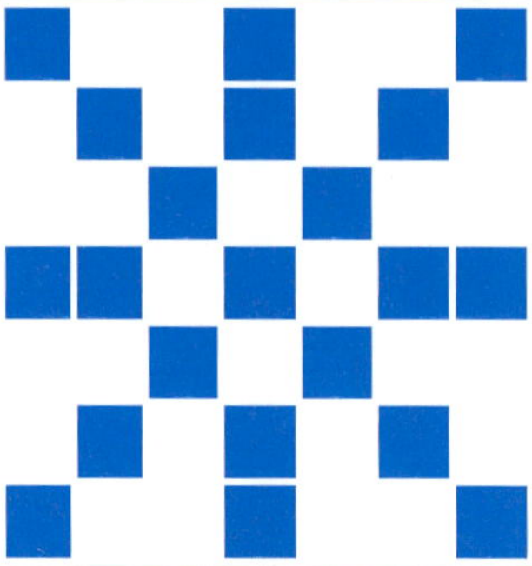	

③ 3단계

$F_1^C(240420684229302)$, $\log_7 28 = \log_{49} 784 = \log_{343} 21952 = 1.712$

① 1단계	② 2단계

③ 3단계

$F_1 F_1^C(240447259339446)$, $\log_7 32 = \log_{49} 1024 = \log_{343} 32768 = 1.781$

① 1단계	② 2단계
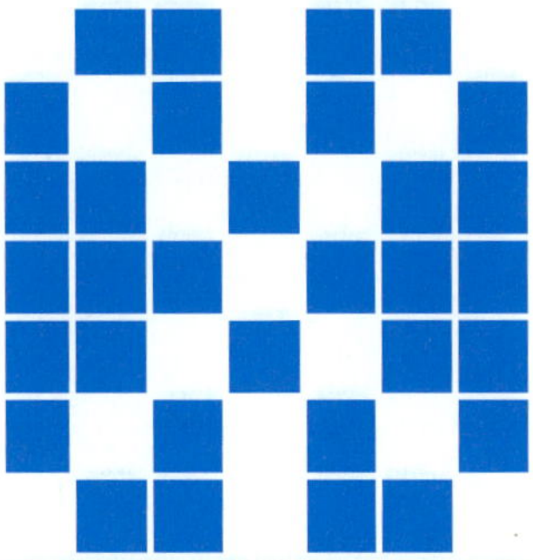	

③ 3단계

$F_1 F_1(474296233571819)$, $\log_7 29 = \log_{49} 841 = \log_{343} 24389 = 1.730$

① 1단계	② 2단계

③ 3단계

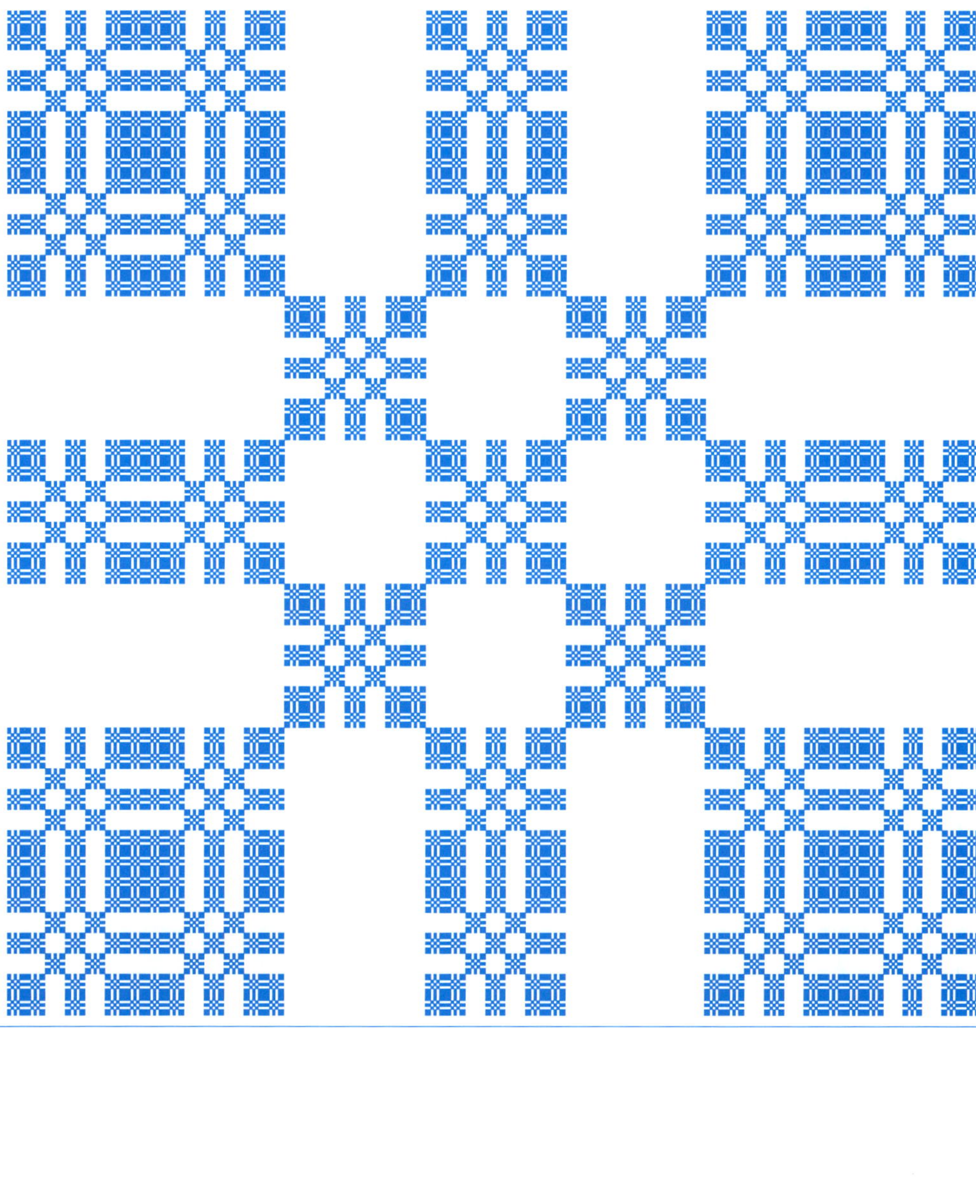

(8) $F_1(438810408464867)$, $\log_7 21 = \log_{49} 441 = \log_{343} 9261 = 1.565$

<table>
<tr><th>① 1단계</th><th>② 2단계</th></tr>
<tr><td>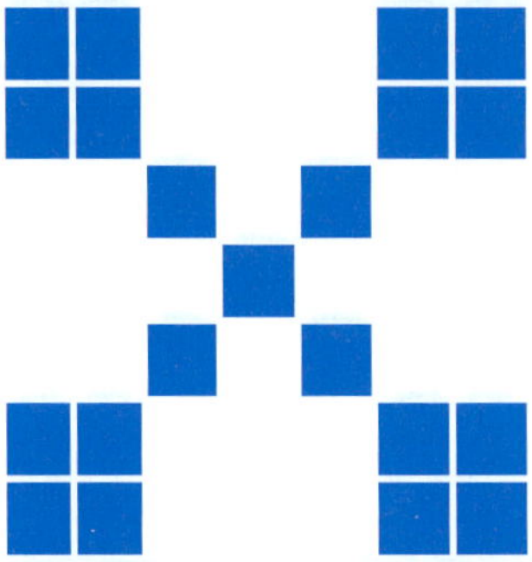</td><td></td></tr>
<tr><th colspan="2">③ 3단계</th></tr>
<tr><td colspan="2">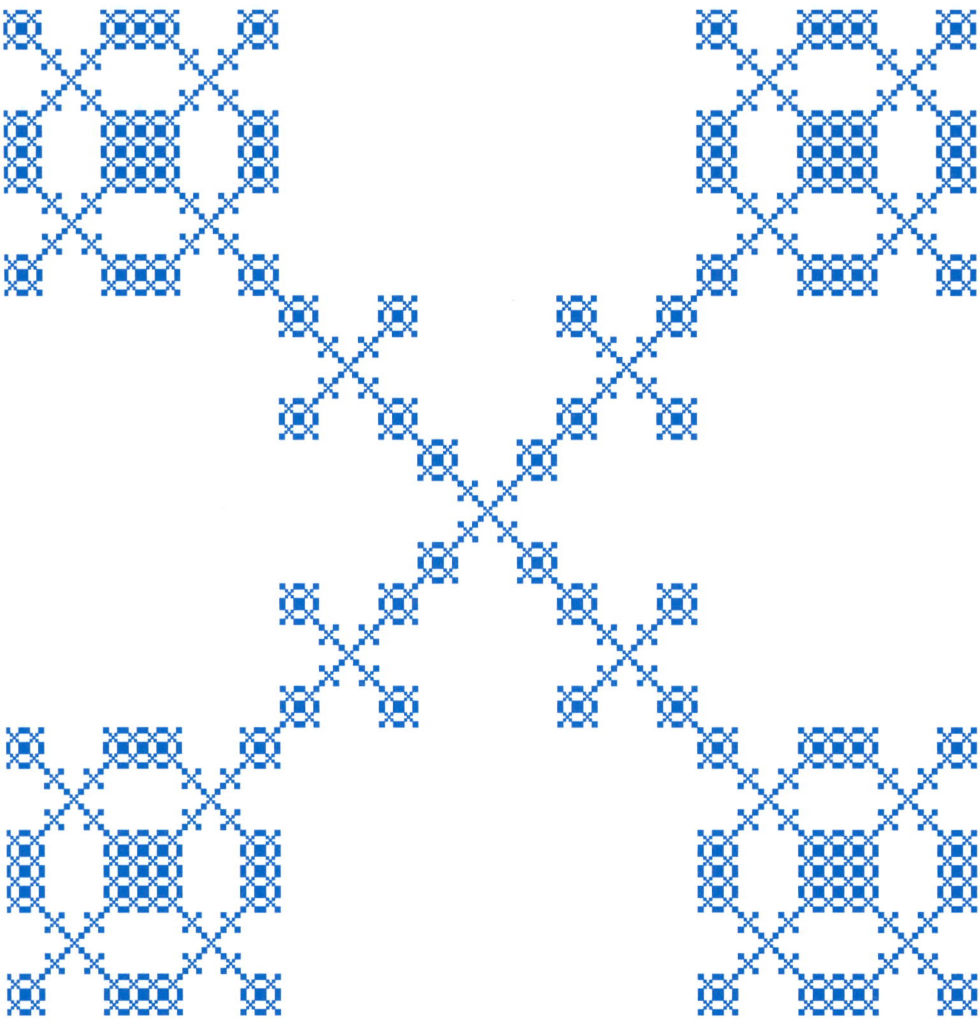</td></tr>
</table>

$F_1^C(241395449564444)$, $\log_7 28 = \log_{49} 784 = \log_{343} 21952 = 1.712$

<table>
<tr><th>① 1단계</th><th>② 2단계</th></tr>
<tr><td>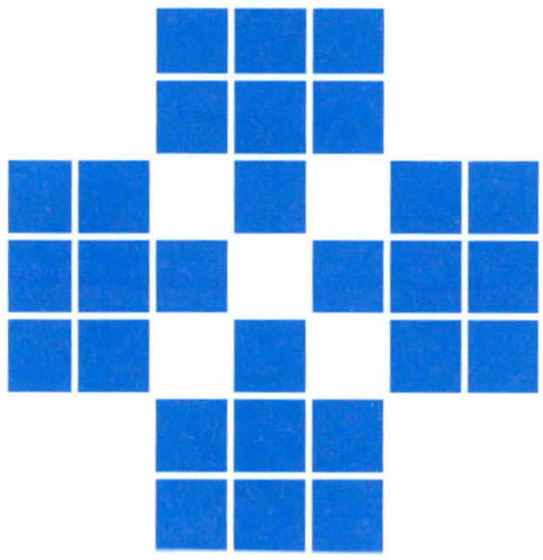</td><td></td></tr>
<tr><th colspan="2">③ 3단계</th></tr>
<tr><td colspan="2">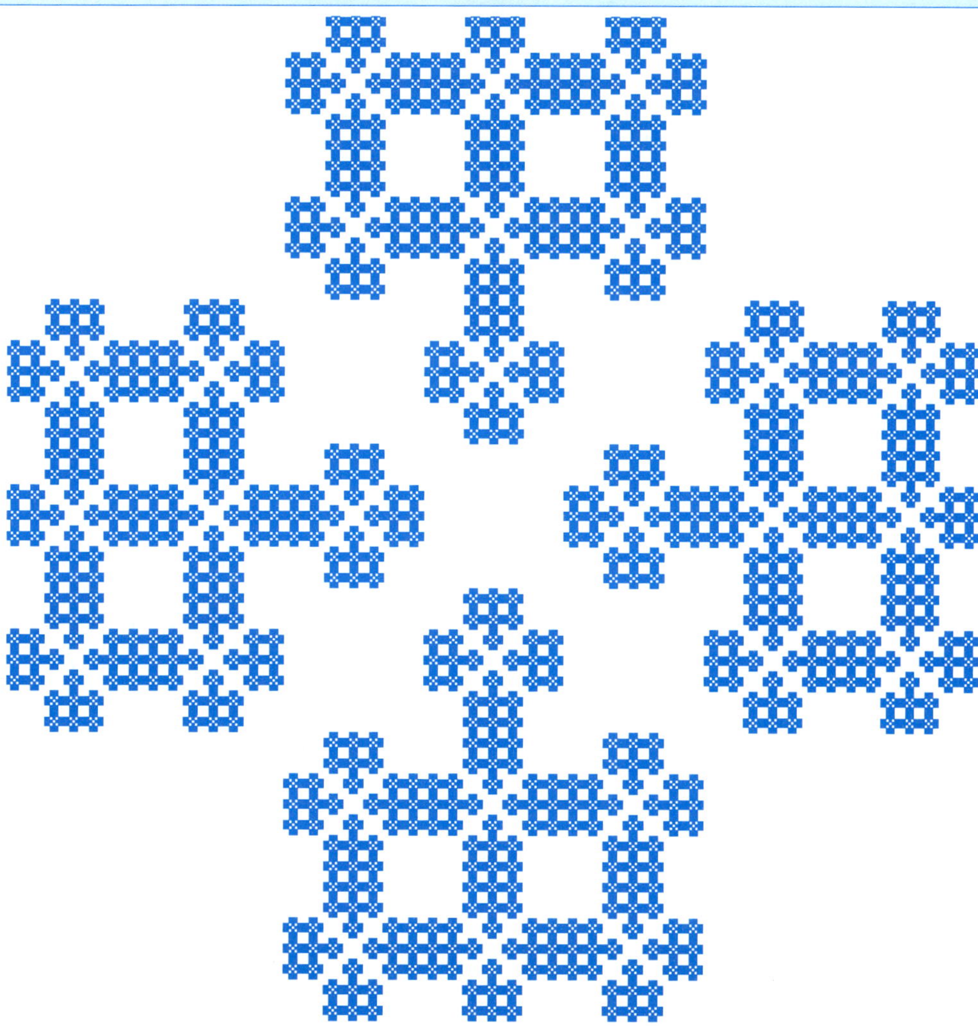</td></tr>
</table>

$F_1 F_1^C(9124139544956444)$, $\log_7 28 = \log_{49} 784 = \log_{343} 21952 = 1.712$

① 1단계	② 2단계

③ 3단계

$F_1 F_1(4388104084648 67)$, $\log_7 21 = \log_{49} 441 = \log_{343} 9261 = 1.565$

<table>
<tr><th>① 1단계</th><th>② 2단계</th></tr>
<tr><td></td><td></td></tr>
<tr><th colspan="2">③ 3단계</th></tr>
<tr><td colspan="2">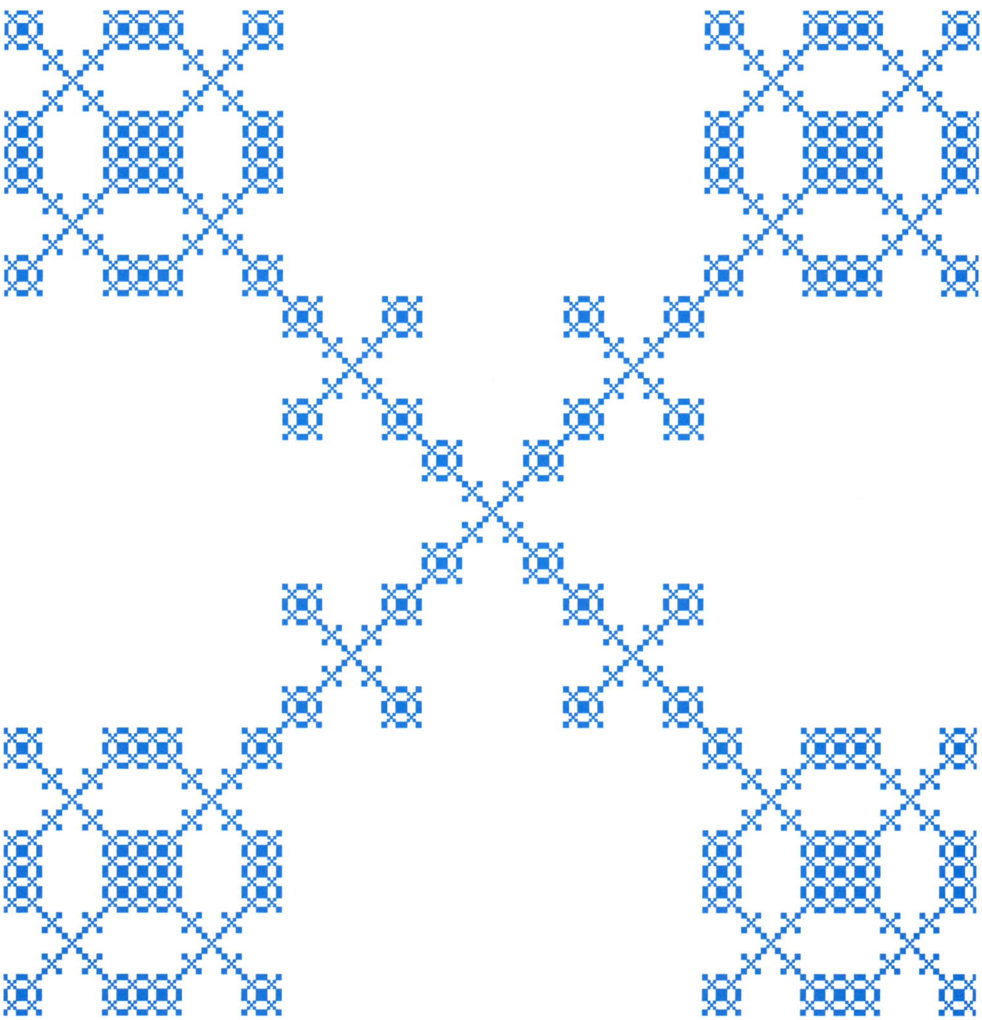</td></tr>
</table>

(9) $F_1(314599960594673)$, $\log_7 21 = \log_{49} 441 = \log_{343} 9261 = 1.565$

① 1단계

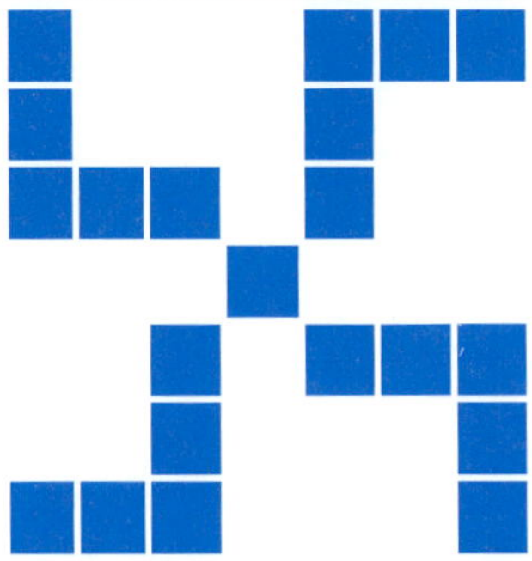

② 2단계

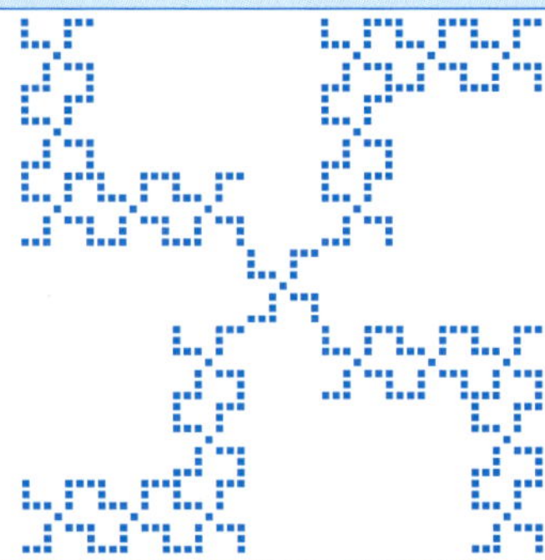

③ 3단계

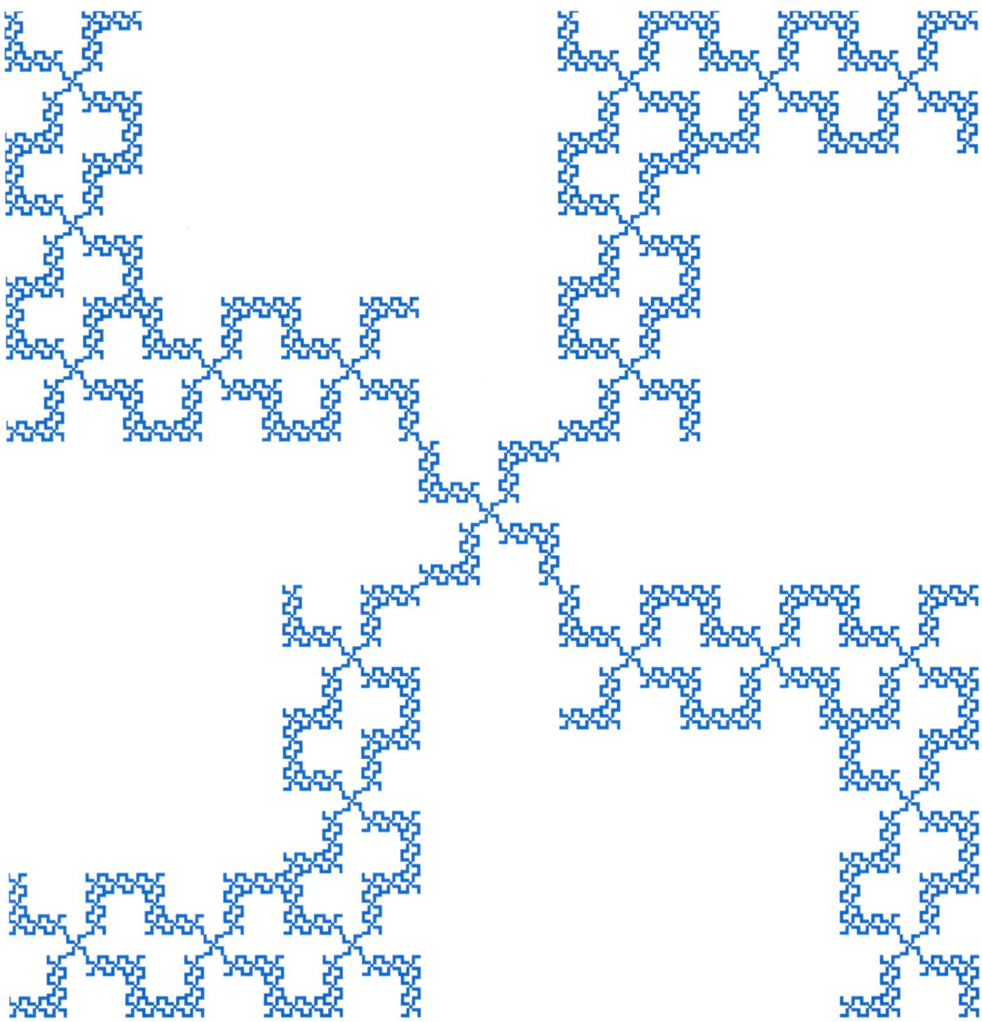

$F_1^C(248349992826638)$, $\log_7 28 = \log_{49} 784 = \log_{343} 21952 = 1.712$

<table>
<tr><th>① 1단계</th><th>② 2단계</th></tr>
<tr><td>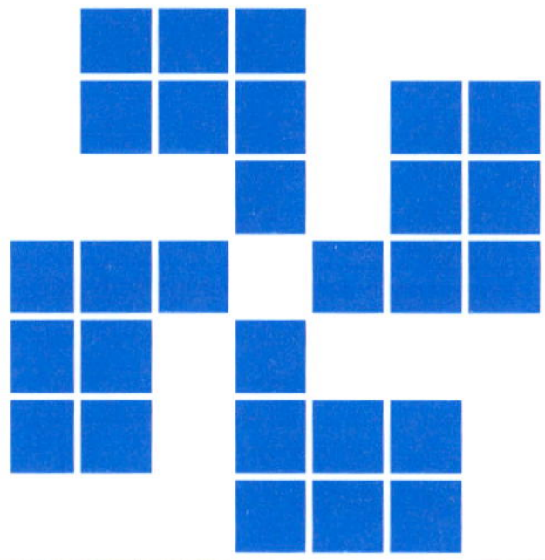</td><td>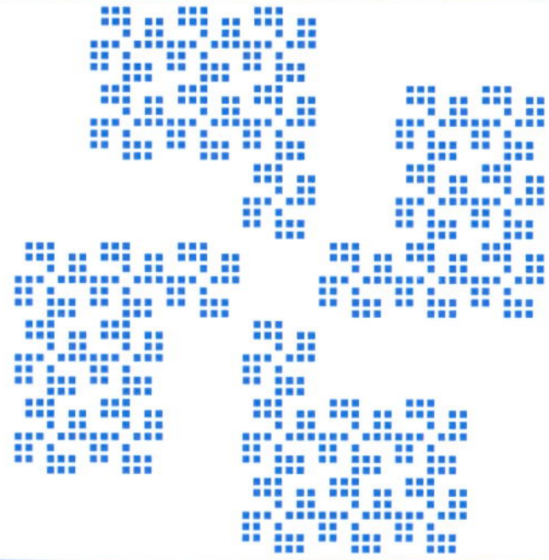</td></tr>
<tr><th colspan="2">③ 3단계</th></tr>
<tr><td colspan="2">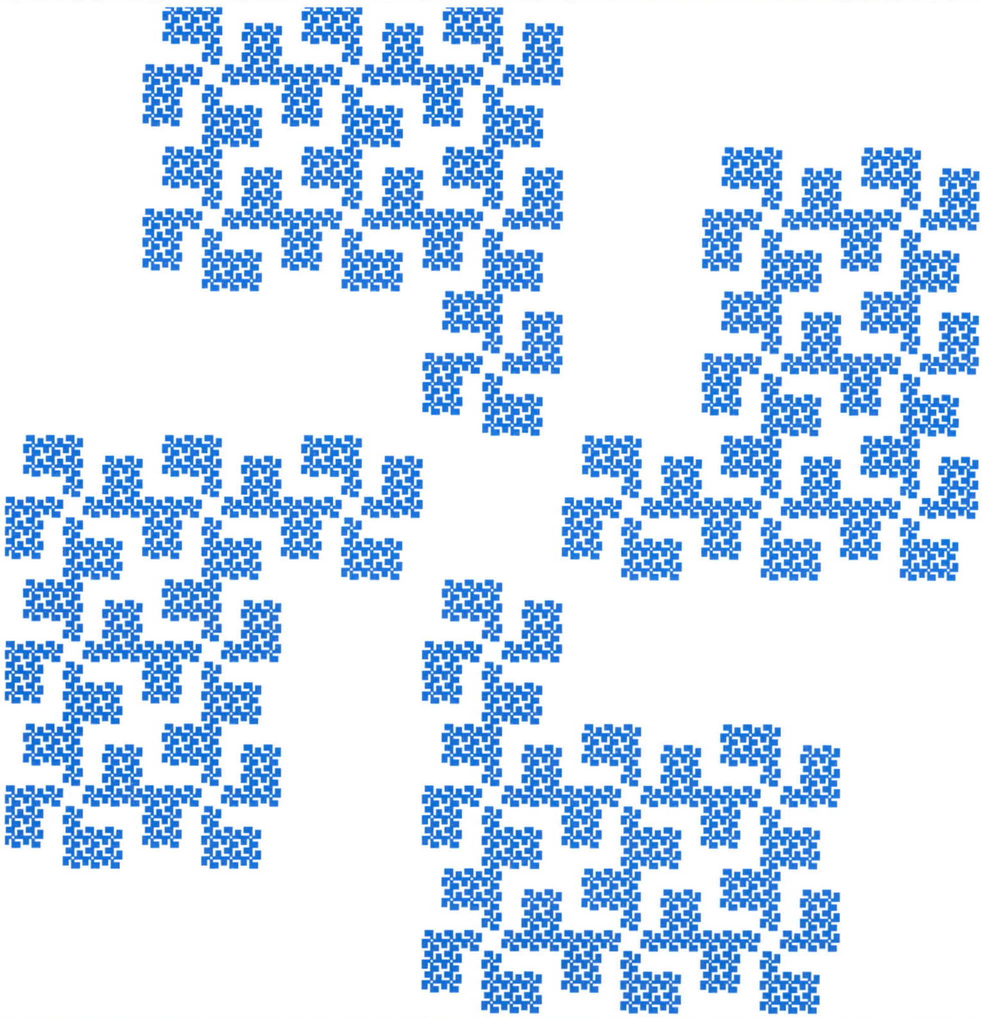</td></tr>
</table>

$F_1 F_1^C(558309207427007)$, $\log_7 38 = \log_{49} 1444 = \log_{343} 54872 = 1.869$

① 1단계

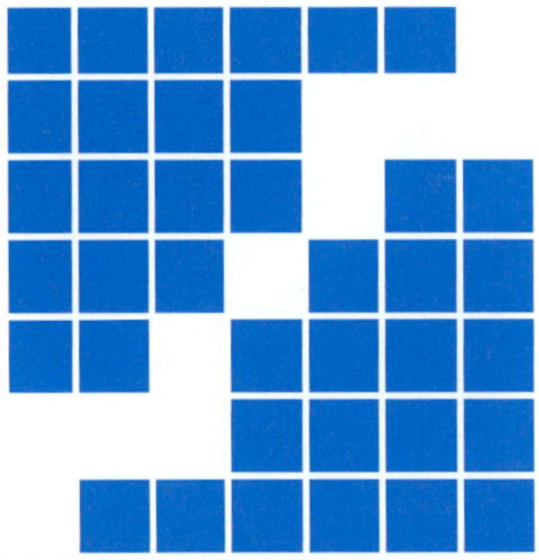

② 2단계

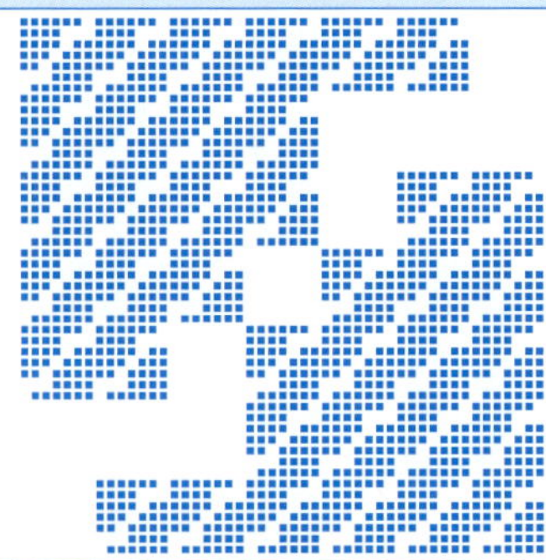

③ 3단계

$F_1 F_1(526359231068919)$, $\log_7 35 = \log_{49} 1225 = \log_{343} 42875 = 1.827$

<table>
<tr><th>① 1단계</th><th>② 2단계</th></tr>
<tr><td></td><td>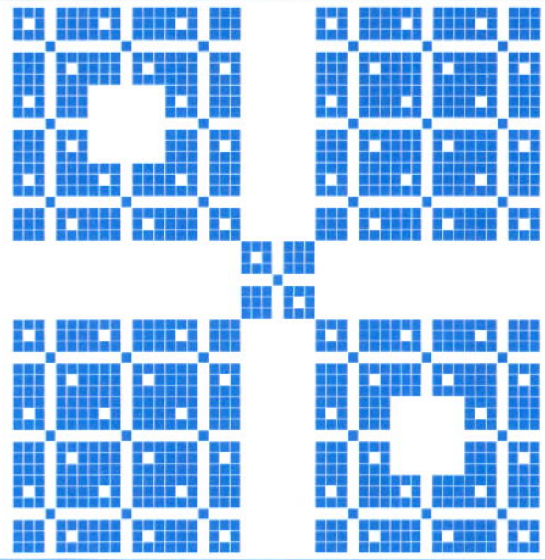</td></tr>
<tr><th colspan="2">③ 3단계</th></tr>
<tr><td colspan="2">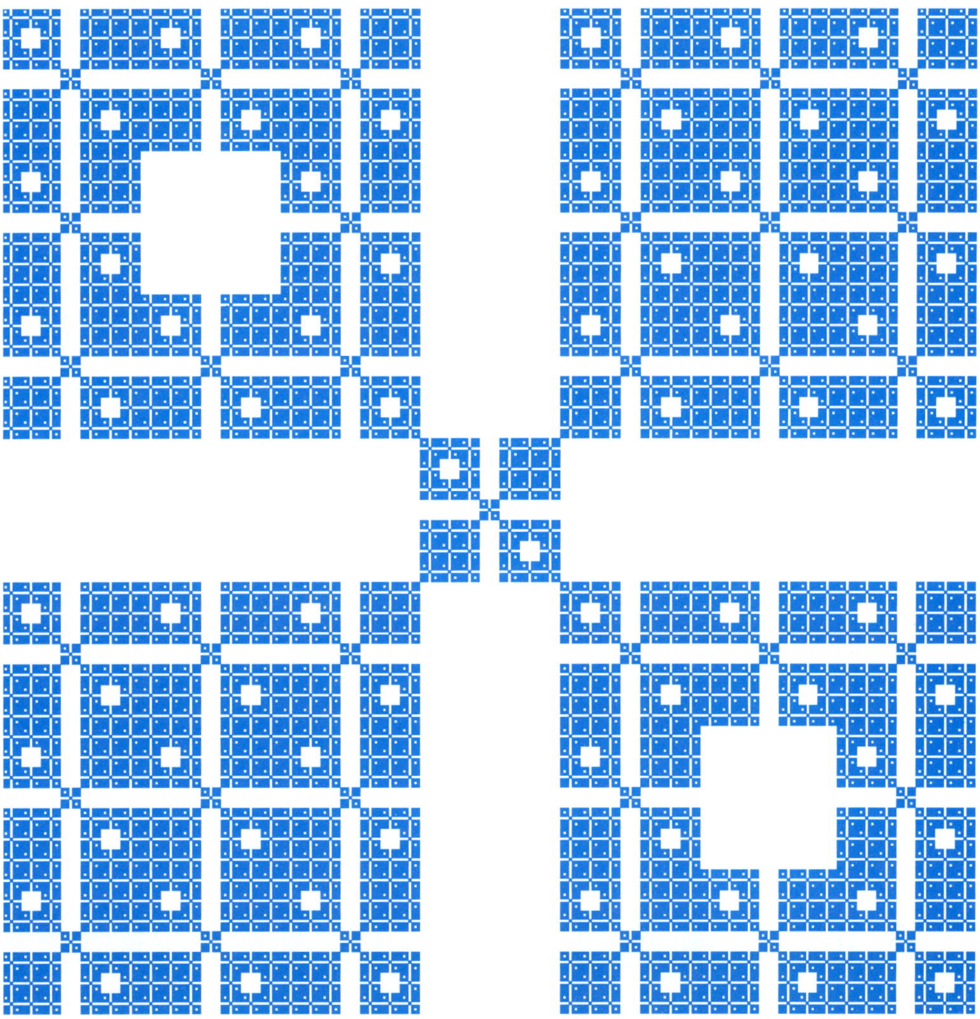</td></tr>
</table>

(10) $F_1(410209527943517)$, $\log_7 24 = \log_{49} 576 = \log_{343} 13824 = 1.633$

① 1단계	② 2단계
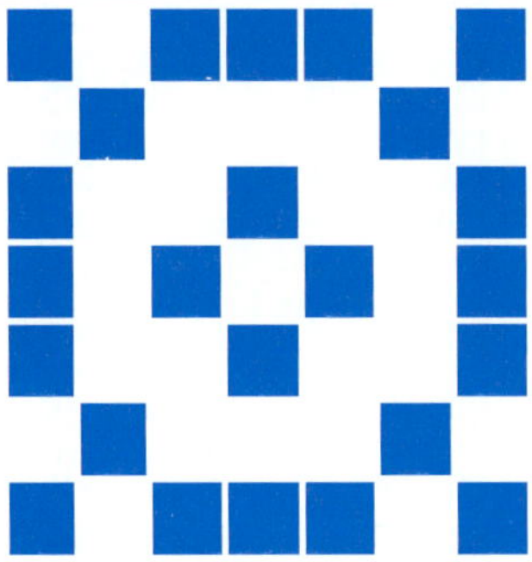	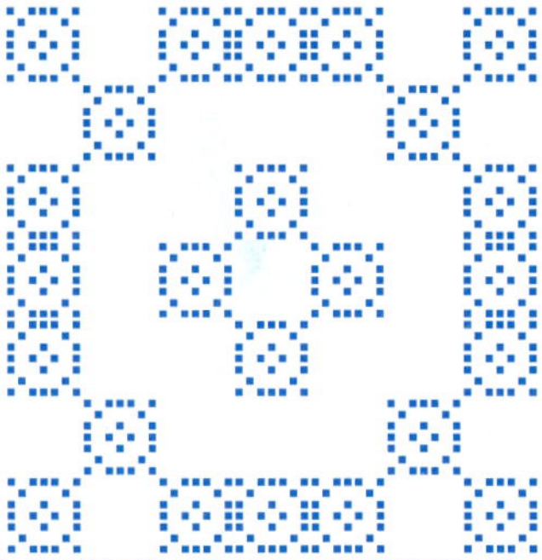

③ 3단계

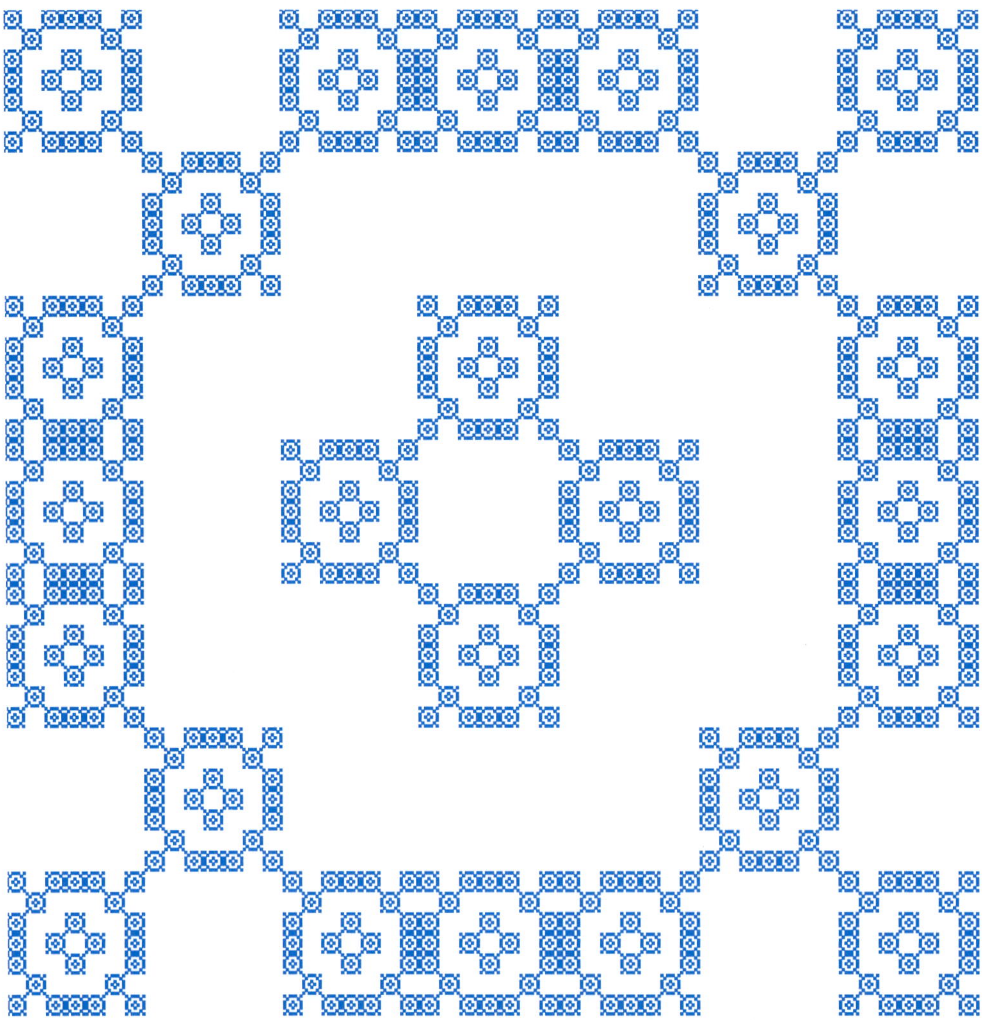

$F_1^C(1527404254777794)$, $\log_7 25 = \log_{49} 625 = \log_{343} 15625 = 1.654$

<table>
<tr><th>① 1단계</th><th>② 2단계</th></tr>
<tr><td>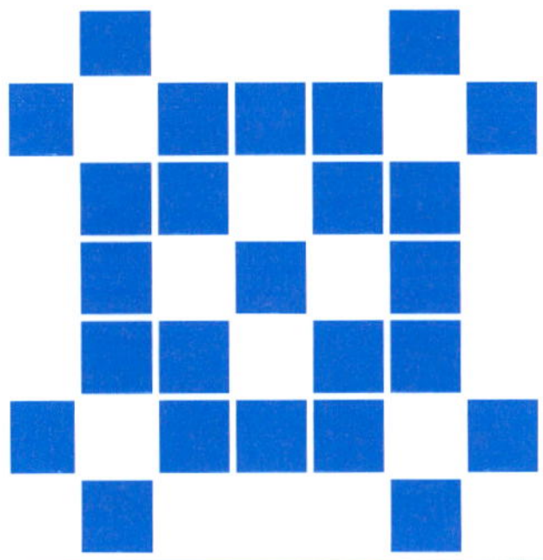</td><td></td></tr>
<tr><th colspan="2">③ 3단계</th></tr>
<tr><td colspan="2">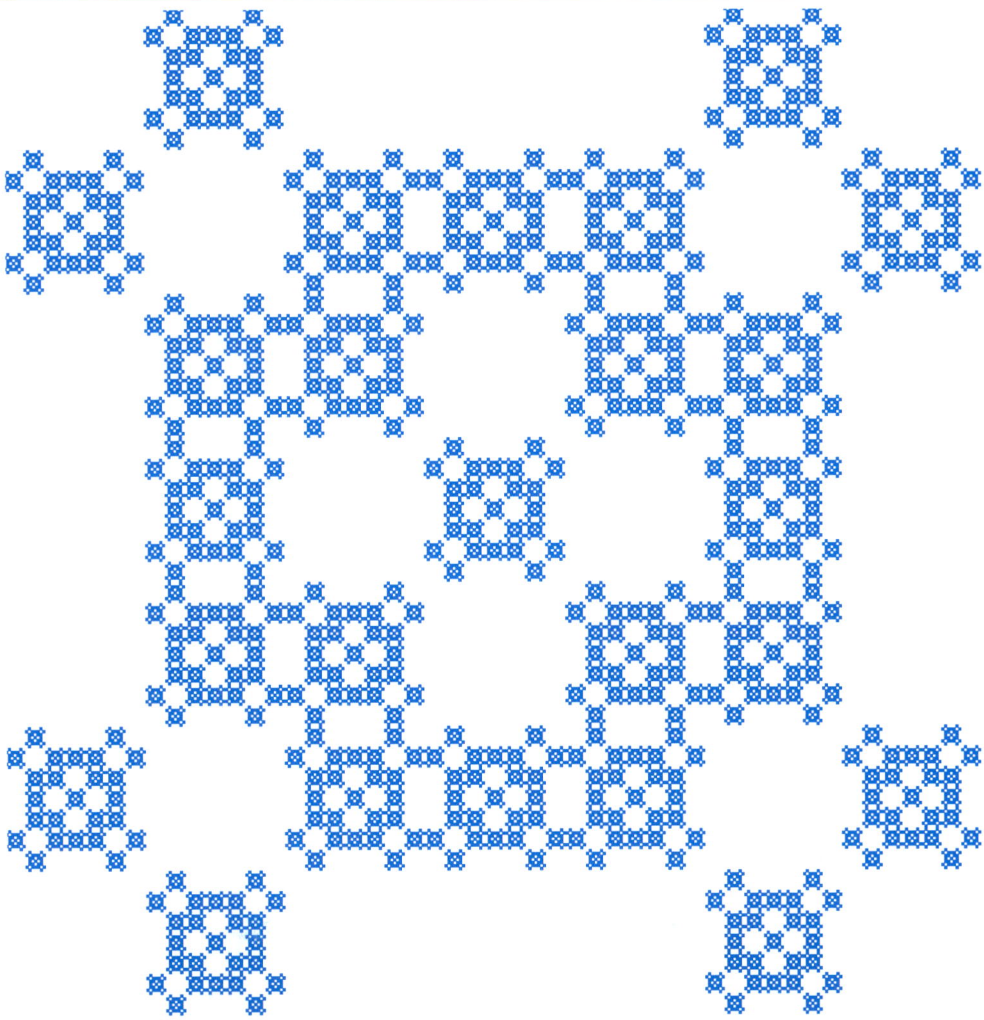</td></tr>
</table>

$F_1 F_1^C(275888923651774)$, $\log_7 30 = \log_{49} 900 = \log_{343} 27000 = 1.748$

① 1단계	② 2단계
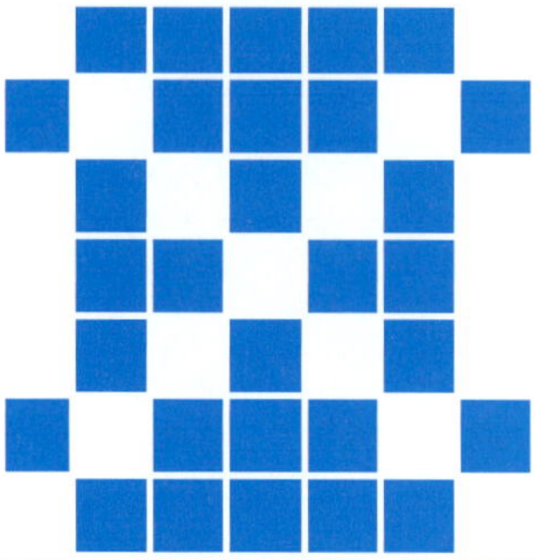	

③ 3단계

$F_1 F_1(410211717697885)$, $\log_7 29 = \log_{49} 841 = \log_{343} 24389 = 1.730$

① 1단계	② 2단계
	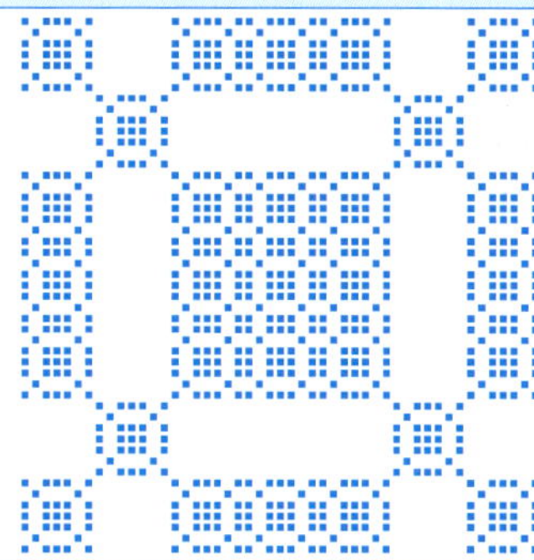

③ 3단계

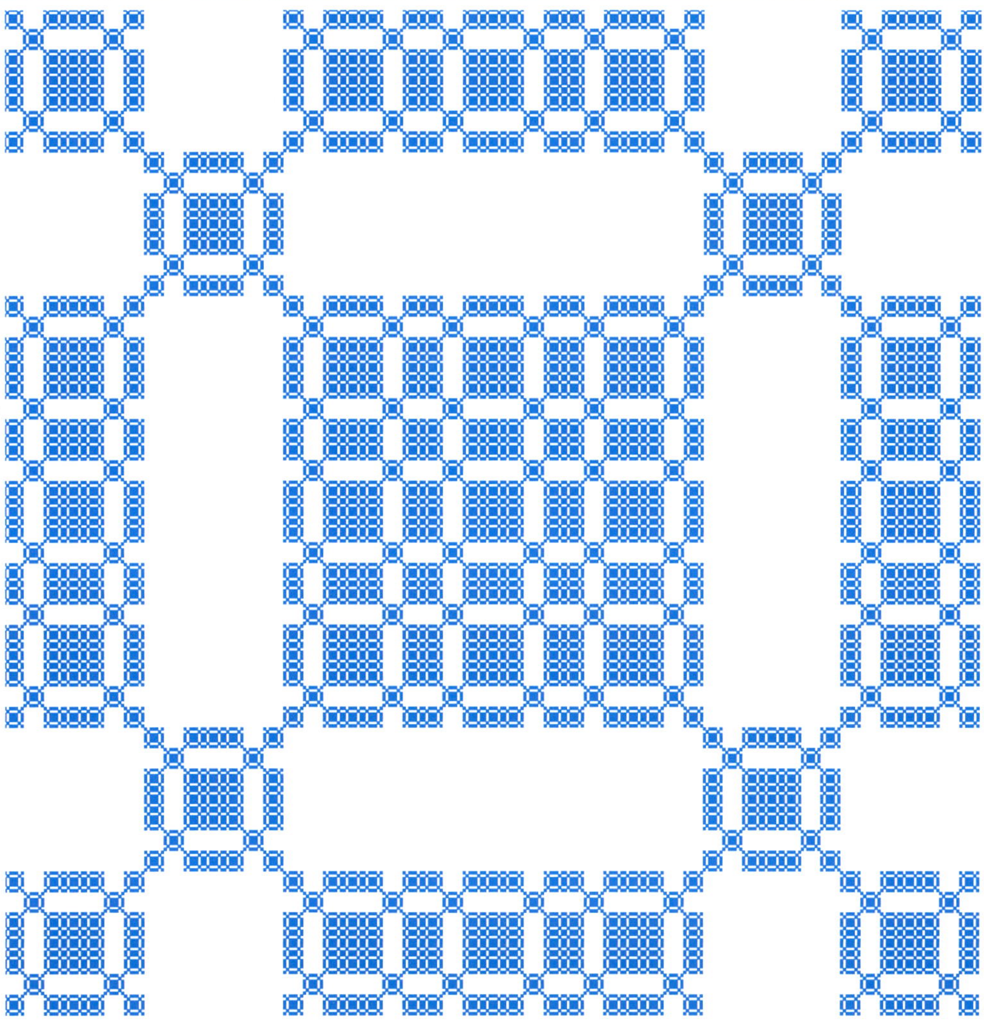

(11) $F_1(384834634989813)$, $\log_7 24 = \log_{49} 576 = \log_{343} 13824 = 1.633$

① 1단계

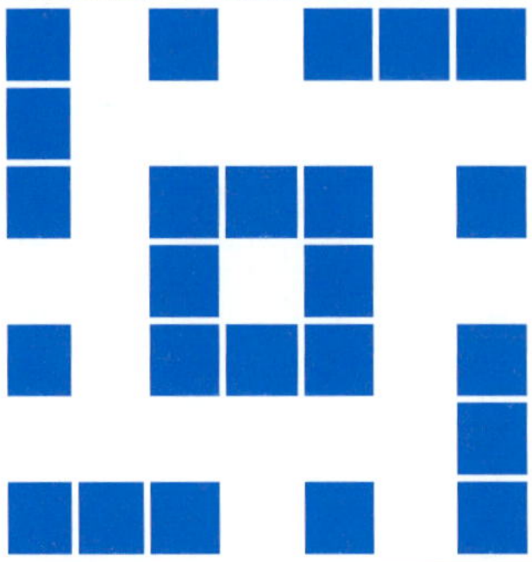

② 2단계

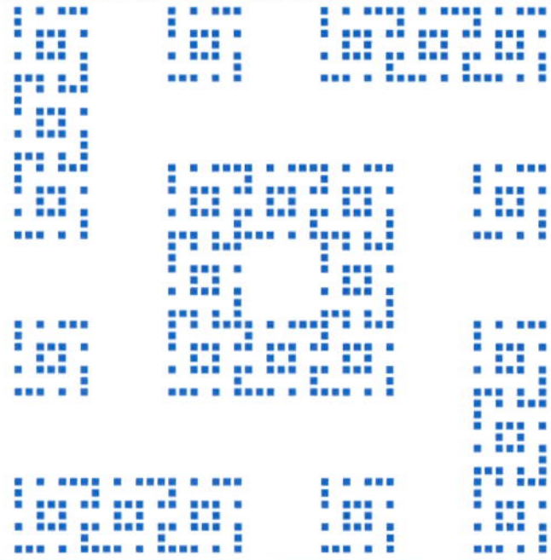

③ 3단계

$F_1^C(178115318431498)$, $\log_7 25 = \log_{49} 625 = \log_{343} 15625 = 1.654$

① 1단계

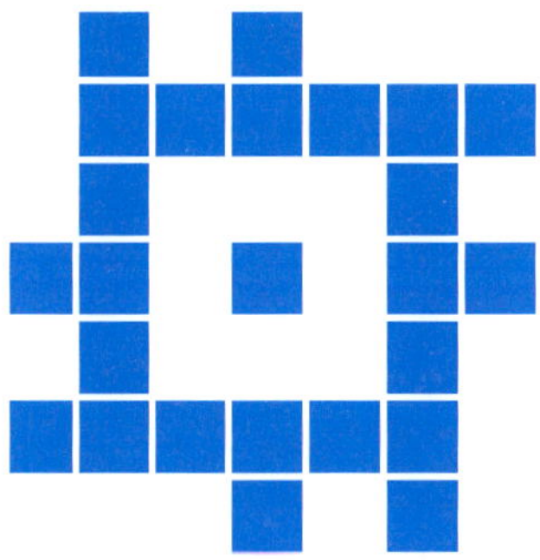

② 2단계

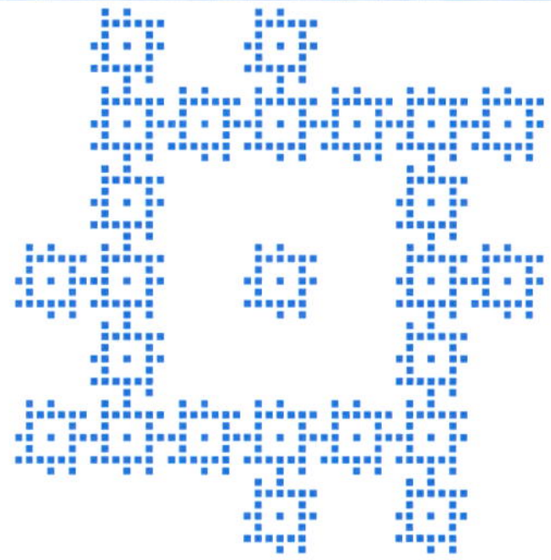

③ 3단계

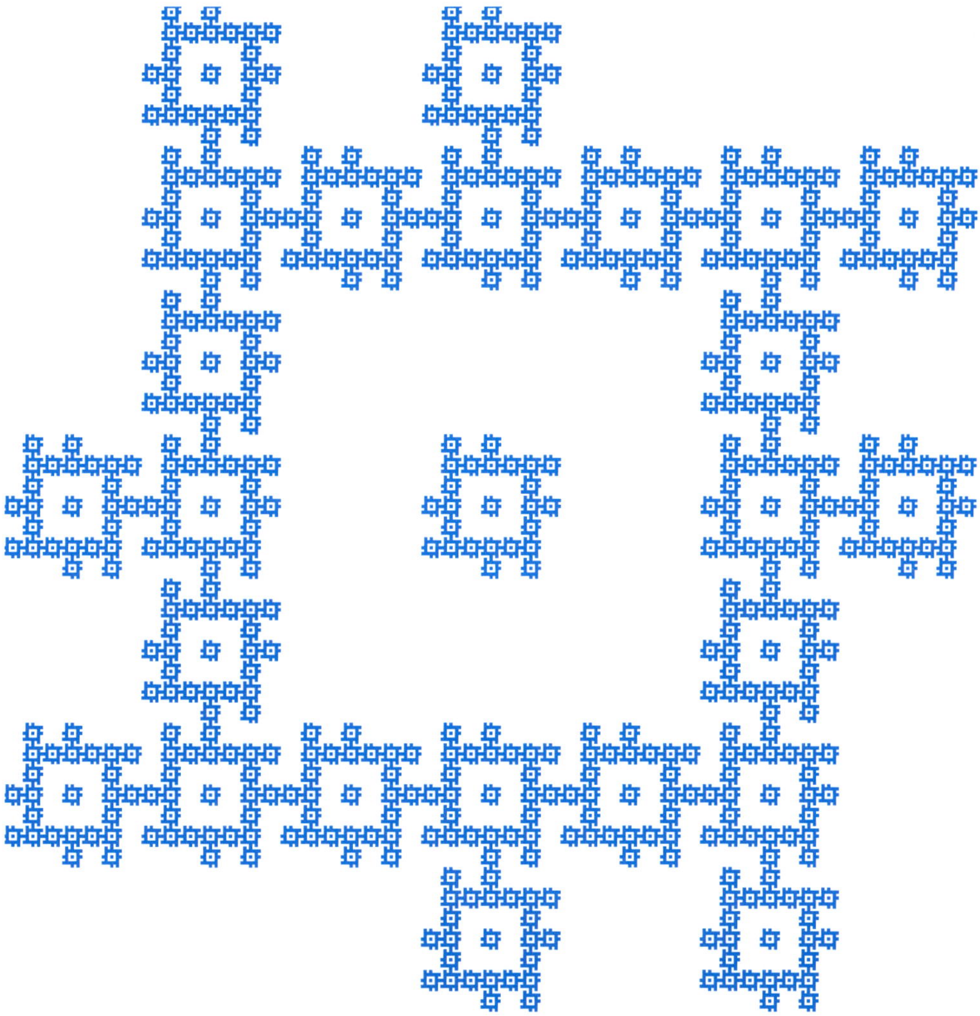

$F_1 F_1^C((555537602889023)$, $\log_7 28 = \log_{49} 784 = \log_{343} 21952 = 1.712$

① 1단계	② 2단계
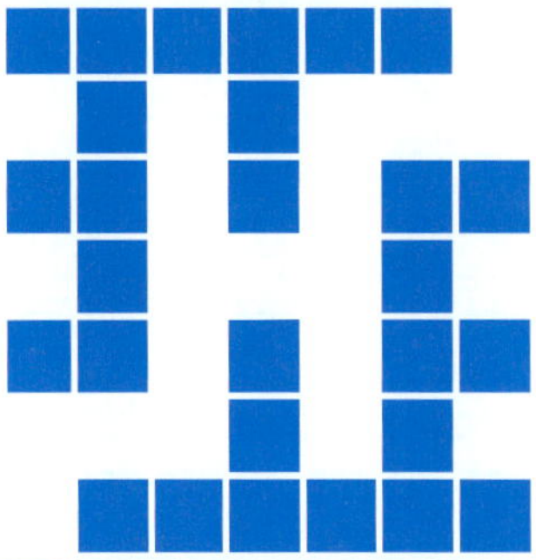	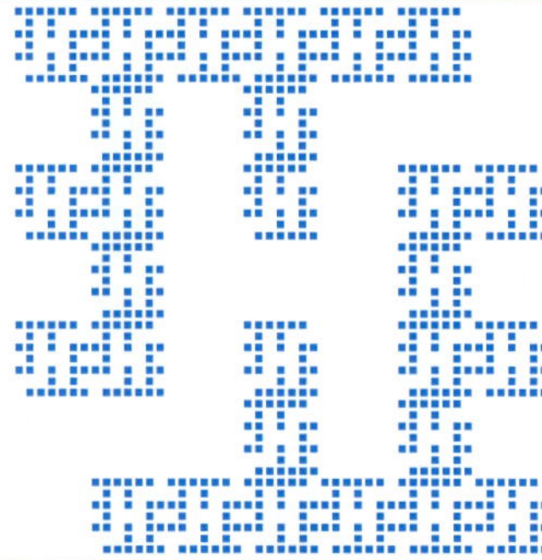

③ 3단계

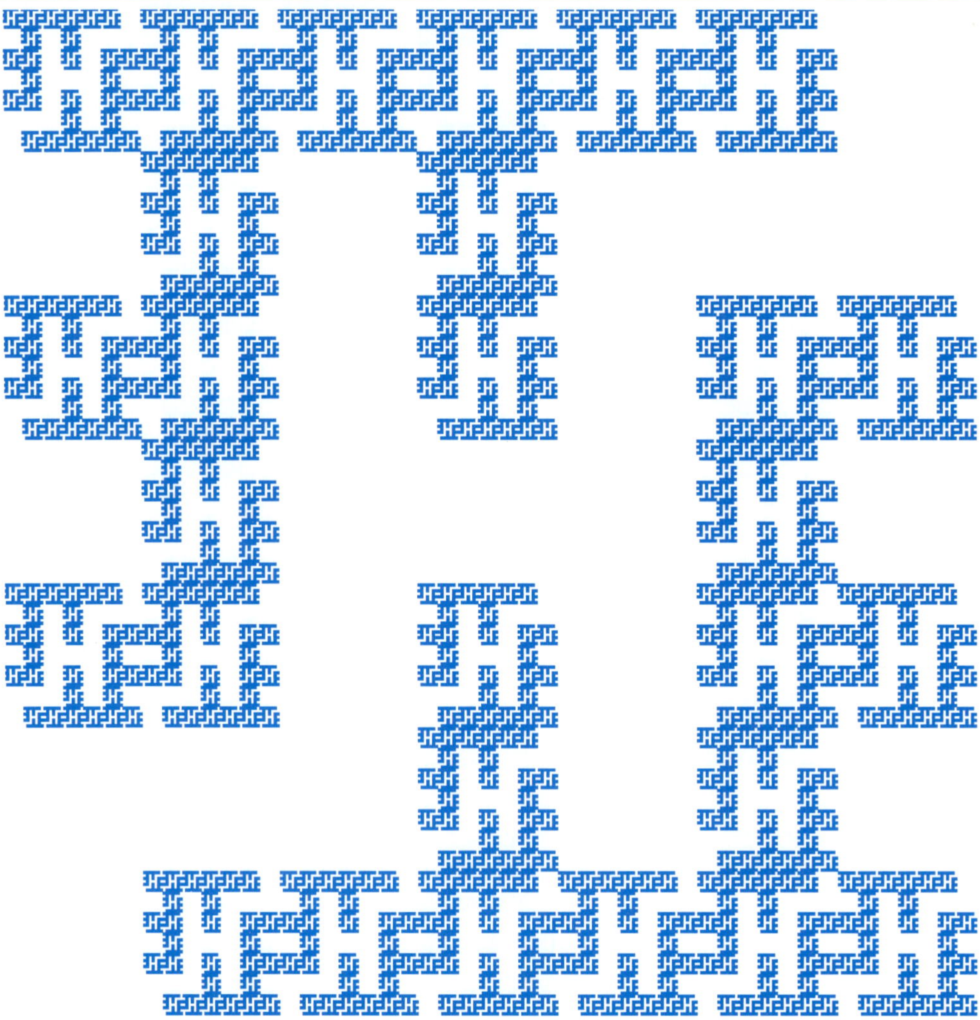

$F_1 F_1(561566437079807)$, $\log_7 43 = \log_{49} 1849 = \log_{343} 79507 = 1.932$

<table>
<tr><th>① 1단계</th><th>② 2단계</th></tr>
<tr><td></td><td>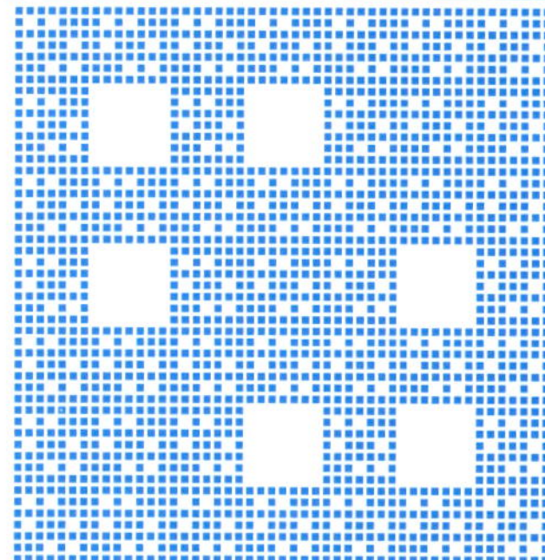</td></tr>
<tr><th colspan="2">③ 3단계</th></tr>
<tr><td colspan="2"></td></tr>
</table>

(12) $F_1(375009897304405)$, $\log_7 25 = \log_{49} 625 = \log_{343} 15625 = 1.654$

① 1단계	② 2단계
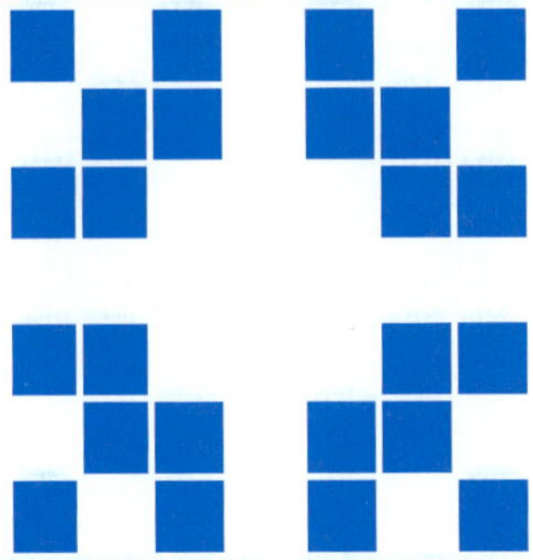	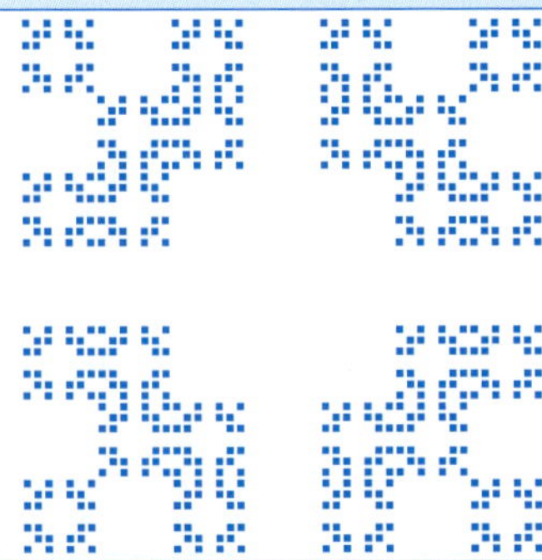

③ 3단계

$F_1^C(187940056116906)$, $\log_7 24 = \log_{49} 576 = \log_{343} 13824 = 1.633$

① 1단계	② 2단계
	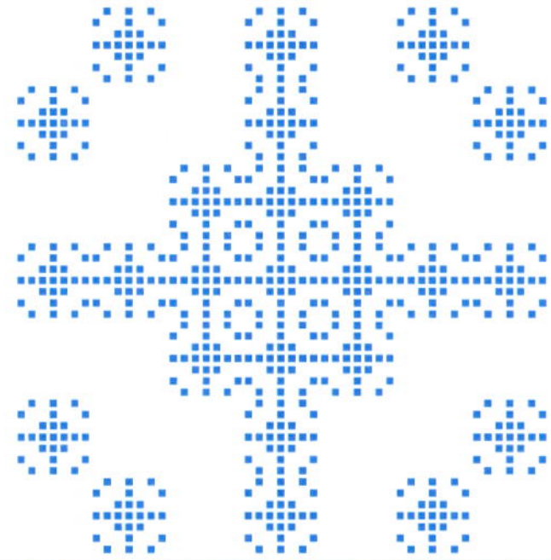

③ 3단계

$F_1 F_1^C(187940210405034)$, $\log_7 30 = \log_{49} 900 = \log_{343} 27000 = 1.748$

① 1단계	② 2단계
	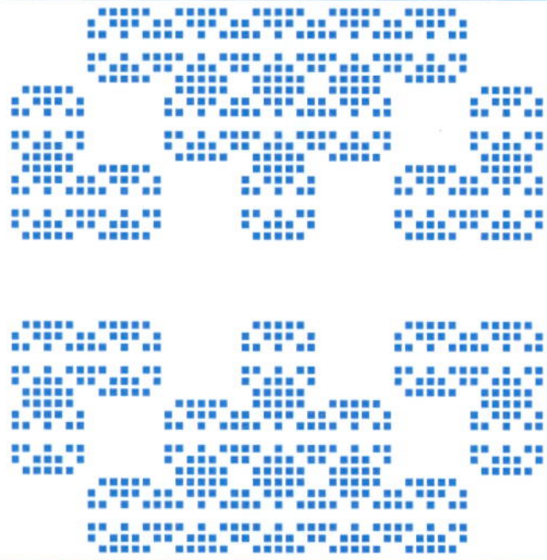

③ 3단계

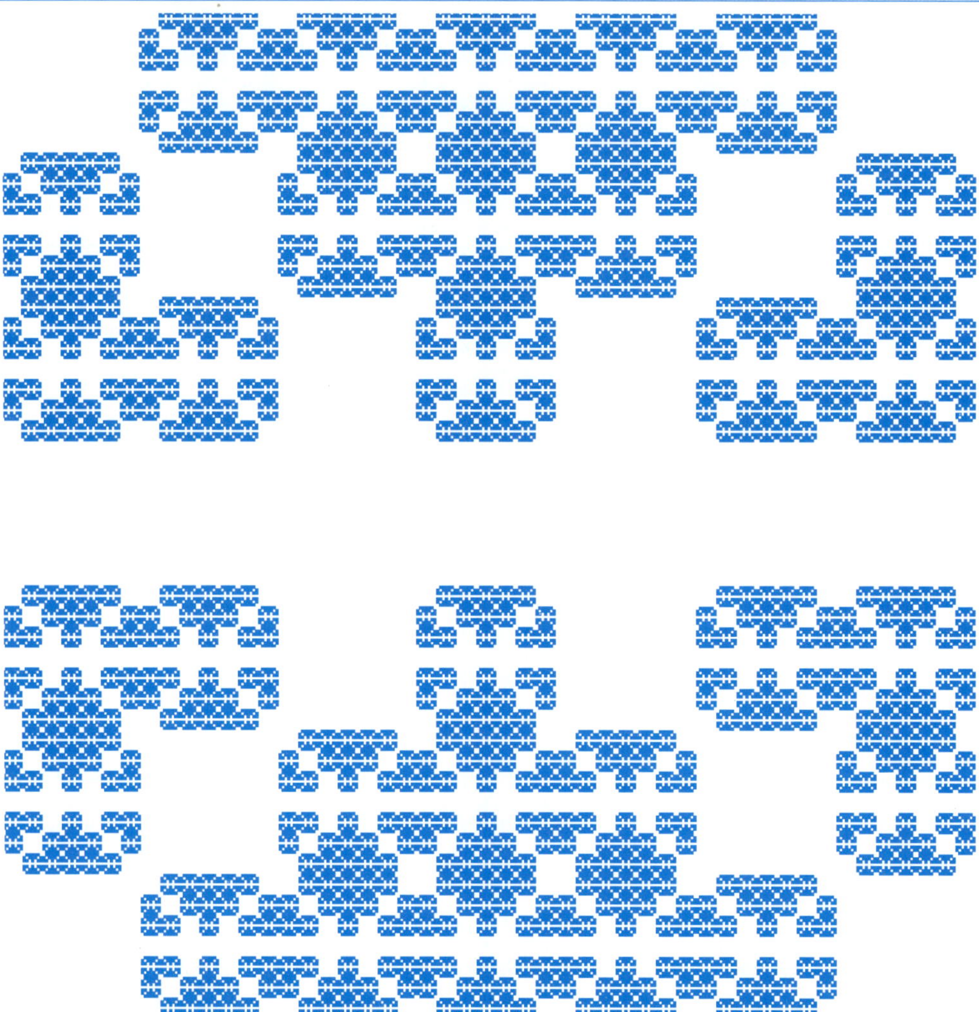

$F_1 F_1(410211717697885)$, $\log_7 29 = \log_{49} 841 = \log_{343} 24389 = 1.730$

① 1단계

② 2단계

③ 3단계

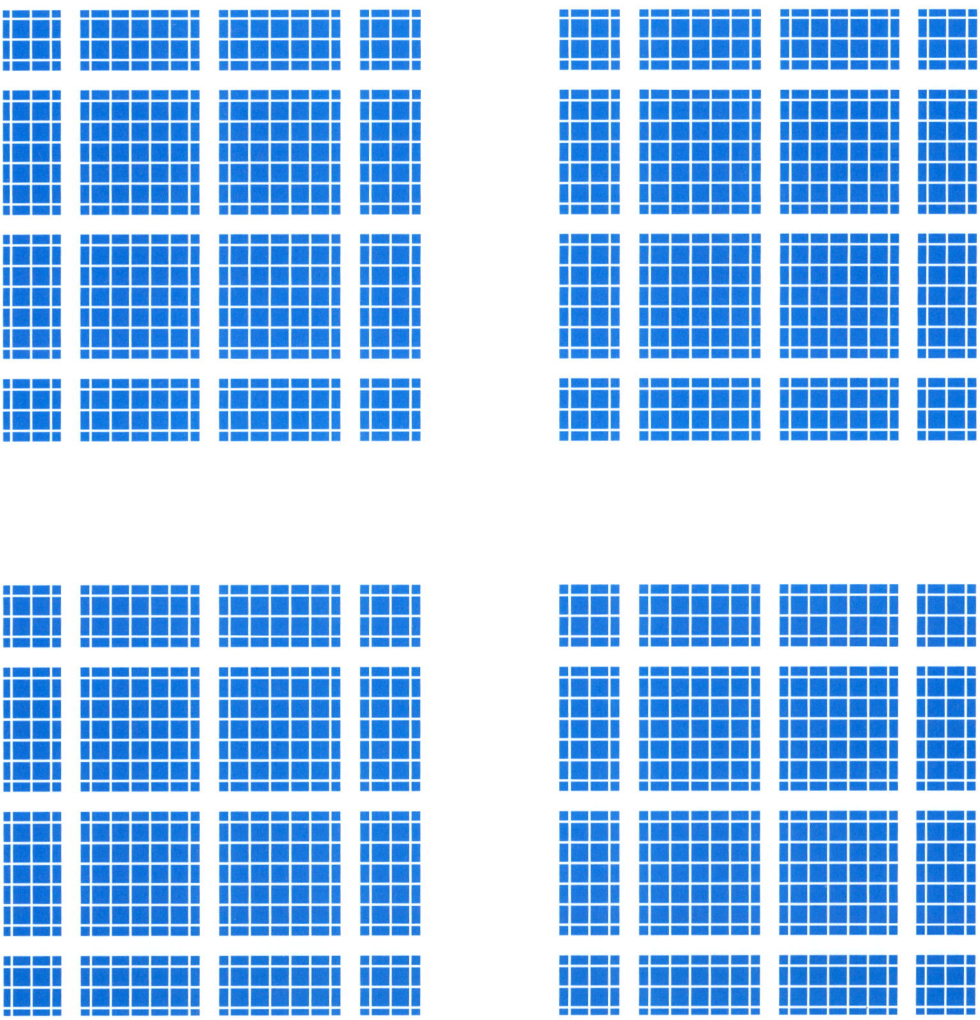

(13) $F_1(526774671929847)$, $\log_7 28 = \log_{49} 784 = \log_{343} 21952 = 1.712$

① 1단계	② 2단계
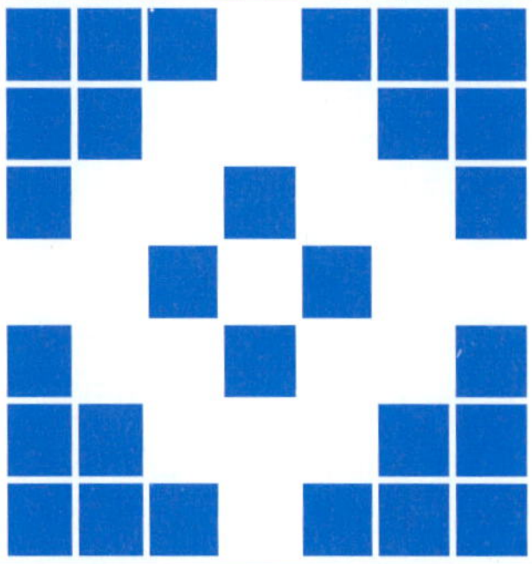	

③ 3단계

$F_1^C(36175281491464)$, $\log_7 21 = \log_{49} 441 = \log_{343} 9261 = 1.565$

① 1단계	② 2단계
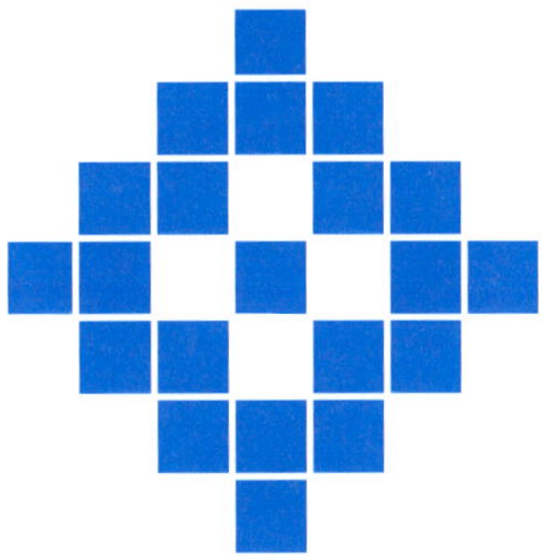	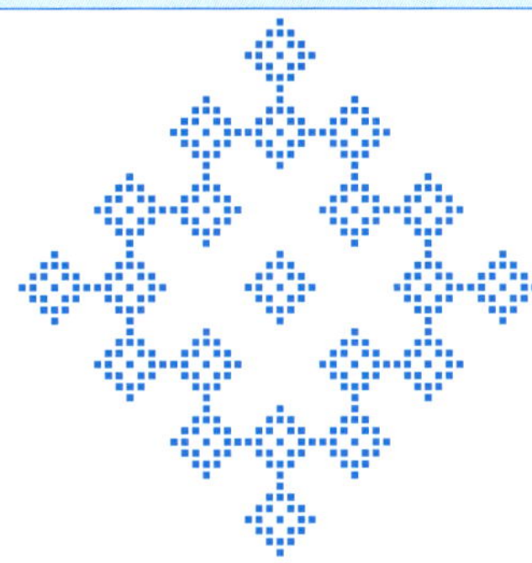

③ 3단계

$F_1F_1^C(273655678029374)$, $\log_7 30 = \log_{49} 900 = \log_{343} 27000 = 1.748$

<table>
<tr><th>① 1단계</th><th>② 2단계</th></tr>
<tr><td>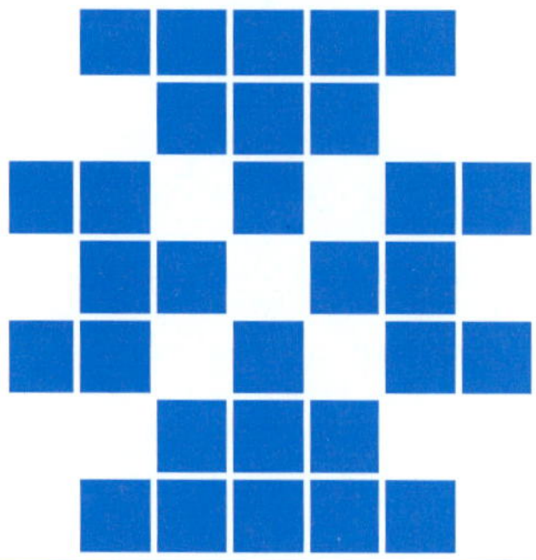</td><td></td></tr>
<tr><th colspan="2">③ 3단계</th></tr>
<tr><td colspan="2"></td></tr>
</table>

$F_1 F_1(562660563090431)$, $\log_7 41 = \log_{49} 1681 = \log_{343} 68921 = 1.908$

① 1단계

② 2단계

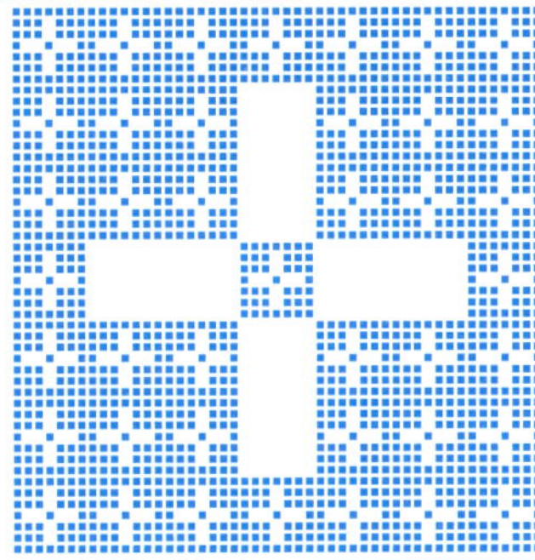

③ 3단계

(14) $F_1(409728563464797)$, $\log_7 28 = \log_{49} 784 = \log_{343} 21952 = 1.712$

① 1단계	② 2단계

③ 3단계	
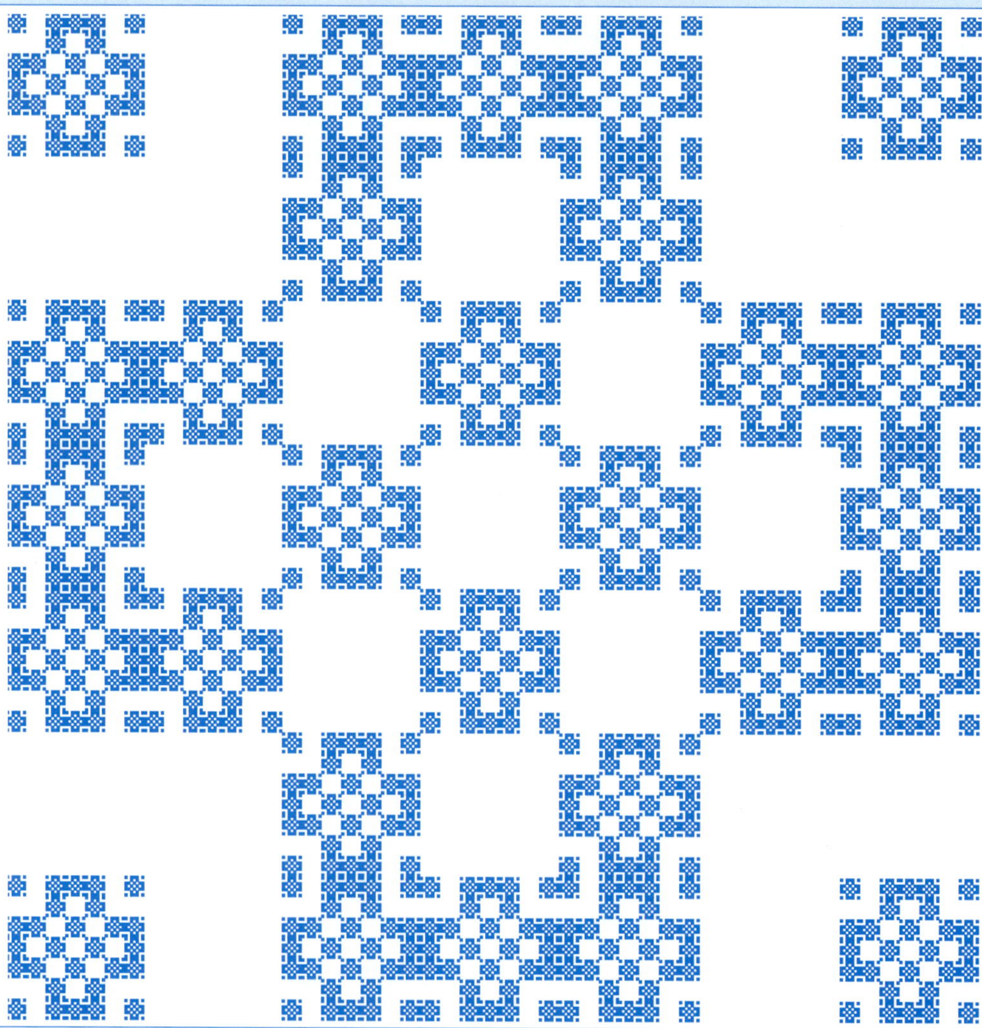	

$F_1^C(153221389956514)$, $\log_7 21 = \log_{49} 441 = \log_{343} 9261 = 1.565$

<table>
<tr><th>① 1단계</th><th>② 2단계</th></tr>
<tr><td>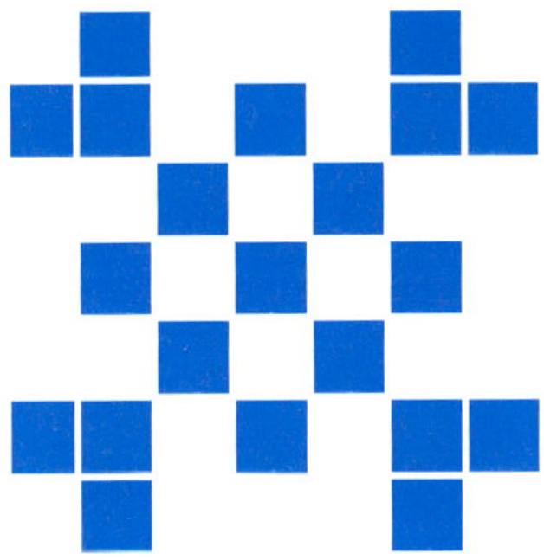</td><td>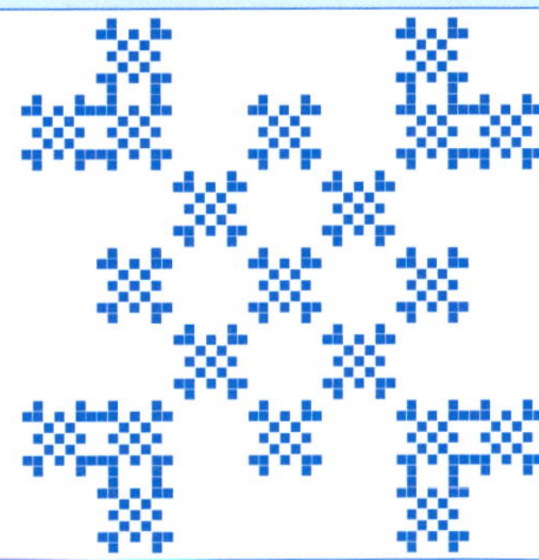</td></tr>
<tr><th colspan="2">③ 3단계</th></tr>
<tr><td colspan="2">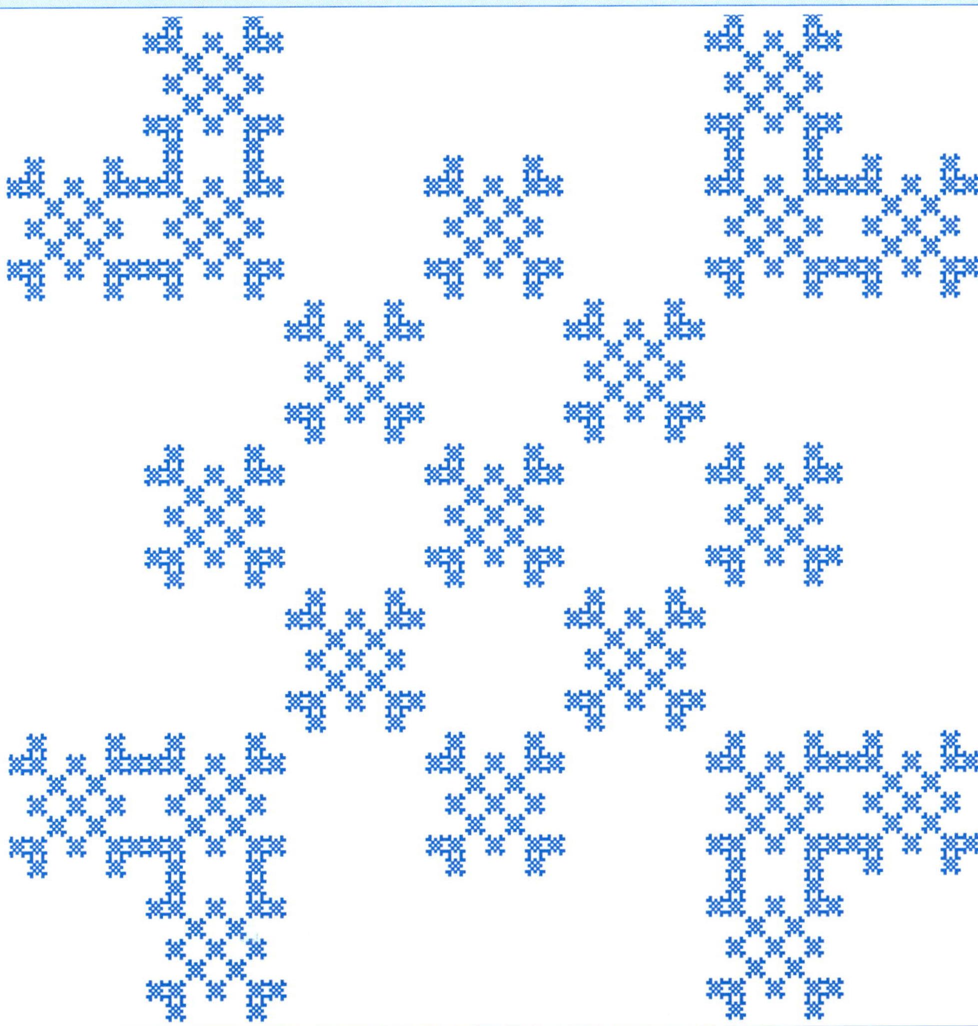</td></tr>
</table>

$F_1 F_1^C(273380800121406)$, $\log_7 28 = \log_{49} 784 = \log_{343} 21952 = 1.712$

① 1단계

② 2단계

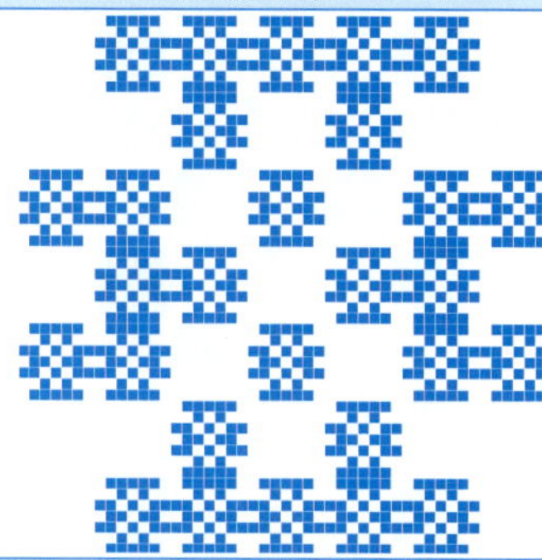

③ 3단계

$F_1(562262686791167\ )$, $\log_7 41 = \log_{49} 1681 = \log_{343} 68921 = 1.908$

① 1단계	② 2단계
	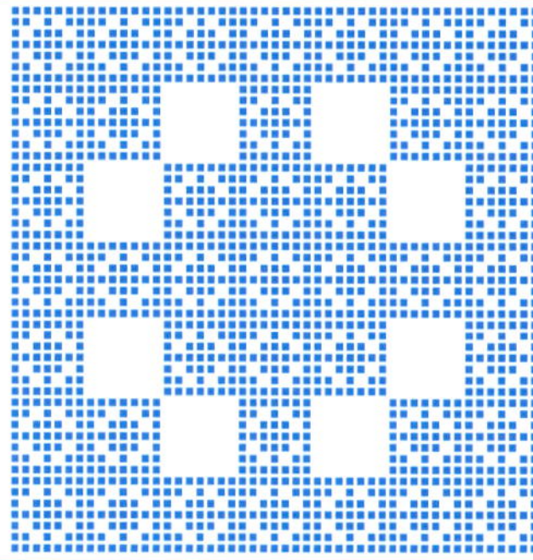

③ 3단계

(15) $F_1(375973635546965)$, $\log_7 32 = \log_{49} 1024 = \log_{343} 327683 = 1.781$

① 1단계

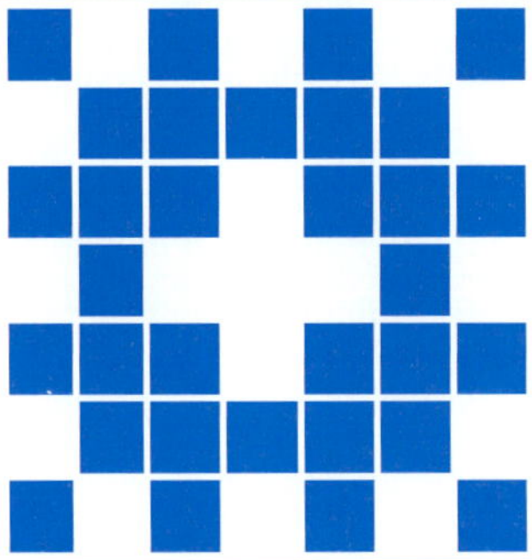

② 2단계

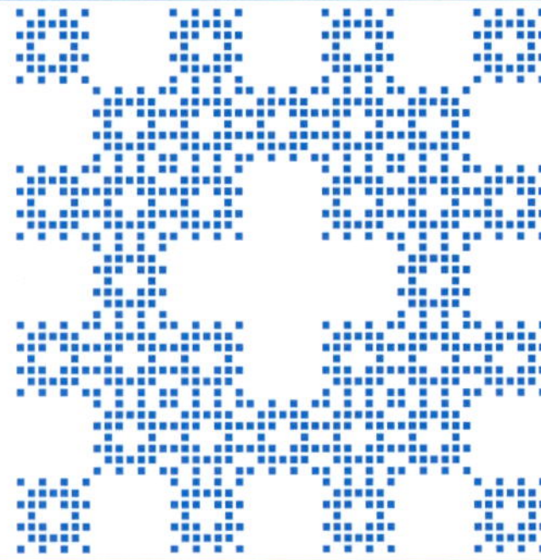

③ 3단계

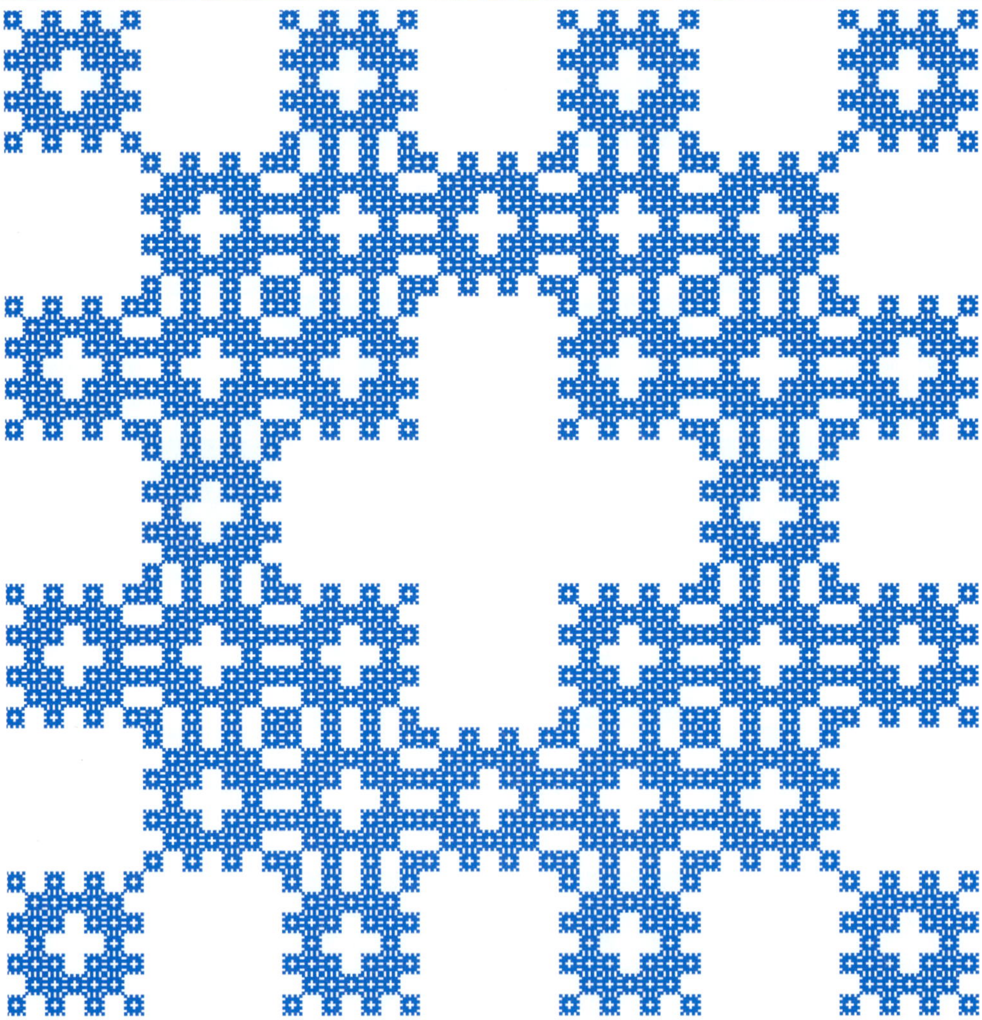

$F_1^C(1869763178743\,46)$, $\log_7 17 = \log_{49} 289 = \log_{343} 4913 = 1.456$

① 1단계

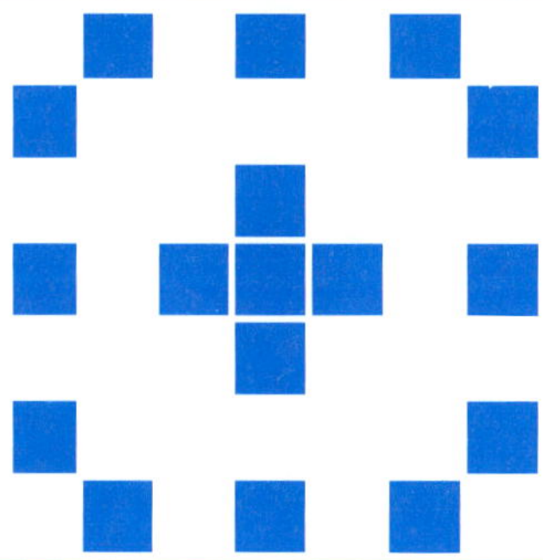

② 2단계

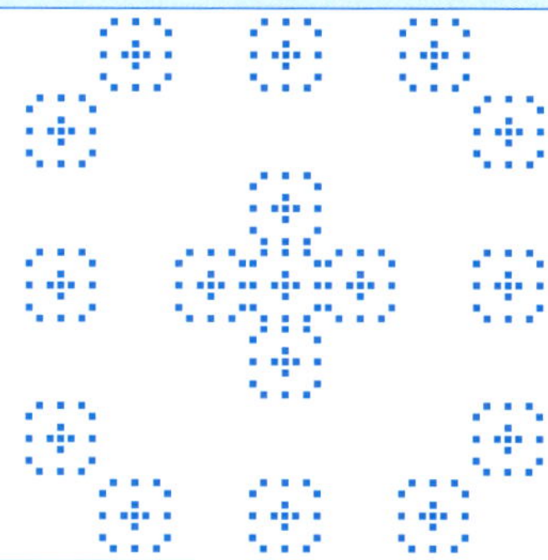

③ 3단계

$F_1 F_1^C(187931083599530)$, $\log_7 28 = \log_{49} 784 = \log_{343} 21952 = 1.712$

① 1단계	② 2단계
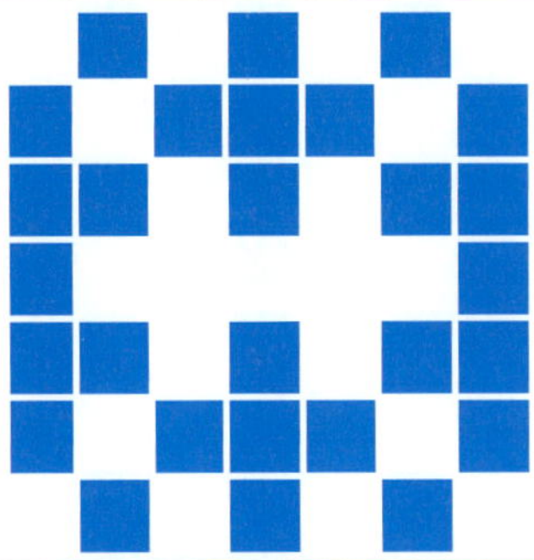	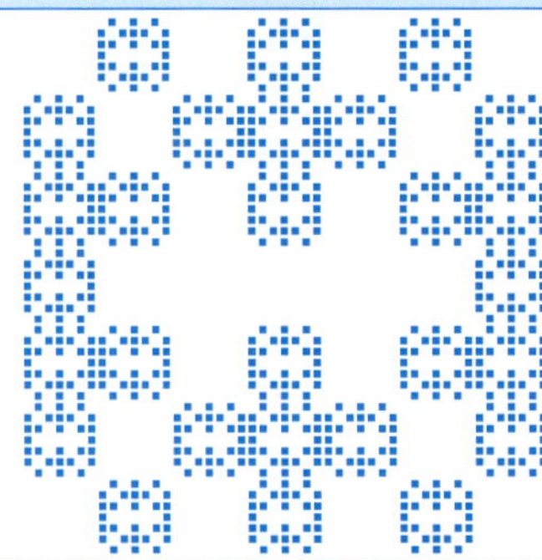

③ 3단계

$F_1 F_1(527748133027831)$, $\log_7 45 = \log_{49} 9025 = \log_{343} 91125 = 1.956$

① 1단계	② 2단계

③ 3단계

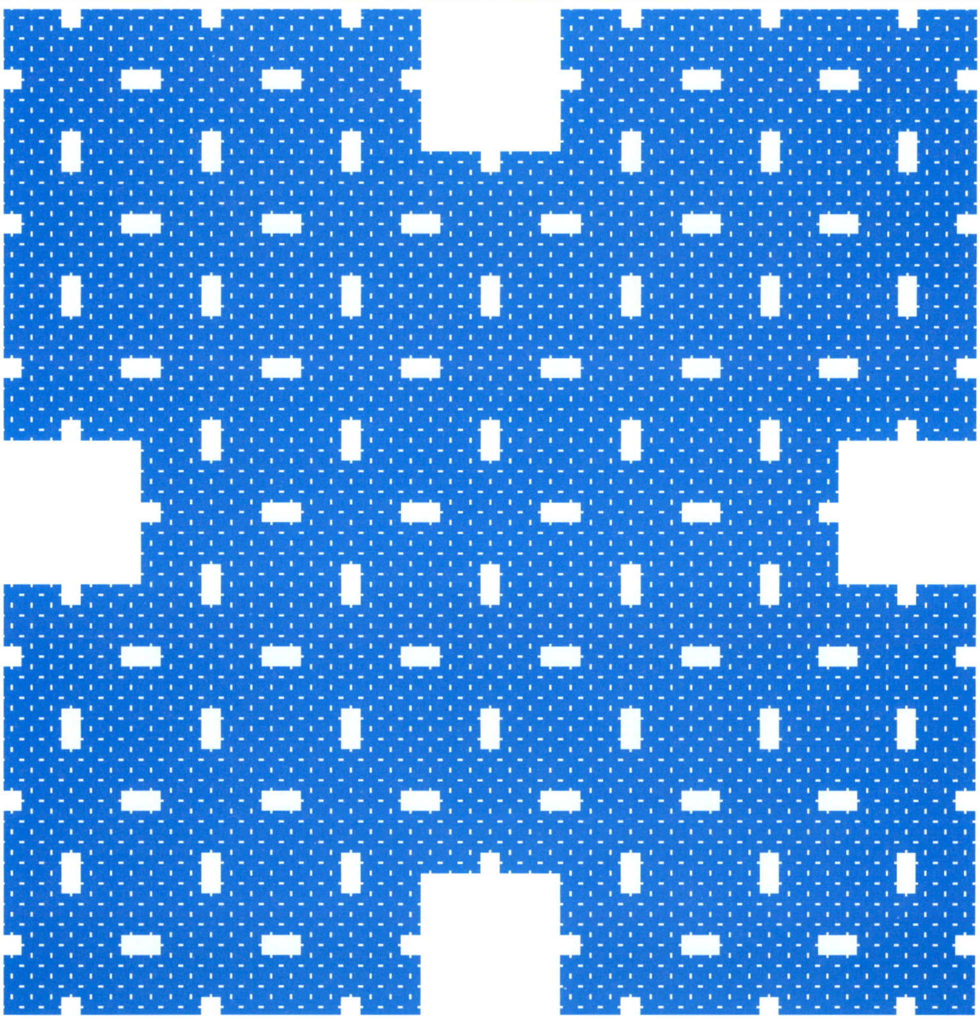

5 1단계 8×8 프랙탈

(1) F, $\log_8 20 = \log_{64} 400 = \log_{512} 8000 = 1.440$

<table>
<tr><th>① 1단계</th><th>② 2단계</th></tr>
<tr><td>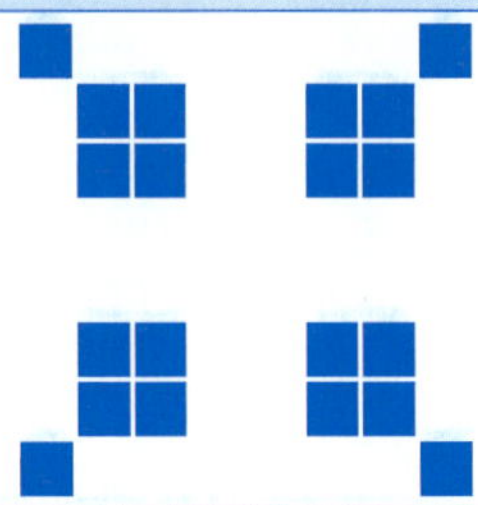</td><td>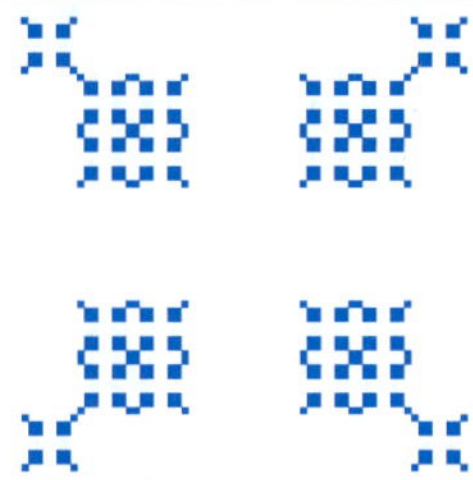</td></tr>
<tr><th colspan="2">③ 3단계</th></tr>
<tr><td colspan="2"></td></tr>
</table>

F^C, $\log_8 44 = \log_{64} 1936 = \log_{512} 85184 = 1.819$

① 1단계

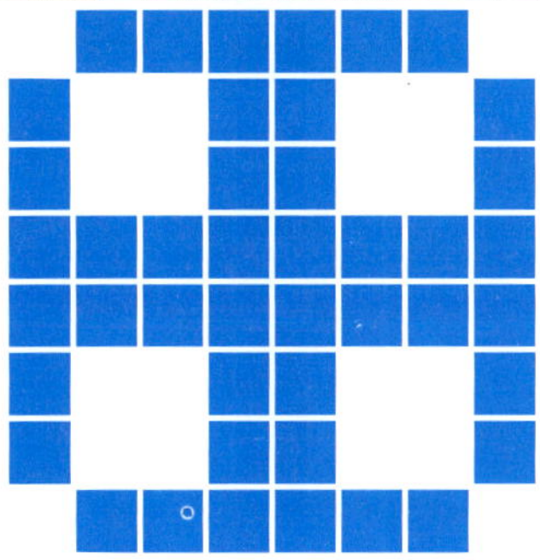

② 2단계

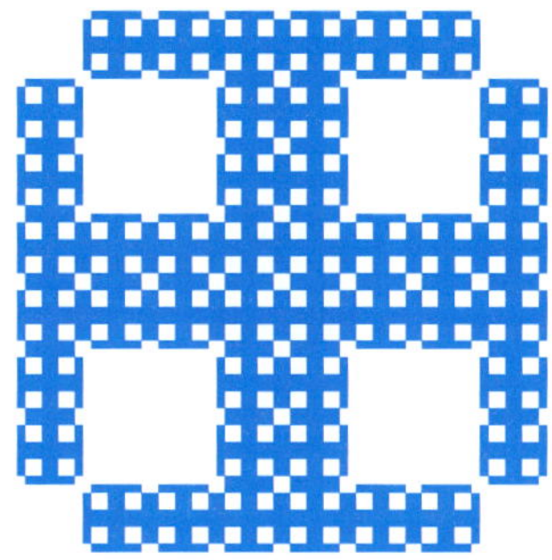

③ 3단계

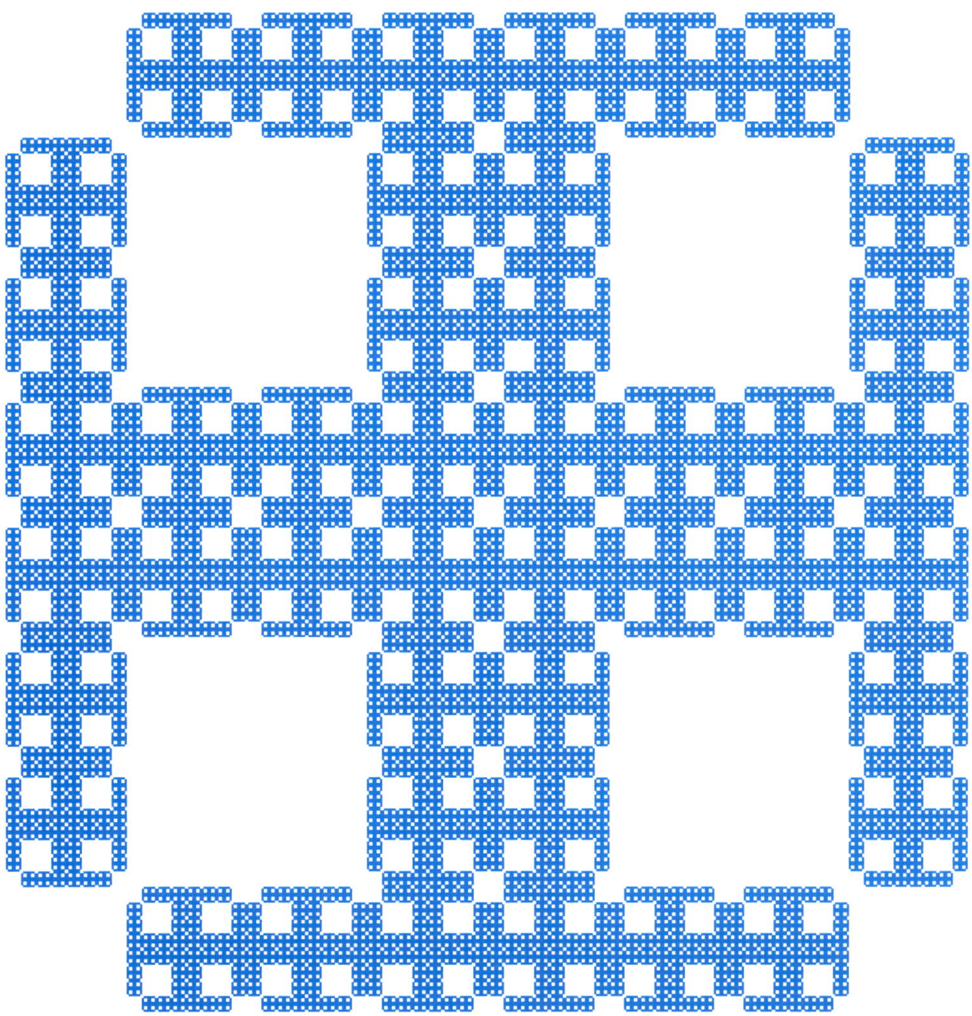

(2) F, $\log_8 20 = \log_{64} 400 = \log_{512} 8000 = 1.440$

① 1단계	② 2단계
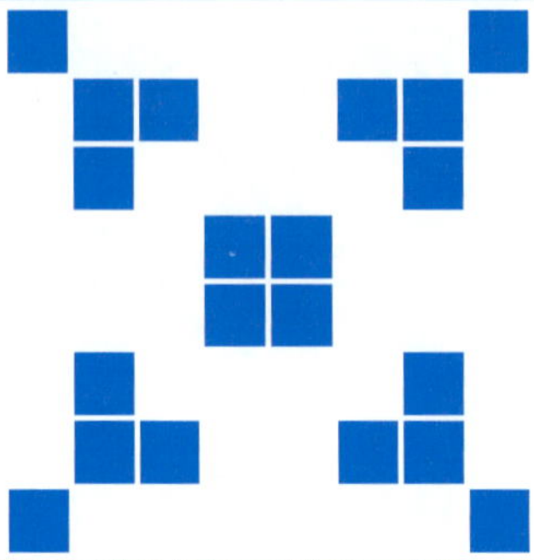	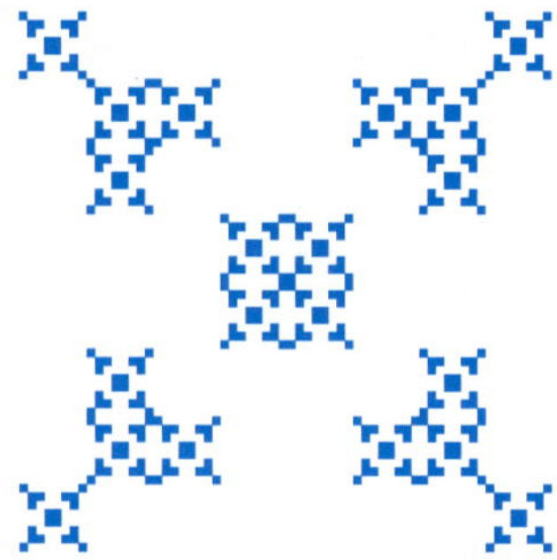

③ 3단계

F^C, $\log_8 44 = \log_{64} 1936 = \log_{512} 85184 = 1.819$

① 1단계	② 2단계
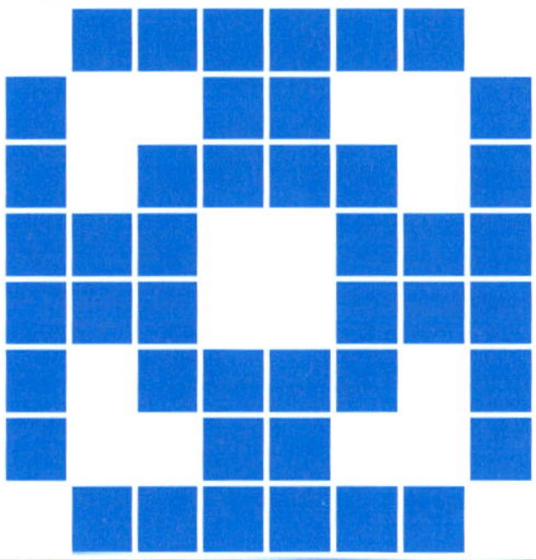	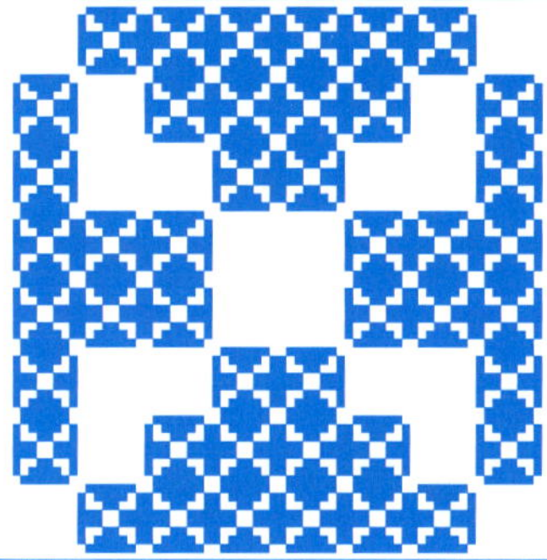

③ 3단계

(3) F, $\log_{8}24=\log_{64}576=\log_{512}13824=1.528$

<table>
<tr><th>① 1단계</th><th>② 2단계</th></tr>
<tr><td>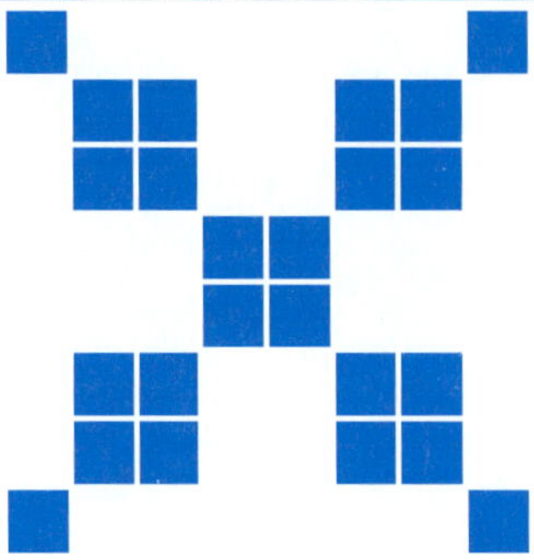</td><td></td></tr>
<tr><th colspan="2">③ 3단계</th></tr>
<tr><td colspan="2"></td></tr>
</table>

F^C, $\log_8 40 = \log_{64} 1600 = \log_{512} 64000 = 1.774$

① 1단계	② 2단계
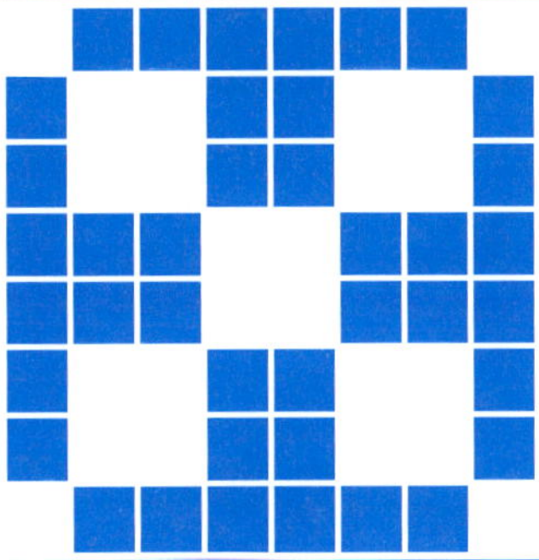	

③ 3단계

(4) F, $\log_{8}24=\log_{64}576=\log_{256}13824=1.528$

① 1단계	② 2단계
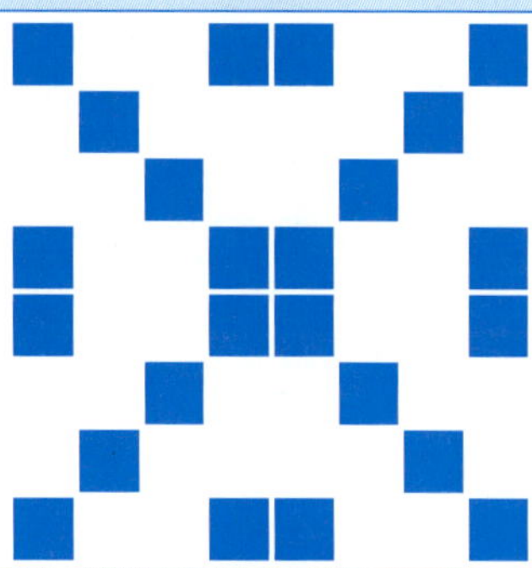	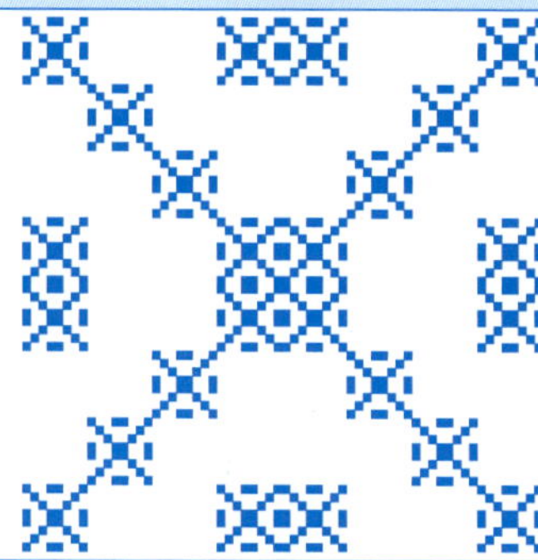

③ 3단계

F^C, $\log_8 40 = \log_{64} 1600 = \log_{512} 64000 = 1.774$

① 1단계	② 2단계
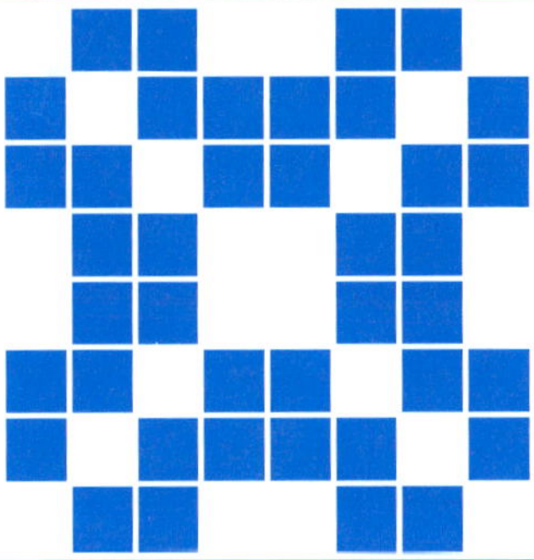	

③ 3단계

(5) F, $\log_{8}24 = \log_{64}576 = \log_{512}13824 = 1.528$

① 1단계	② 2단계
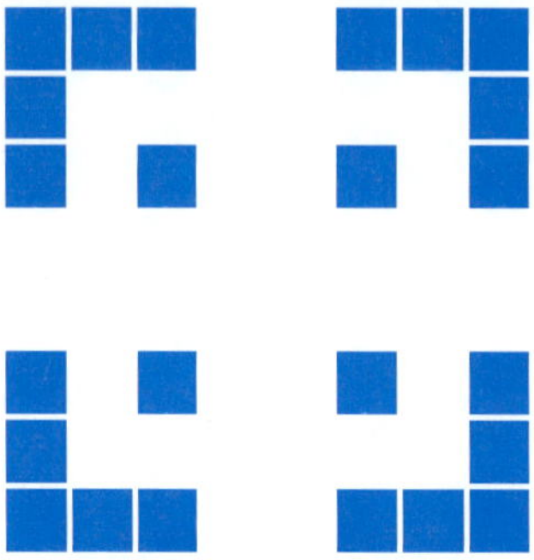	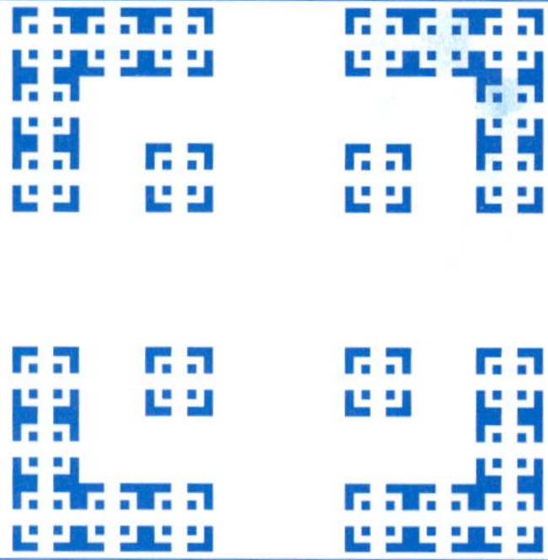

③ 3단계
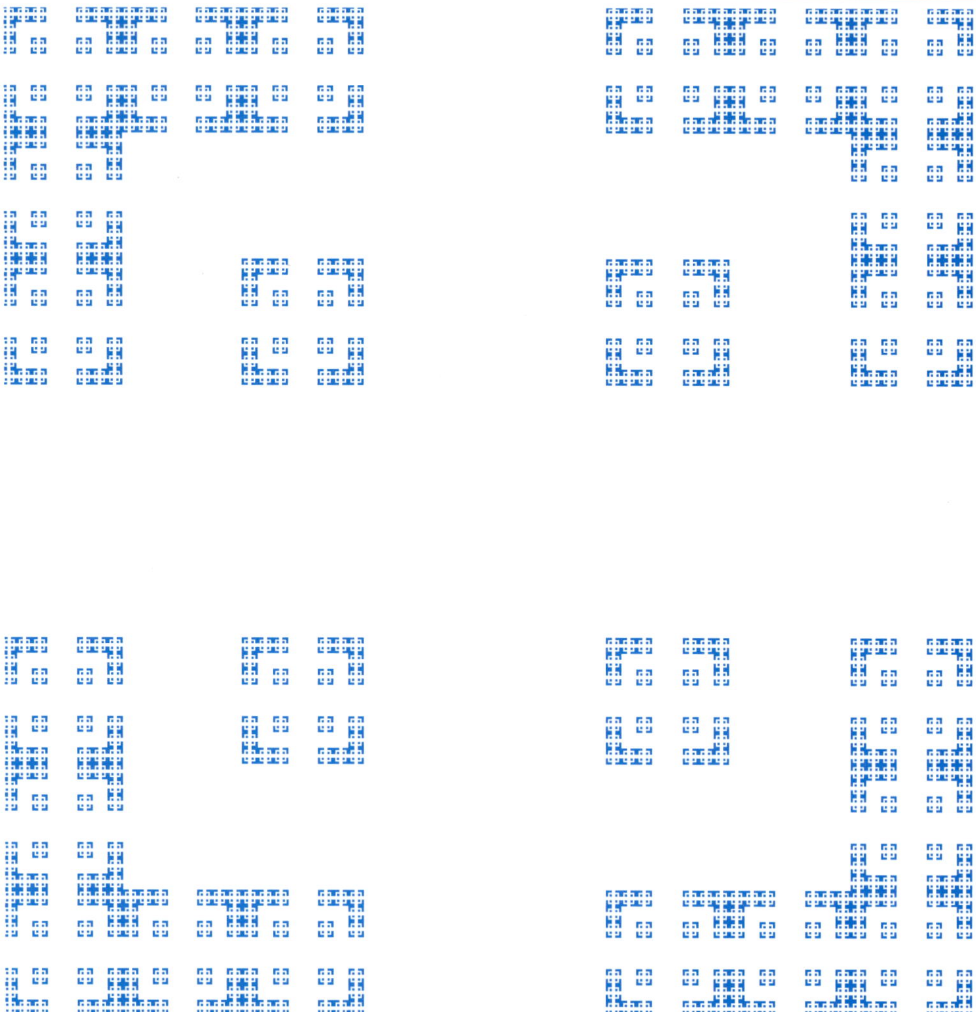

F^C, $\log_8 40 = \log_{64} 1600 = \log_{512} 64000 = 1.774$

① 1단계	② 2단계
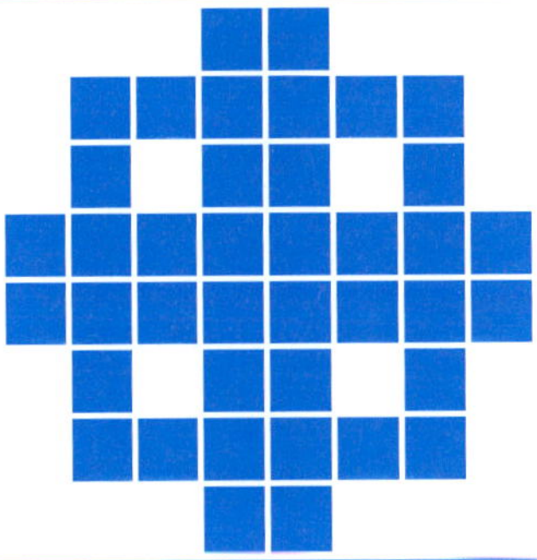	

③ 3단계

(6) F, $\log_{8}28 = \log_{64}784 = \log_{512}21952 = 1.602$

① 1단계	② 2단계
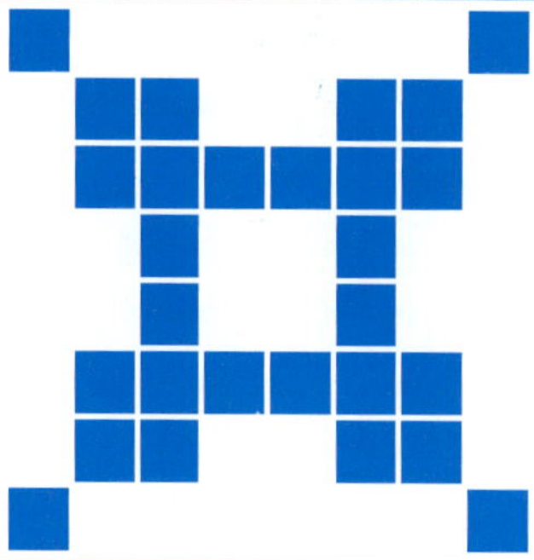	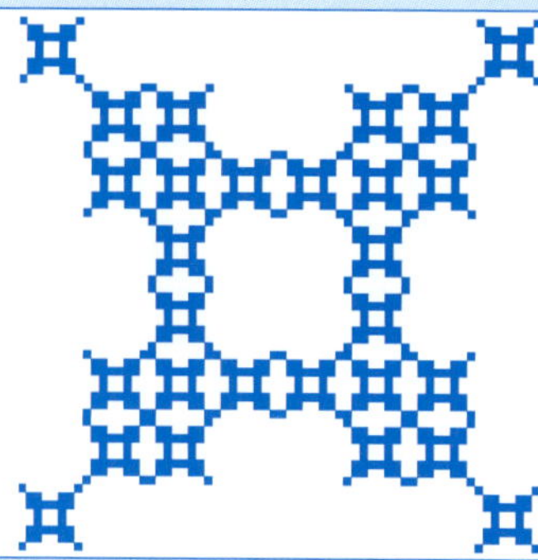

③ 3단계

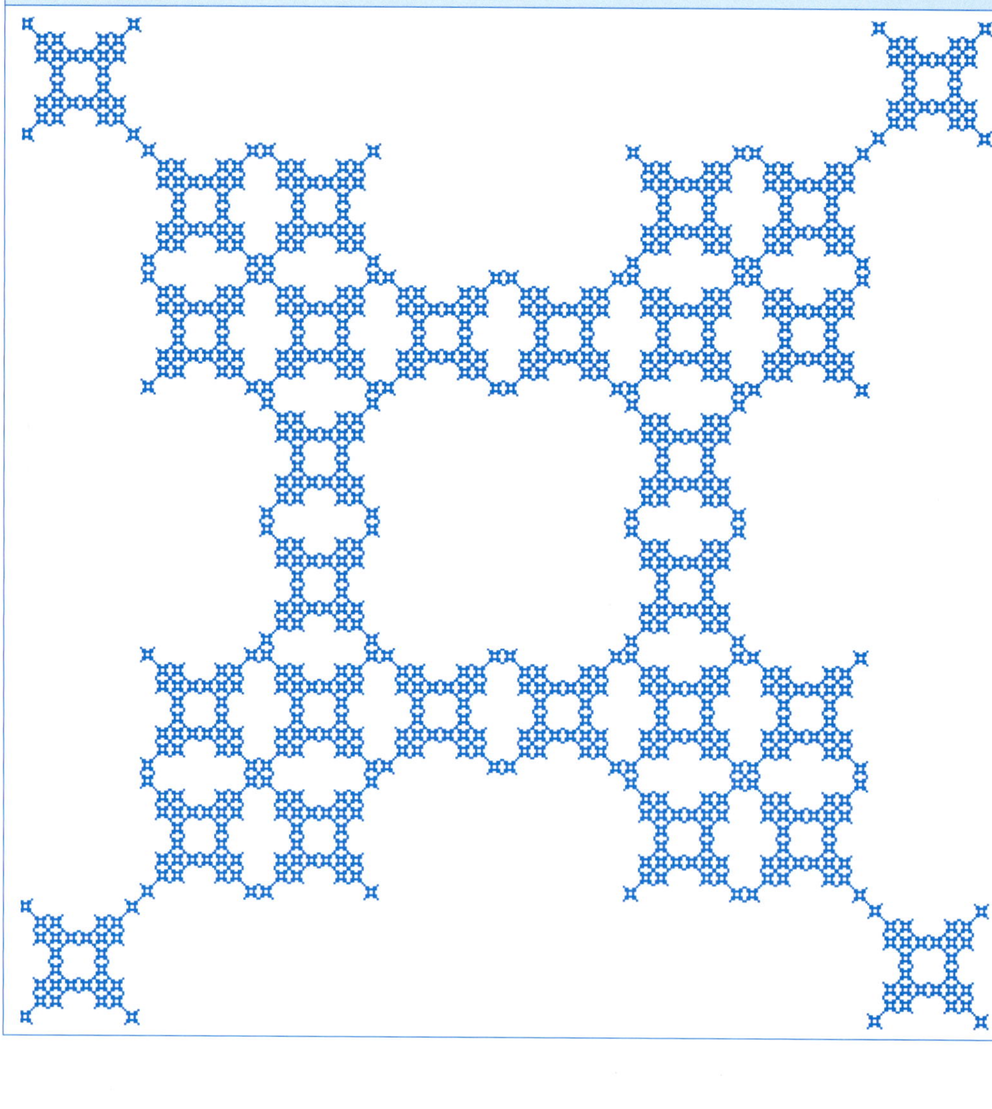

F^C, $\log_8 36 = \log_{64} 1296 = \log_{512} 46656 = 1.723$

① 1단계

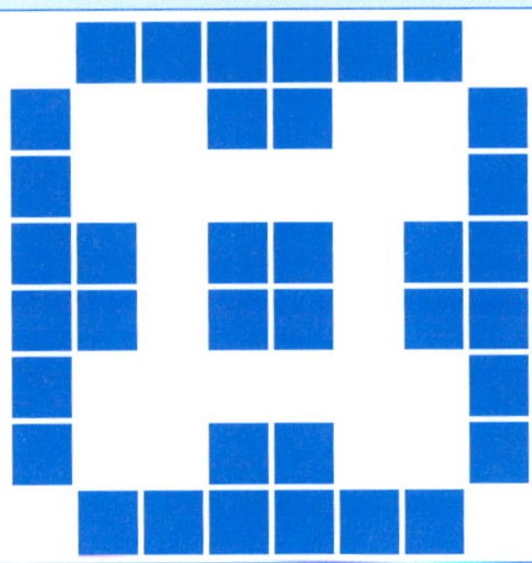

② 2단계

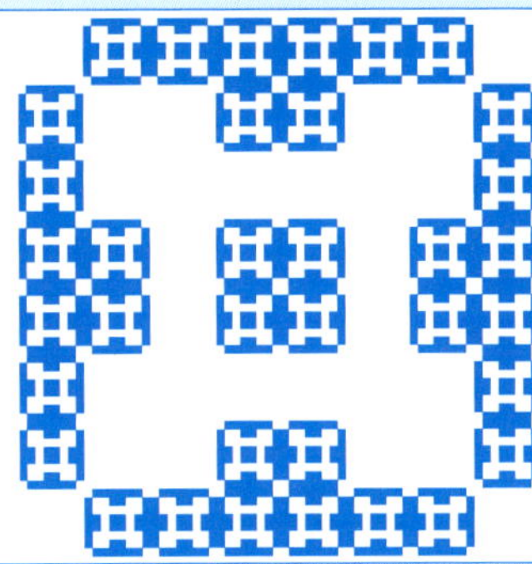

③ 3단계

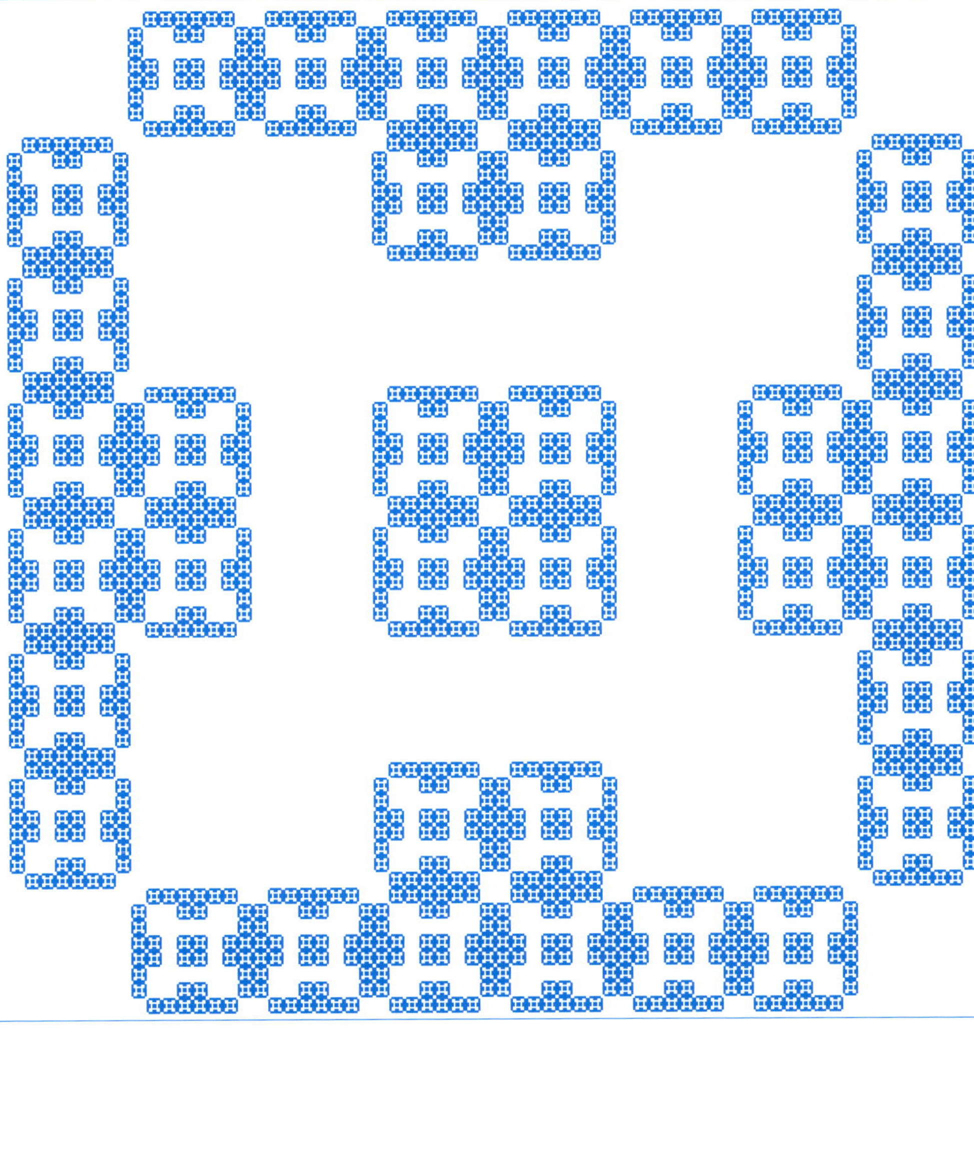

(7) F, $\log_{8}28=\log_{64}784=\log_{512}21952=1.602$

① 1단계	② 2단계
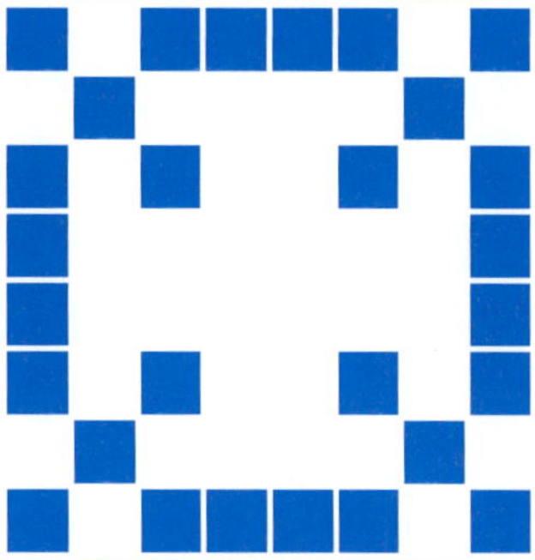	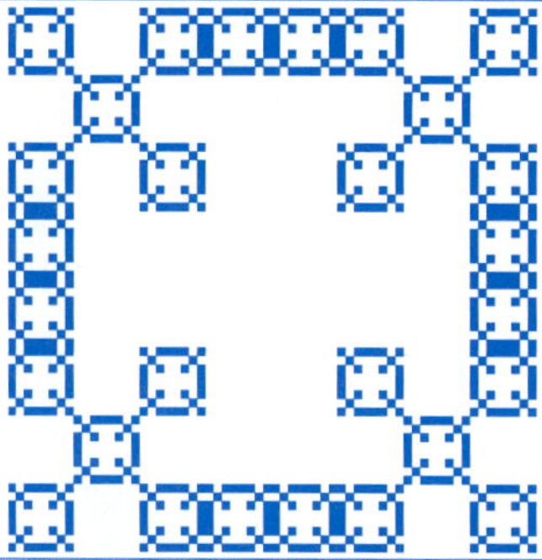

③ 3단계

F^C, $\log_8 36 = \log_{64} 1296 = \log_{512} 46656 = 1.723$

① 1단계	② 2단계
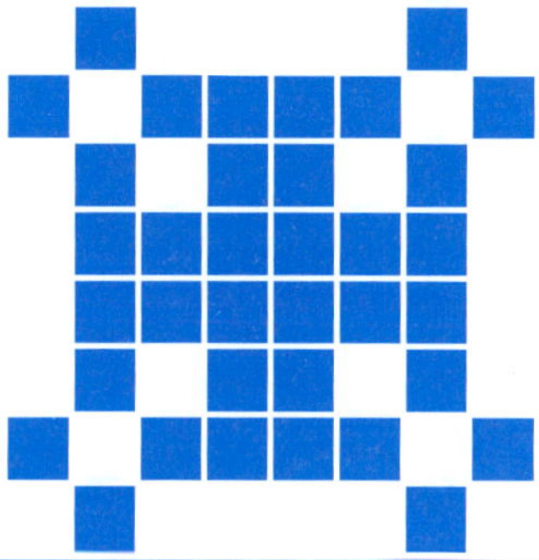	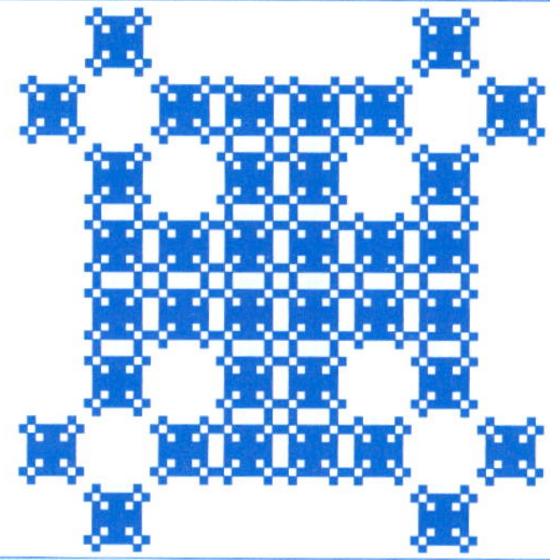
③ 3단계	
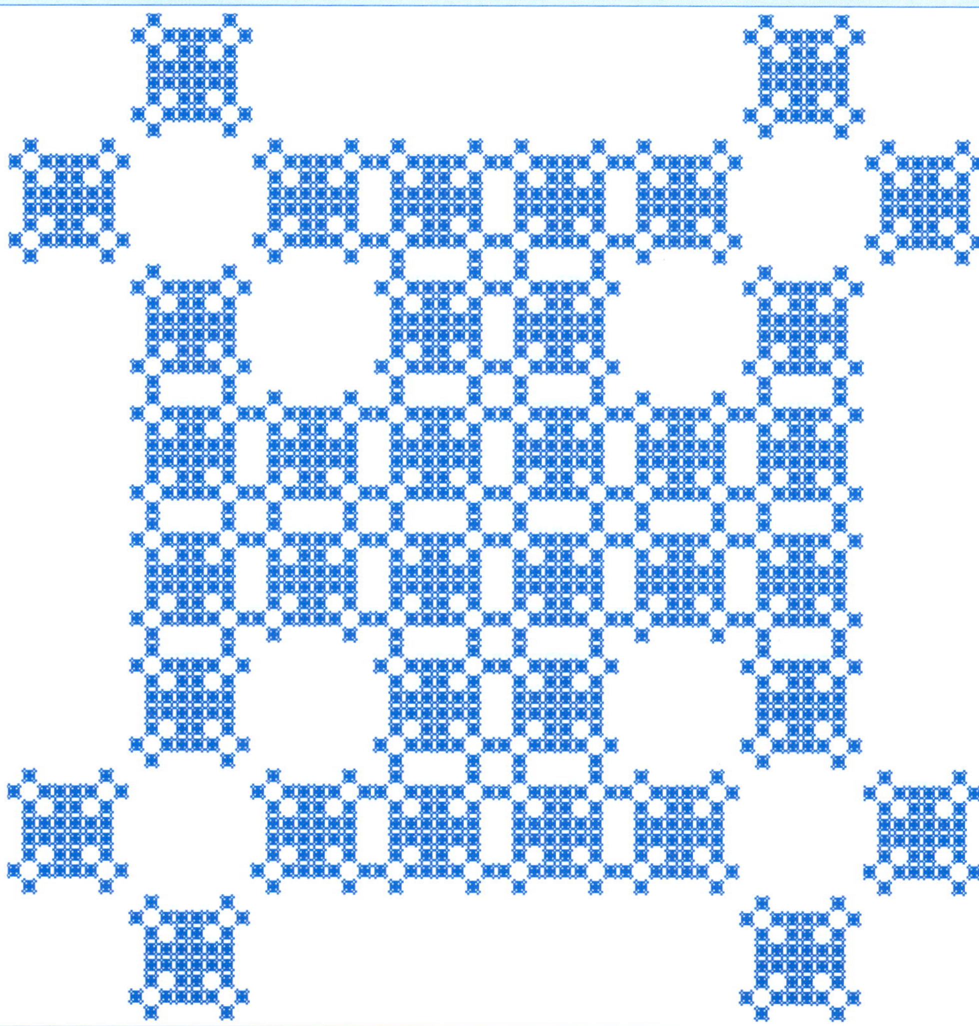	

(8) F, $\log_8 28 = \log_{64} 784 = \log_{512} 21952 = 1.602$

① 1단계	② 2단계
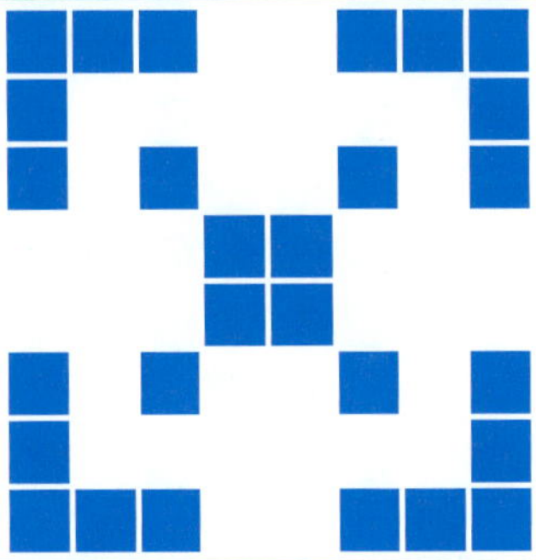	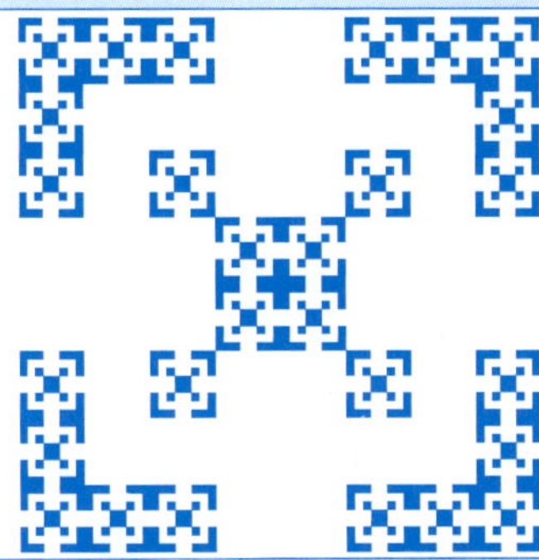

③ 3단계
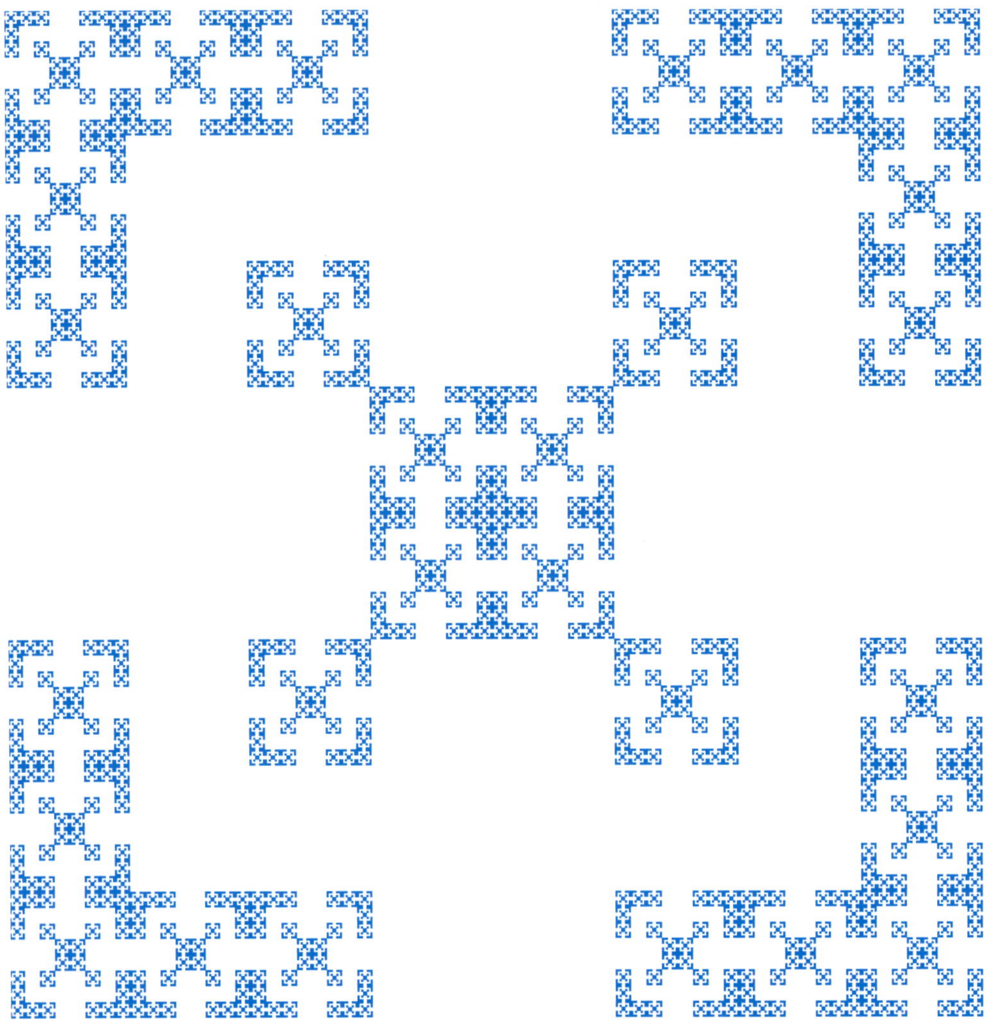

F^C, $\log_8 36 = \log_{64} 1296 = \log_{512} 46656 = 1.723$

① 1단계	② 2단계
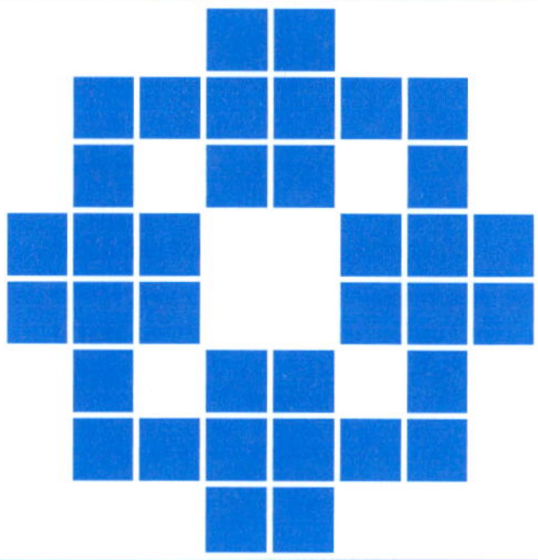	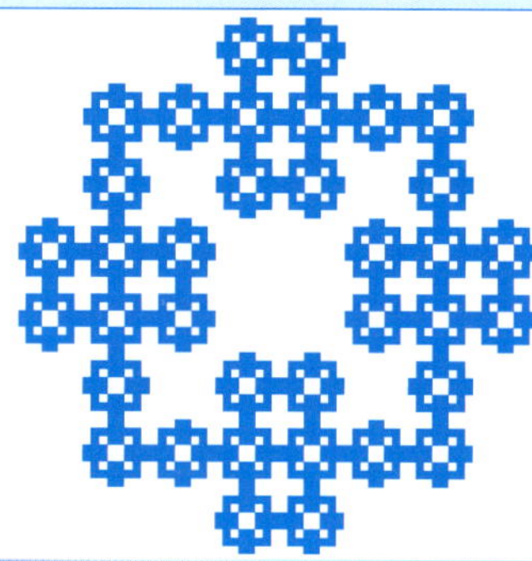

③ 3단계

(9) F, $\log_{8}32 = \log_{64}1024 = \log_{512}32768 = 1.667$

① 1단계

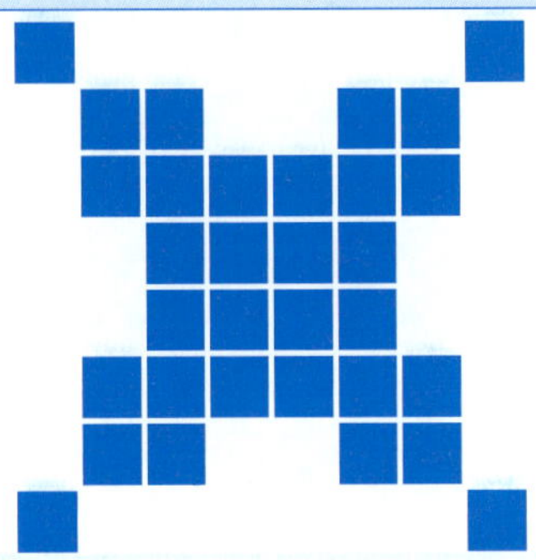

② 2단계

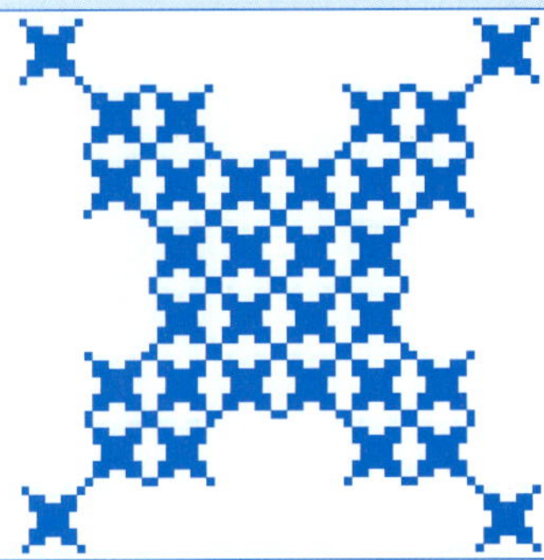

③ 3단계

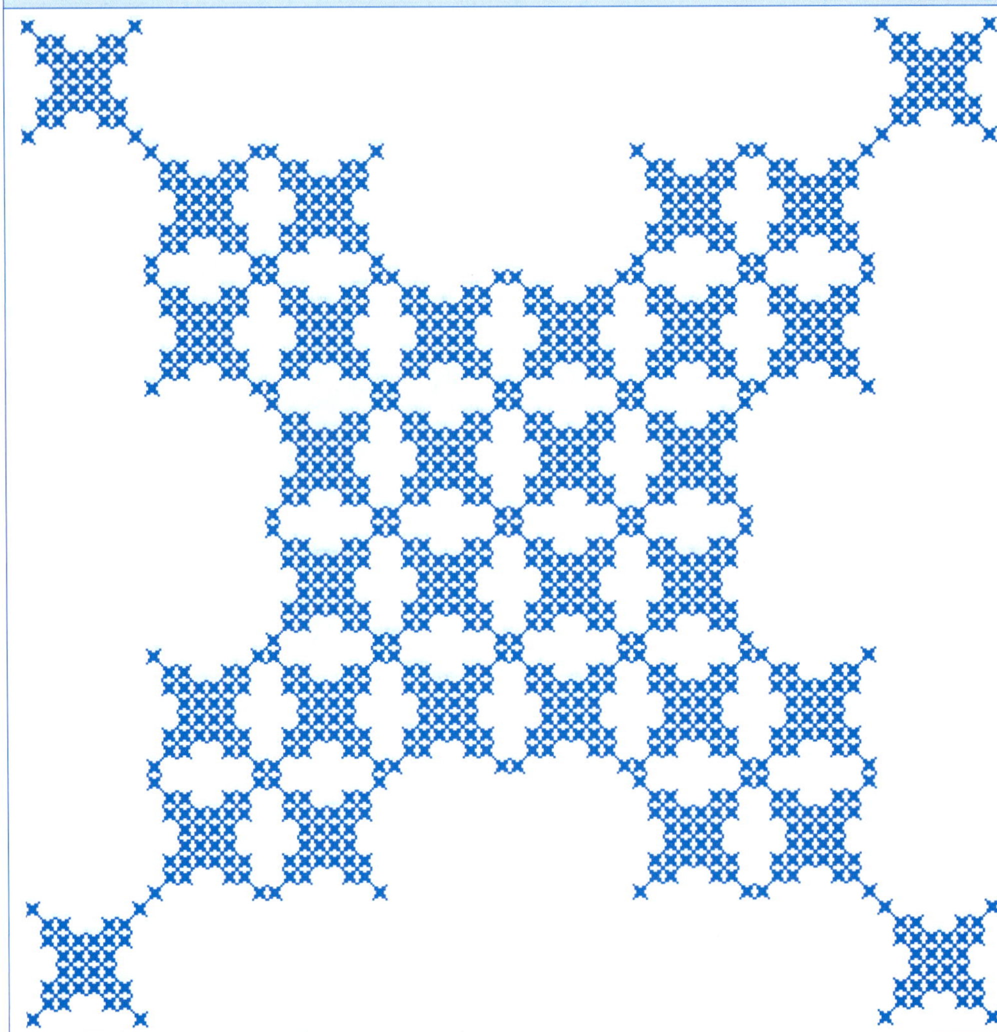

F^C, $\log_8 32 = \log_{64} 1024 = \log_{512} 32768 = 1.667$

① 1단계

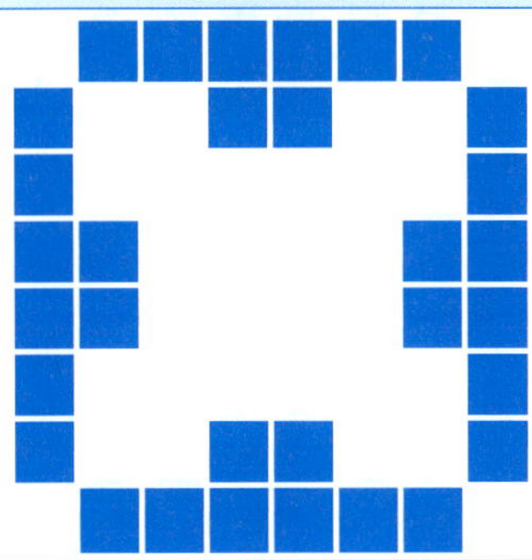

② 2단계

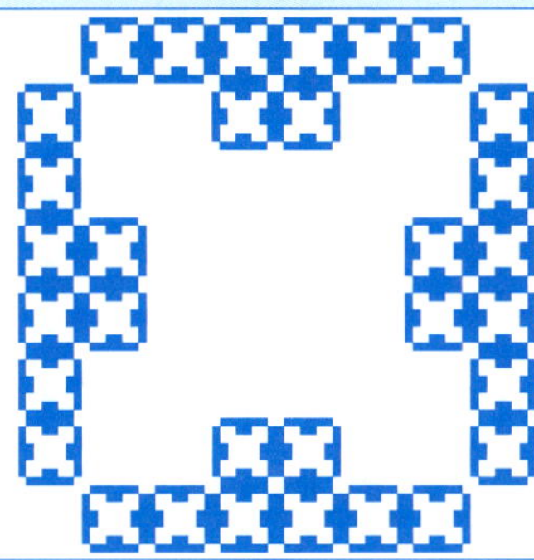

③ 3단계

(10) F, $\log_{8}32 = \log_{64}1024 = \log_{512}32768 = 1.667$

① 1단계	② 2단계
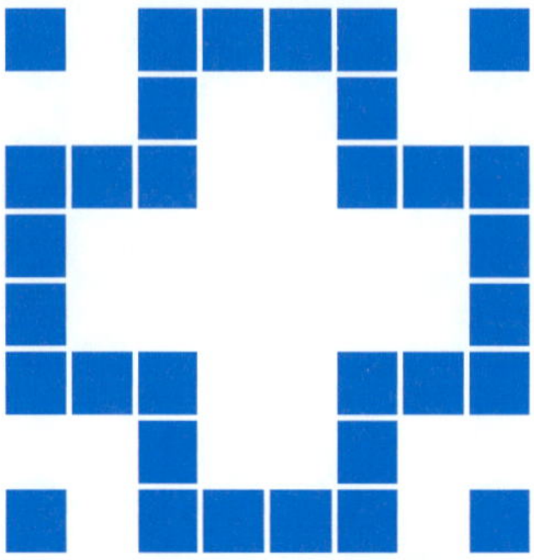	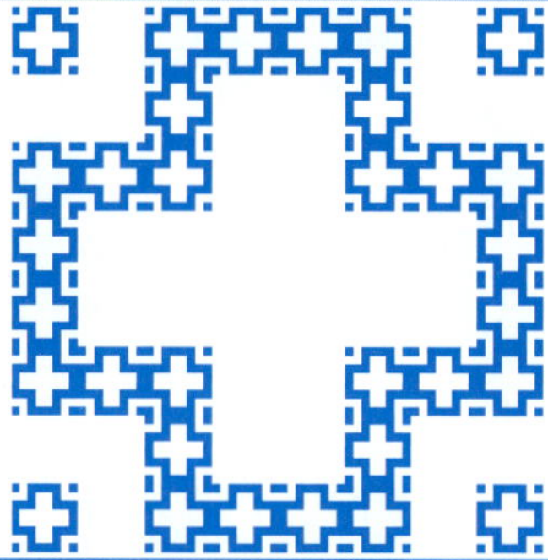

③ 3단계

F^C, $\log_8 32 = \log_{64} 1024 = \log_{512} 32768 = 1.667$

① 1단계	② 2단계
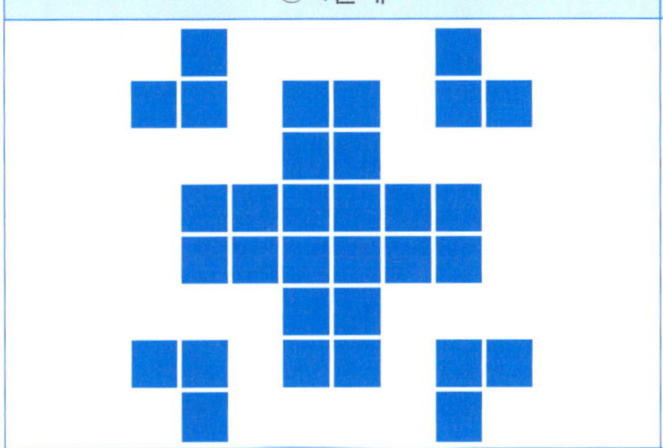	
③ 3단계	

(11) F, $\log_8 32 = \log_{64} 1024 = \log_{512} 32768 = 1.667$

① 1단계

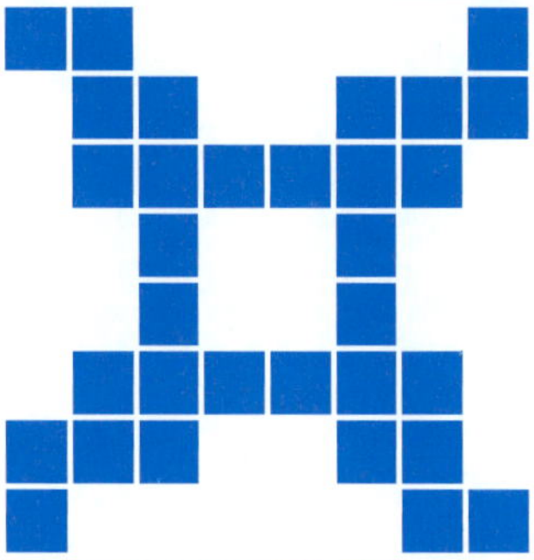

② 2단계

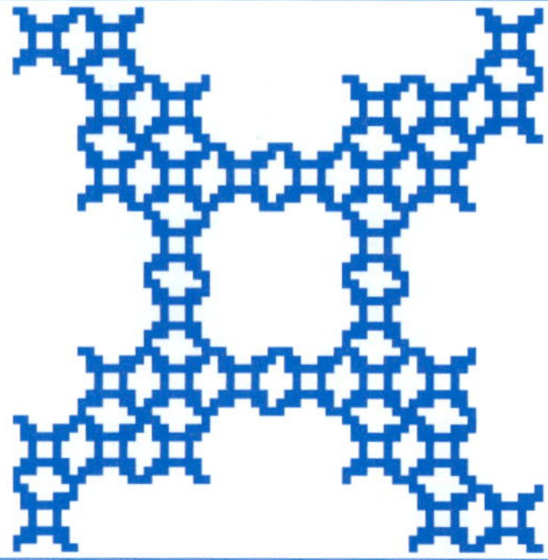

③ 3단계

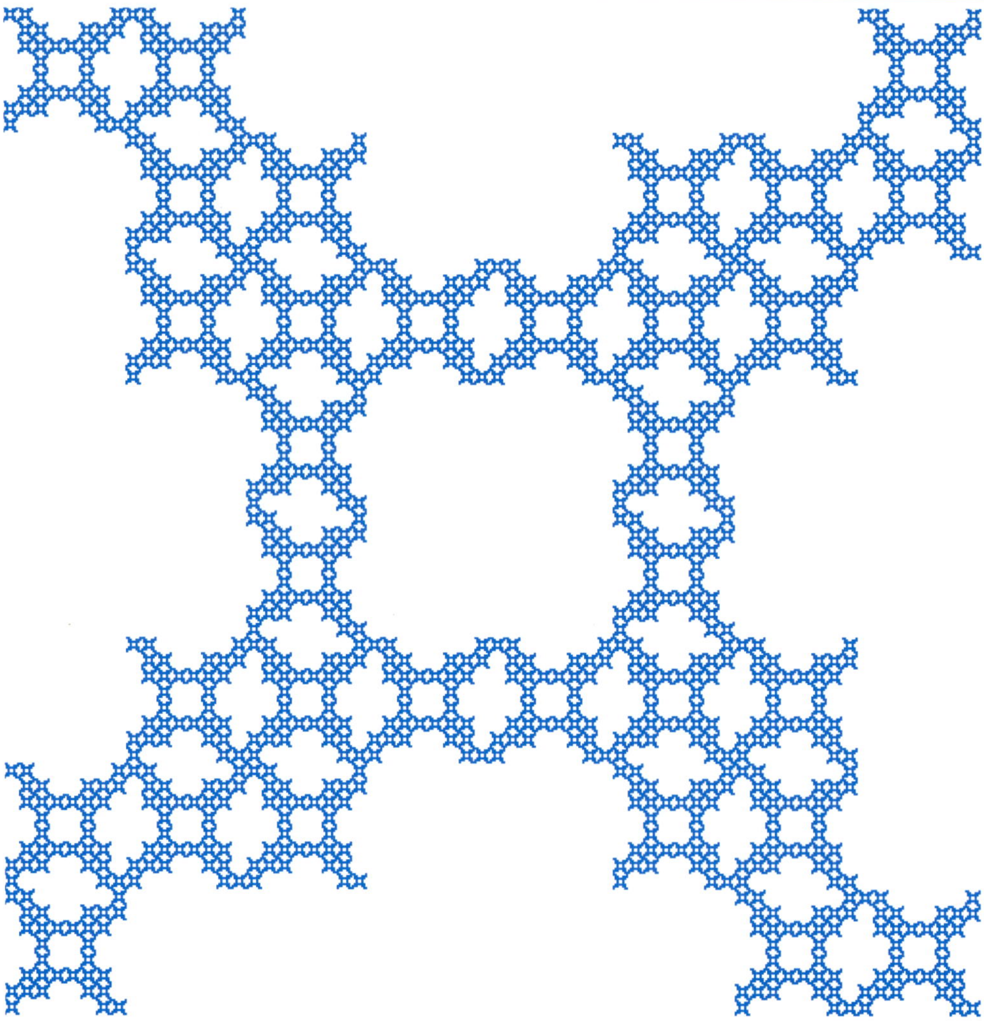

F^{C}, $\log_{8}32 = \log_{64}1024 = \log_{512}32768 = 1.667$

<table>
<tr><th>① 1단계</th><th>② 2단계</th></tr>
<tr><td>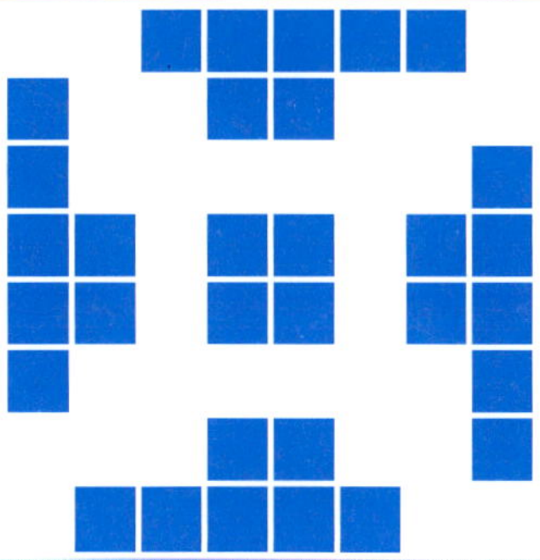</td><td>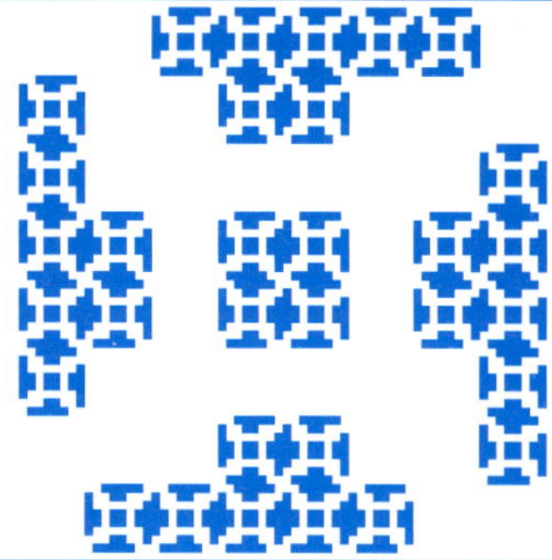</td></tr>
<tr><th colspan="2">③ 3단계</th></tr>
<tr><td colspan="2">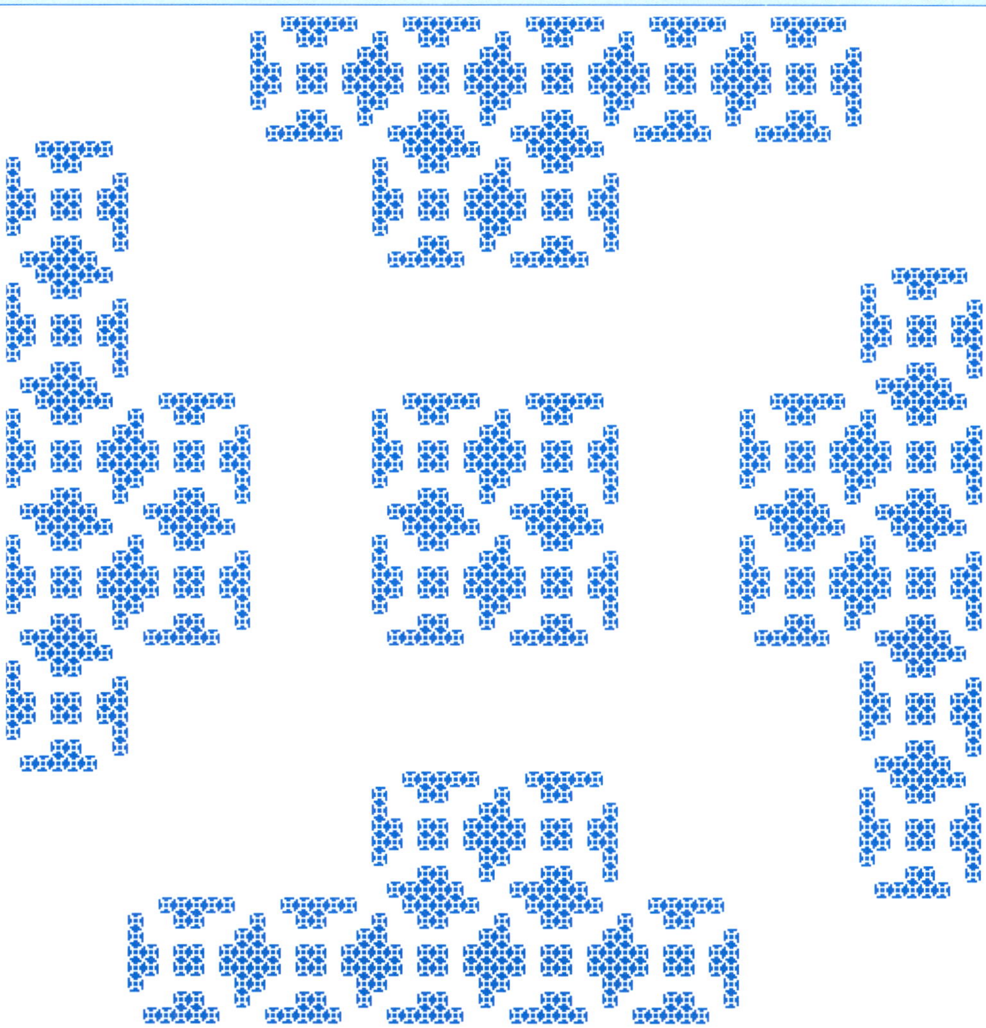</td></tr>
</table>

(12) F, $\log_{8}36=\log_{64}1296=\log_{512}46656=1.723$

① 1단계	② 2단계
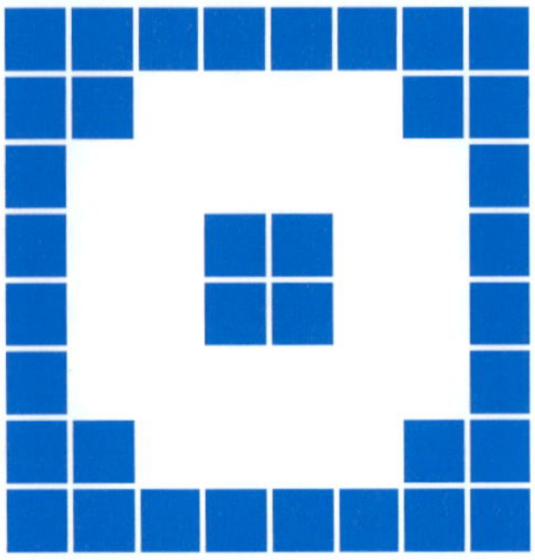	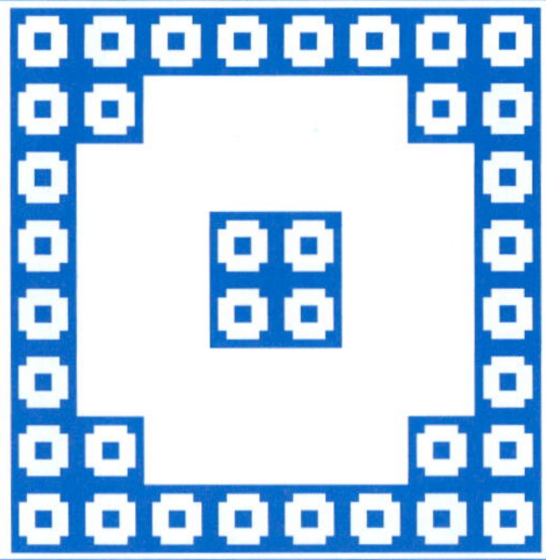

③ 3단계

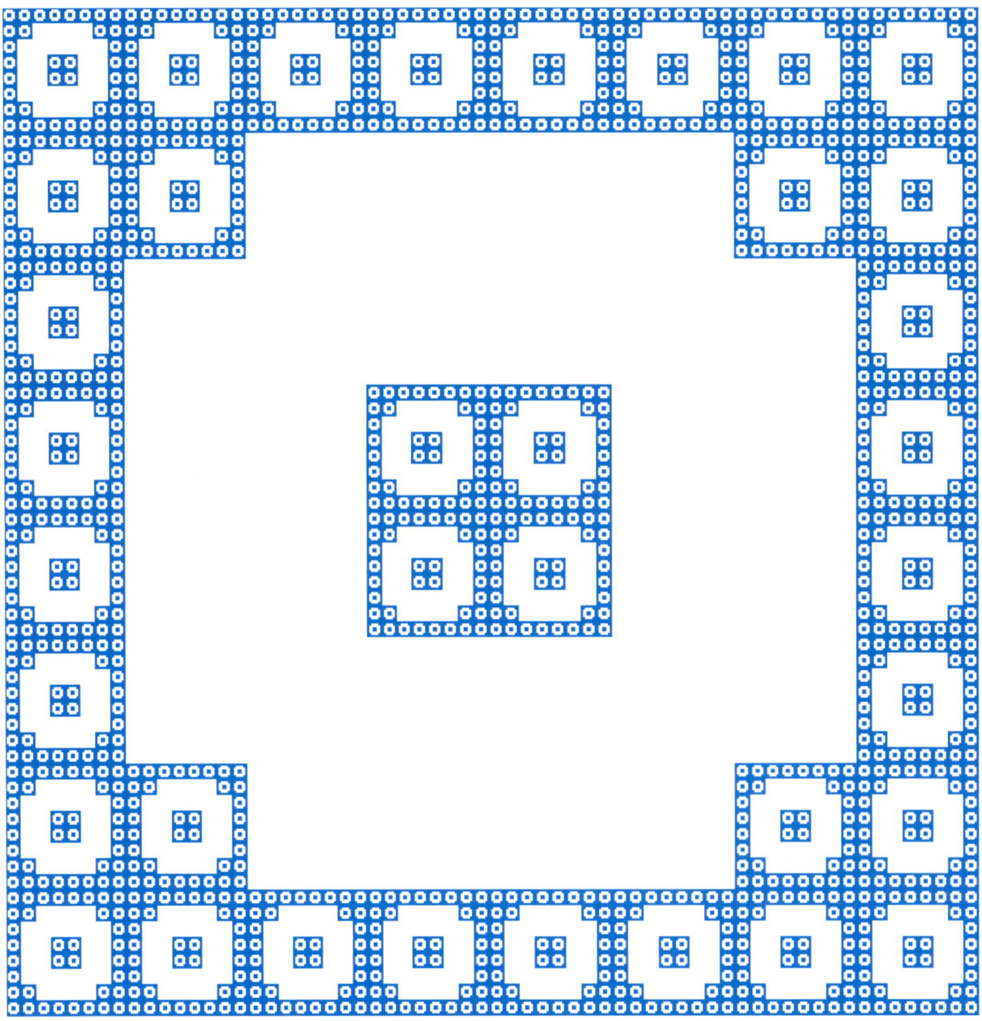

F^{C}, $\log_{8}28 = \log_{64}784 = \log_{512}21952 = 1.602$

① 1단계	② 2단계
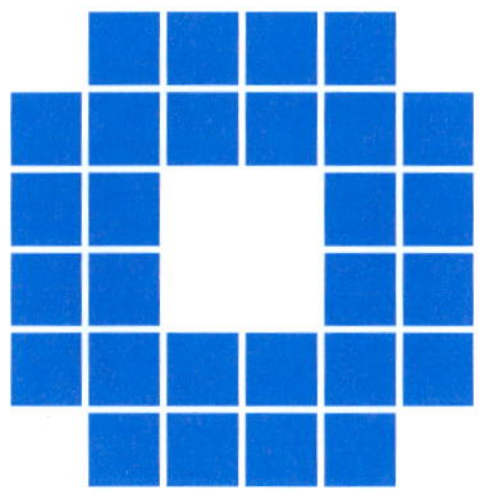	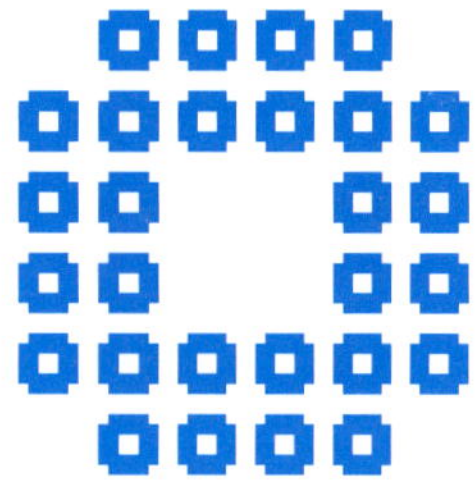

③ 3단계

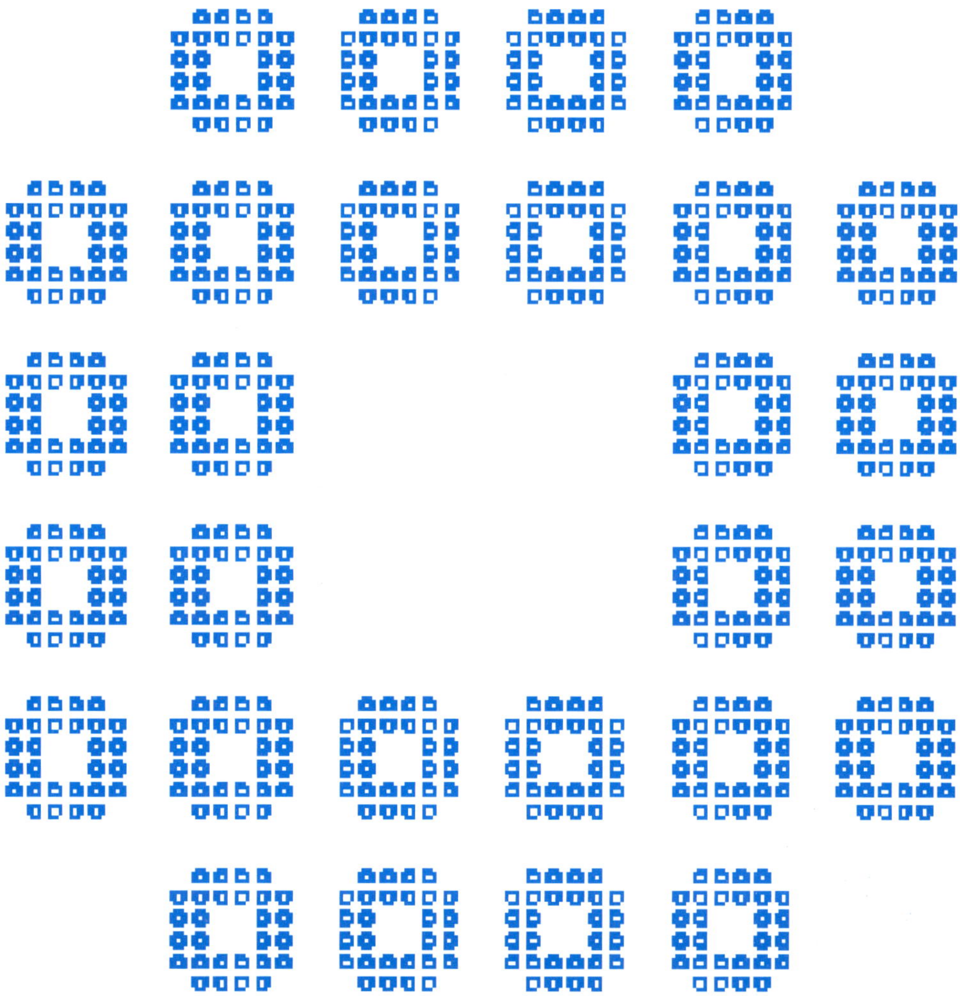

(13) F, $\log_{8}36 = \log_{64}1296 = \log_{512}46656 = 1.723$

① 1단계	② 2단계
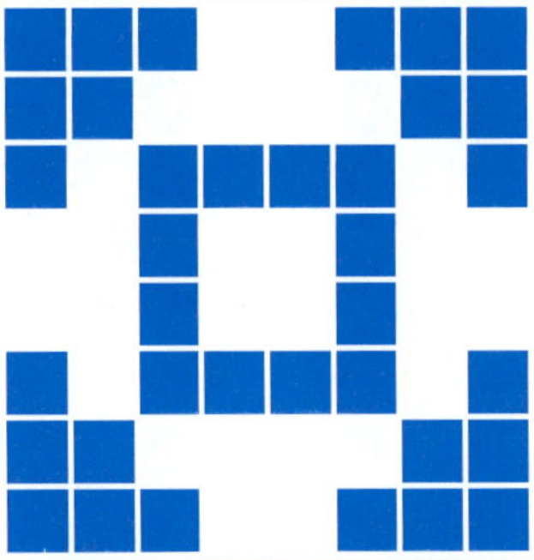	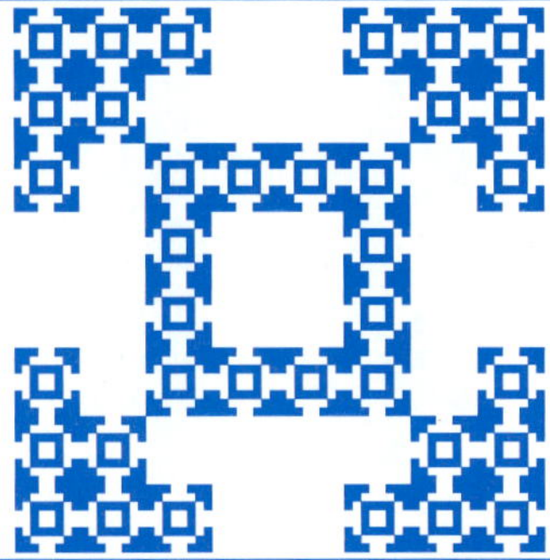

③ 3단계

F^C, $\log_8 28 = \log_{64} 784 = \log_{512} 21952 = 1.602$

① 1단계	② 2단계
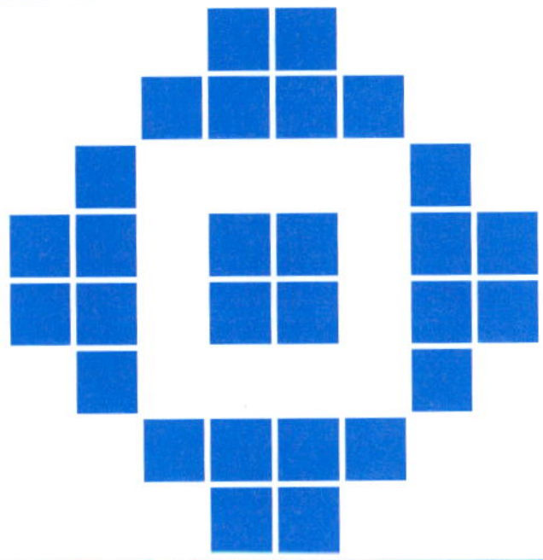	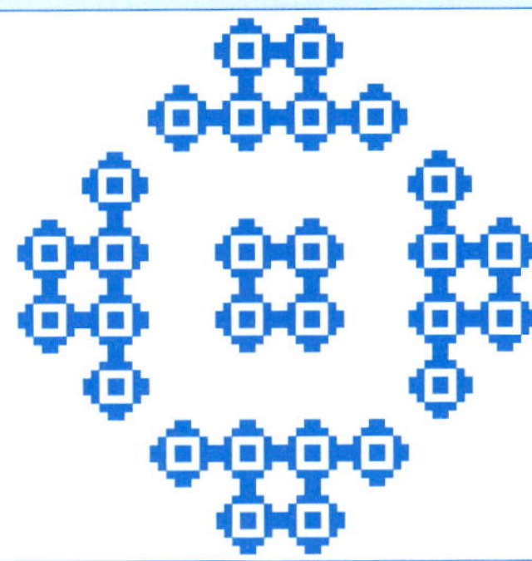
③ 3단계	

(14) F, $\log_8 36 = \log_{64} 1296 = \log_{512} 46656 = 1.723$

① 1단계	② 2단계
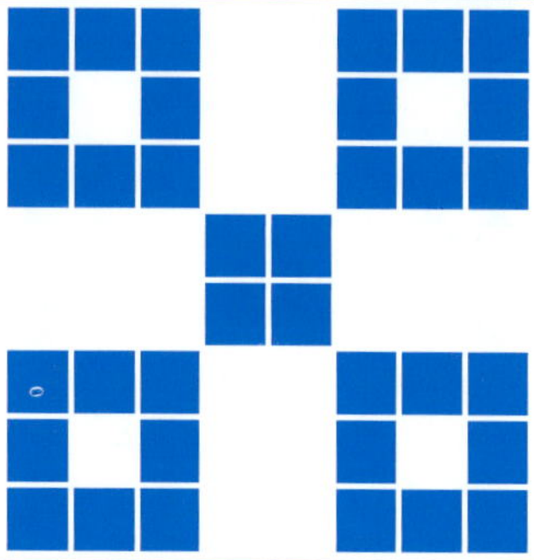	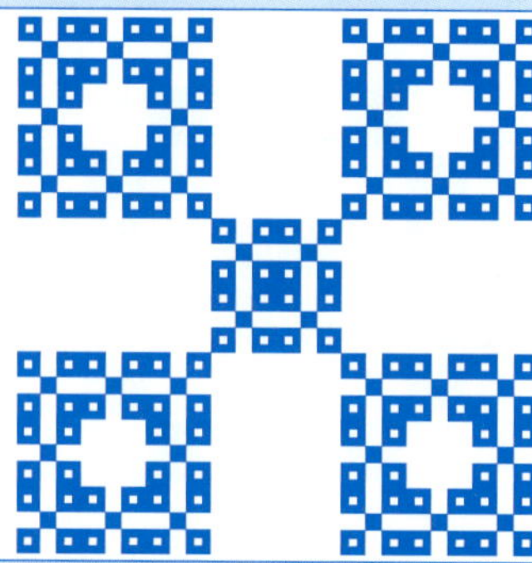
③ 3단계	
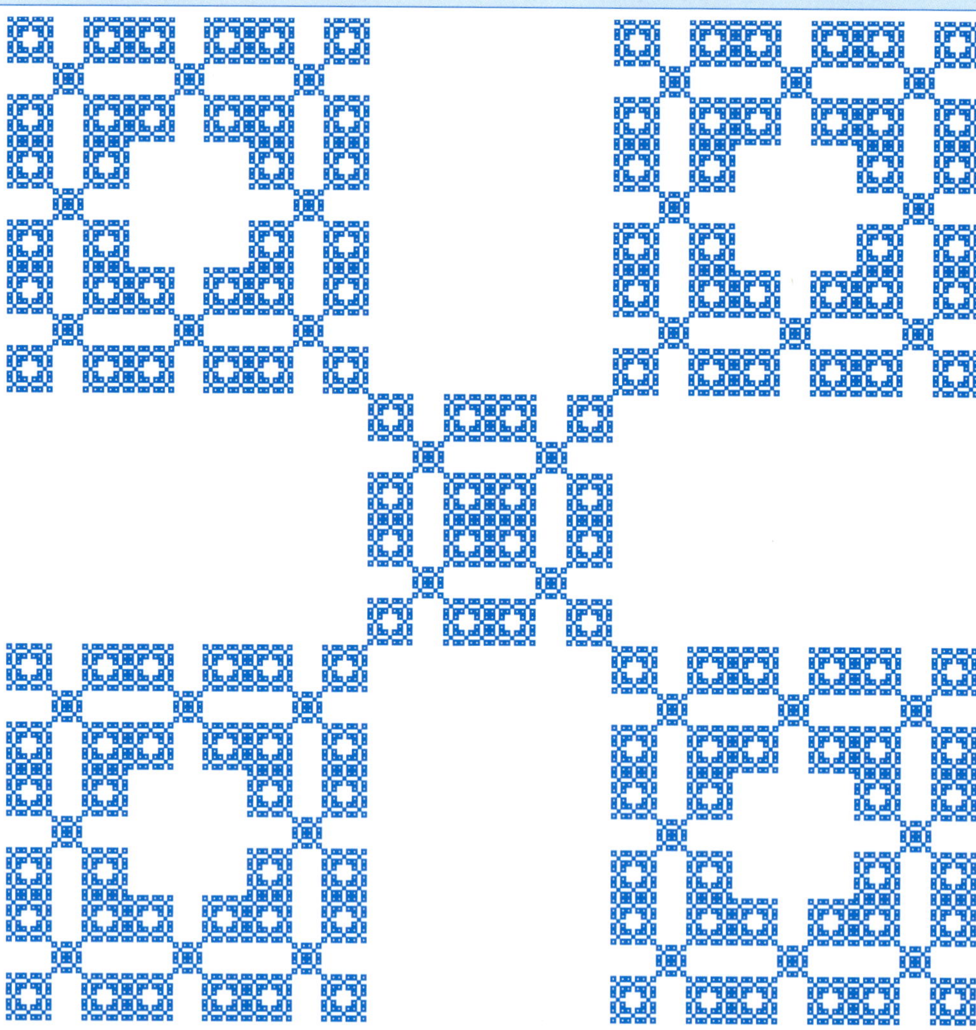	

F^{C}, $\log_{8}28=\log_{64}784=\log_{512}21952=1.602$

① 1단계	② 2단계
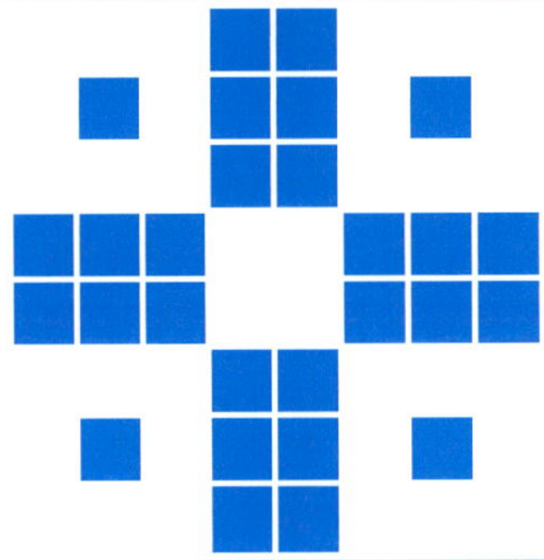	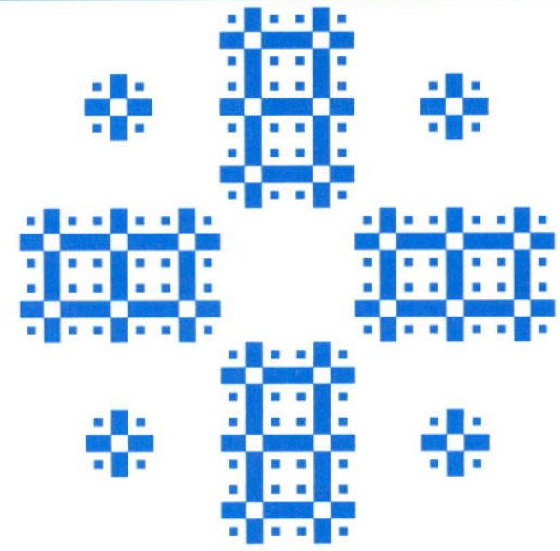

③ 3단계

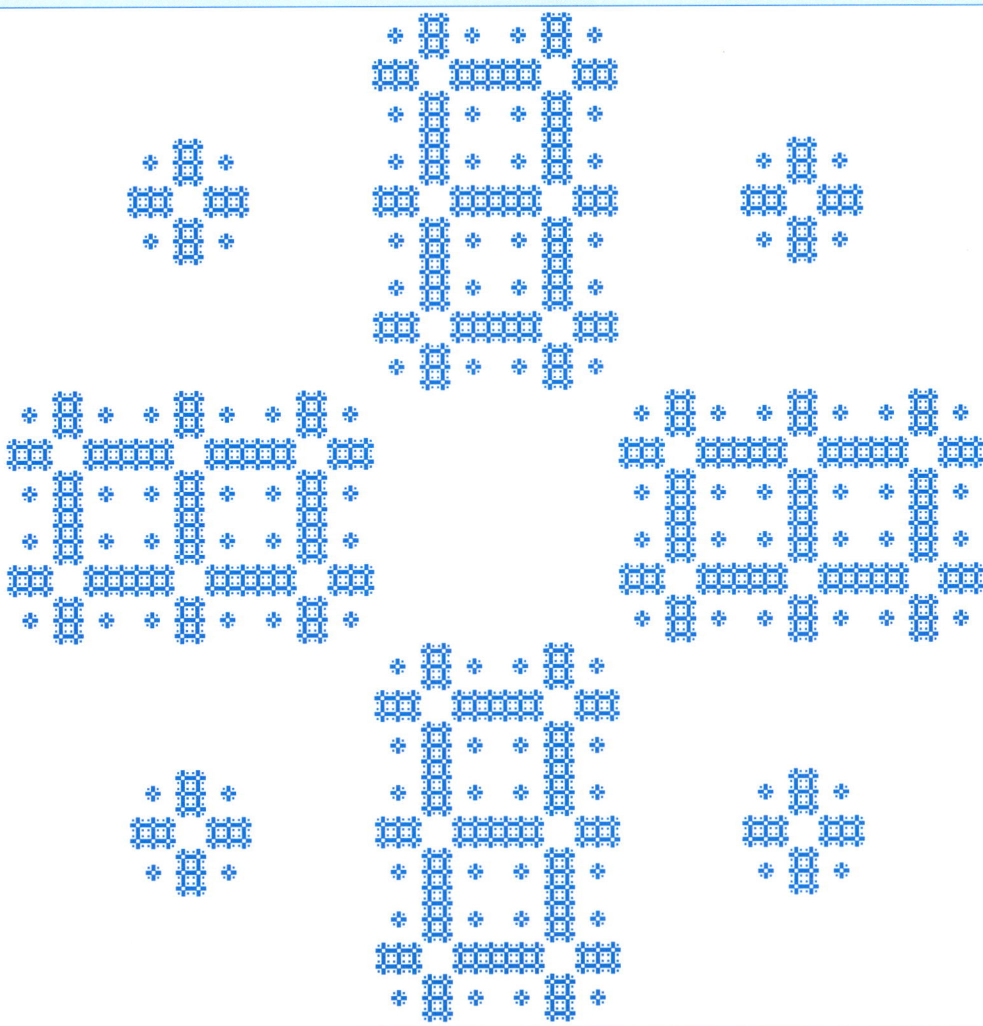

(15) F, $\log_8 40 = \log_{64} 1600 = \log_{512} 64000 = 1.774$

① 1단계

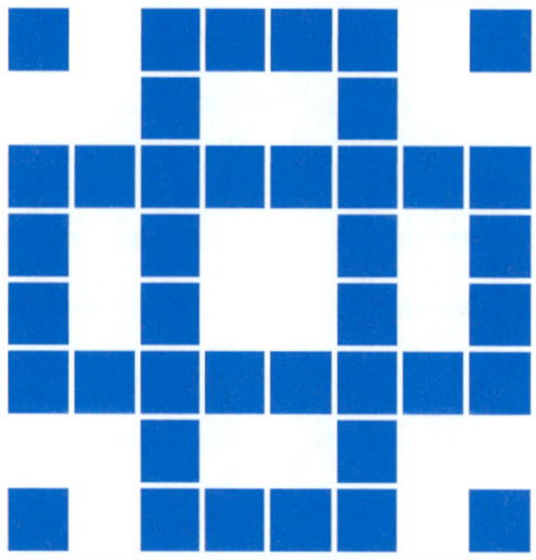

② 2단계

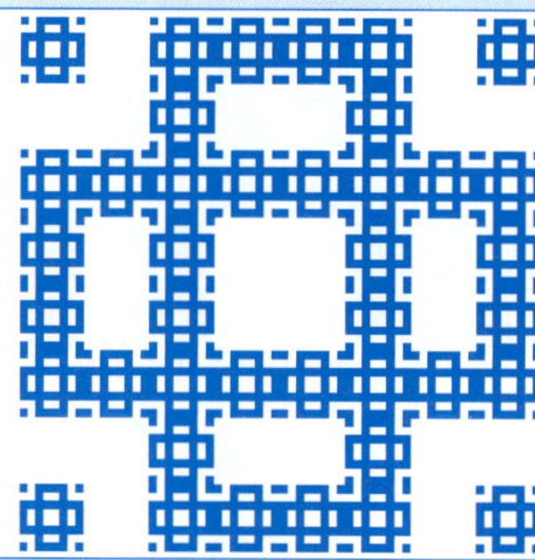

③ 3단계

F^C, $\log_8 24 = \log_{64} 576 = \log_{512} 13824 = 1.528$

① 1단계	② 2단계
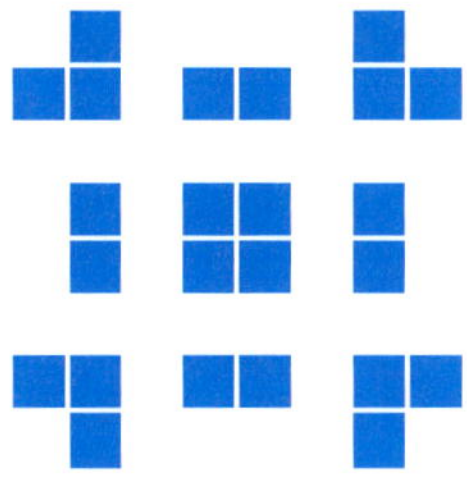	

③ 3단계

(16) F, $\log_8 40 = \log_{64} 1600 = \log_{512} 64000 = 1.774$

① 1단계	② 2단계
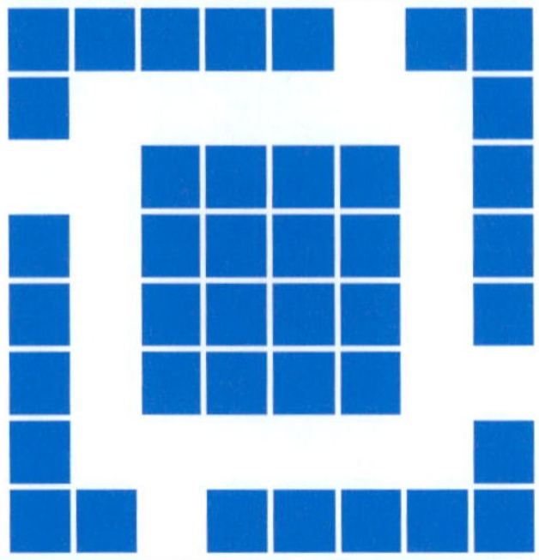	

③ 3단계

F^C, $\log_8 24 = \log_{64} 576 = \log_{512} 13824 = 1.528$

① 1단계	② 2단계
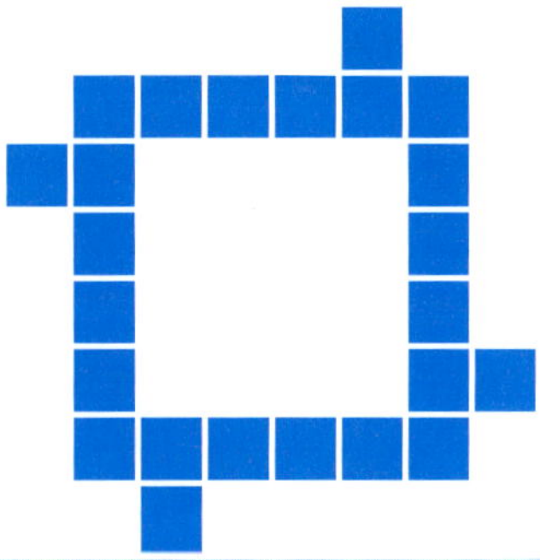	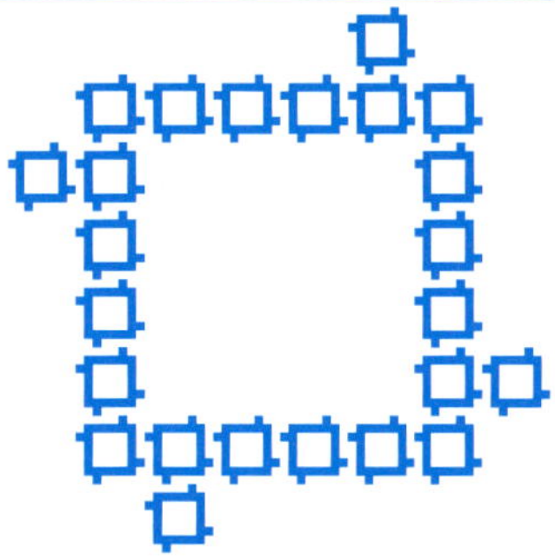

③ 3단계
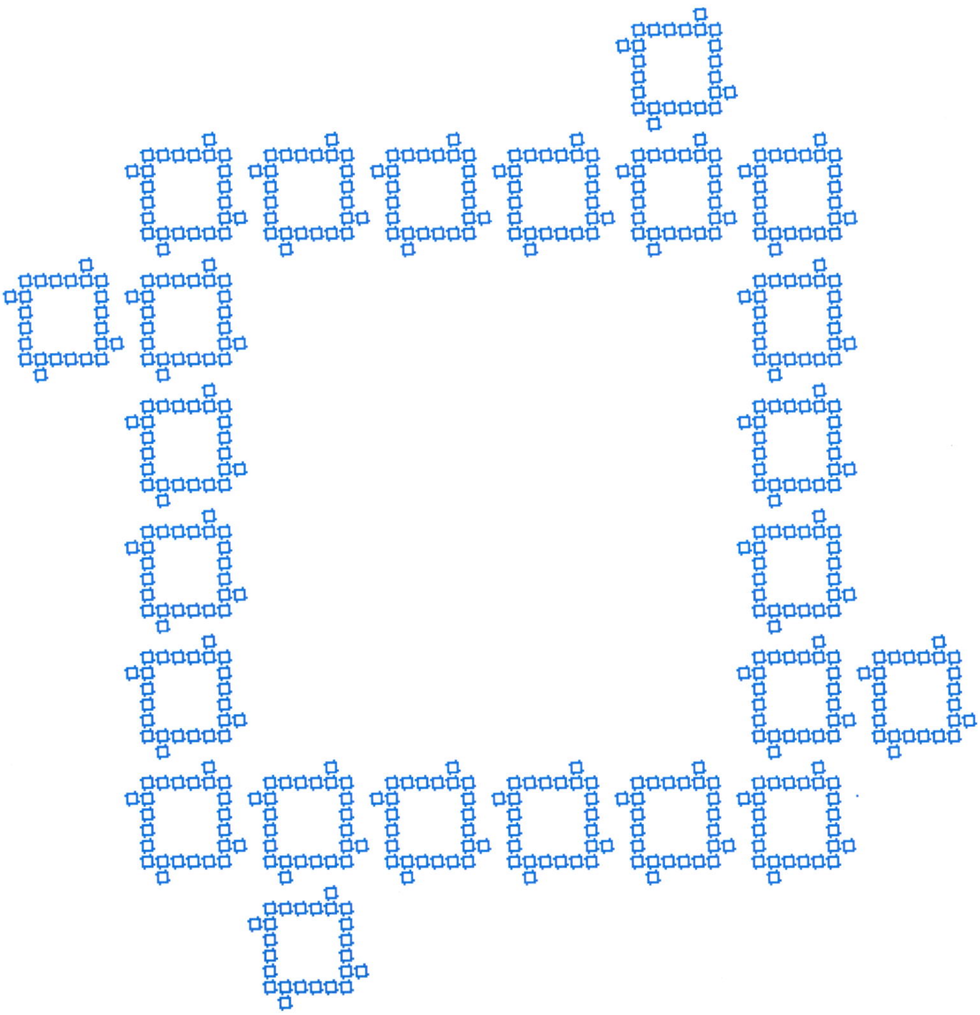

(17) F, $\log_8 44 = \log_{64} 1936 = \log_{512} 85184 = 1.819$

① 1단계

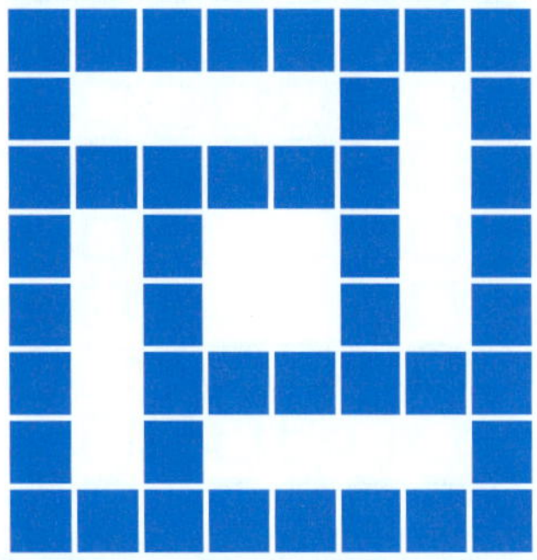

② 2단계

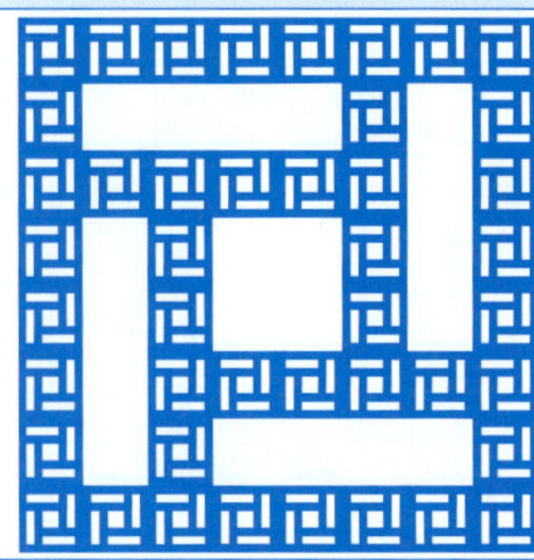

③ 3단계

F^{C}, $\log_{8}20 = \log_{64}400 = \log_{512}8000 = 1.440$

① 1단계	② 2단계
	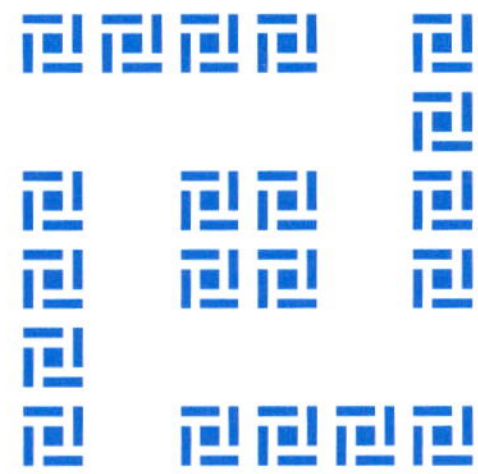
③ 3단계	

(18) F, $\log_8 39 = \log_{64} 1521 = \log_{512} 59319 = 1.762$

① 1단계	② 2단계
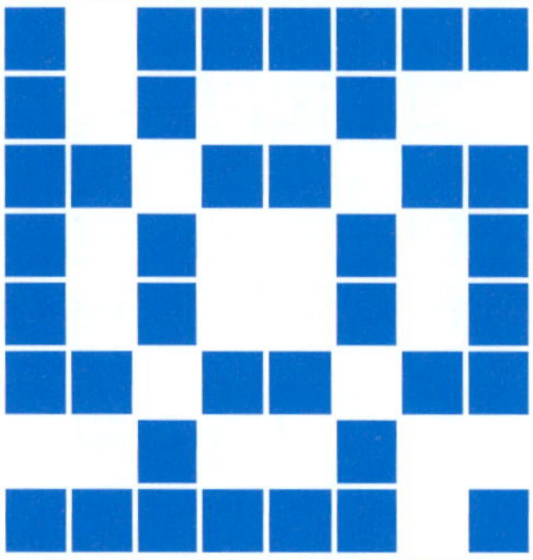	

③ 3단계

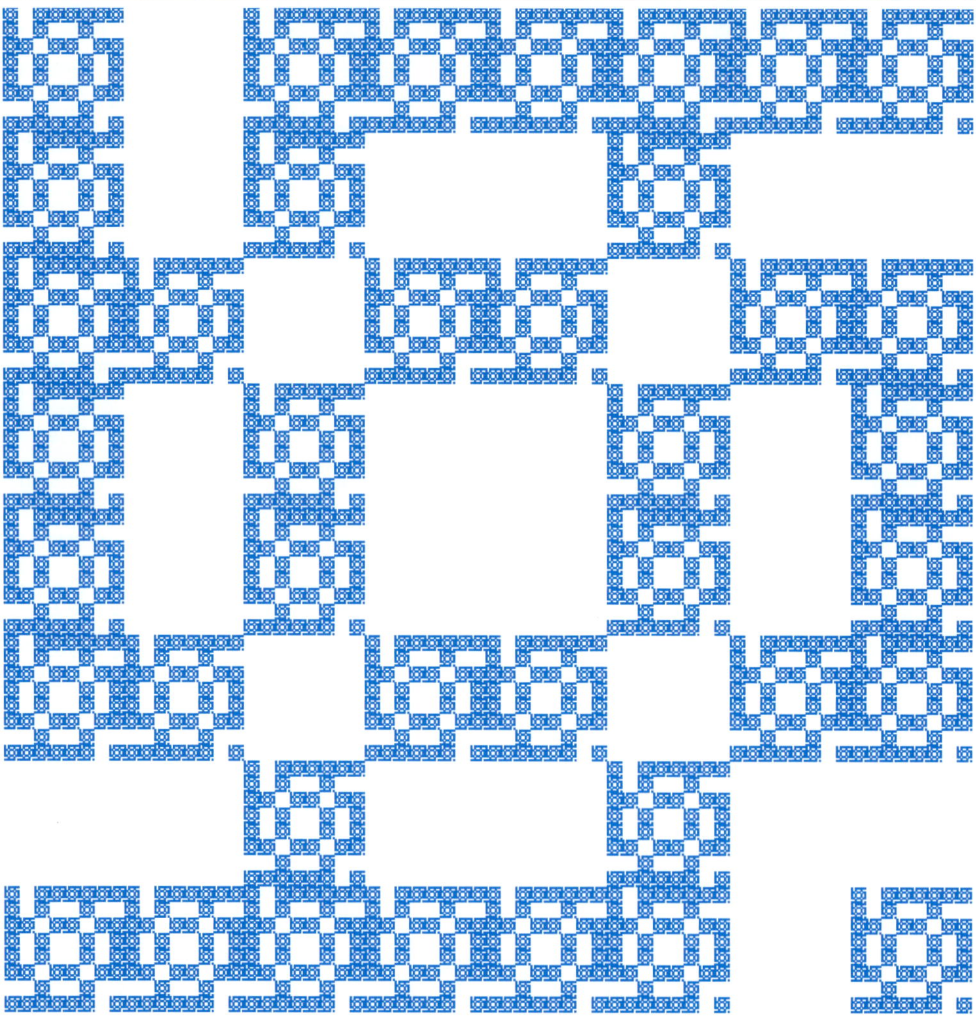

F^C, $\log_8 25 = \log_{64} 625 = \log_{512} 15625 = 1.548$

① 1단계	② 2단계
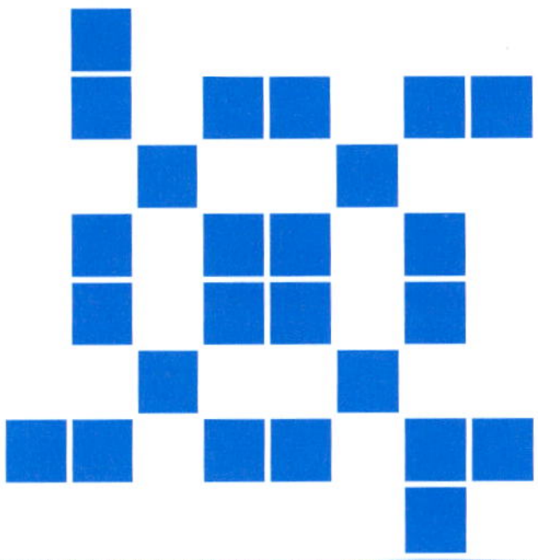	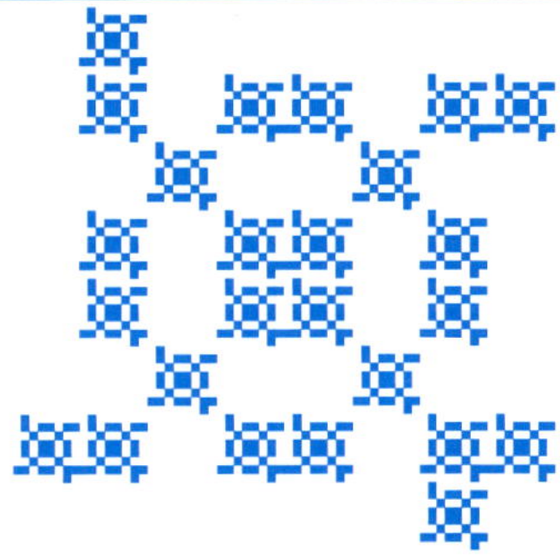

③ 3단계
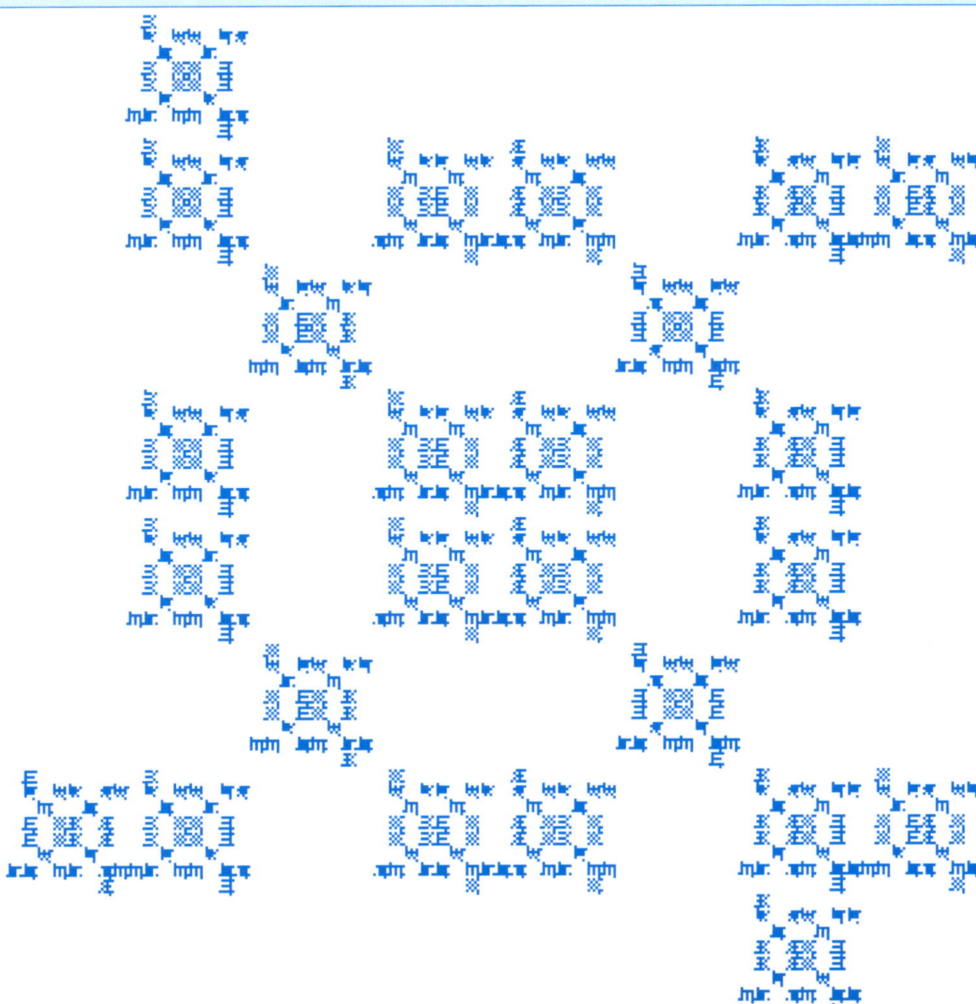

(19) F, $\log_8 36 = \log_{64} 1296 = \log_{512} 46656 = 1.723$

① 1단계	② 2단계
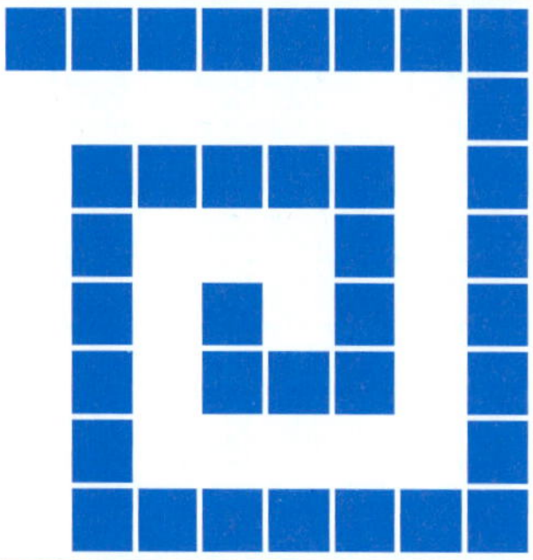	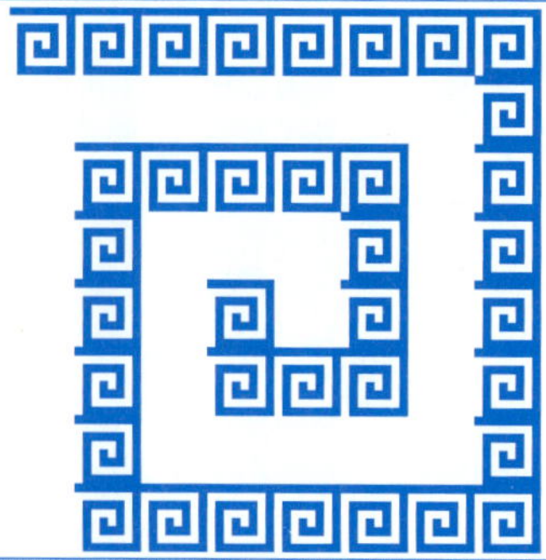

③ 3단계

F^C, $\log_8 28 = \log_{64} 784 = \log_{512} 21952 = 1.602$

① 1단계	② 2단계
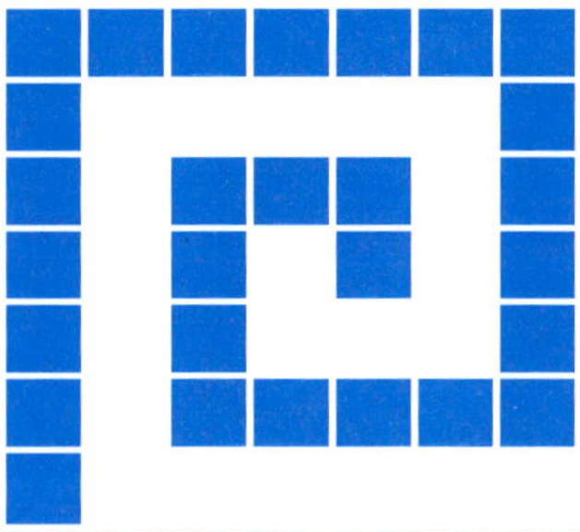	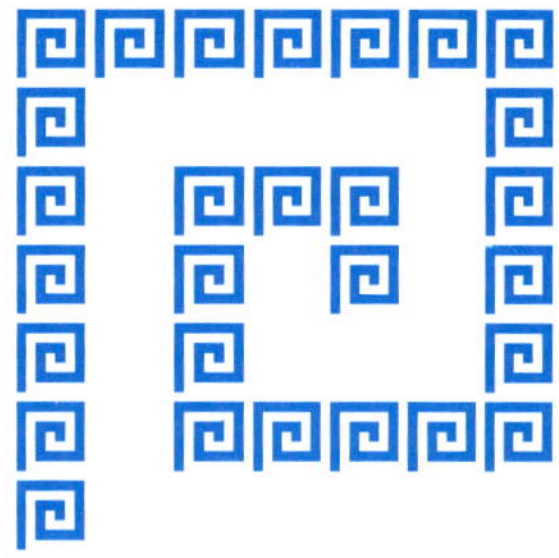

③ 3단계

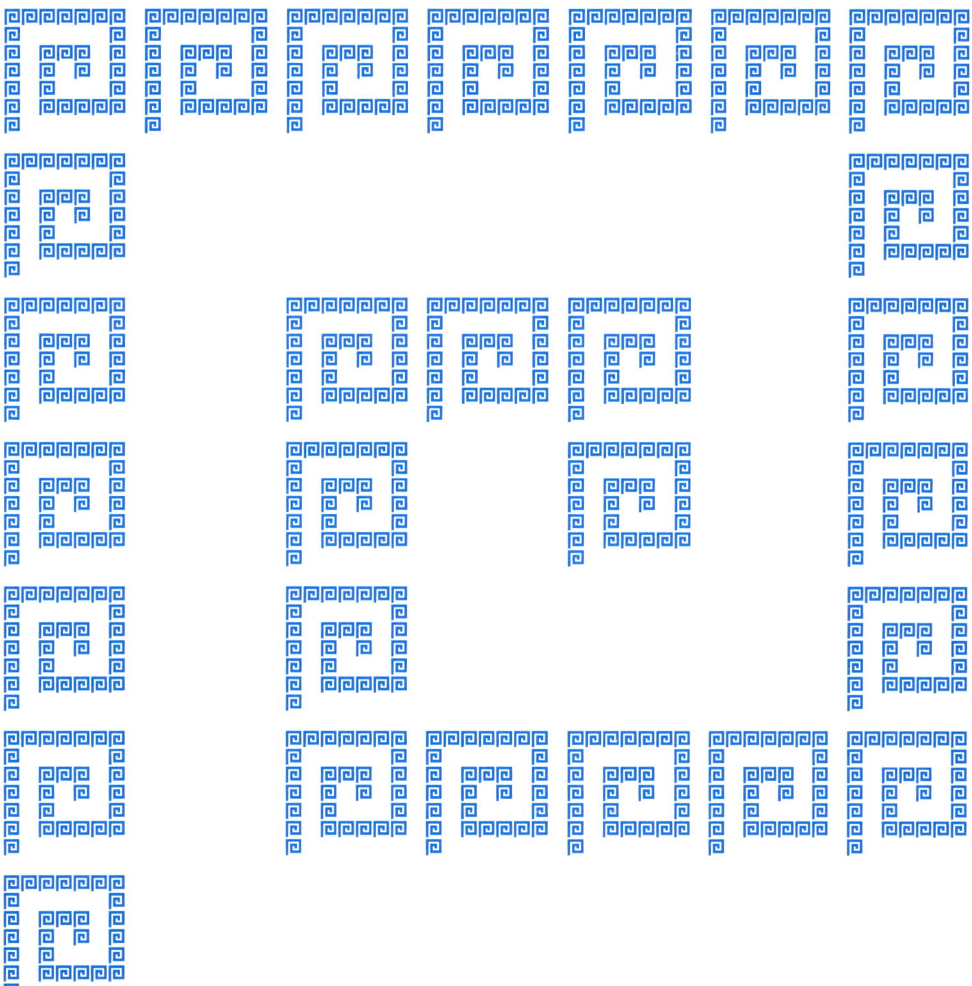

(20) F, $\log_8 36 = \log_{64} 1296 = \log_{512} 46656 = 1.723$

<table>
<tr><th>① 1단계</th><th>② 2단계</th></tr>
<tr><td>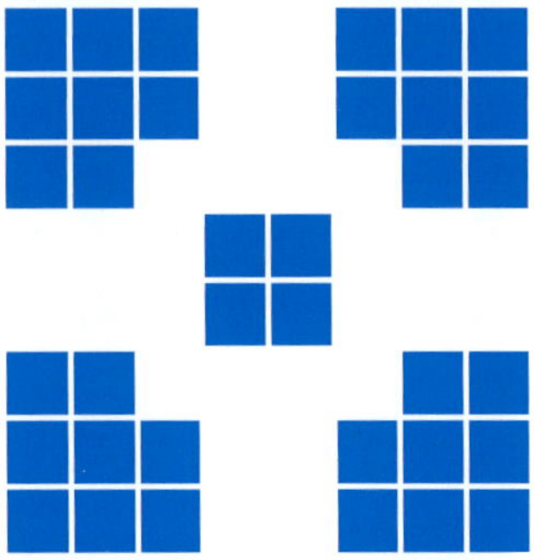</td><td>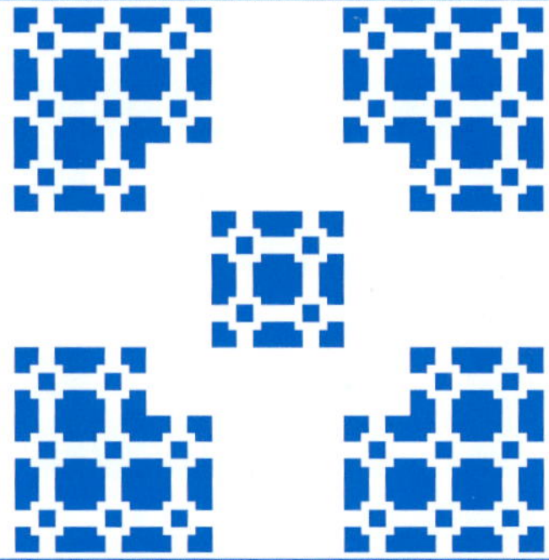</td></tr>
<tr><th colspan="2">③ 3단계</th></tr>
<tr><td colspan="2">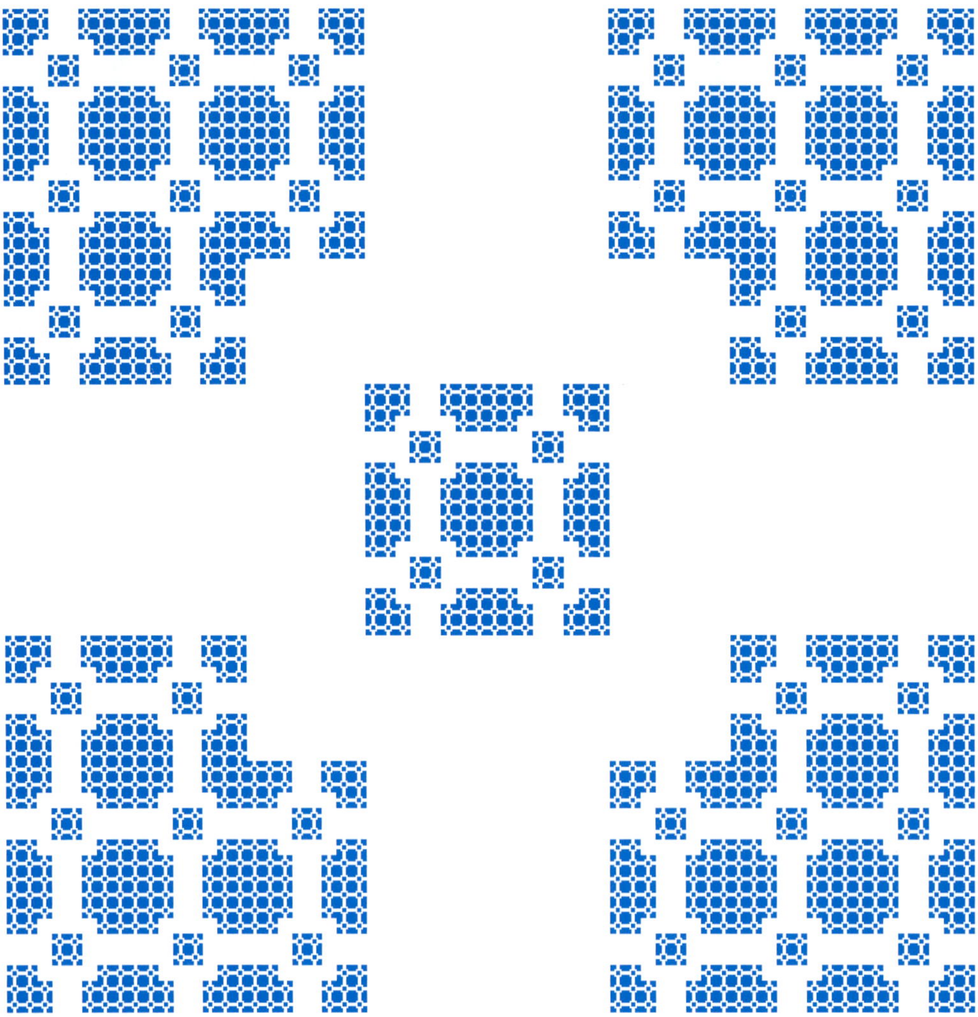</td></tr>
</table>

F^C, $\log_8 28 = \log_{64} 784 = \log_{512} 21952 = 1.602$

<table>
<tr><td>① 1단계</td><td>② 2단계</td></tr>
<tr><td>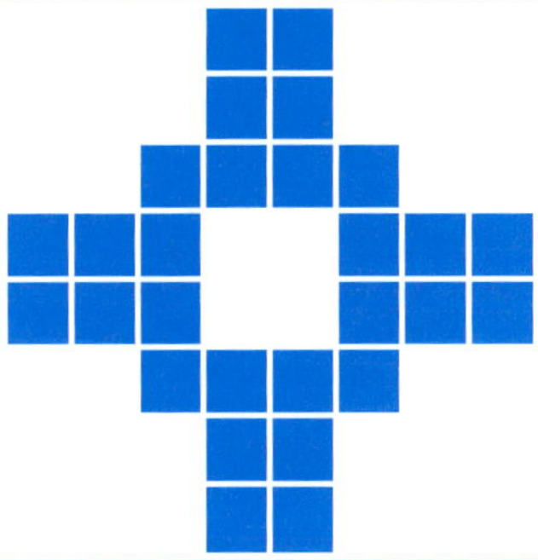</td><td>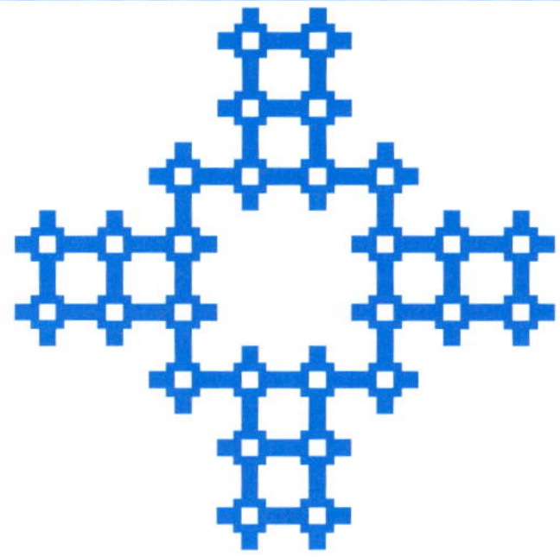</td></tr>
<tr><td colspan="2">③ 3단계</td></tr>
<tr><td colspan="2">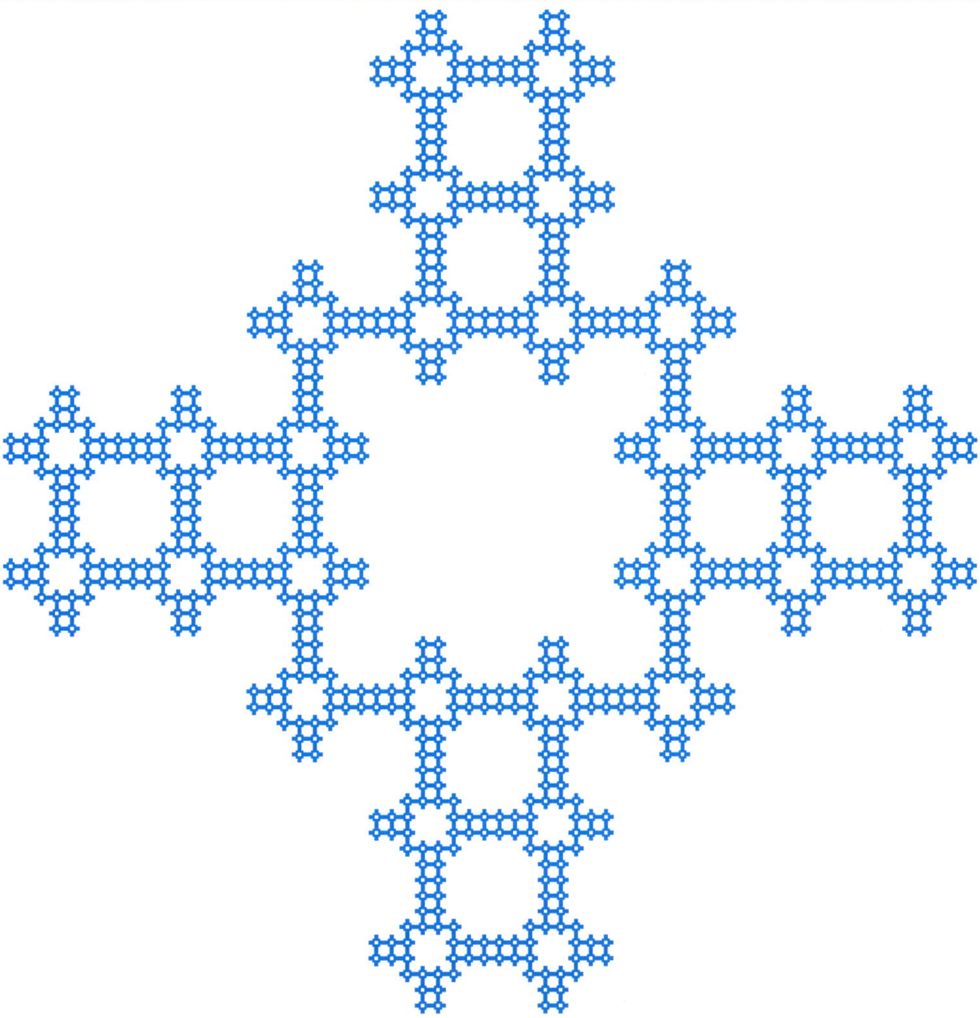</td></tr>
</table>

6 1단계 9×9 프랙탈

(1) F, $\log_9 25 = \log_{81} 625 = \log_{729} 15625 = 1.465$

<table>
<tr><th>① 1단계</th><th>② 2단계</th></tr>
<tr><td>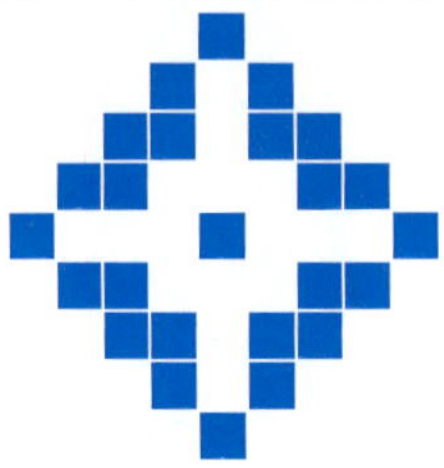</td><td></td></tr>
<tr><th colspan="2">③ 3단계</th></tr>
<tr><td colspan="2"></td></tr>
</table>

F^C, $\log_9 56 = \log_{81} 3136 = \log_{729} 175616 = 1.832$

① 1단계	② 2단계
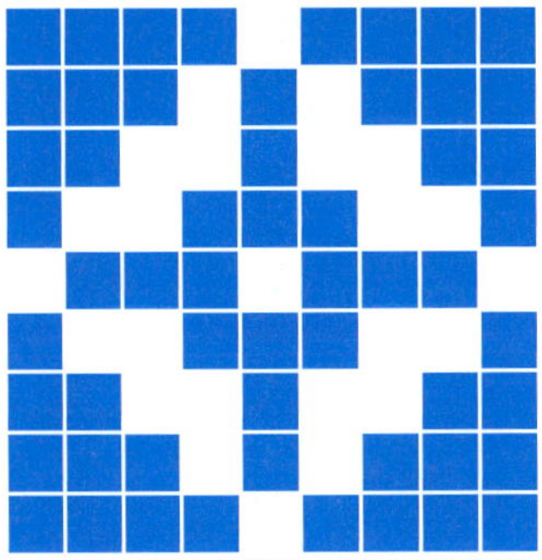	

③ 3단계

(2) F, $\log_9 60 = \log_{81} 3600 = \log_{729} 216000 = 1.863$

① 1단계	② 2단계
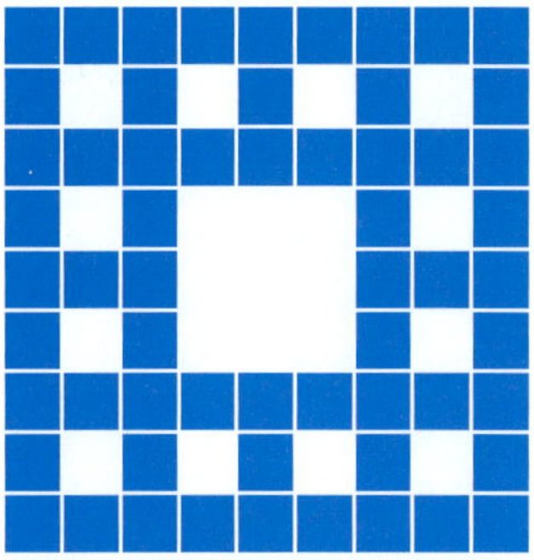	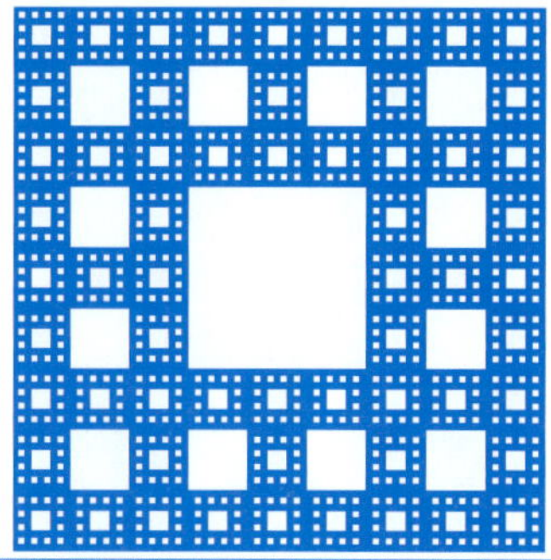

③ 3단계

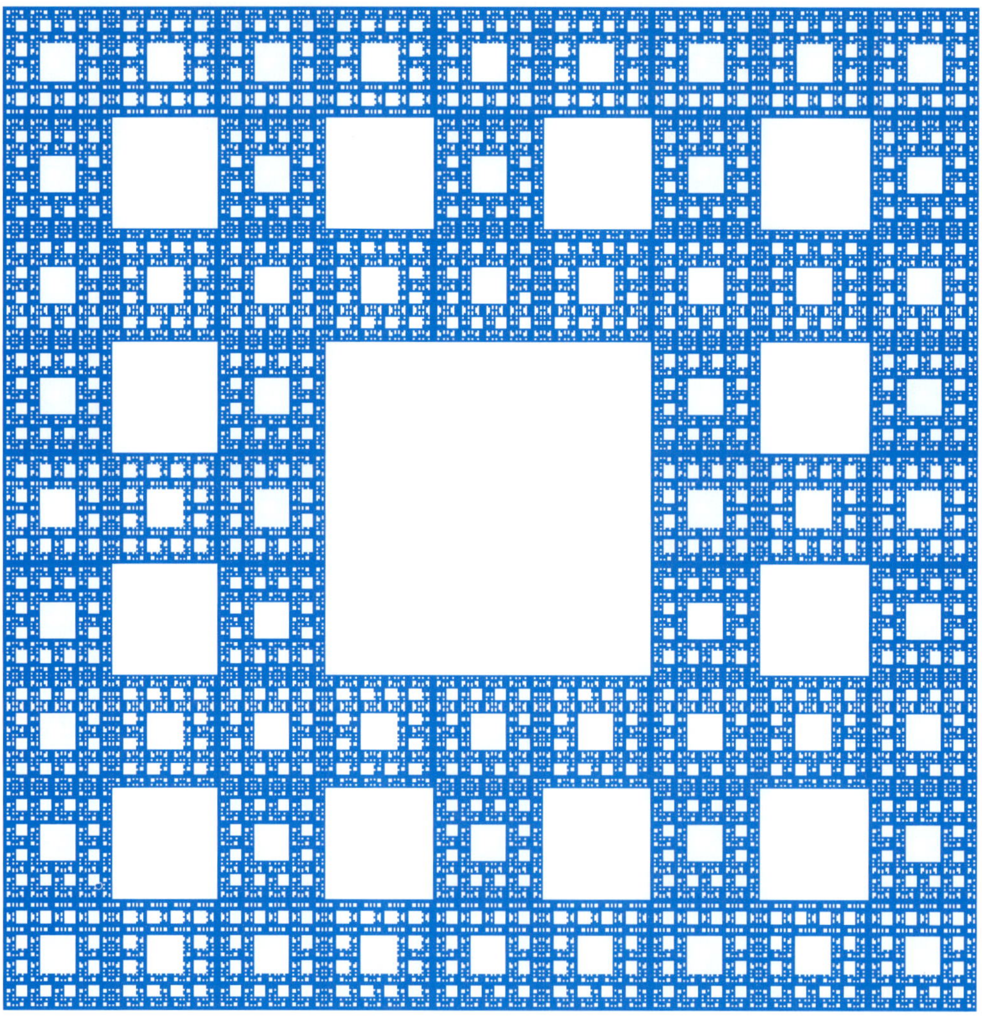

F^C, $\log_9 21 = \log_{81} 441 = \log_{729} 9261 = 1.386$

① 1단계	② 2단계
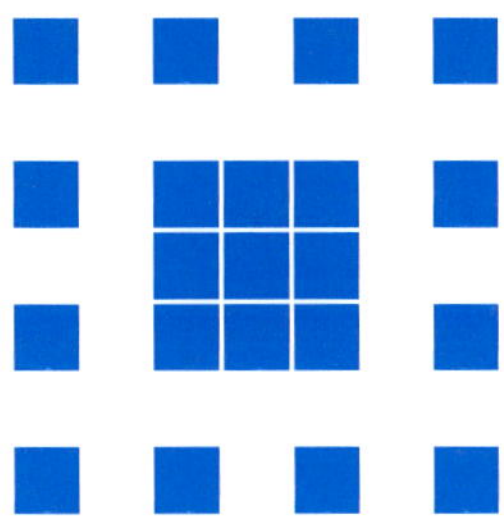	

③ 3단계

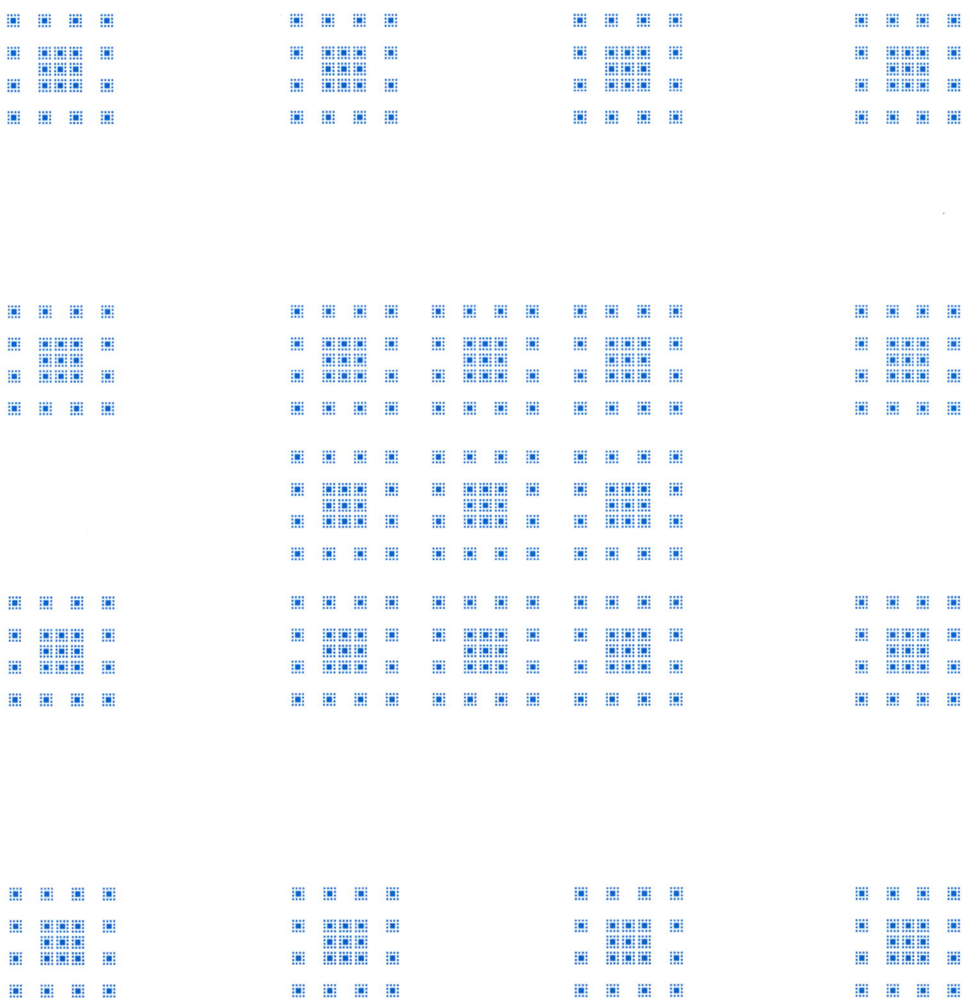

(3) F, $\log_{9}21 = \log_{81}441 = \log_{729}9261 = 1.386$

① 1단계	② 2단계
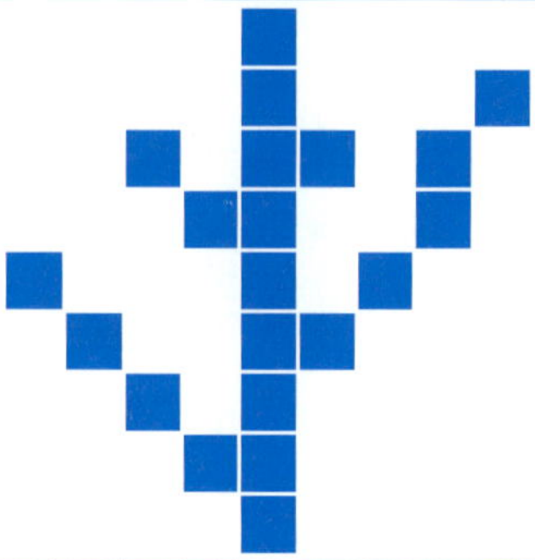	

③ 3단계

F^C, $\log_9 60 = \log_{81} 3600 = \log_{729} 21600 = 1.863$

① 1단계	② 2단계
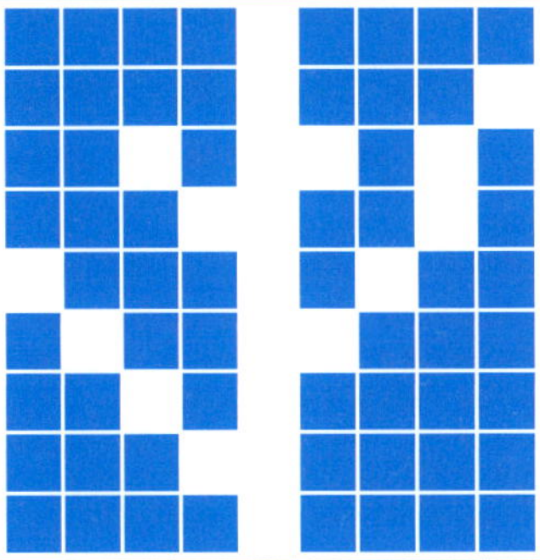	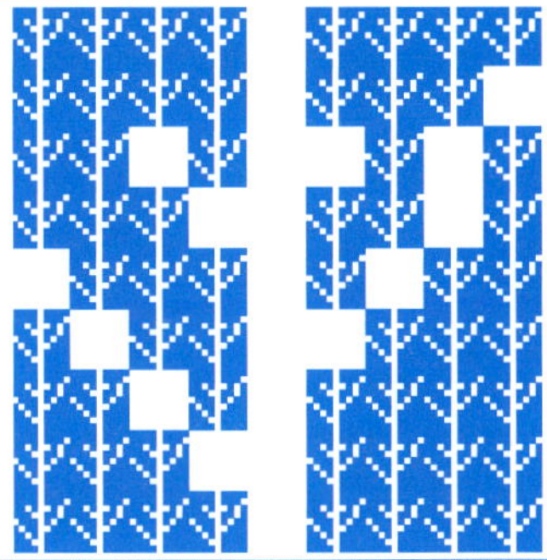

③ 3단계

(4) F, $\log_{9}21 = \log_{81}441 = \log_{729}9261 = 1.386$

① 1단계	② 2단계
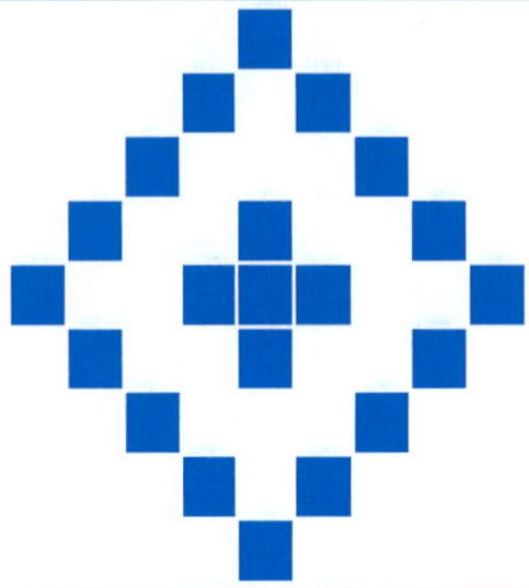	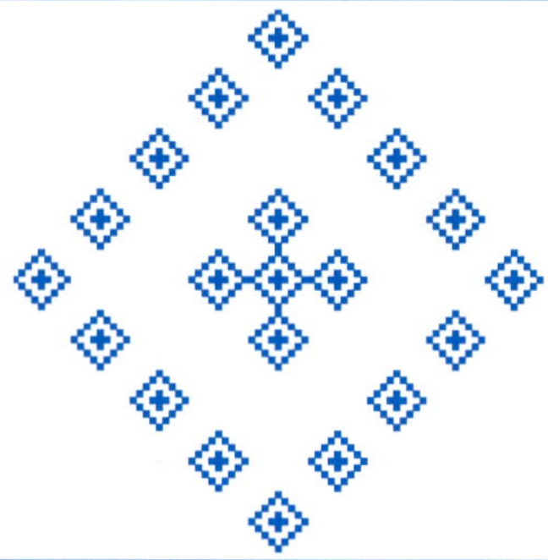

③ 3단계

F^C, $\log_9 60 = \log_{81} 3600 = \log_{729} 216000 = 1.863$

① 1단계

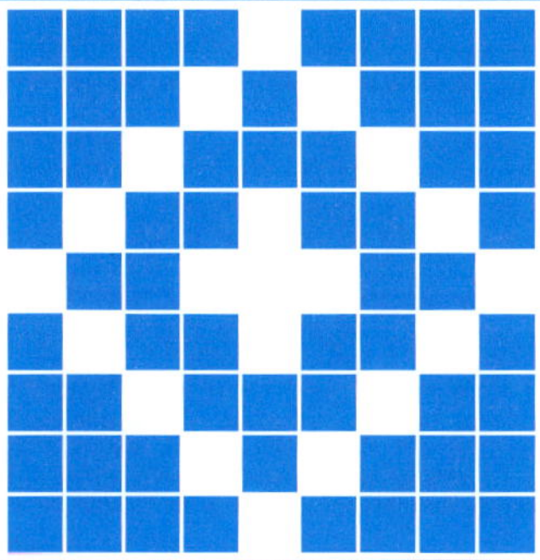

② 2단계

③ 3단계

(5) F, $\log_9 25 = \log_{81} 625 = \log_{729} 15625 = 1.465$

① 1단계	② 2단계
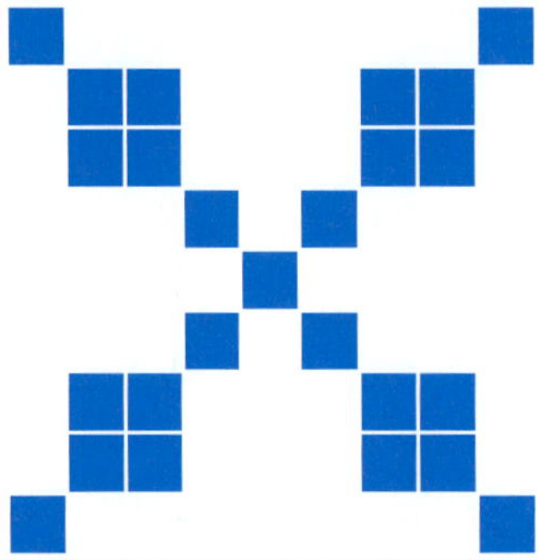	
③ 3단계	

F^C, $\log_9 56 = \log_{81} 3136 = \log_{729} 175616 = 1.832$

① 1단계

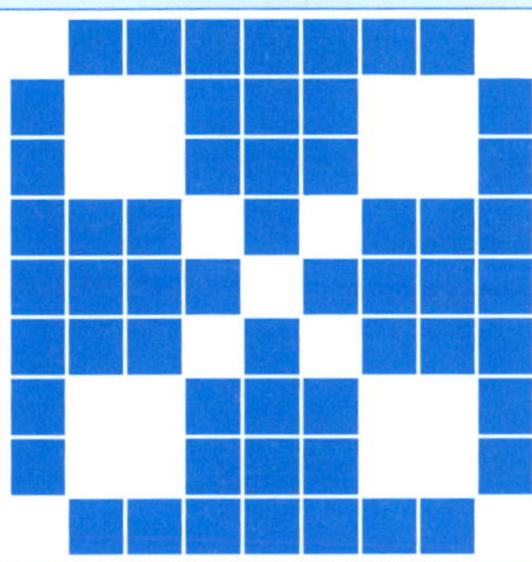

② 2단계

③ 3단계

(6) F, $\log_{9}25=\log_{81}625=\log_{729}15625=1.465$

① 1단계	② 2단계
	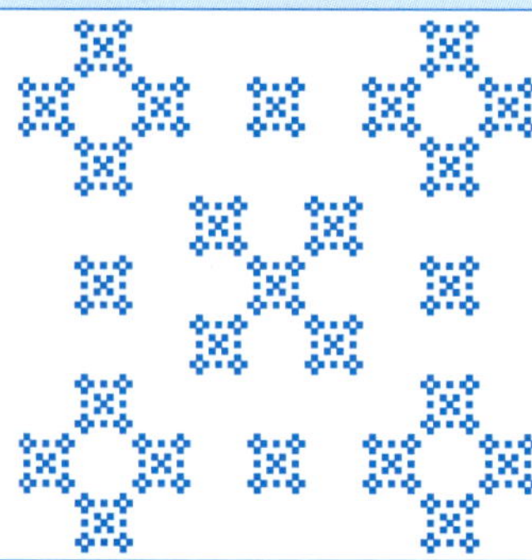

③ 3단계

F^C, $\log_9 56 = \log_{81} 3136 = \log_{729} 175616 = 1.832$

① 1단계	② 2단계
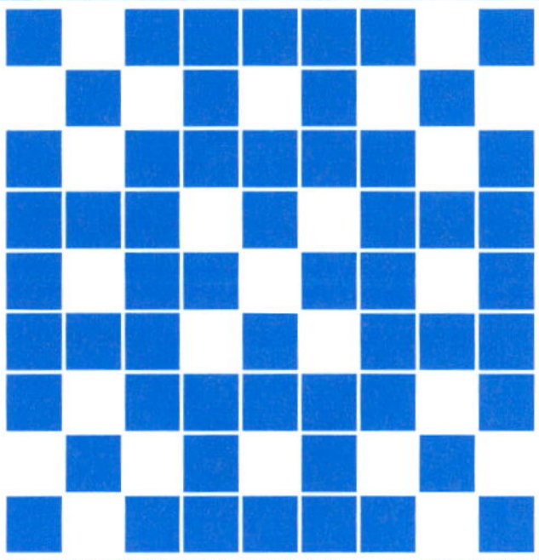	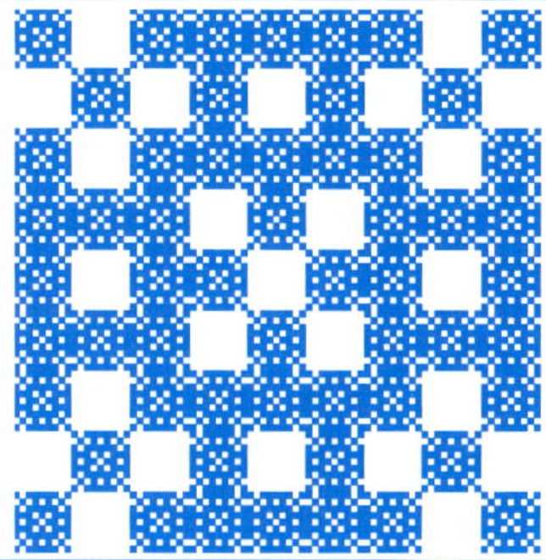

③ 3단계

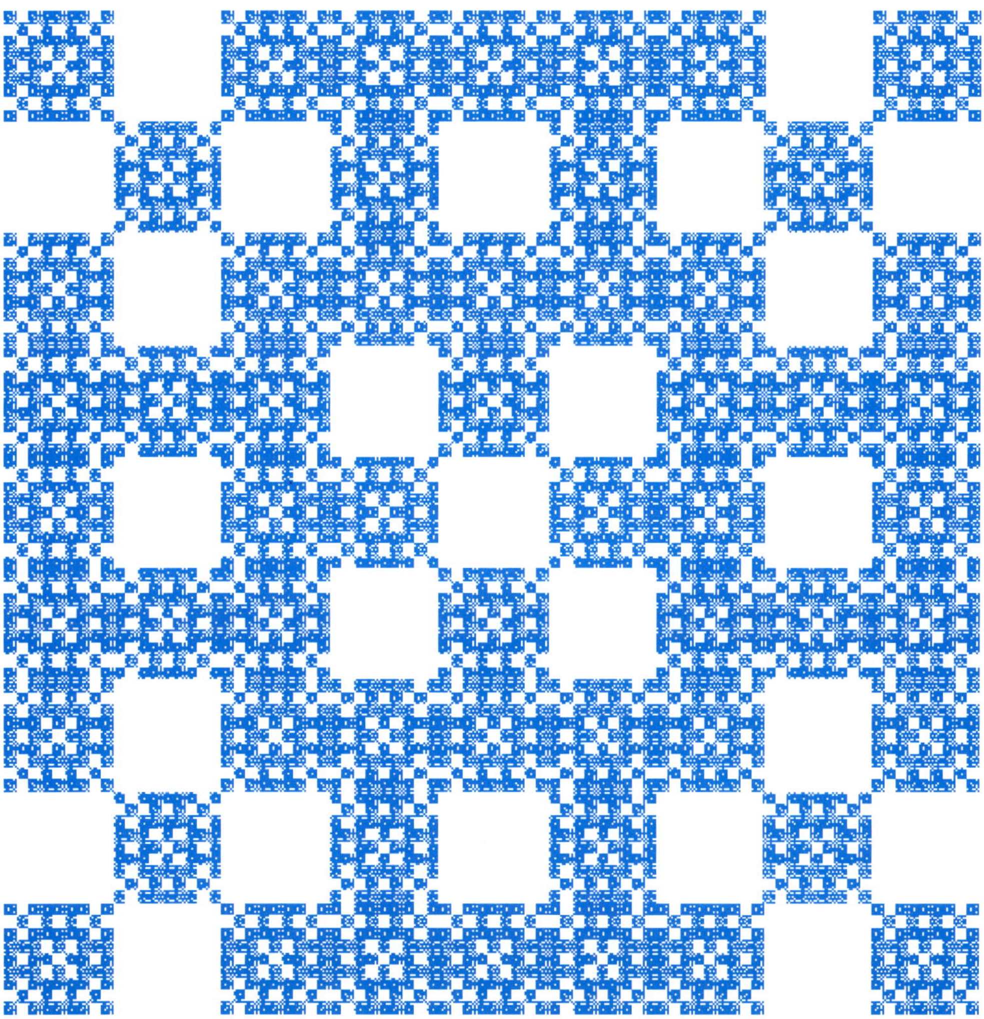

(7) F, $\log_9 28 = \log_{81} 784 = \log_{729} 21952 = 1.517$

<table>
<tr><th>① 1단계</th><th>② 2단계</th></tr>
<tr><td>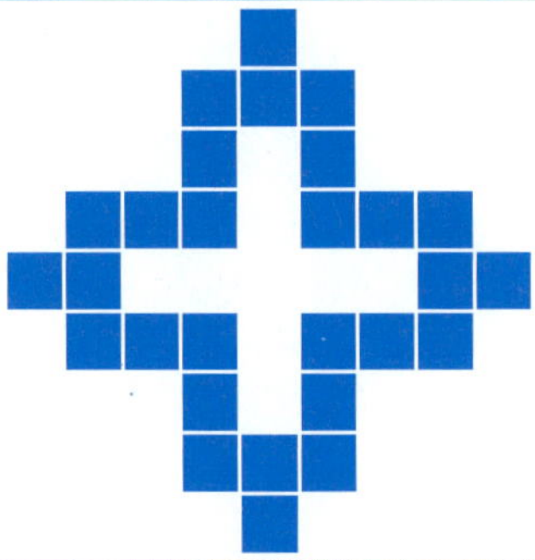</td><td>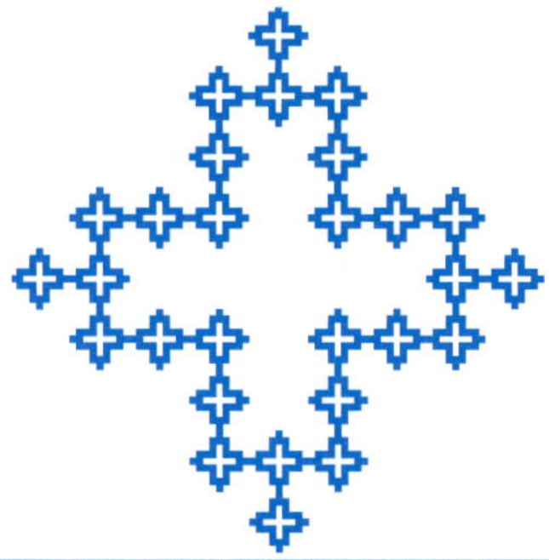</td></tr>
<tr><th colspan="2">③ 3단계</th></tr>
<tr><td colspan="2"></td></tr>
</table>

F^C, $\log_9 53 = \log_{81} 2809 = \log_{729} 14877 = 1.807$

① 1단계	② 2단계
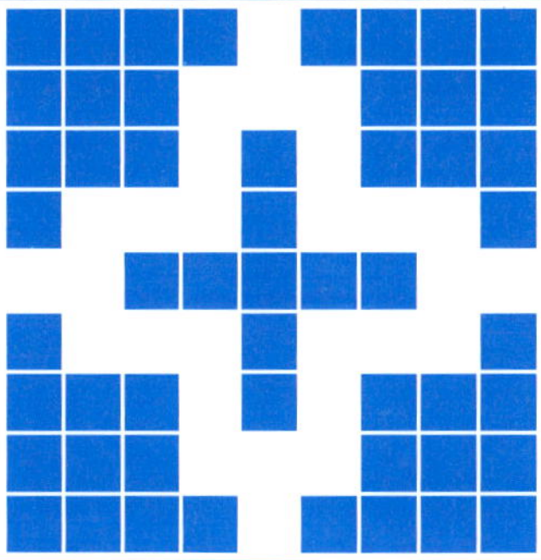	

③ 3단계

(8) F, $\log_{9}29=\log_{81}841=\log_{729}24389=1.533$

① 1단계

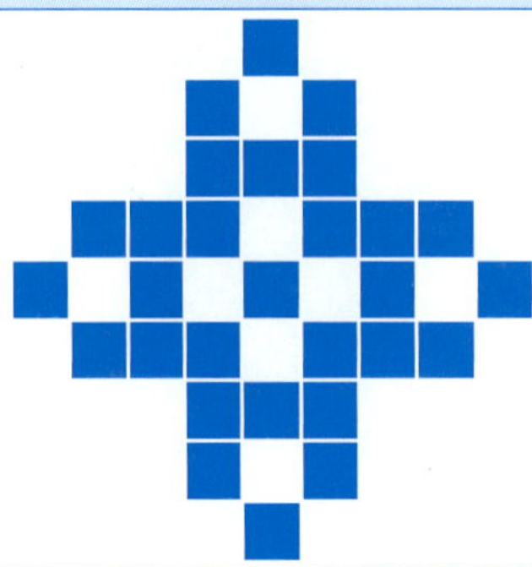

② 2단계

③ 3단계

F^C, $\log_9 52 = \log_{81} 2704 = \log_{729} 140608 = 1.798$

<table>
<tr><td>① 1단계</td><td>② 2단계</td></tr>
<tr><td>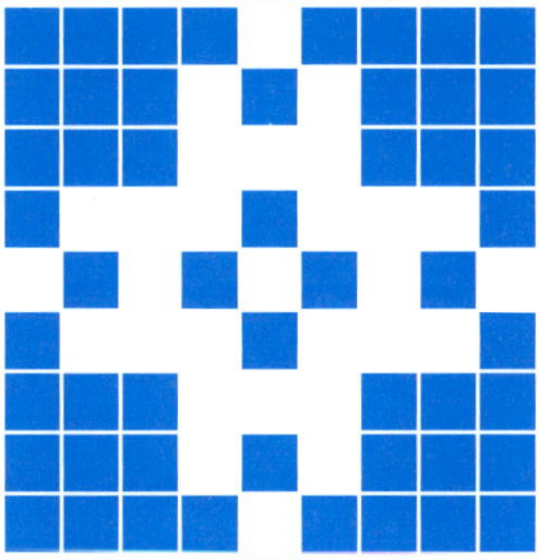</td><td></td></tr>
<tr><td colspan="2">③ 3단계</td></tr>
<tr><td colspan="2"></td></tr>
</table>

(9) F, $\log_{9}40 = \log_{81}1600 = \log_{729}64000 = 1.679$

① 1단계	② 2단계
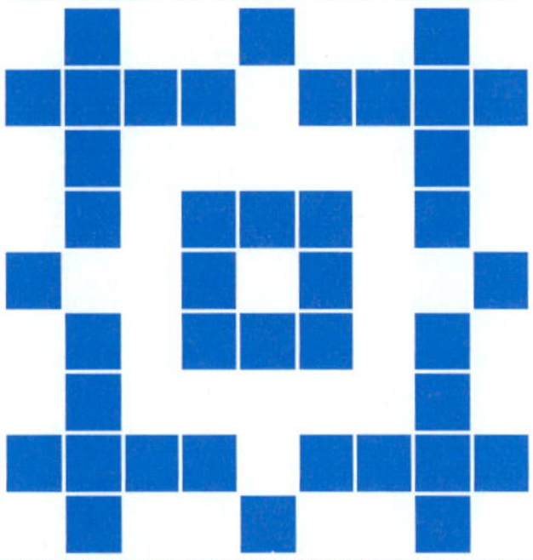	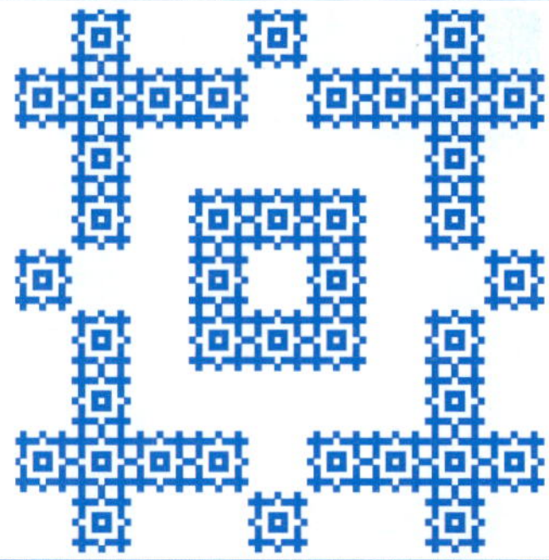

③ 3단계

F^C, $\log_9 41 = \log_{81} 1681 = \log_{729} 68921 = 1.690$

① 1단계

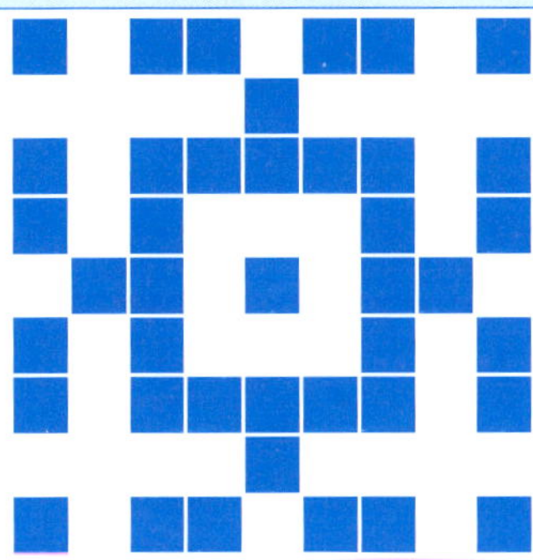

② 2단계

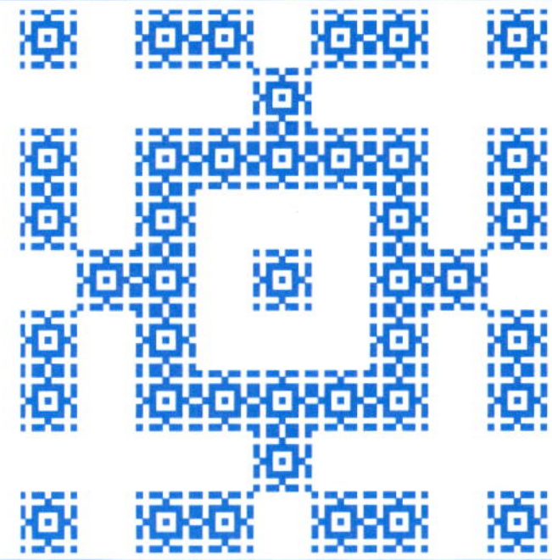

③ 3단계

(10) F, $\log_9 44 = \log_{81} 1936 = \log_{729} 85184 = 1.722$

① 1단계	② 2단계
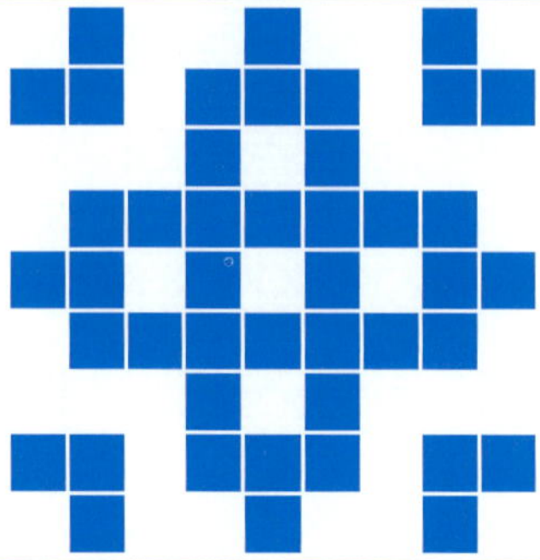	

③ 3단계

F^C, $\log_9 37 = \log_{81} 1369 = \log_{729} 50653 = 1.643$

① 1단계	② 2단계
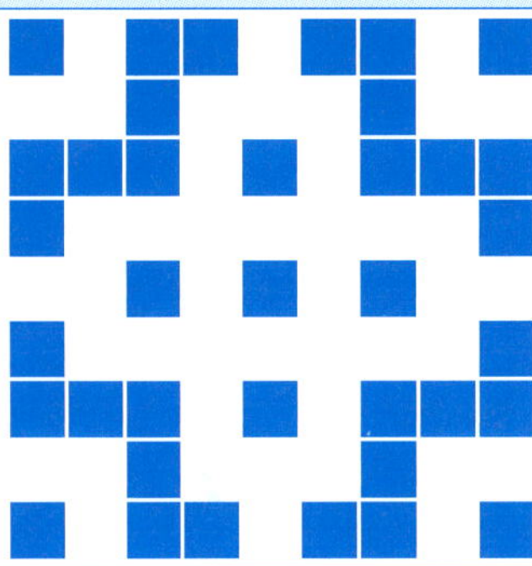	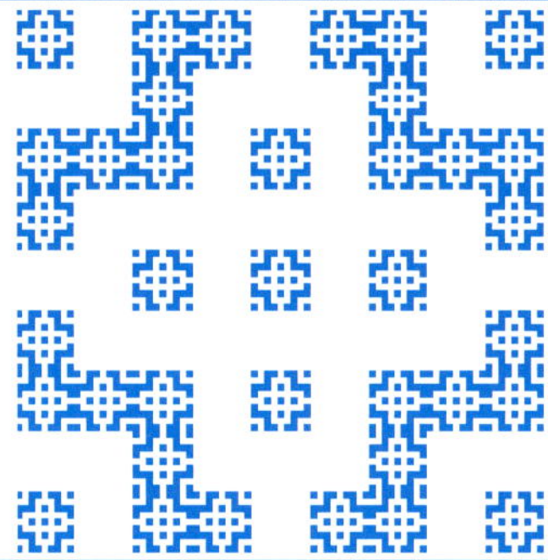

③ 3단계

(11) F, $\log_{9}49=\log_{81}2401=\log_{729}117649=1.771$

<table>
<tr><th>① 1단계</th><th>② 2단계</th></tr>
<tr><td>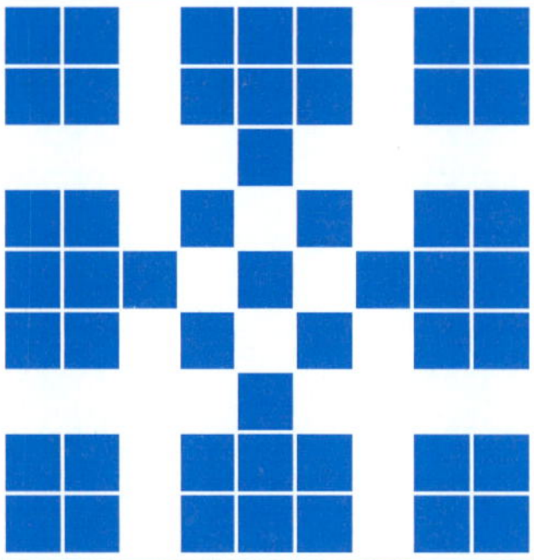</td><td></td></tr>
<tr><th colspan="2">③ 3단계</th></tr>
<tr><td colspan="2"></td></tr>
</table>

F^C, $\log_9 32 = \log_{81} 1024 = \log_{729} 32768 = 1.577$

① 1단계	② 2단계
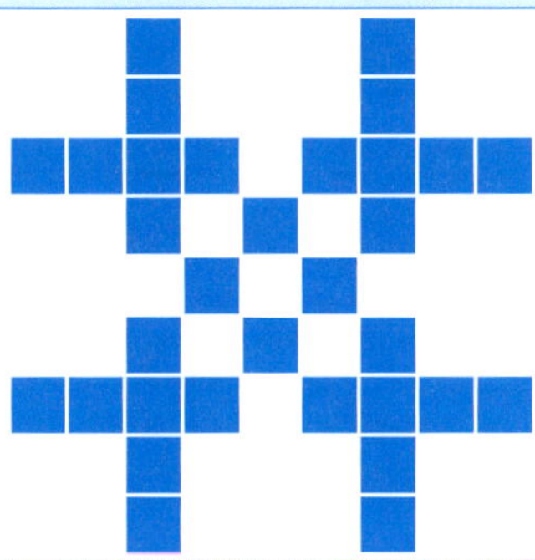	

③ 3단계

(12) F, $\log_{9}51 = \log_{81}2601 = \log_{729}132651 = 1.789$

① 1단계	② 2단계
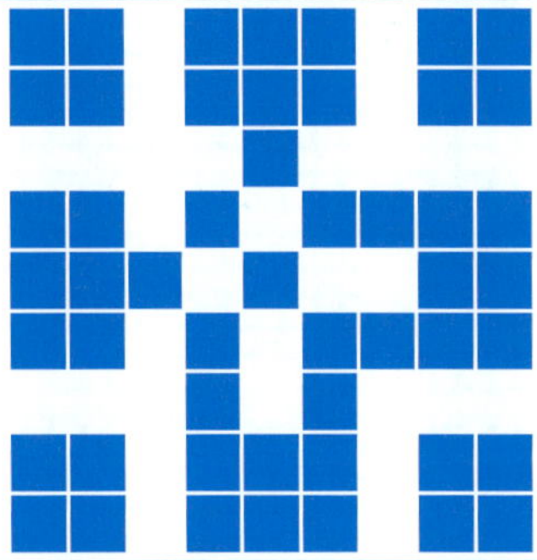	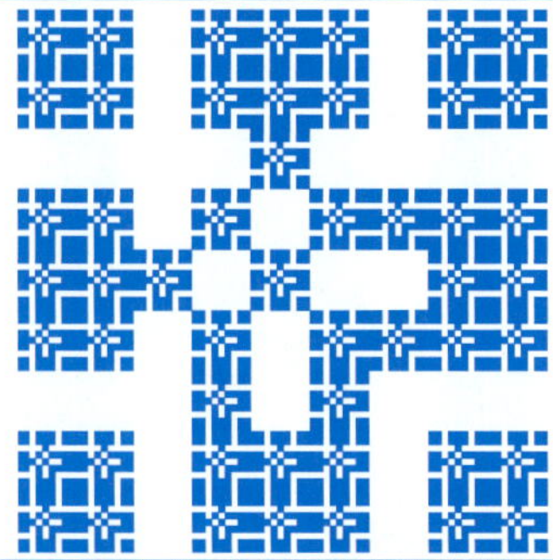

③ 3단계

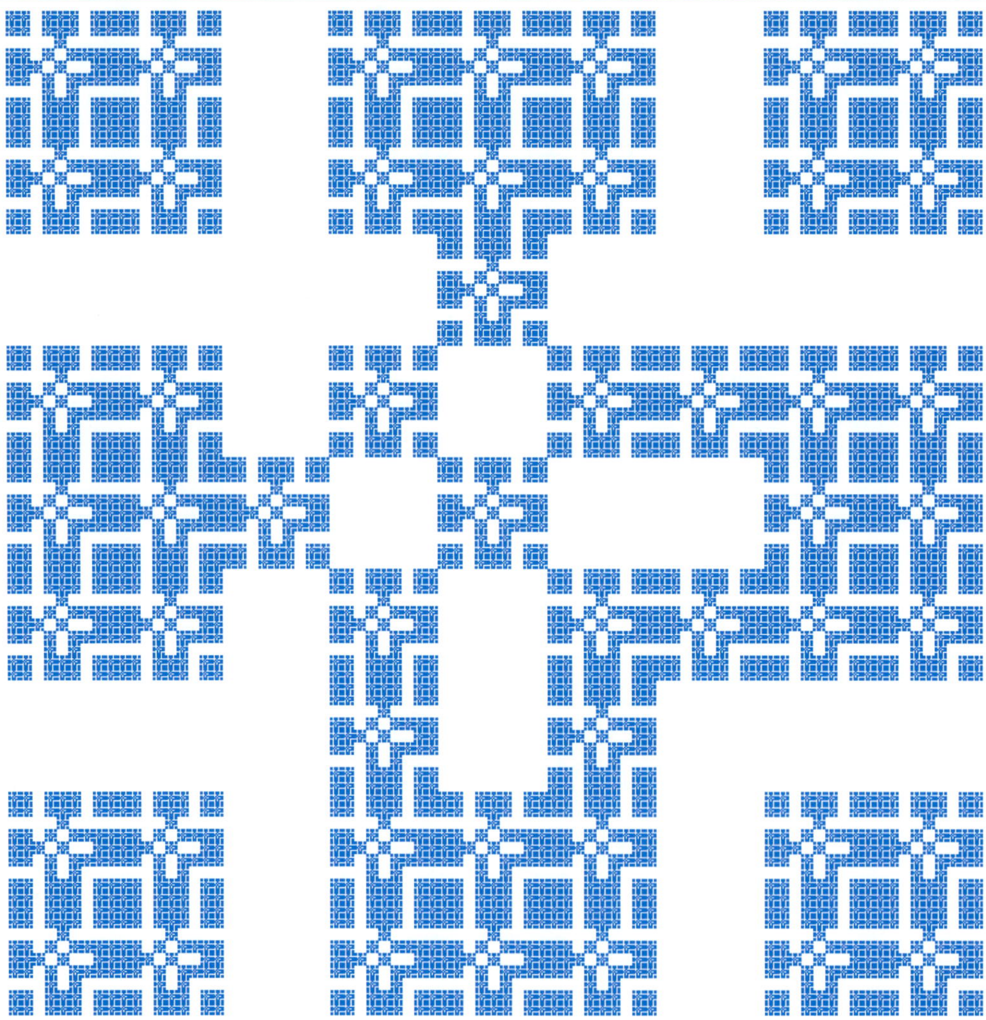

F^C, $\log_9 30 = \log_{81} 900 = \log_{729} 27000 = 1.548$

① 1단계	② 2단계
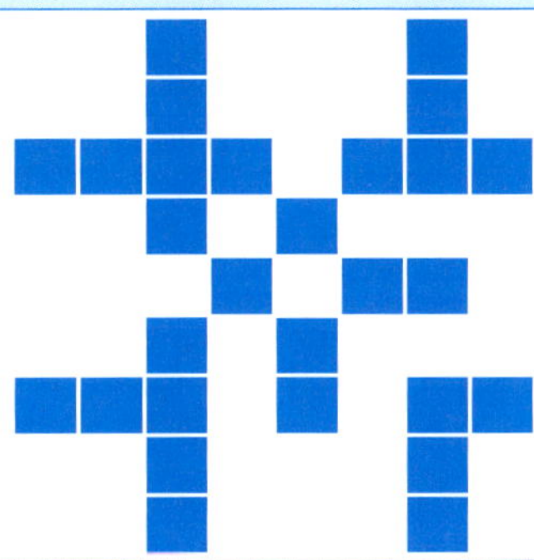	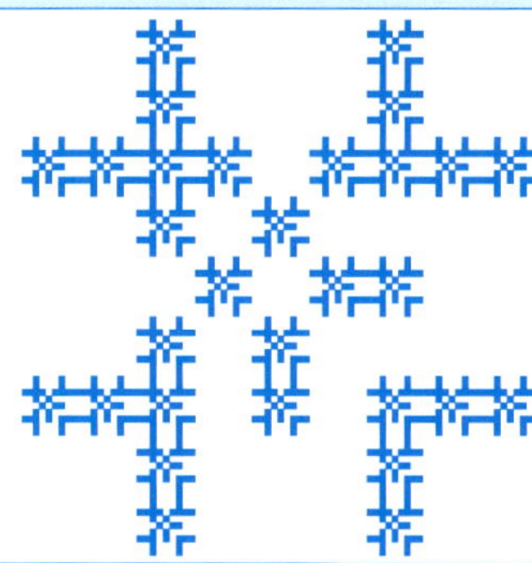

③ 3단계

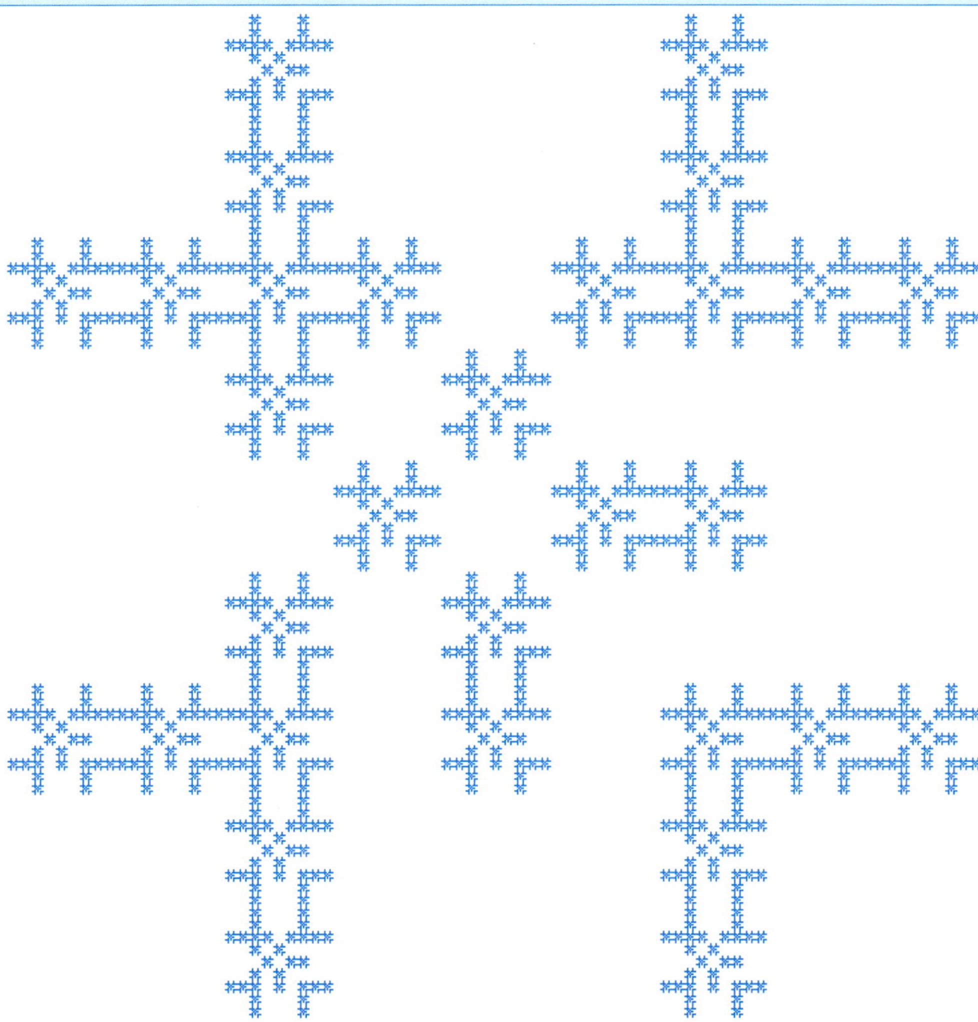

7 1단계 n×n 프랙탈 행렬곱 정리

(1) 1단계 3×3 프랙탈 행렬곱

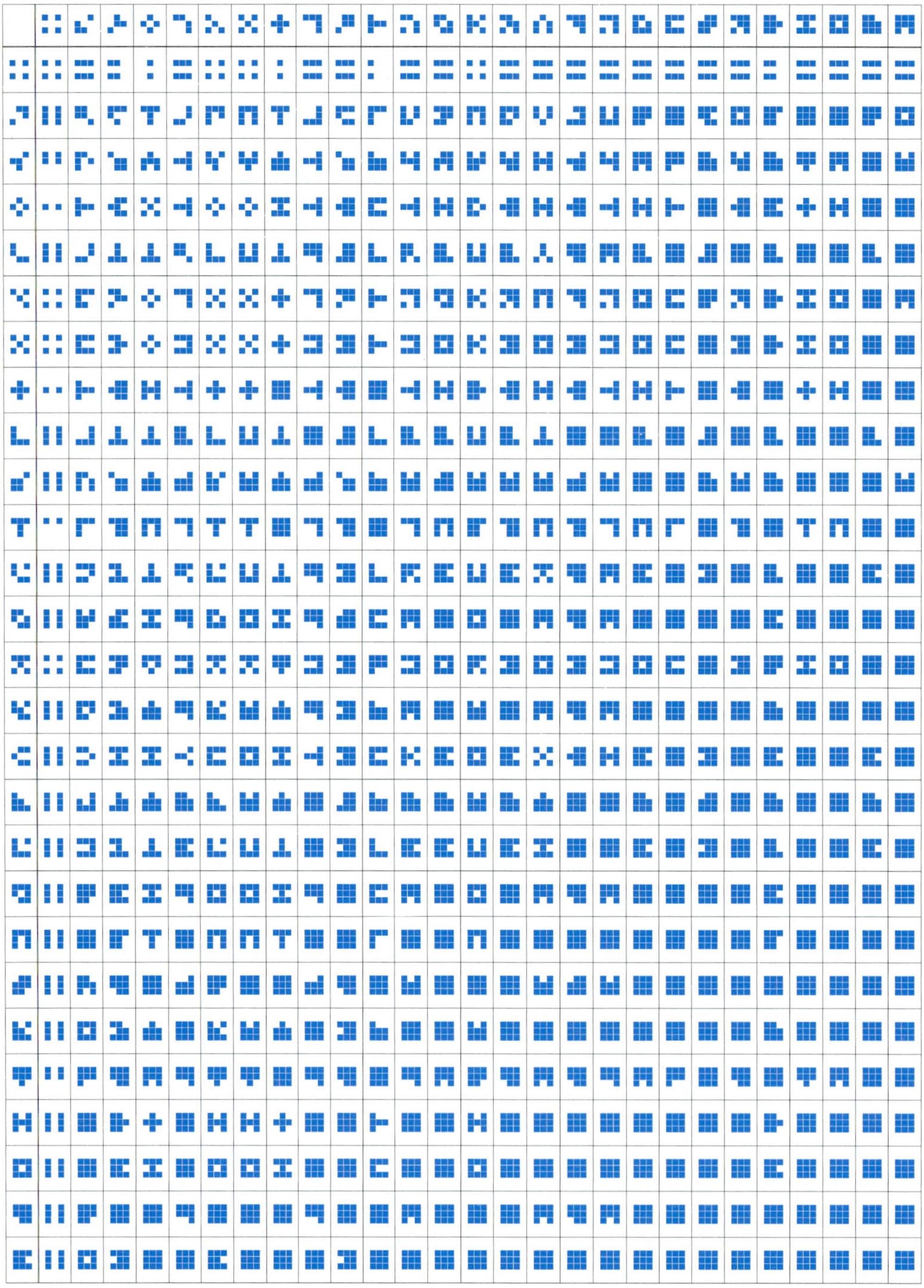

(2) 1단계 4×4 프랙탈의 행렬곱

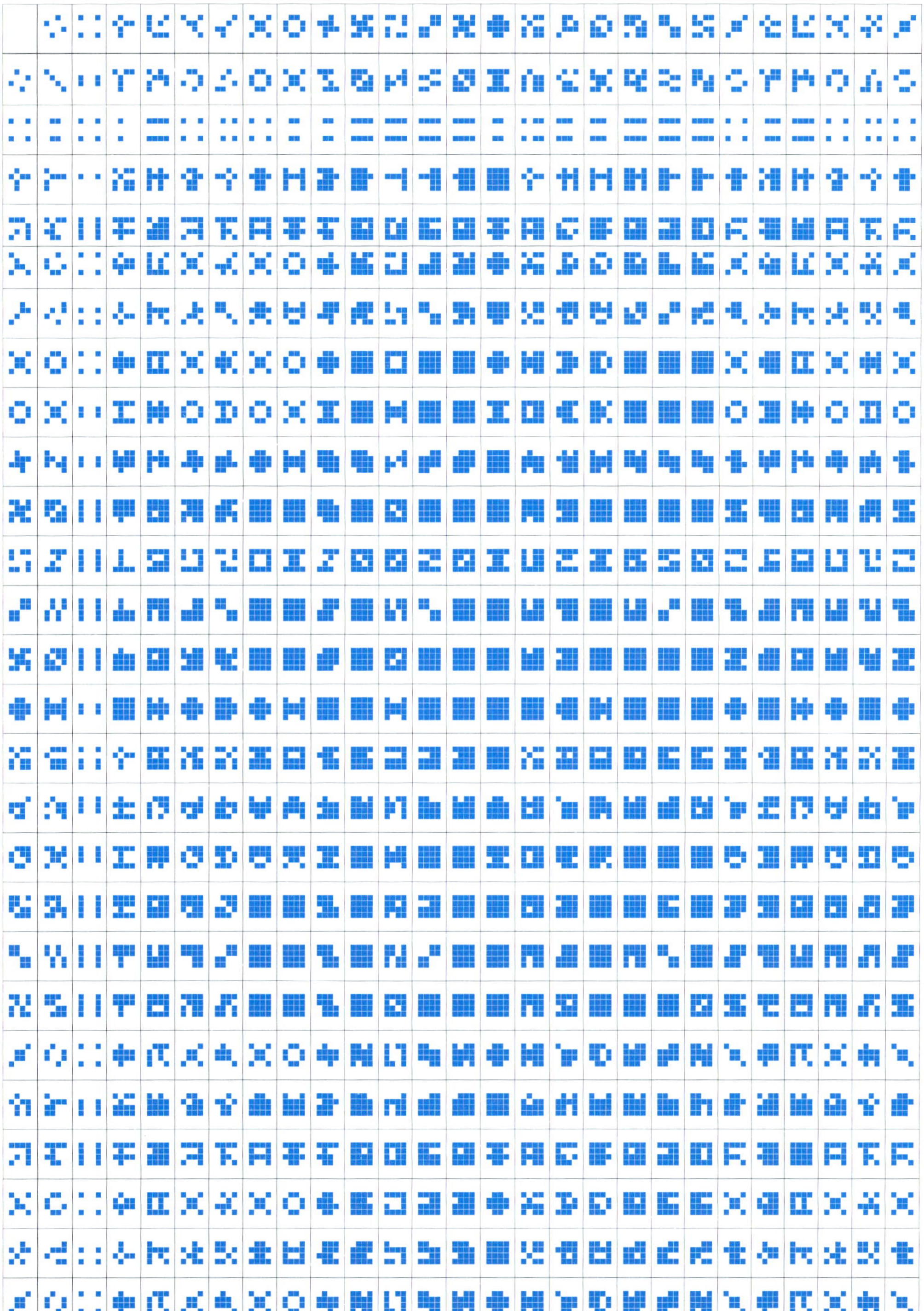

(3) 1단계 5×5 프랙탈의 행렬곱 정리

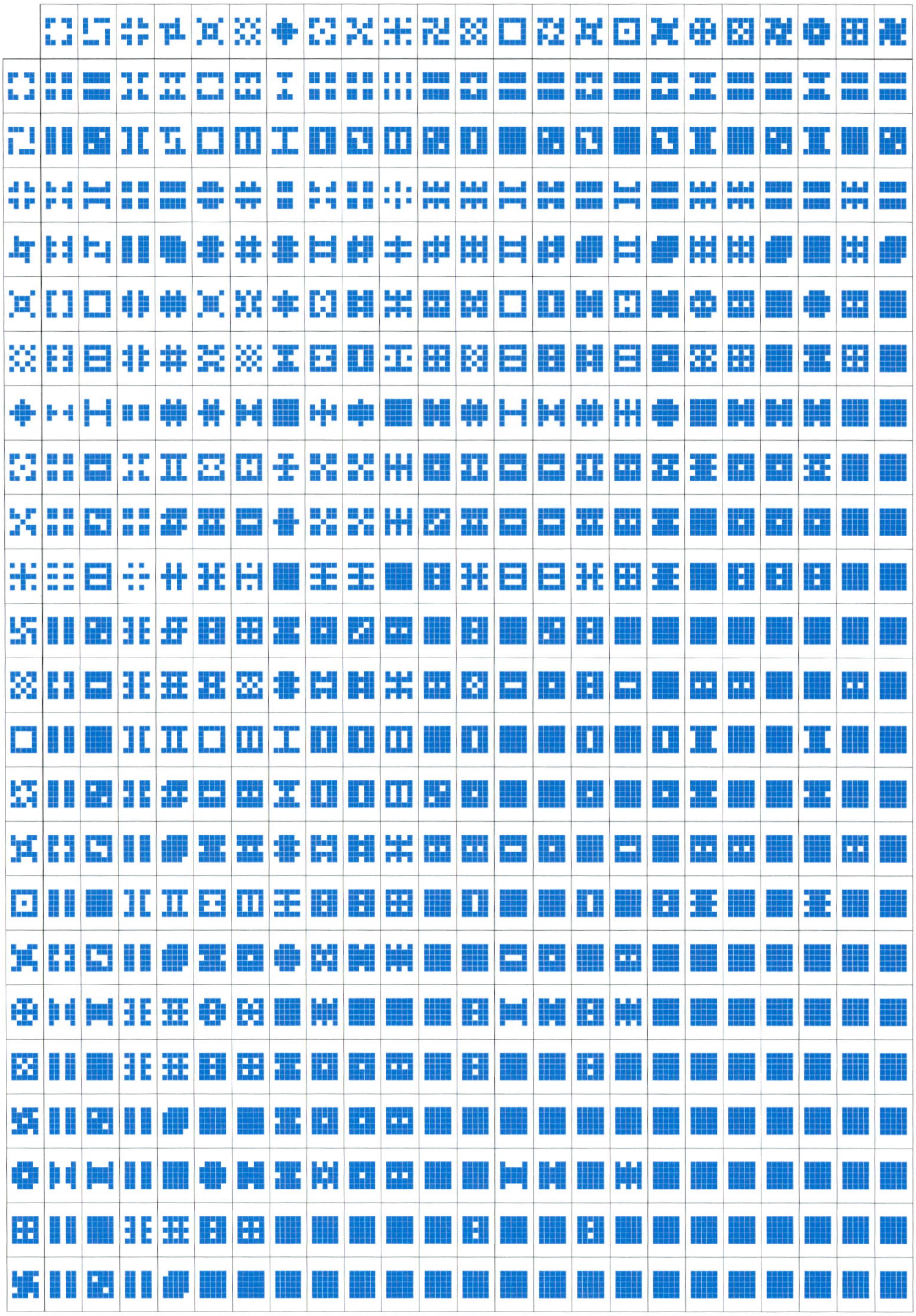

(4) 1단계 6×6 프랙탈의 행렬곱 정리

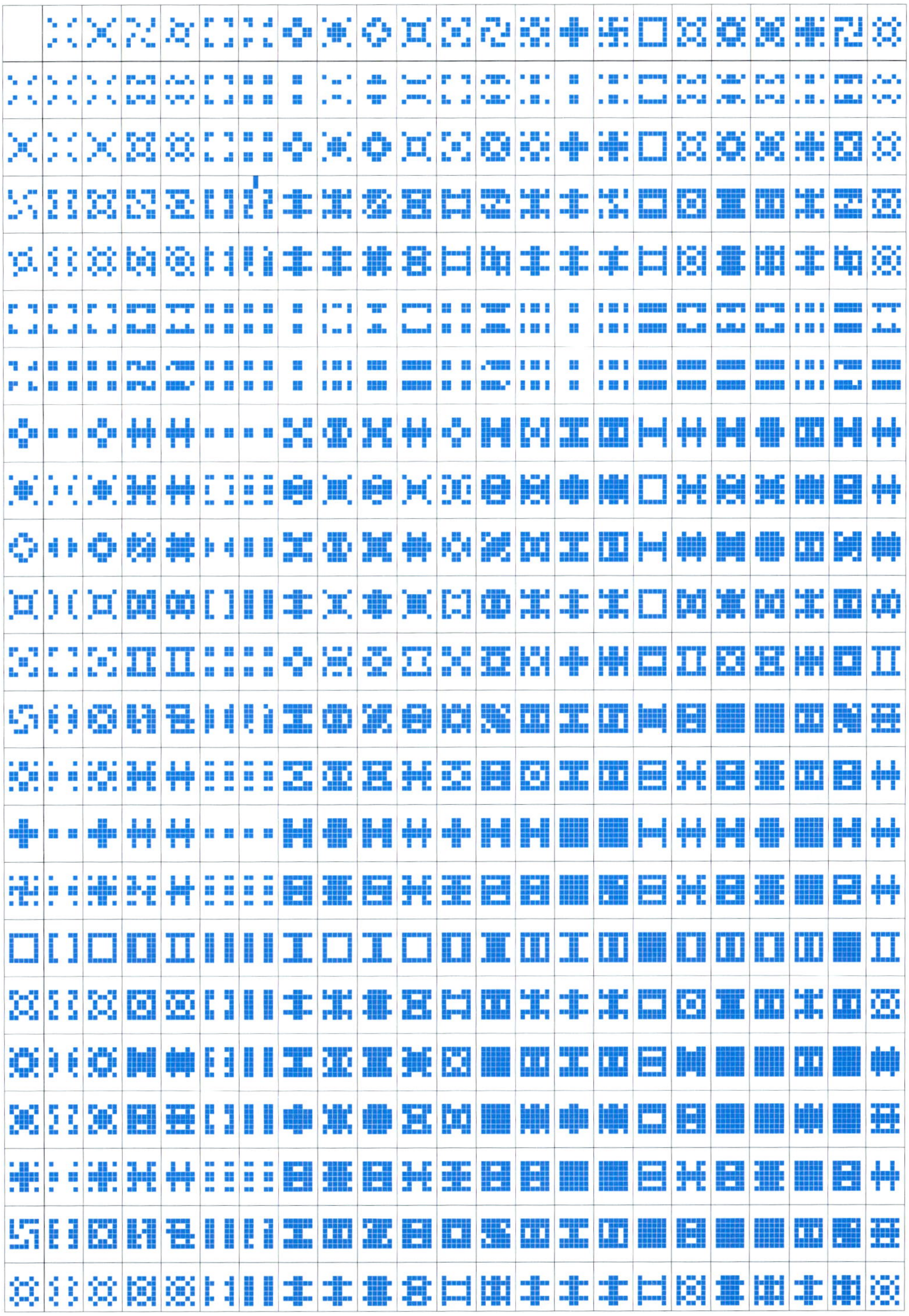

(5) 1단계 7×7 프랙탈의 행렬곱 정리

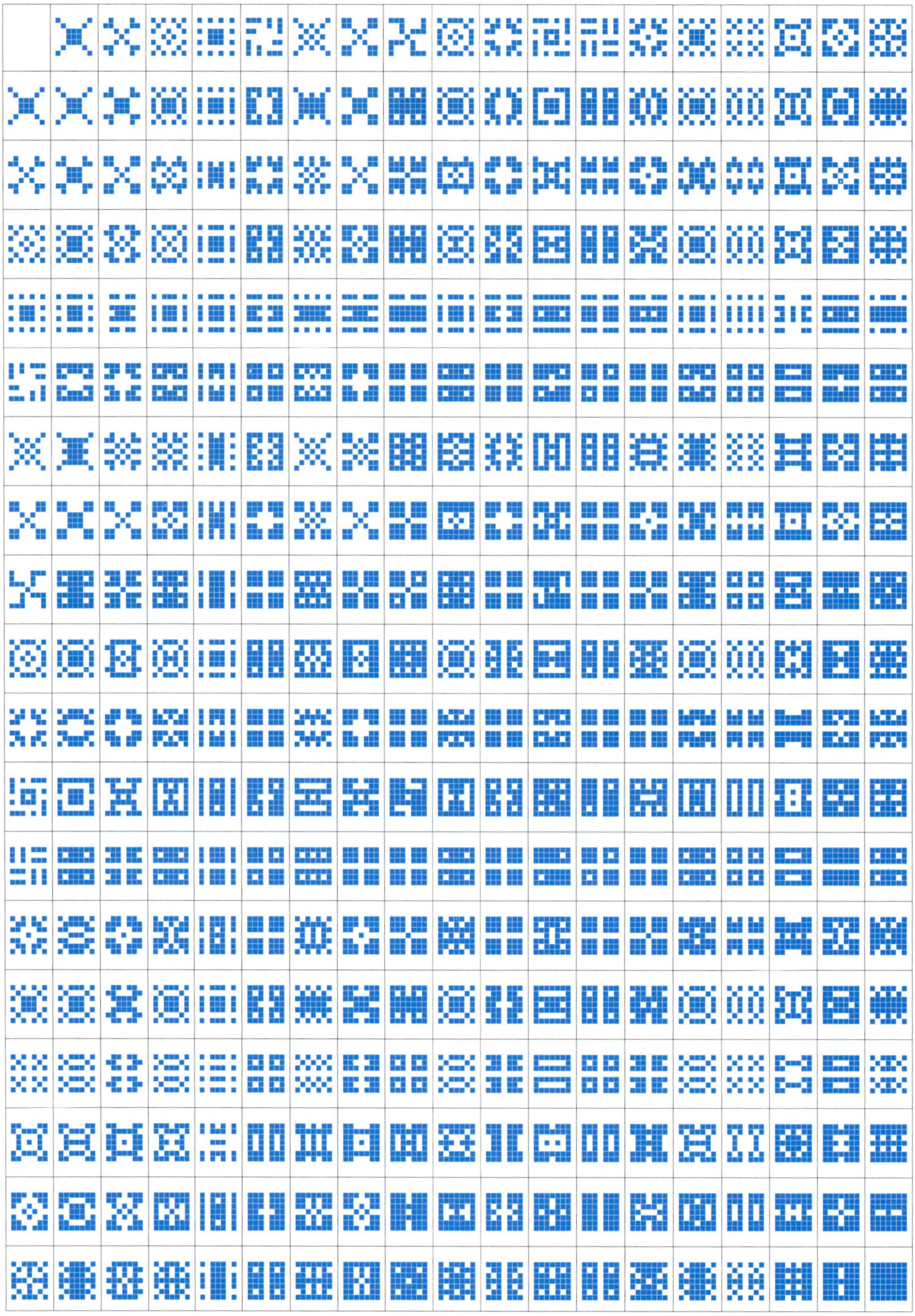

(6) 1단계 8×8 프랙탈의 행렬곱 정리

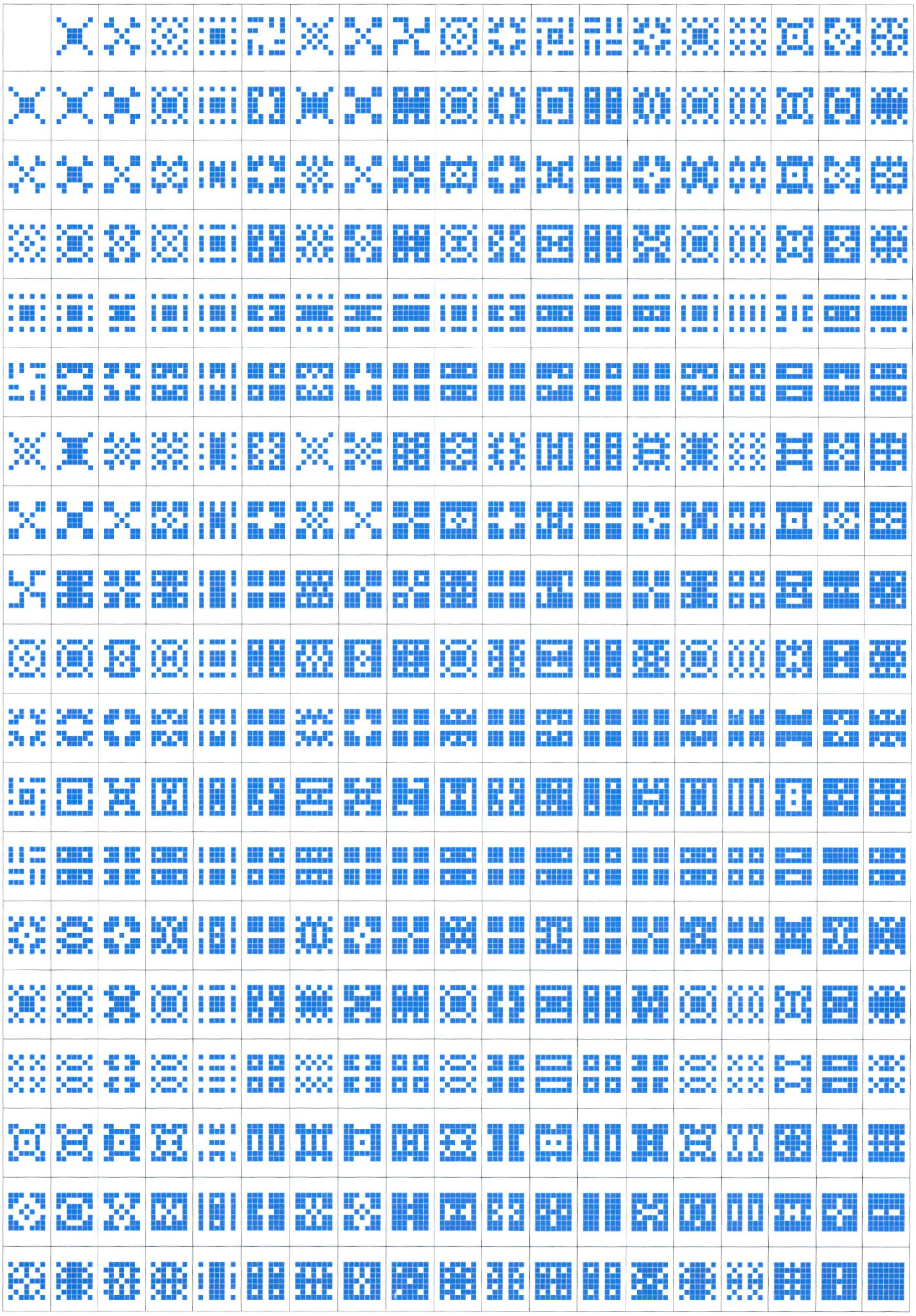

(7) 1단계 9×9 프랙탈의 행렬곱 정리

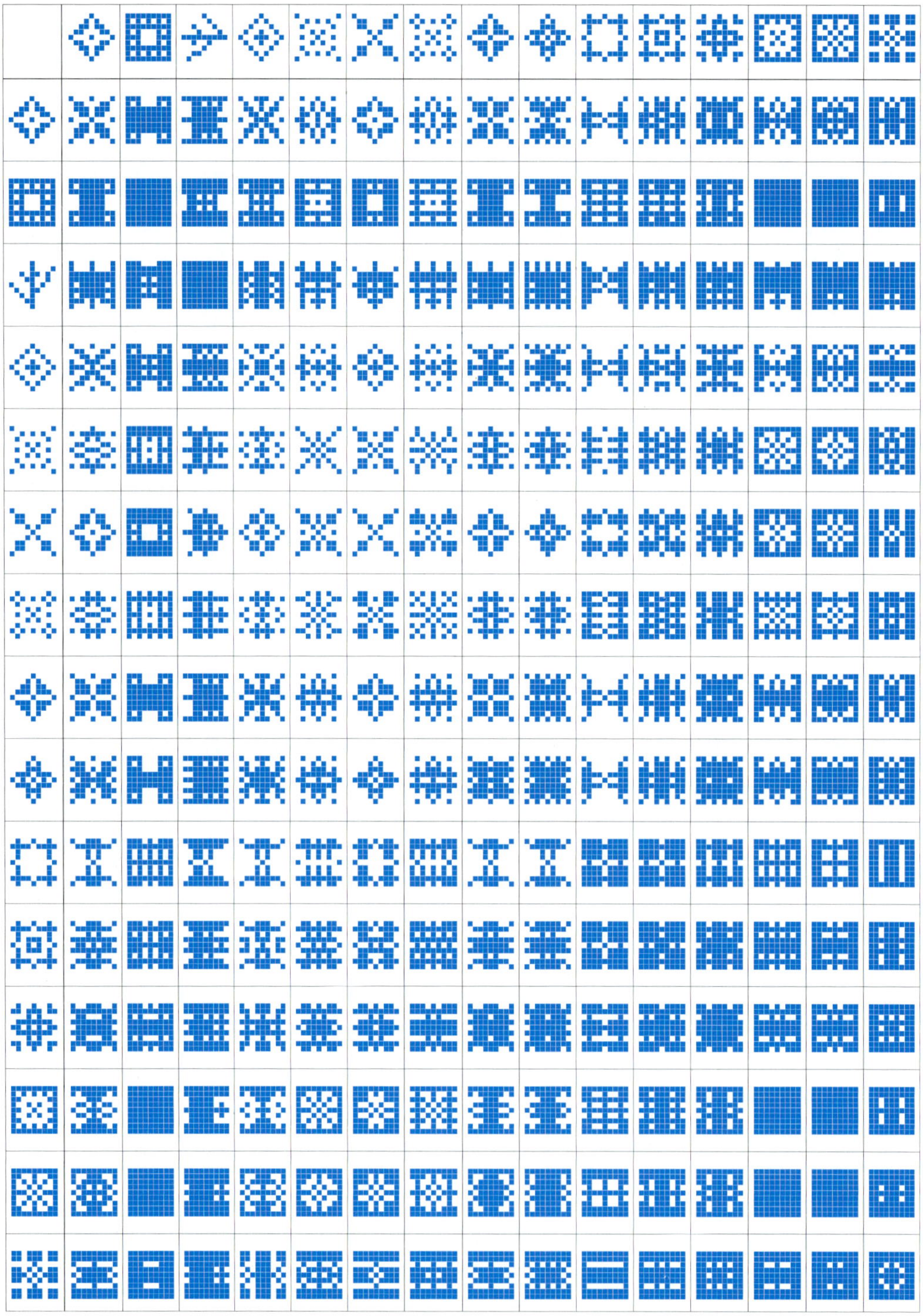

제 2 장

초기치를 가지는 프랙탈 디자인

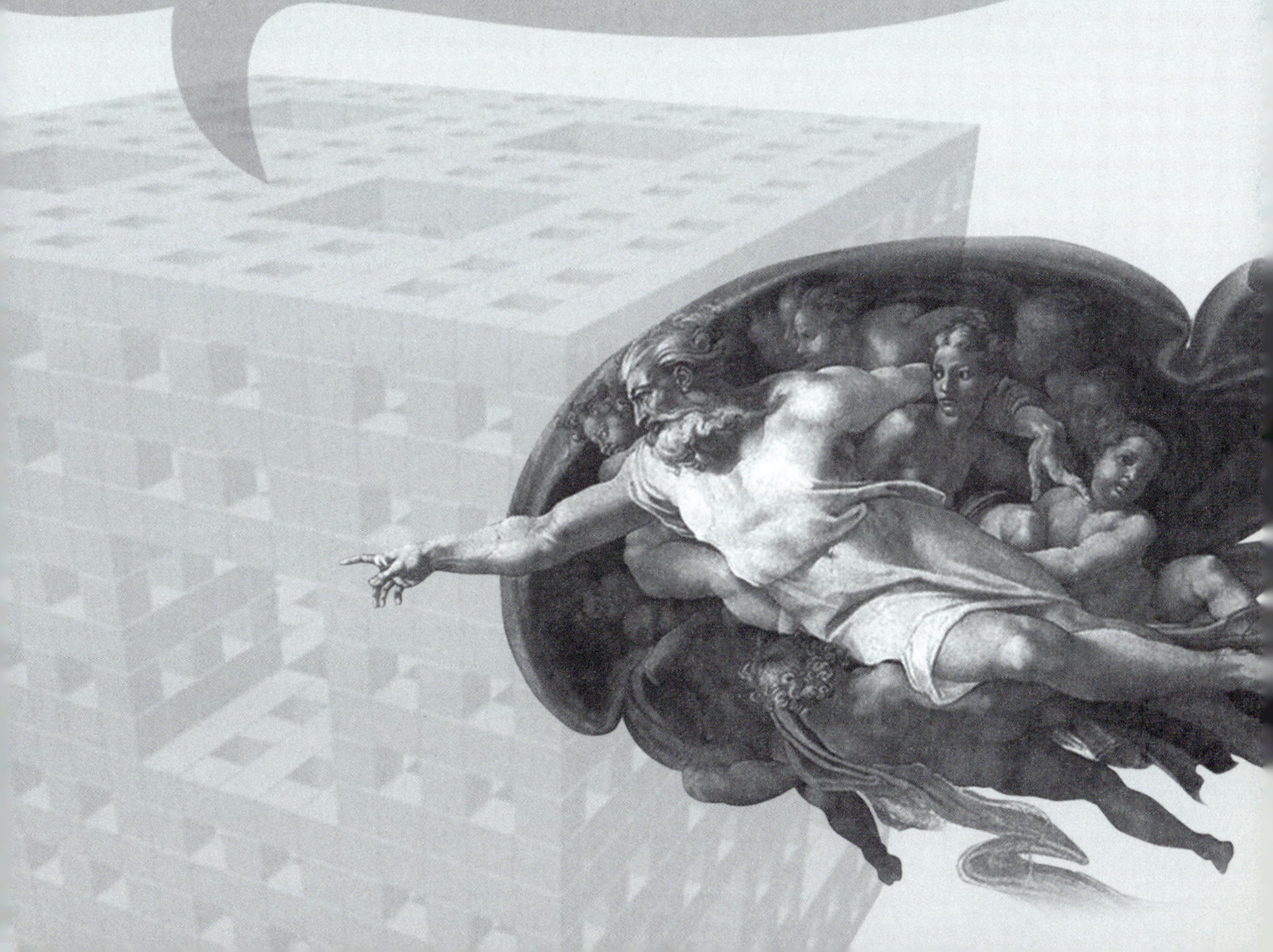

프랙탈은 자기닮음도형을 다룬다. 자기안에 반복되는 자기가 있다. 여기서는 프랙탈 도형 안에 다른 프랙탈 도형있다. 사람, 자연은 다양한 모습을 갖는다. 자신안에 타인을 받아들이는 도형에 대해 생각해 본다. 초기치를 가지는 프랙탈이라 이름 지었다.

 이 주어진 1단계의 프랙탈 도형이다.  이 초기치로 주어진 프랙탈 도형이다. 초기치로 주어진 프랙탈 도형이 주어진 프랙탈 도형의 각 부분에 들어가서 2단계의 프랙탈 도형 F_2를 만든다. 3단계 프랙탈 도형F_3는 $F_1 \cdot F_2$의 결합으로 이루어진다. 4단계의 프랙탈 도형 F_4는 $F_1 \cdot F_3$의 결합으로 이루어진다.

① 1단계(F_1)	②초기치(X_1)	③ 2단계($F_2 = F_1 \cdot X_1$)

초기치가 9개인 프랙탈을 살펴보자. 초기치 9개가 1단계 프랙탈 F_1이 있는 곳에만 2단계의 프랙탈이 생성된다. 초기치 9개를 1단계의 위치와 비교해보자.

① 1단계(F_1)	②초기치(X_1)	③ 2단계($F_2 = F_1 \cdot X_1$)	④ 3단계($F_3 = F_1 \cdot F_2$)
	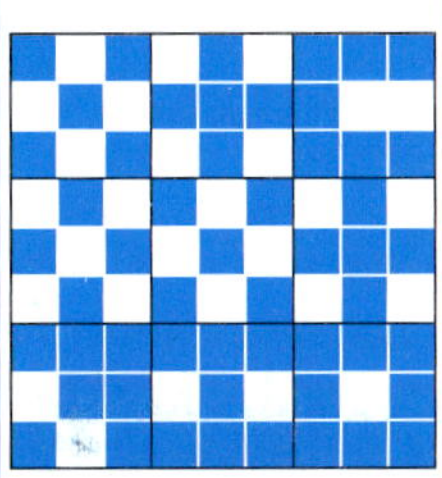	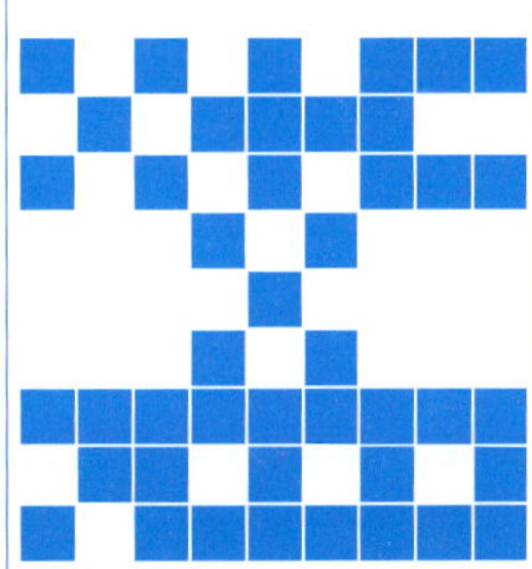	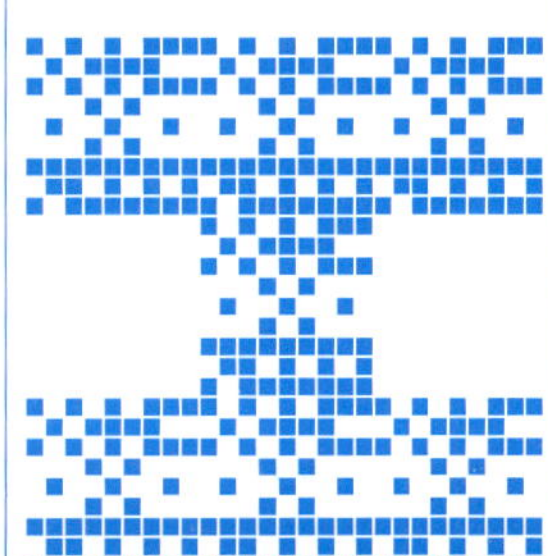

1 1단계 3×3 프랙탈

(1) 초기치 $X_1 =$ 

① 1단계(F_1)	②초기치(X_1)	③ 2단계($F_2 = F_1 \cdot X_1$)	④ 3단계($F_3 = F_1 \cdot F_2$)
		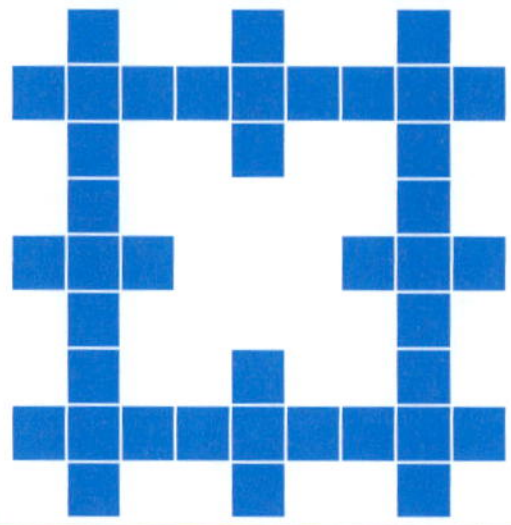	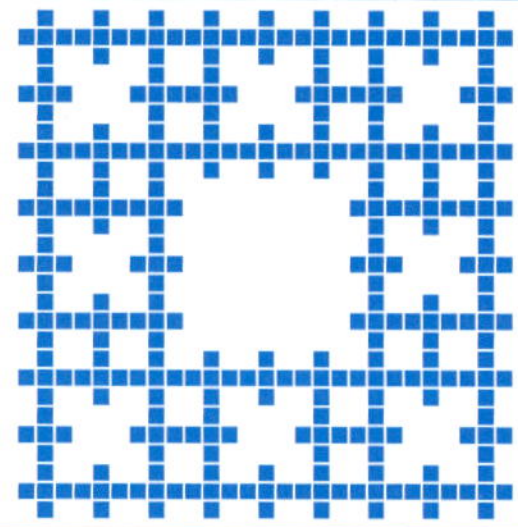
⑤ 4단계($F_4 = F_1 \cdot F_3$)			
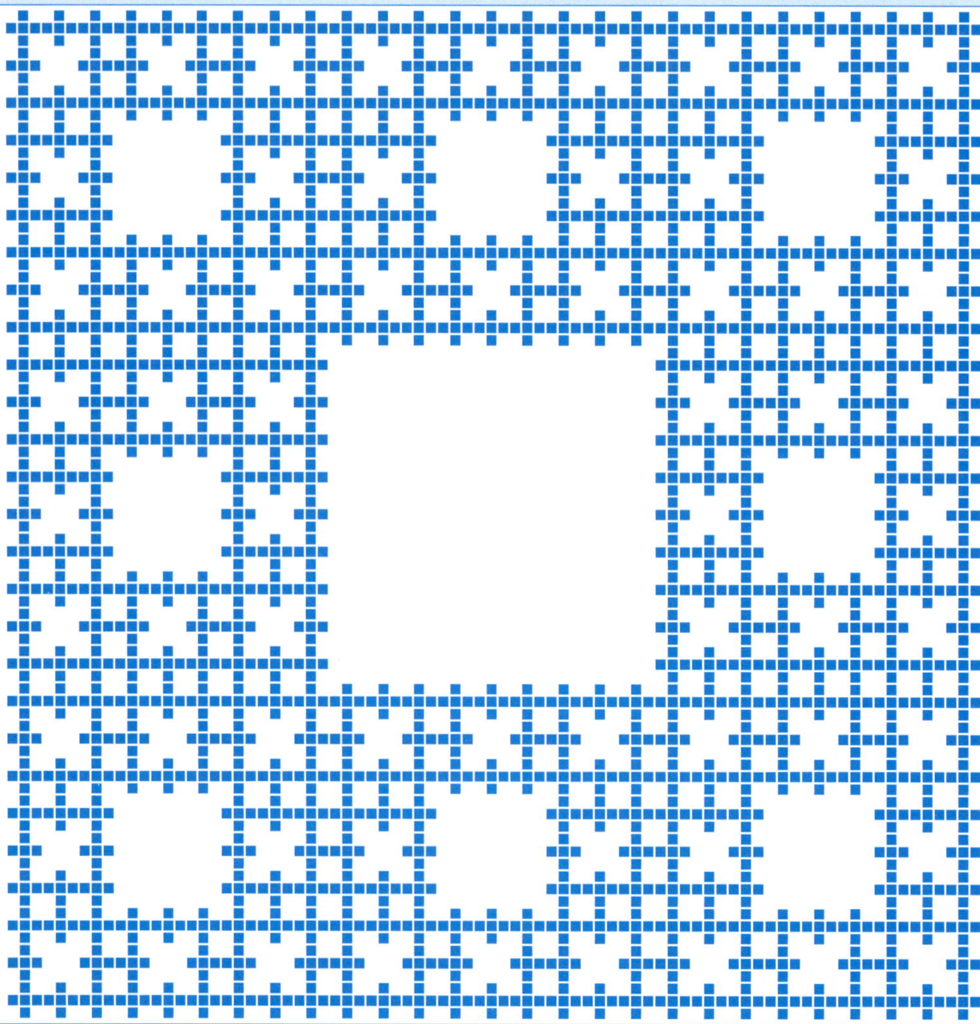			

(2) 초기치 $X_1 =$ 

① 1단계(F_1)	② 초기치(X_1)	③ 2단계($F_2 = F_1 \cdot X_1$)	④ 3단계($F_3 = F_1 \cdot F_2$)
		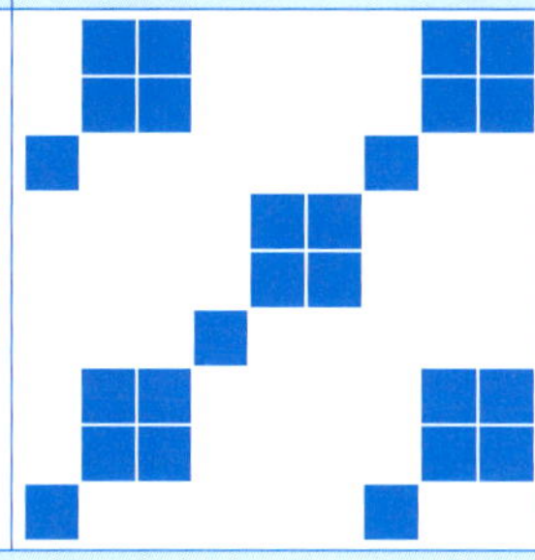	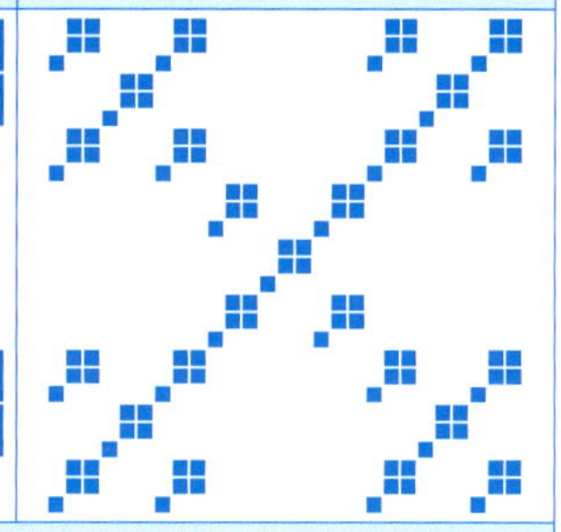

⑤ 4단계($F_4 = F_1 \cdot F_3$)

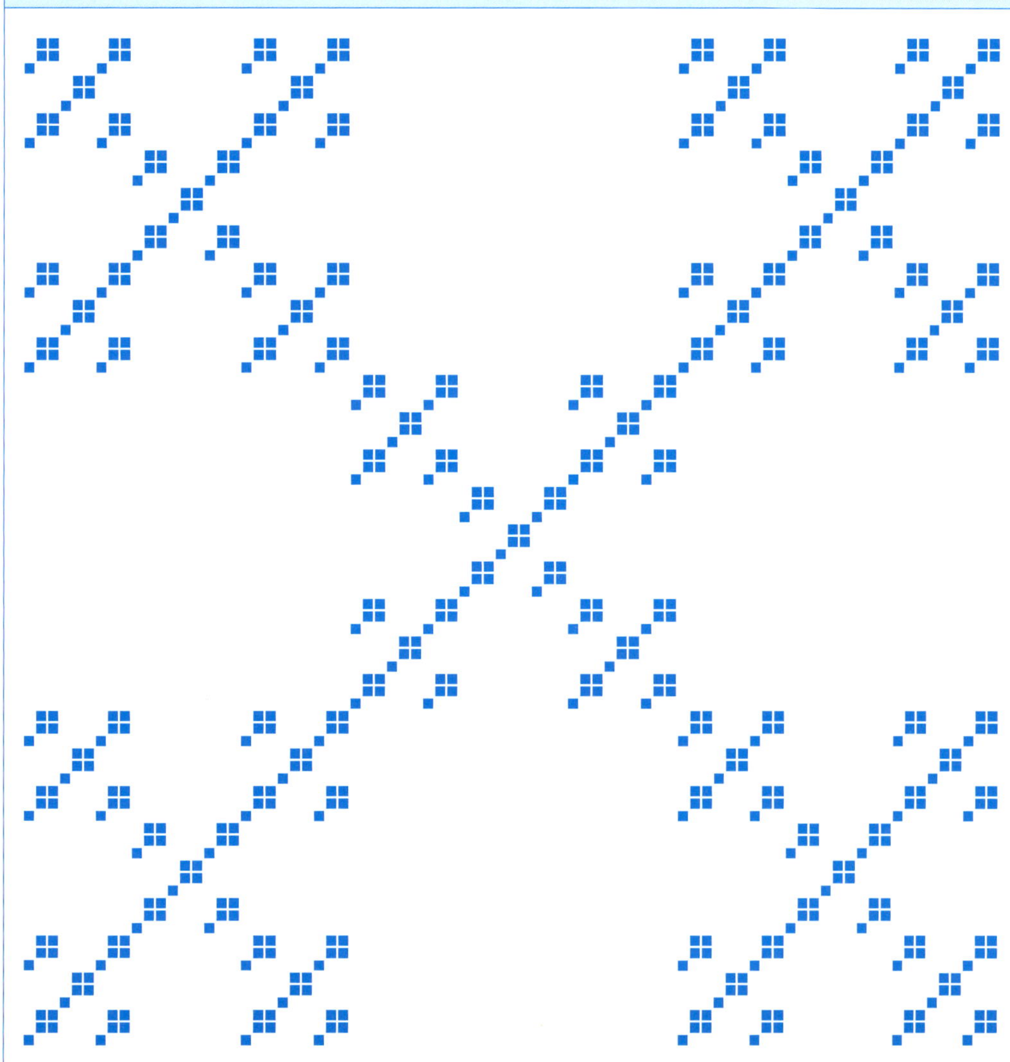

(3) 초기치 $X_1 =$ 

① 1단계(F_1)	②초기치(X_1)	③ 2단계($F_2 = F_1 \cdot X_1$)	④ 3단계($F_3 = F_1 \cdot F_2$)
		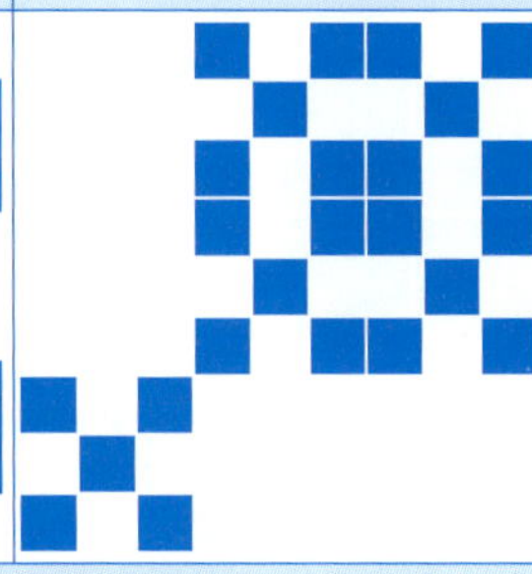	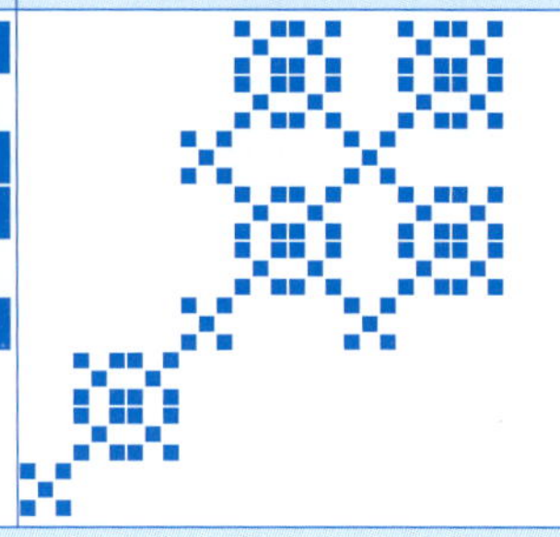

⑤ 4단계($F_4 = F_1 \cdot F_3$)
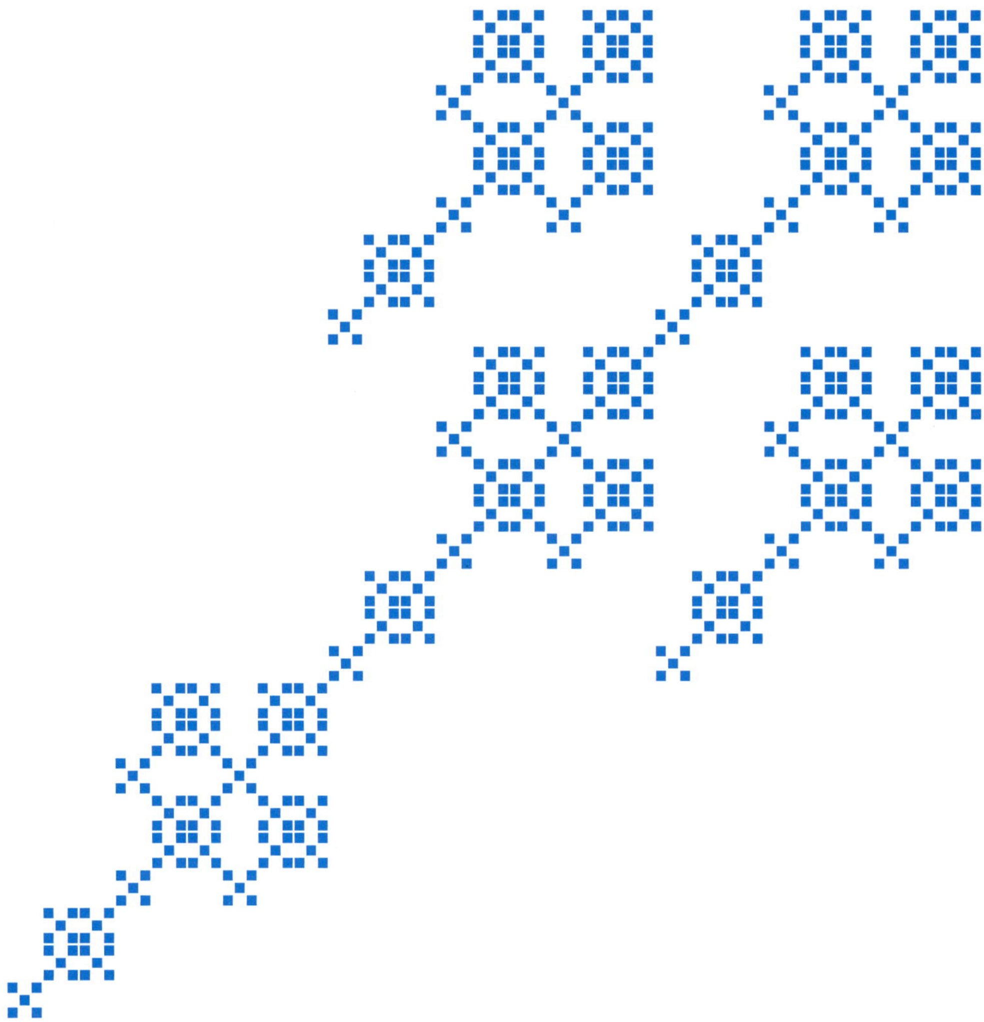

(4)  – 초기치 9개

① 1단계(F_1)	②초기치(X_1)	③ 2단계($F_2 = F_1 \cdot X_1$)	④ 3단계($F_3 = F_1 \cdot F_2$)
	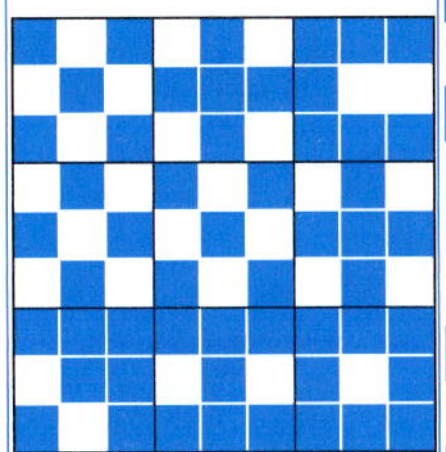	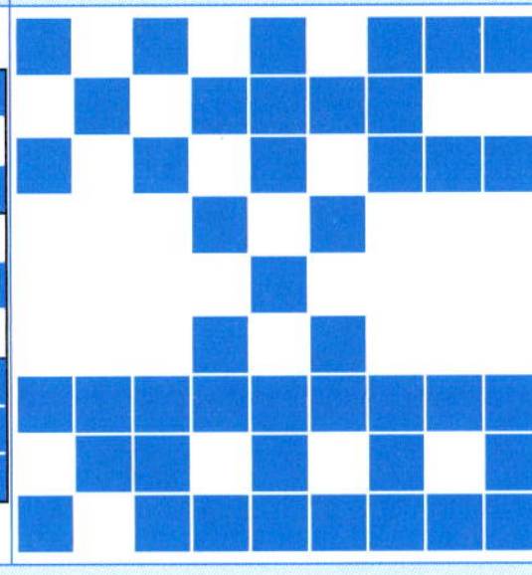	

⑤ 4단계($F_4 = F_1 \cdot F_3$)
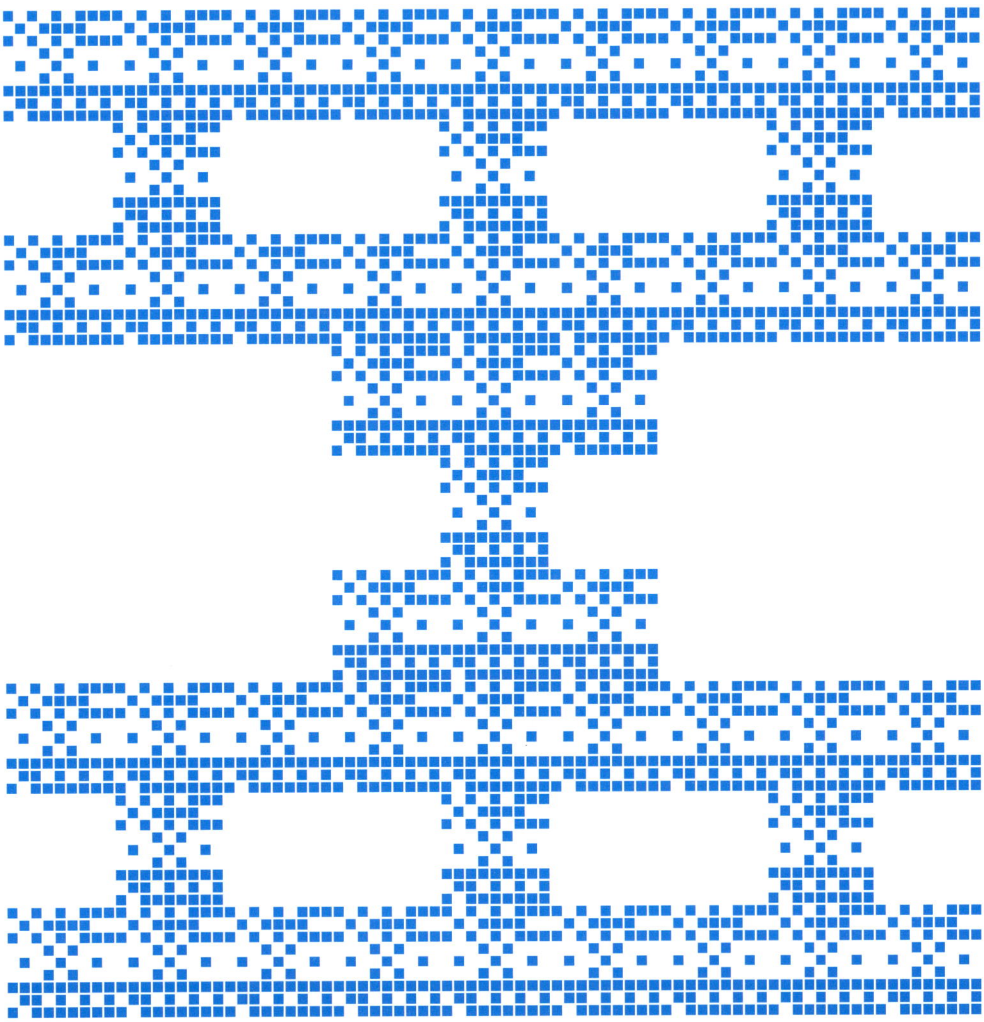

(5)  – 초기치 9개

① 1단계(F_1)	②초기치(X_1)	③ 2단계($F_2 = F_1 \cdot X_1$)	④ 3단계($F_3 = F_1 \cdot F_2$)
	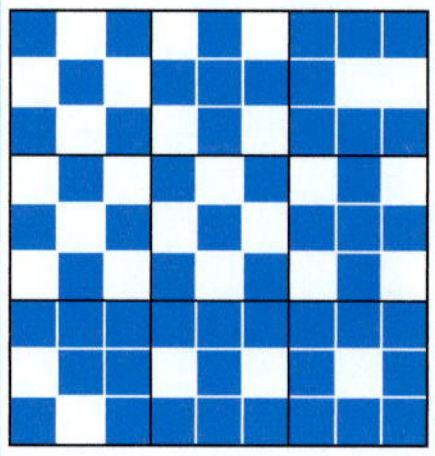	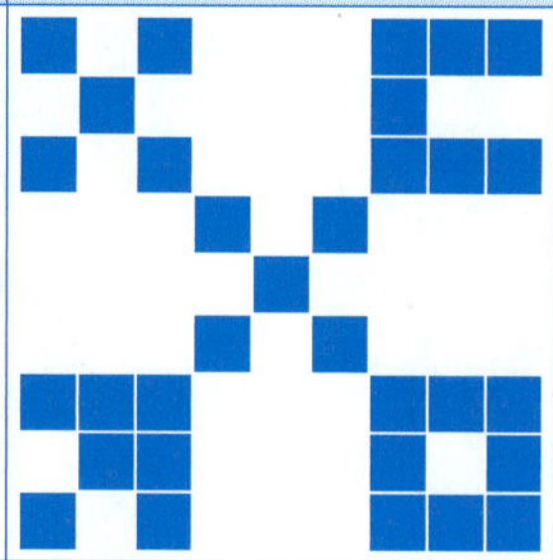	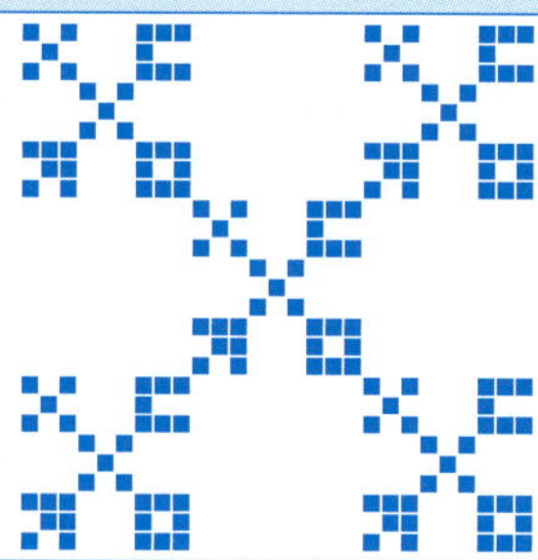

⑤ 4단계($F_4 = F_1 \cdot F_3$)

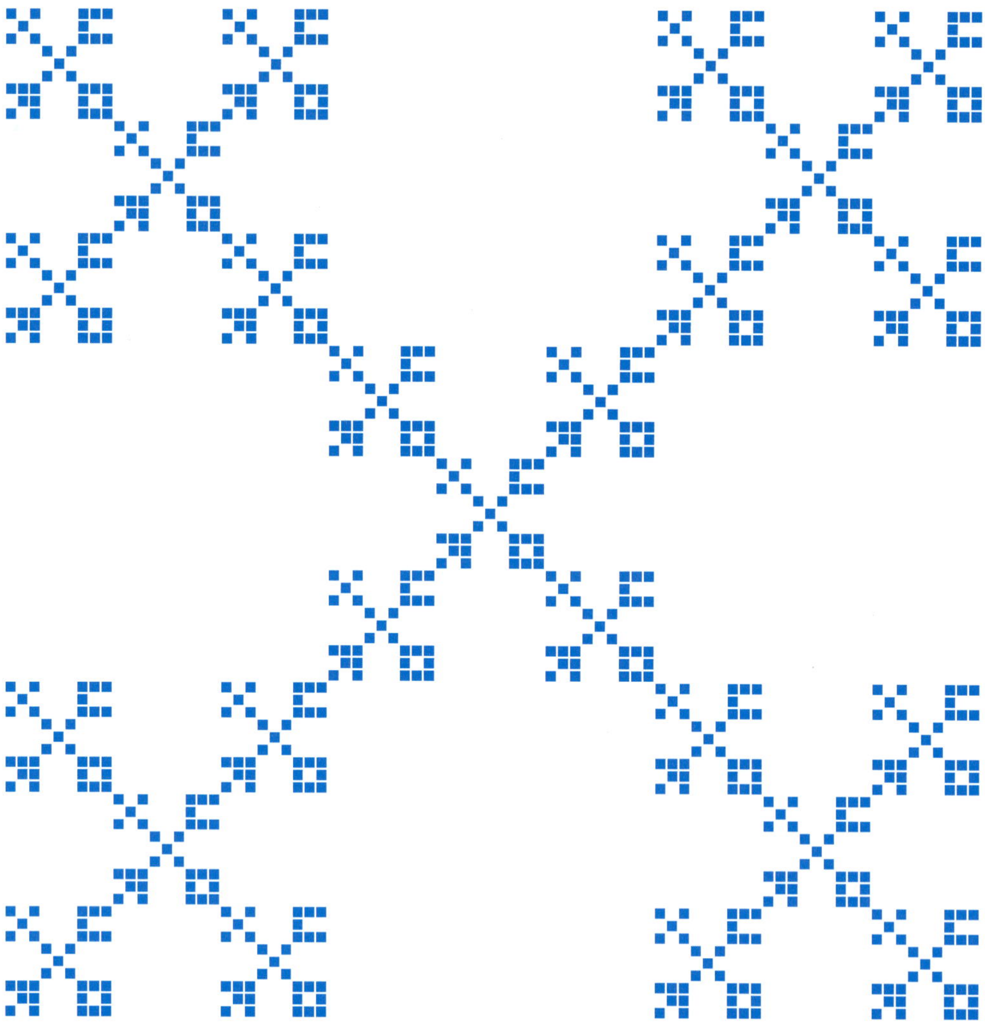

(6)  - 초기치 9개

<table>
<tr><th>① 1단계(F_1)</th><th>②초기치(X_1)</th><th>③ 2단계($F_2 = F_1 \cdot X_1$)</th><th>④ 3단계($F_3 = F_1 \cdot F_2$)</th></tr>
<tr><td></td><td></td><td>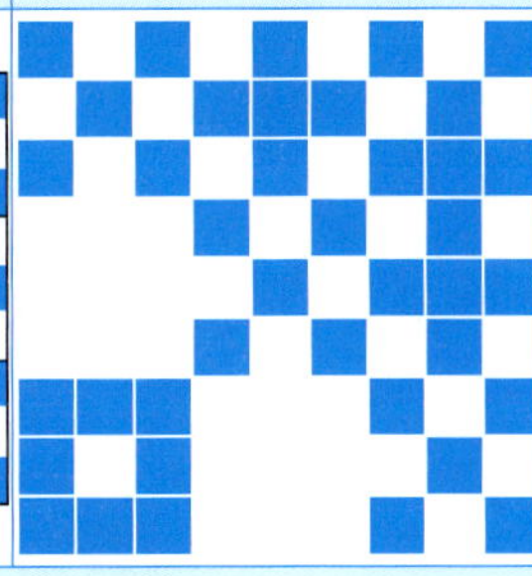</td><td>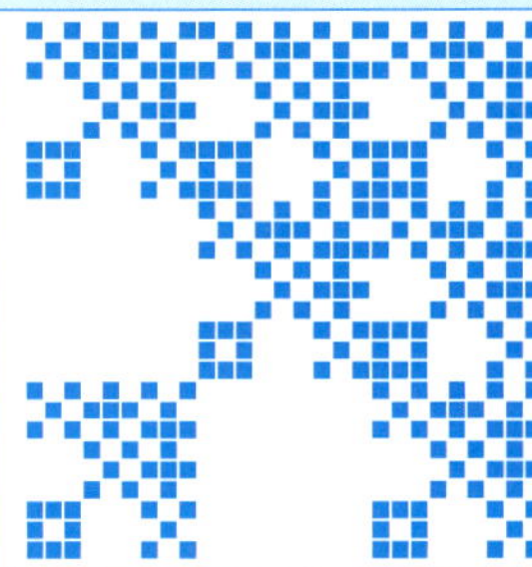</td></tr>
<tr><th colspan="4">⑤ 4단계($F_4 = F_1 \cdot F_3$)</th></tr>
<tr><td colspan="4">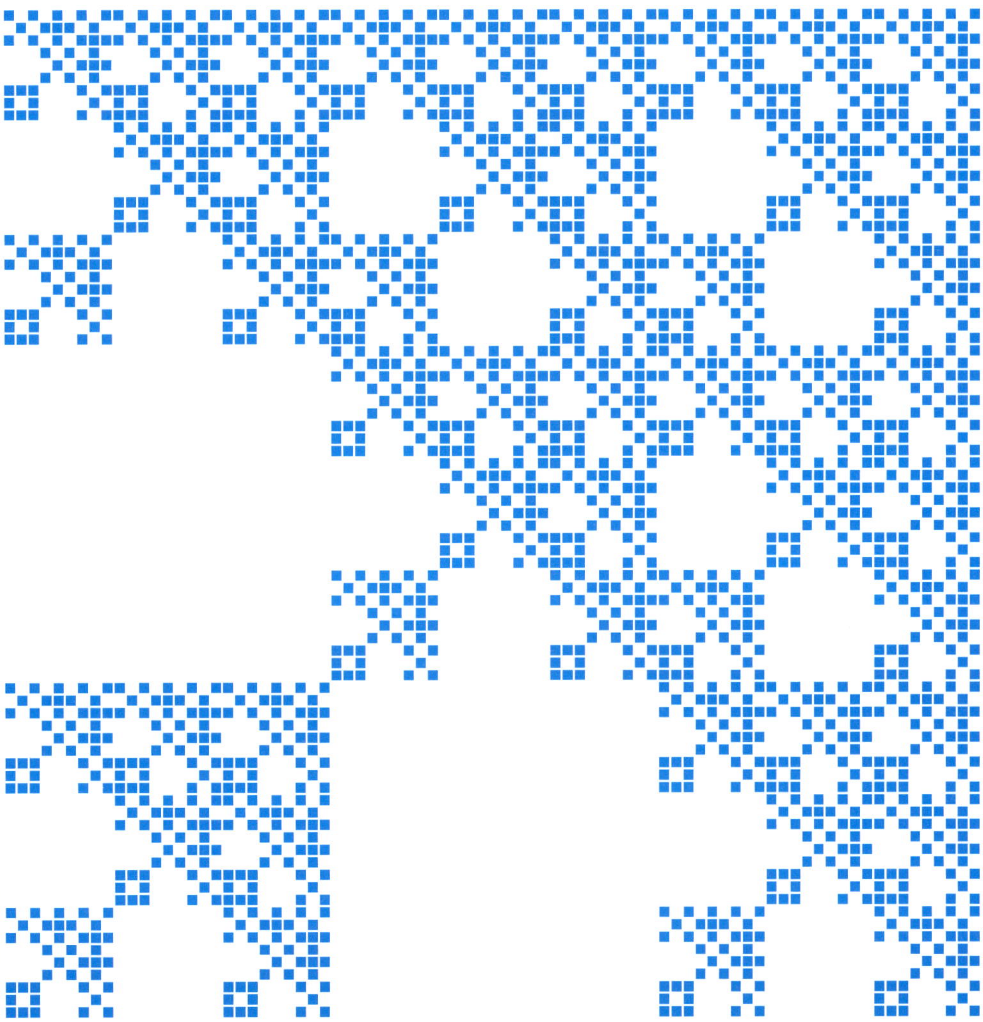</td></tr>
</table>

(7) – 초기치 9개

① 1단계(F_1)	②초기치(X_1)	③ 2단계($F_2 = F_1 \cdot X_1$)	④ 3단계($F_3 = F_1 \cdot F_2$)
		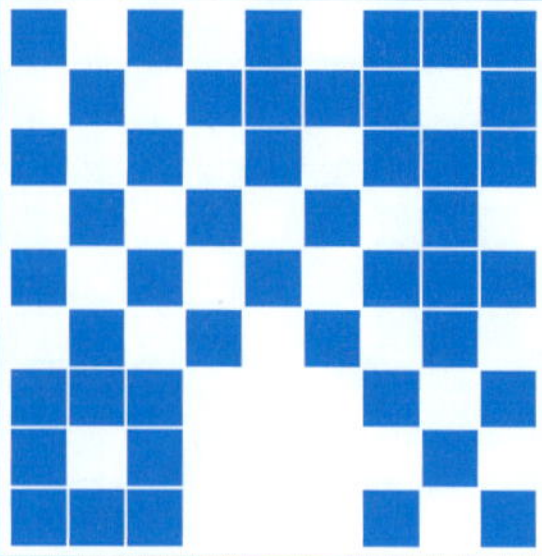	

⑤ 3단계($F_4 = F_1 \cdot F_3$)

2 1단계 4×4 프랙탈

(1) 초기치 $X_1 =$ 

① 1단계(F_1)	② 초기치(X_1)	③ 2단계($F_2 = F_1 \cdot X_1$)
		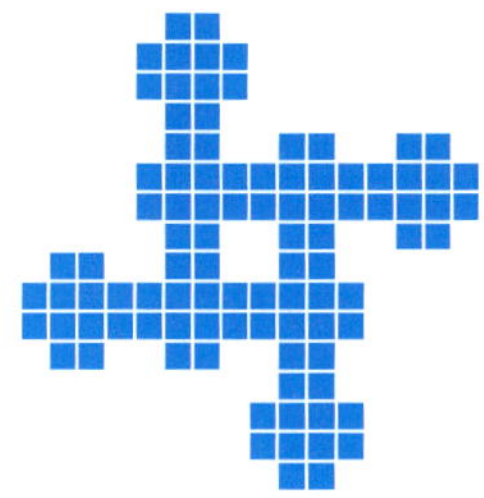

④ 3단계($F_3 = F_1 \cdot F_2$)

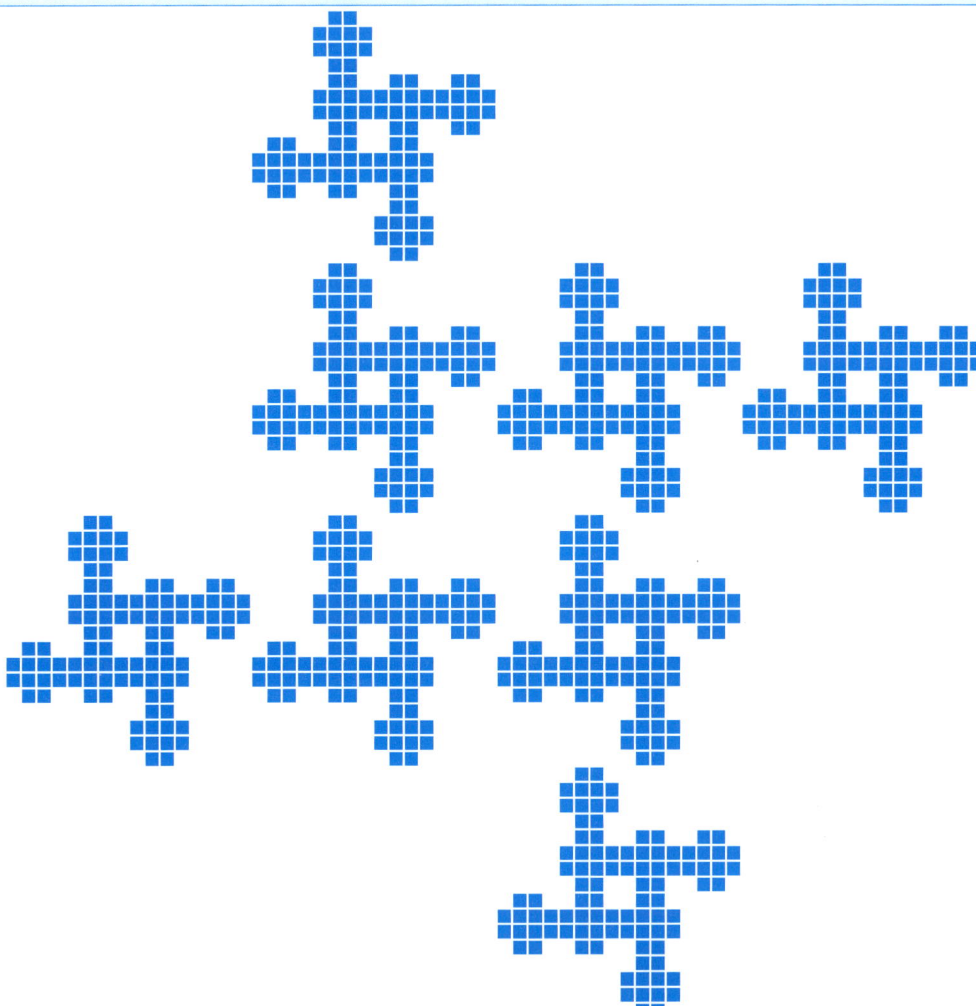

(2) 초기치 $X_1 =$ 

① 1단계(F_1)	② 초기치(X_1)	③ 2단계($F_2 = F_1 \cdot X_1$)
		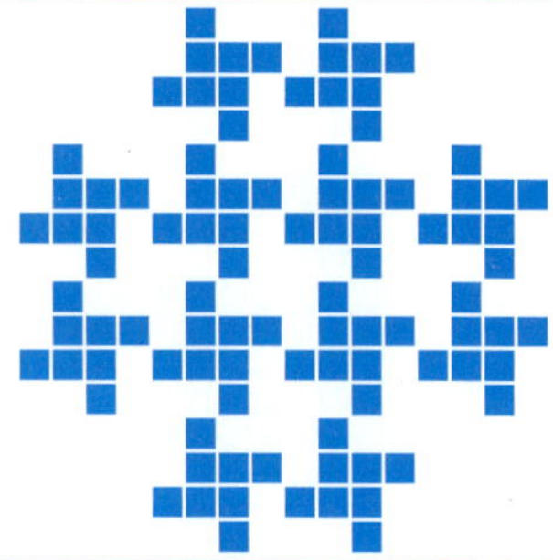
④ 3단계($F_3 = F_1 \cdot F_2$)		

(3) 초기치 $X_1 =$ 

① 1단계(F_1)	② 초기치(X_1)	③ 2단계($F_2 = F_1 \cdot X_1$)
		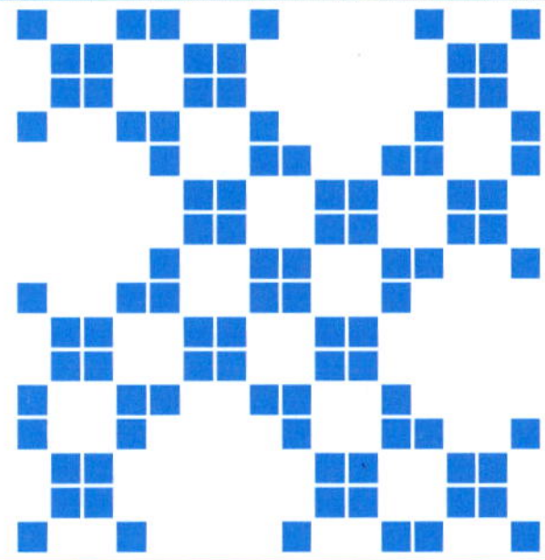

④ 3단계($F_3 = F_1 \cdot F_2$)

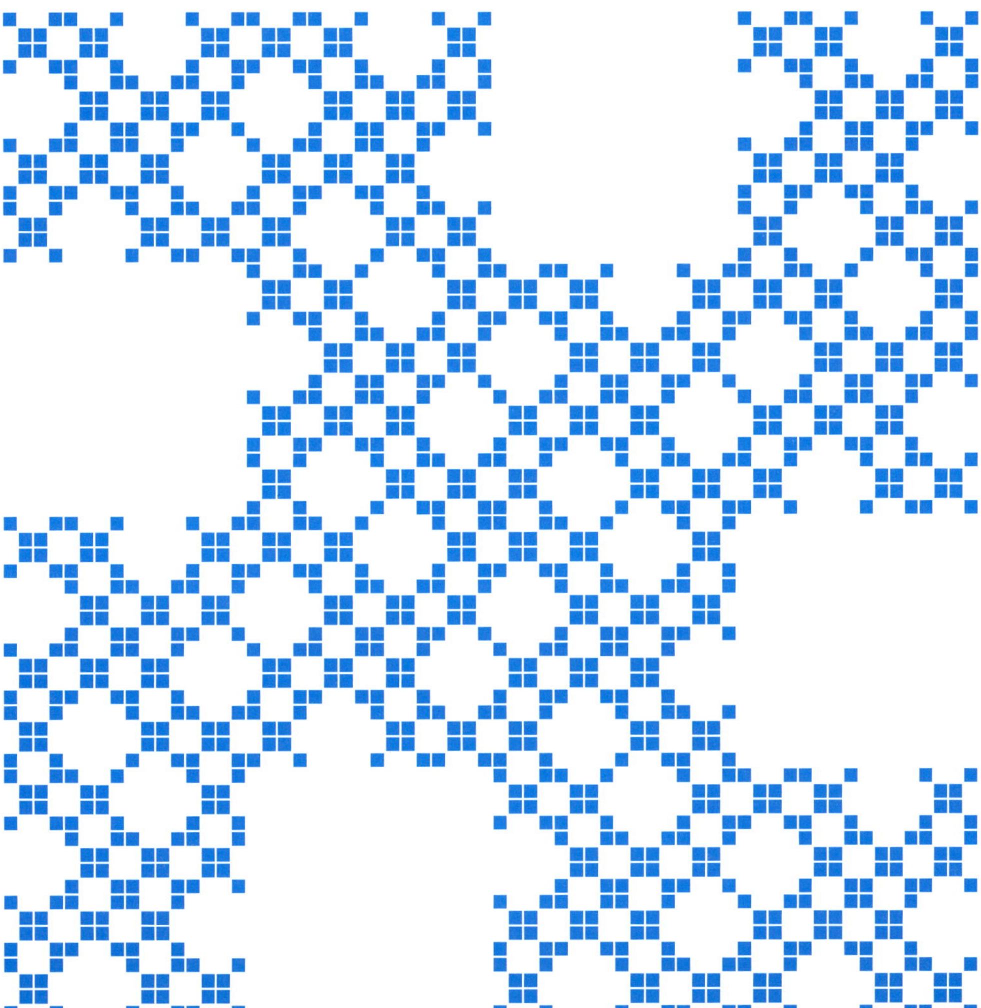

(4) 초기치 $X_1 =$ 

① 1단계(F_1)	② 초기치(X_1)	③ 2단계($F_2 = F_1 \cdot X_1$)
		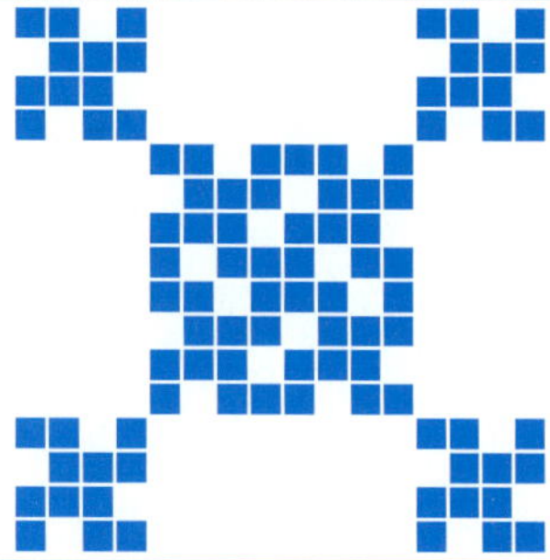

④ 3단계($F_3 = F_1 \cdot F_2$)

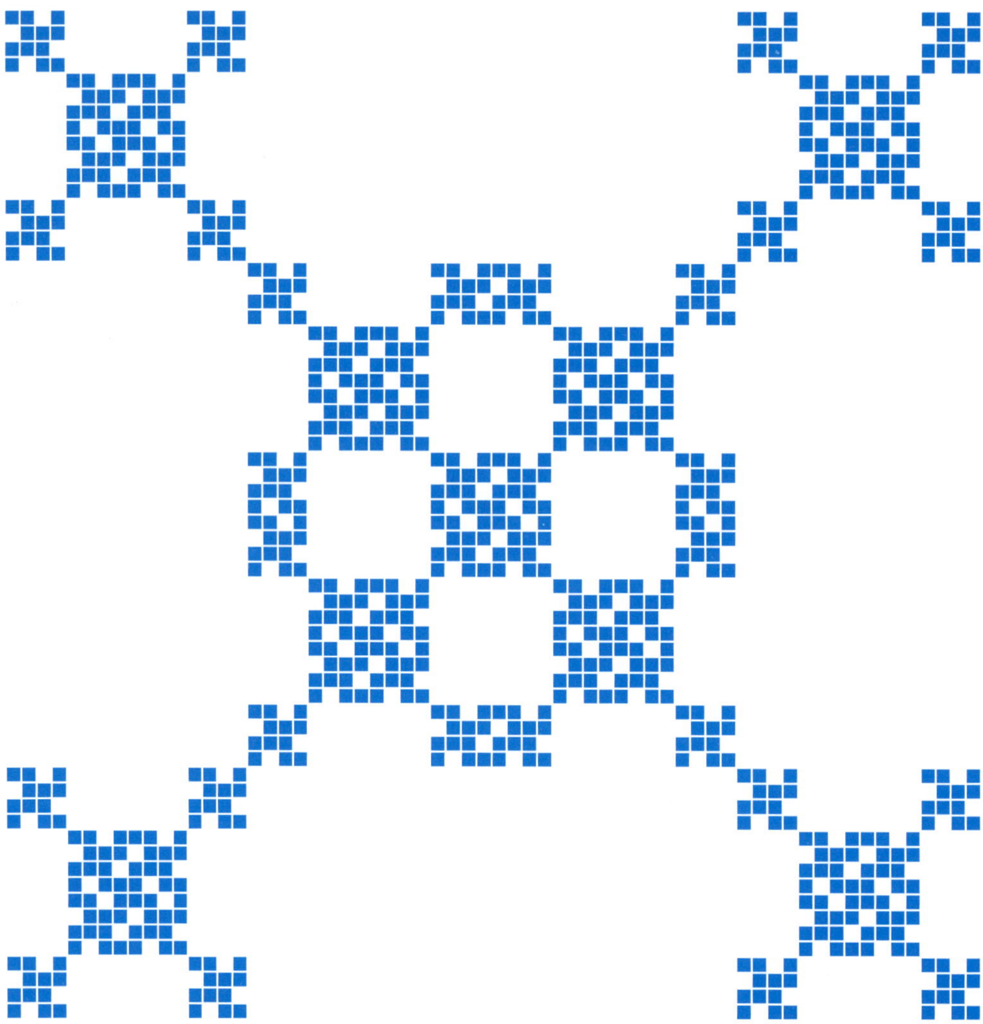

(5)  – 초기치 16개

① 1단계(F_1)	② 초기치(X_1)	③ 2단계($F_2 = F_1 \cdot X_1$)
	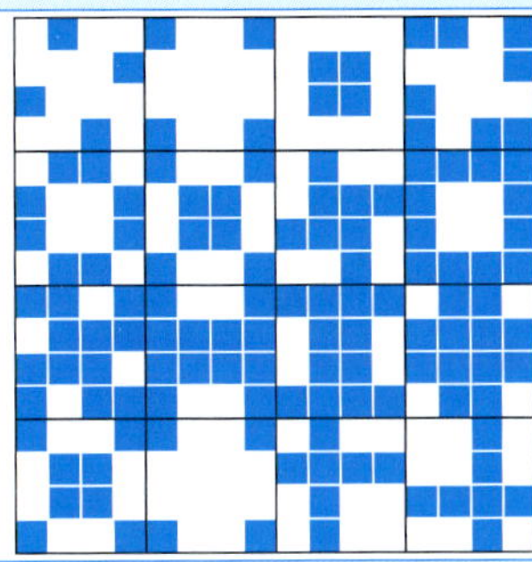	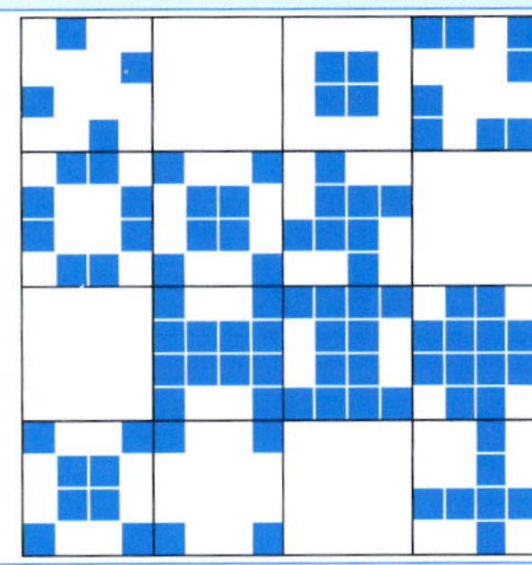

④ 3단계($F_3 = F_1 \cdot F_2$)

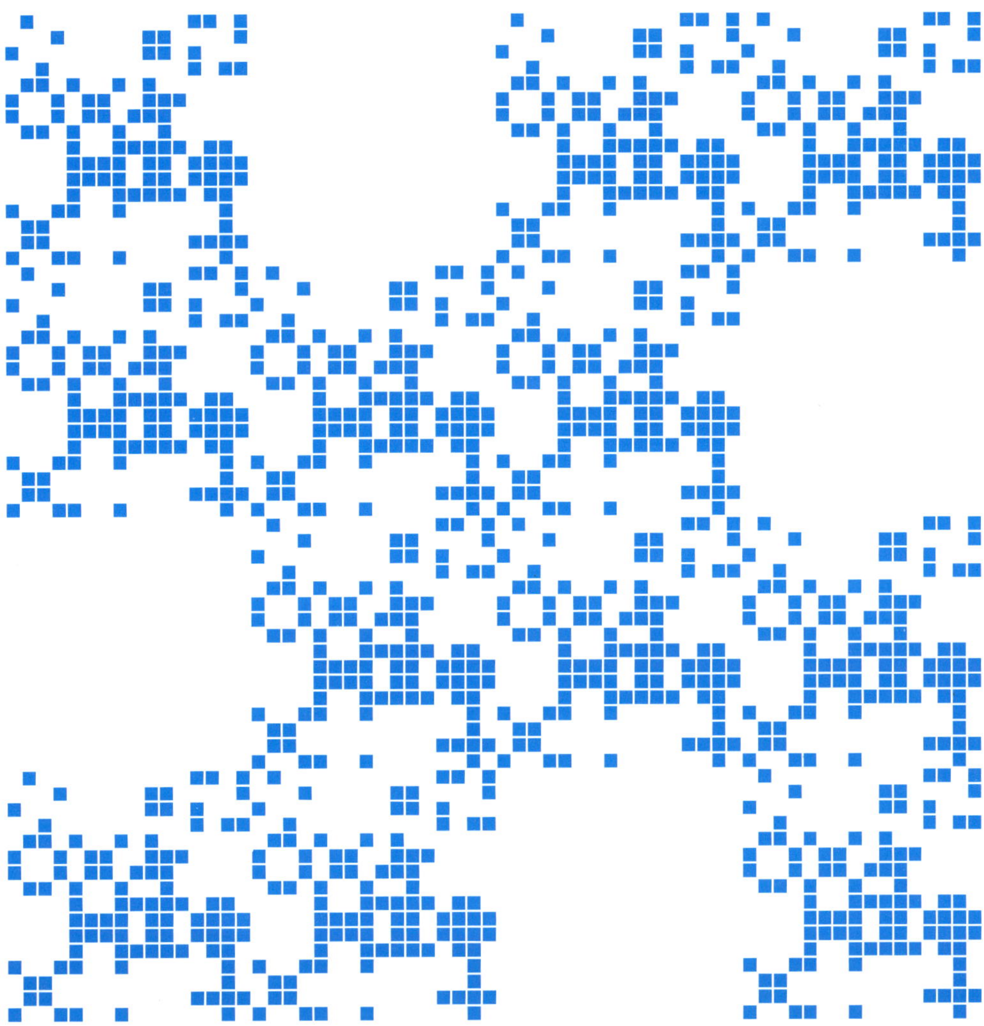

(6)  – 초기치 16개

① 1단계(F_1)	② 초기치(X_1)	③ 2단계($F_2 = F_1 \cdot X_1$)
	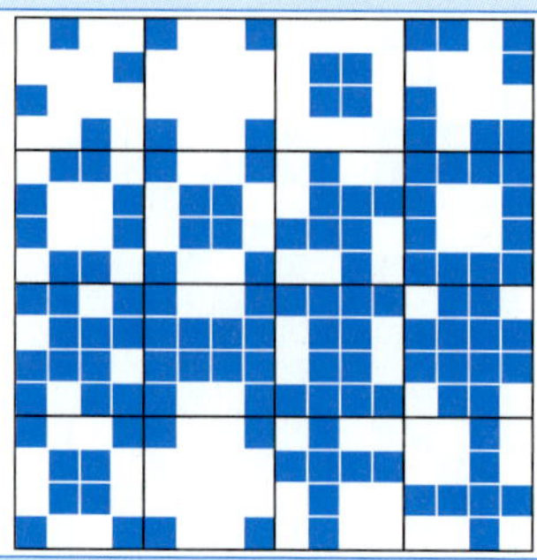	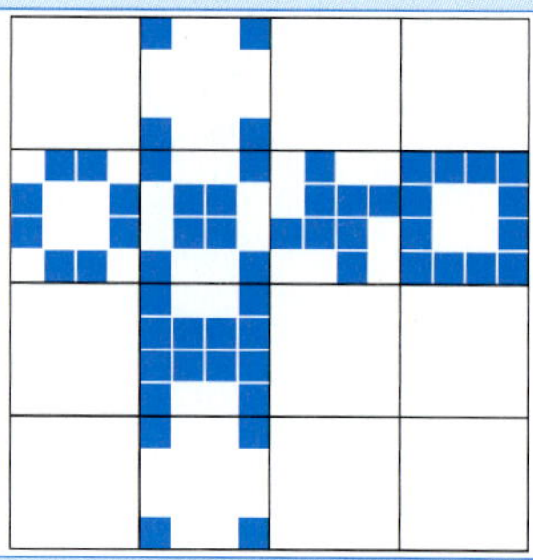
④ 3단계($F_3 = F_1 \cdot F_2$)		
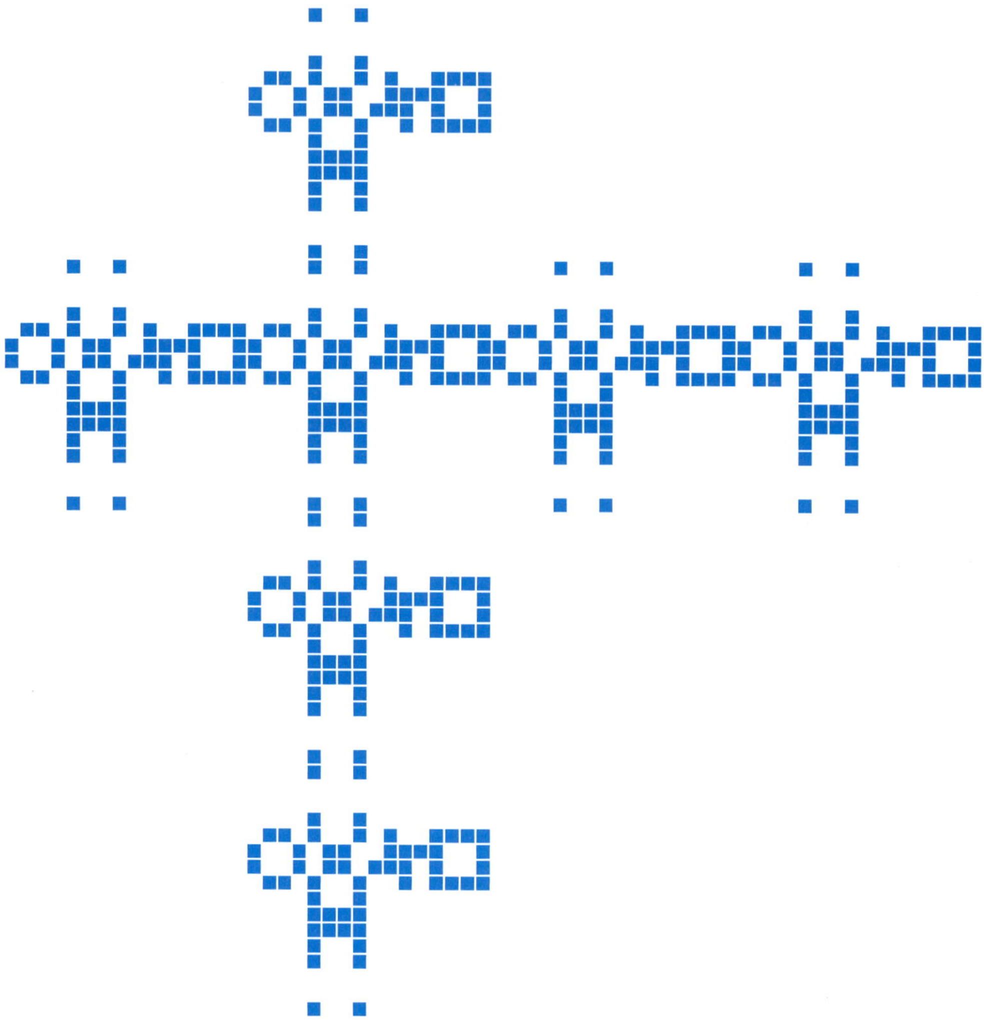		

(7)  – 초기치 16개

① 1단계(F_1)	② 1단계(F_1)	③ 초기치(X_1)
	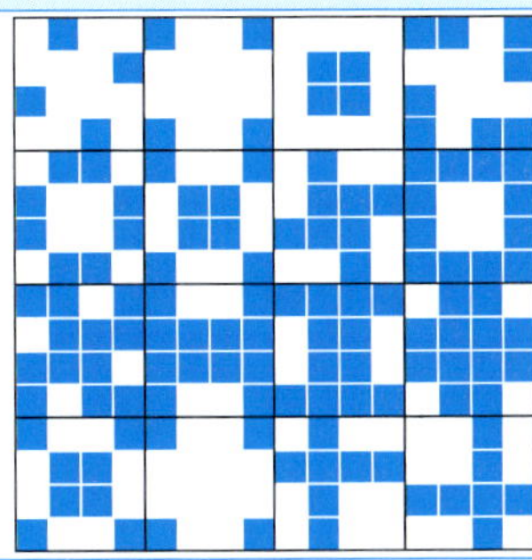	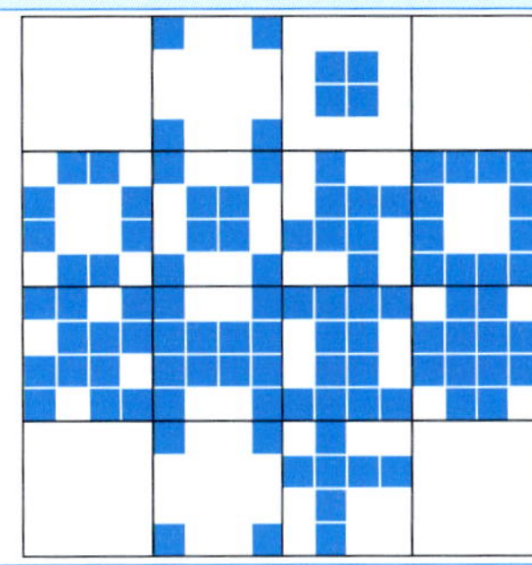
④ 3단계($F_3 = F_1 \cdot F_2$)		
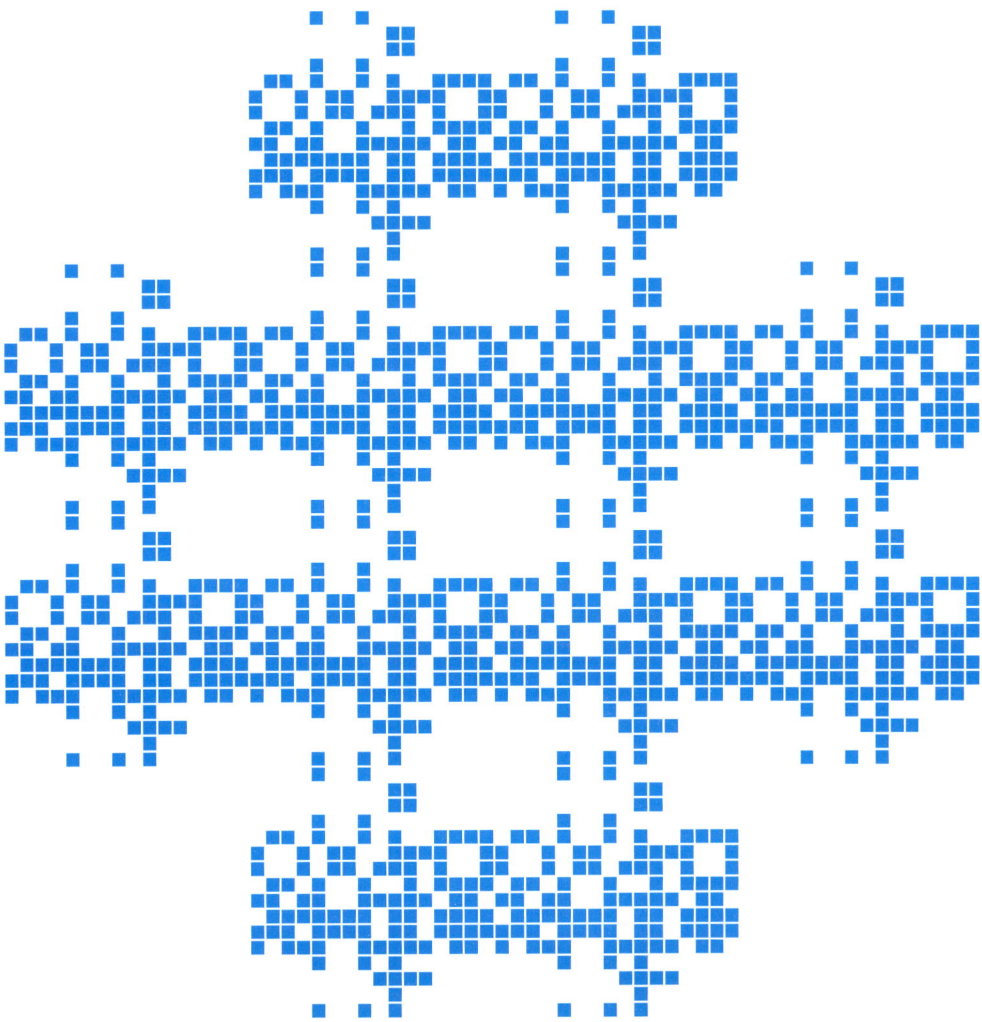		

(8)  – 초기치 16개

① 1단계(F_1)	② 초기치(X_1)	③ 2단계($F_2 = F_1 \cdot X_1$)
	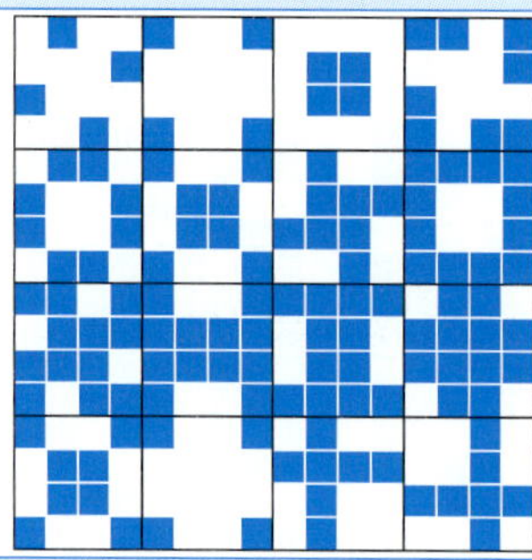	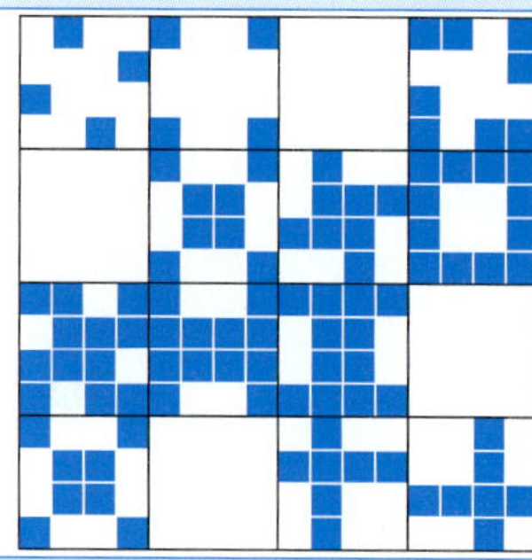

④ 3단계($F_3 = F_1 \cdot F_2$)

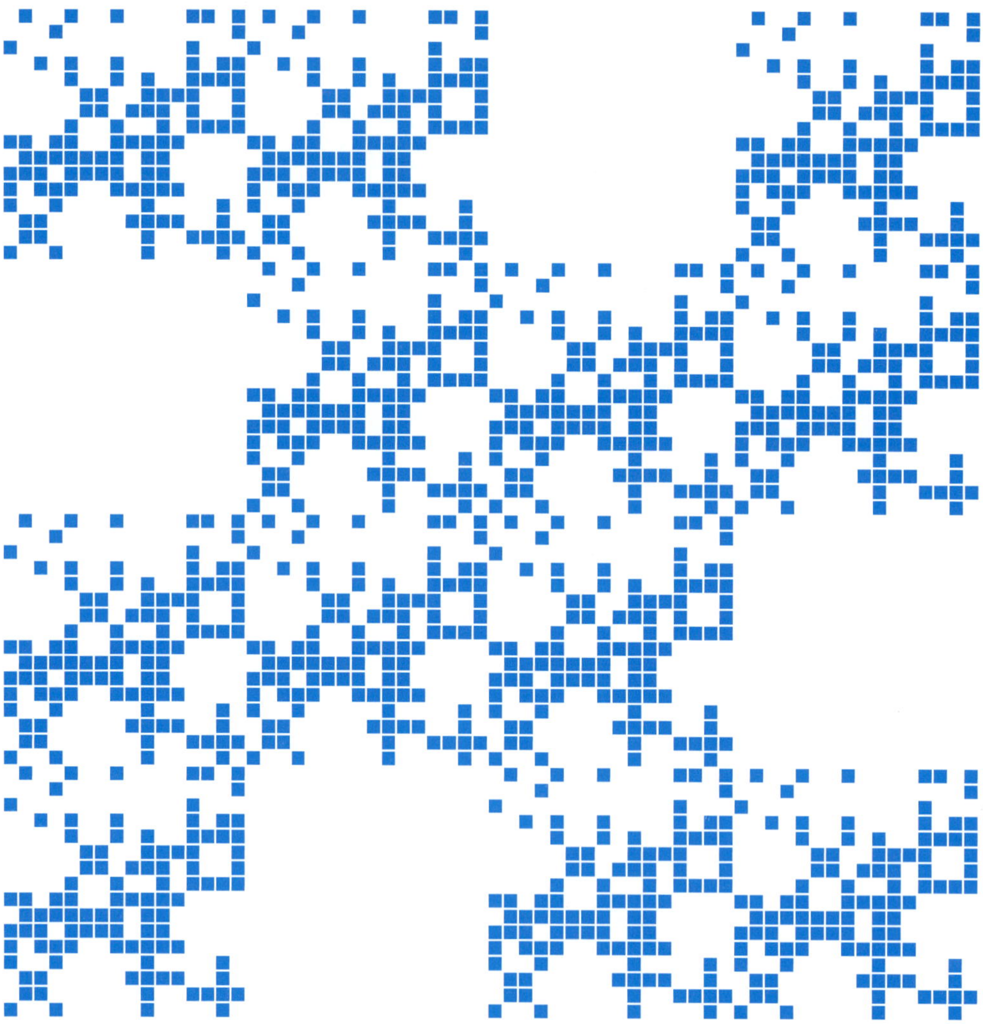

3 1단계 5×5 프랙탈

(1) 초기치 X_1 = 

① 1단계(F_1)	② 초기치(X_1)	③ 2단계($F_2 = F_1 \cdot X_1$)
		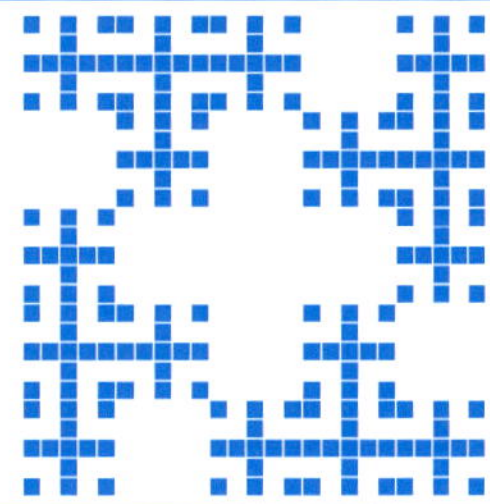

④ 3단계($F_3 = F_1 \cdot F_2$)

(2) 초기치 X_1 = 

① 1단계(F_1)	② 초기치(X_1)	③ 2단계($F_2 = F_1 \cdot X_1$)
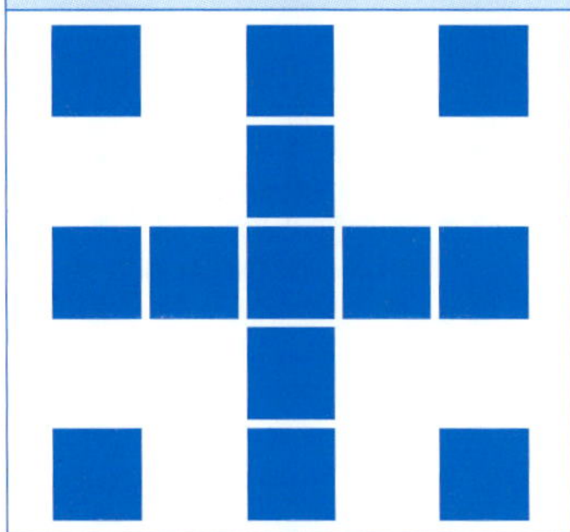	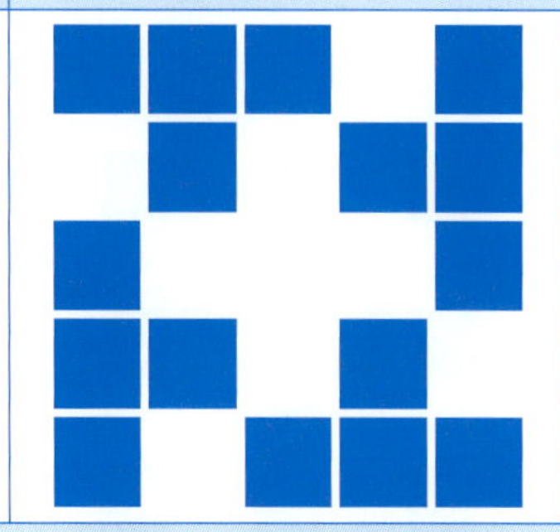	

④ 3단계($F_3 = F_1 \cdot F_2$)

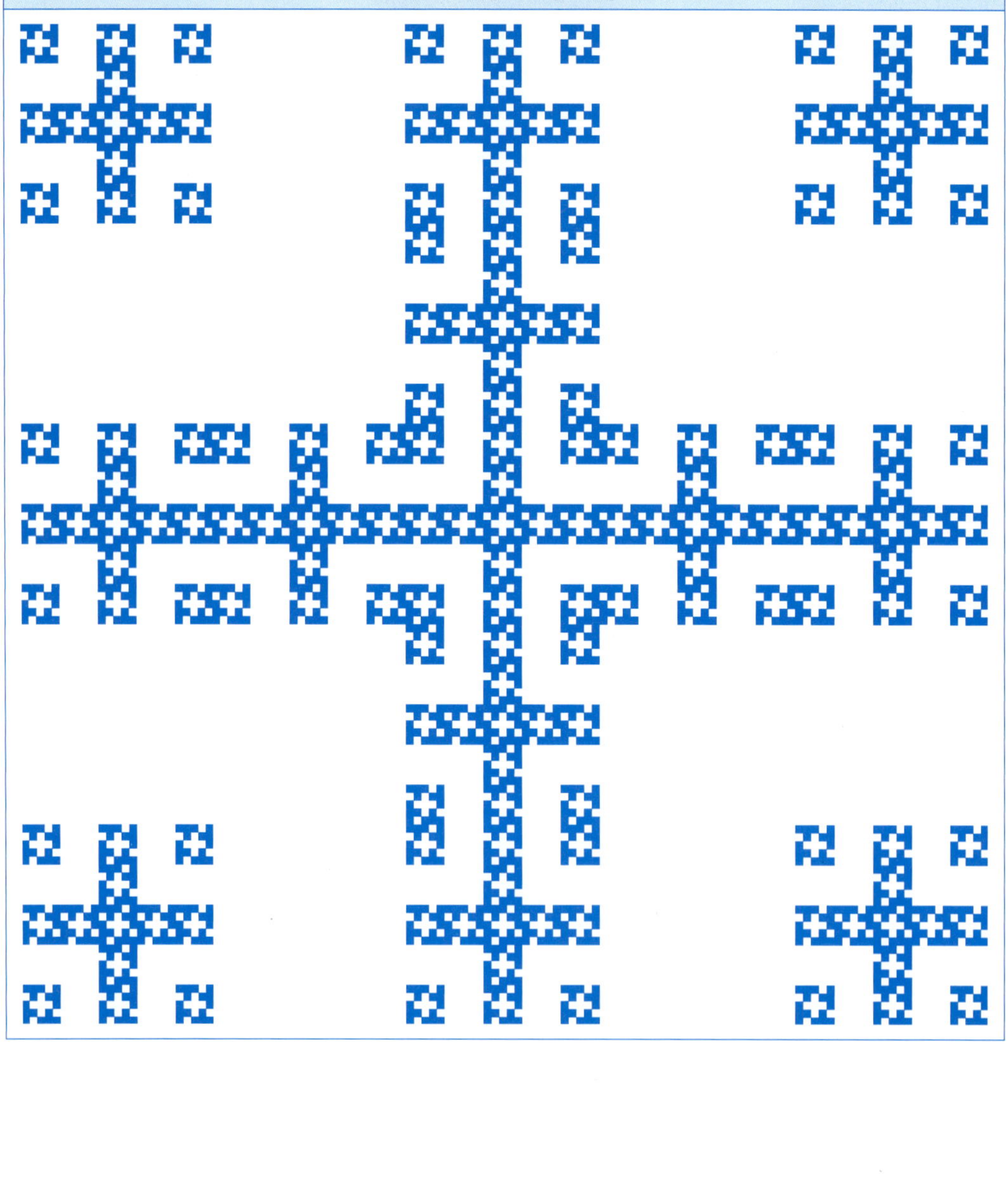

(3) 초기치 X_1 = 

<table>
<tr><th>① 1단계(F_1)</th><th>② 초기치(X_1)</th><th>③ 2단계($F_2 = F_1 \cdot X_1$)</th></tr>
<tr><td></td><td>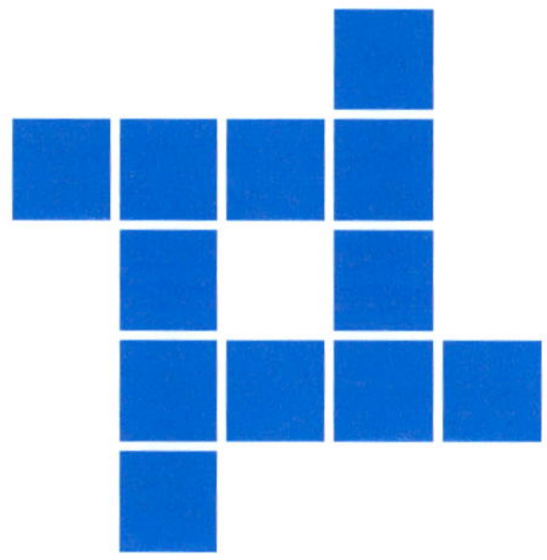</td><td>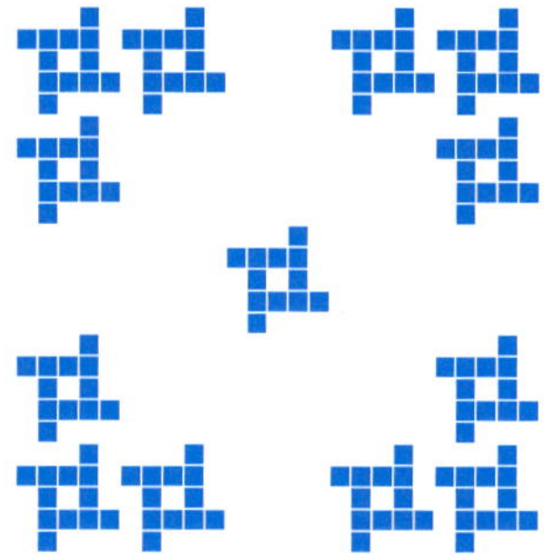</td></tr>
<tr><th colspan="3">④ 3단계($F_3 = F_1 \cdot F_2$)</th></tr>
<tr><td colspan="3"></td></tr>
</table>

(4) 초기치 X_1 = 

<table>
<tr><th>① 1단계(F_1)</th><th>② 초기치(X_1)</th><th>③ 2단계($F_2 = F_1 \cdot X_1$)</th></tr>
<tr><td>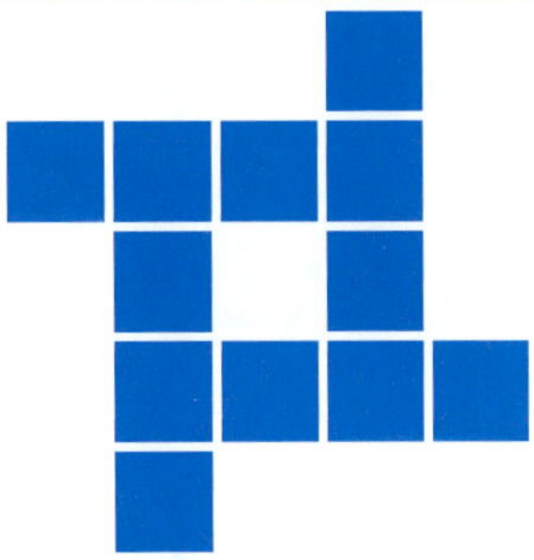</td><td>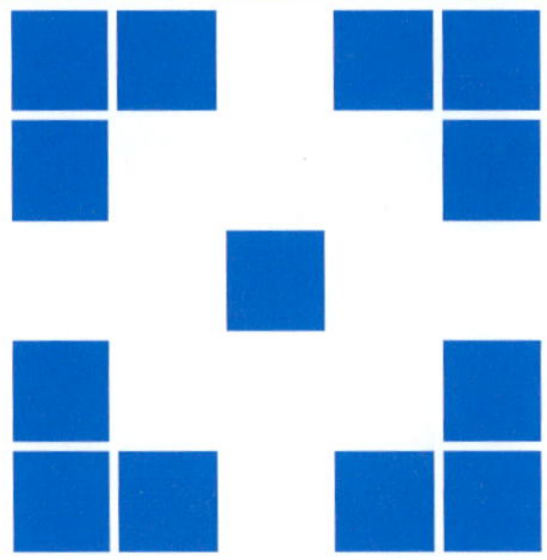</td><td>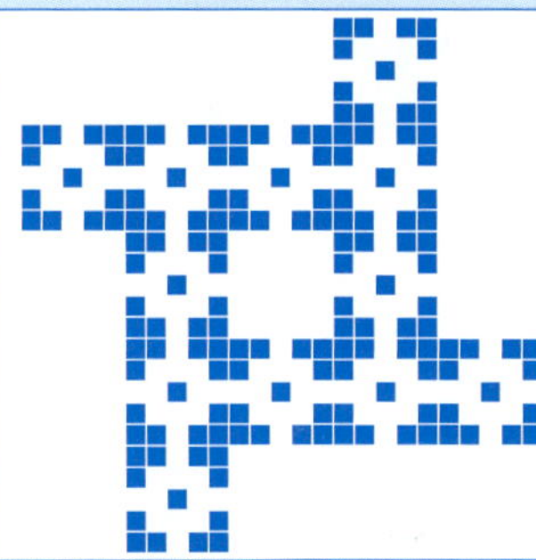</td></tr>
<tr><th colspan="3">④ 3단계($F_3 = F_1 \cdot F_2$)</th></tr>
<tr><td colspan="3">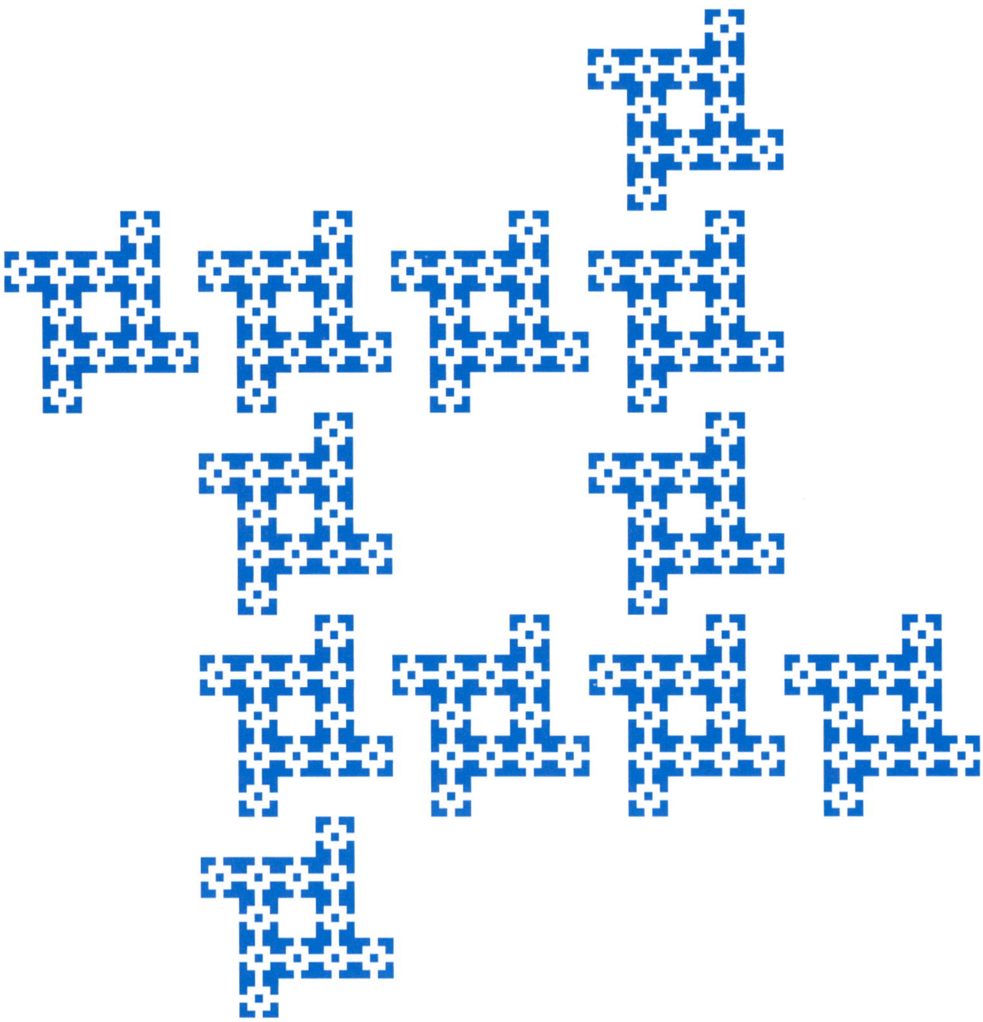</td></tr>
</table>

(5)  – 초기치 25개

① 1단계(F_1)	② 초기치(X_1)	③ 2단계($F_2 = F_1 \cdot X_1$)
		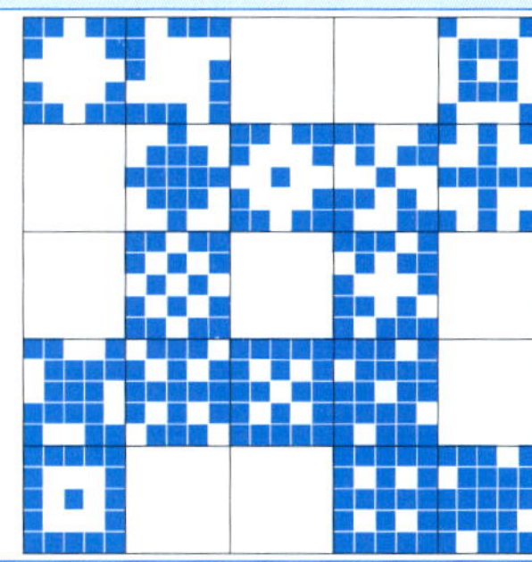

④ 3단계($F_3 = F_1 \cdot F_2$)

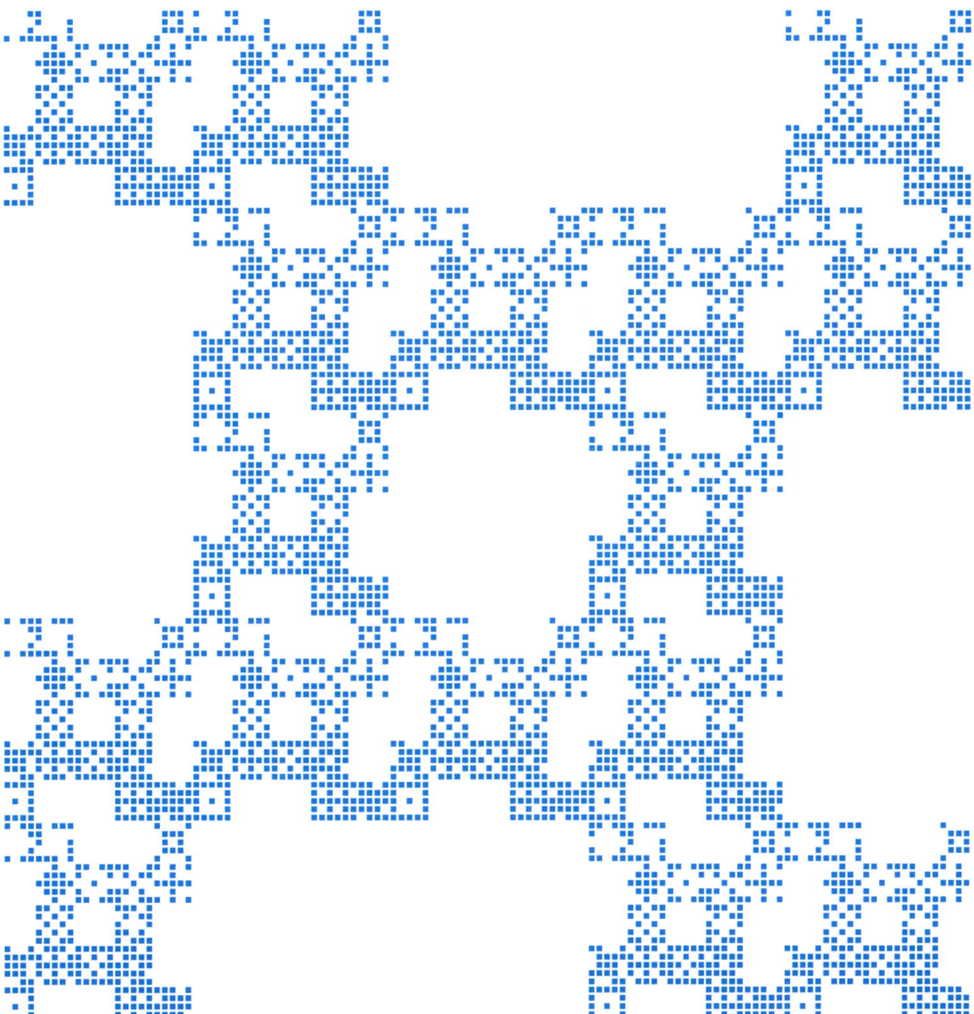

(6) – 초기치 25개

① 1단계(F_1)	② 초기치(X_1)	③ 2단계($F_2 = F_1 \cdot X_1$)
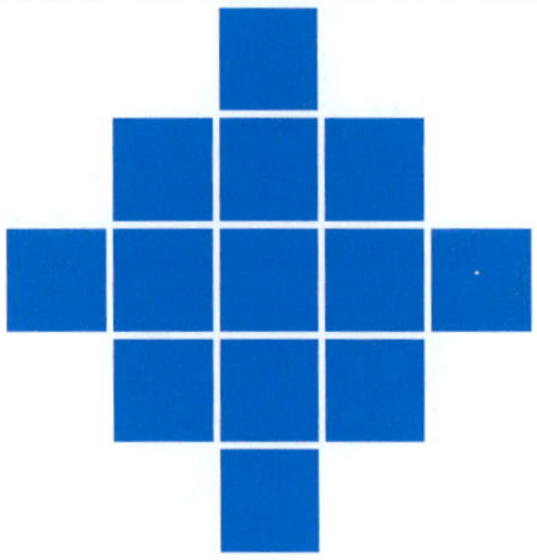		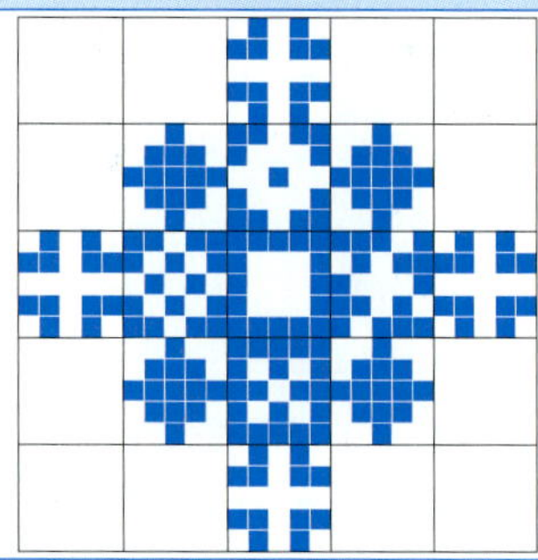

④ 3단계($F_3 = F_1 \cdot F_2$)

(7)  – 초기치 25개

① 1단계(F_1)	② 초기치(X_1)	③ 2단계($F_2 = F_1 \cdot X_1$)
		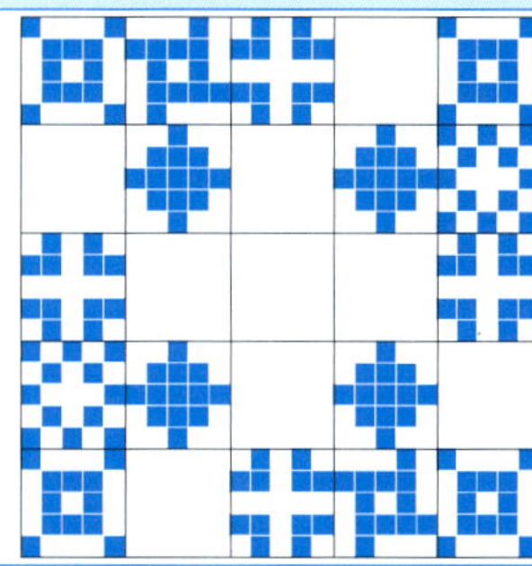

④ 3단계($F_3 = F_1 \cdot F_2$)

(8)  – 초기치 25개

① 1단계(F_1)	② 초기치(X_1)	③ 2단계($F_2 = F_1 \cdot X_1$)
		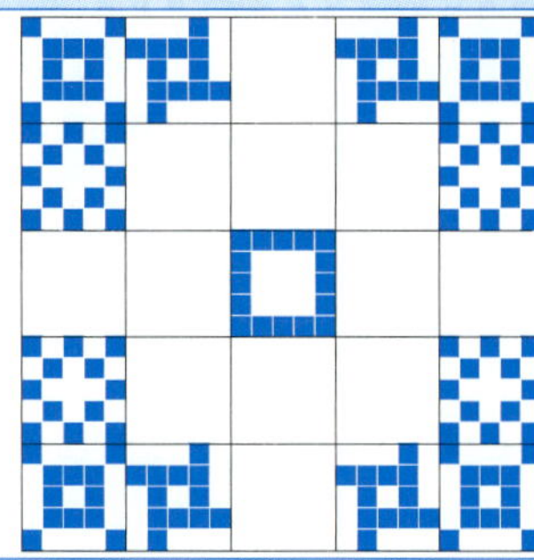

④ 3단계($F_3 = F_1 \cdot F_2$)

4 1단계 6×6 프랙탈

(1) 초기치 X_1 = 

<table>
<tr><td>① 1단계(F_1)</td><td>② 초기치(X_1)</td><td>③ 2단계($F_2 = F_1 \cdot X_1$)</td></tr>
<tr><td></td><td>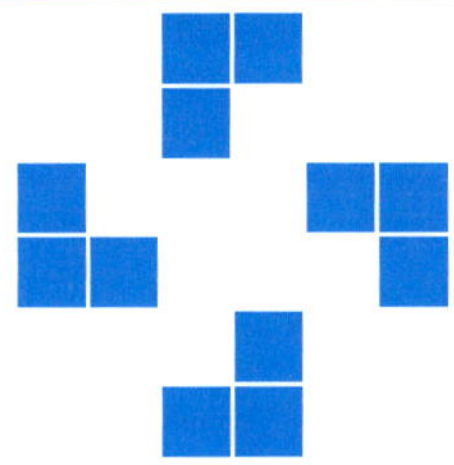</td><td>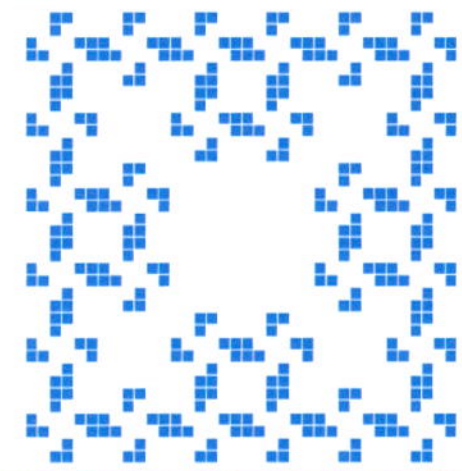</td></tr>
<tr><td colspan="3">④ 3단계($F_3 = F_1 \cdot F_2$)</td></tr>
<tr><td colspan="3"></td></tr>
</table>

(2) 초기치 X_1 = 

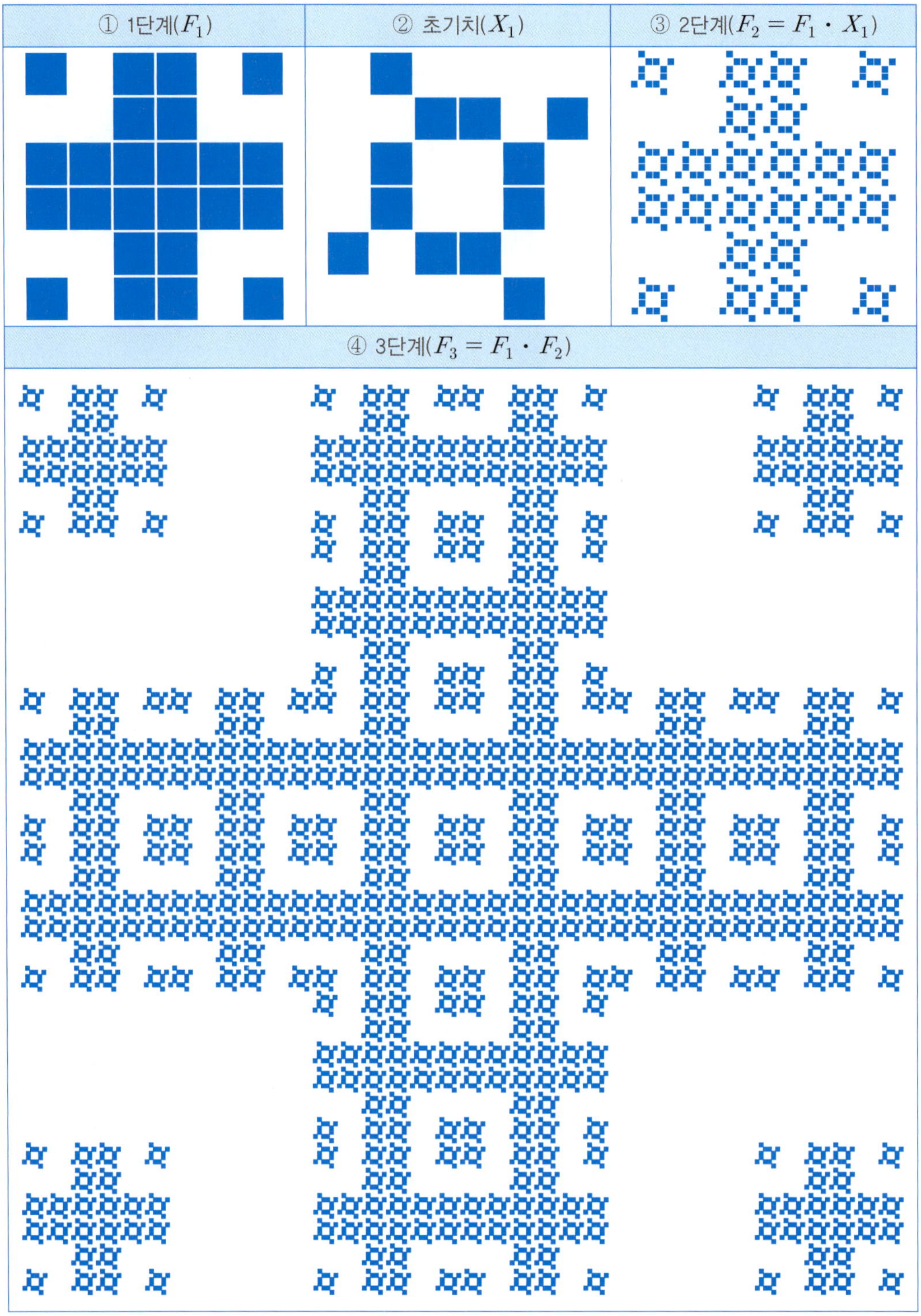

(3) 초기치 X_1 = 

① 1단계(F_1)	② 초기치(X_1)	③ 2단계($F_2 = F_1 \cdot X_1$)
		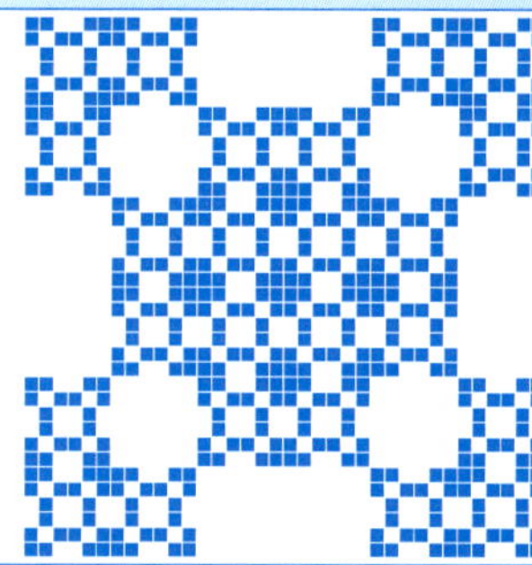

④ 3단계($F_3 = F_1 \cdot F_2$)

(4) 초기치 X_1 = 

① 1단계$F_1()$	② 초기치(X_1)	③ 2단계$(F_2 = F_1 \cdot X_1)$
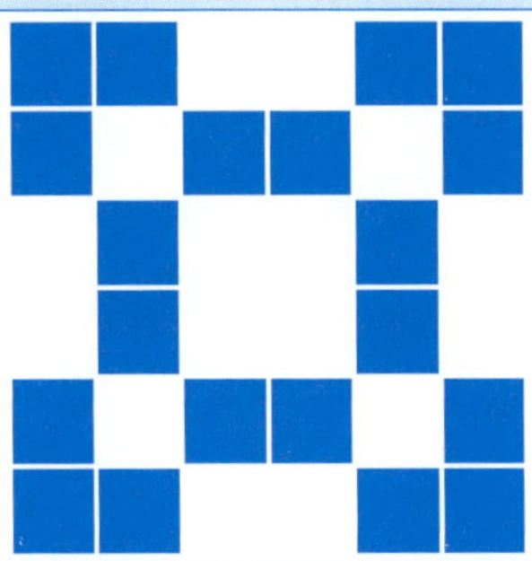	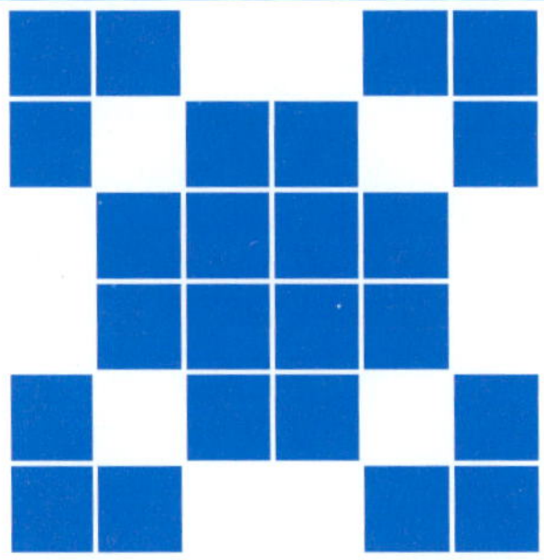	

④ 3단계$(F_3 = F_1 \cdot F_2)$
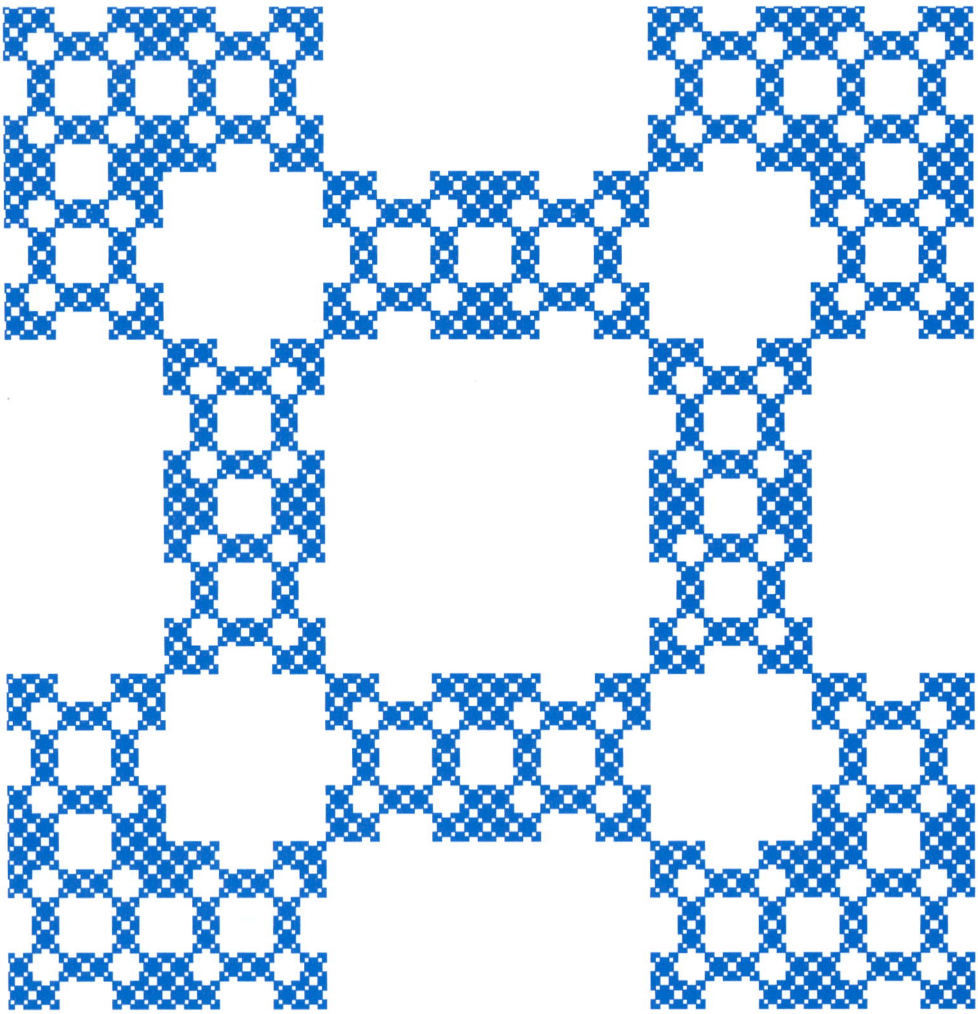

(5)  – 초기치 36개

① 1단계(F_1)	② 초기치(X_1)	③ 2단계($F_2 = F_1 \cdot X_1$)
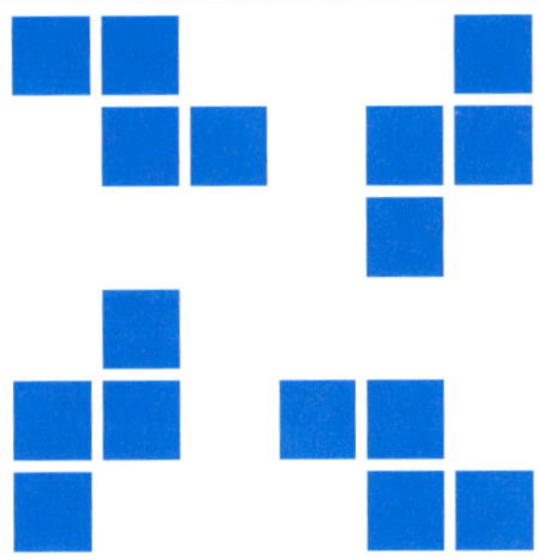		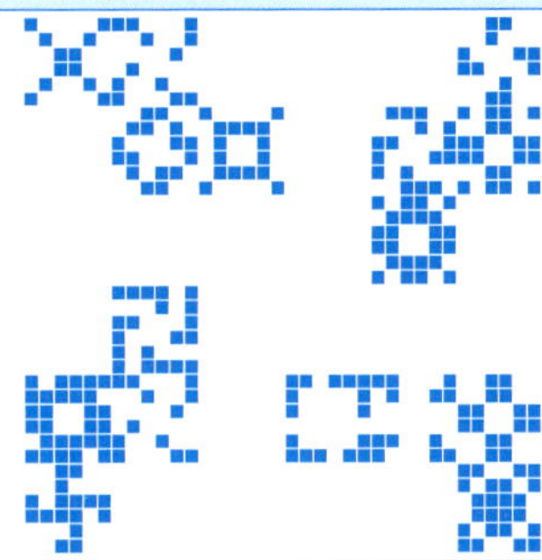

④ 3단계($F_3 = F_1 \cdot F_2$)

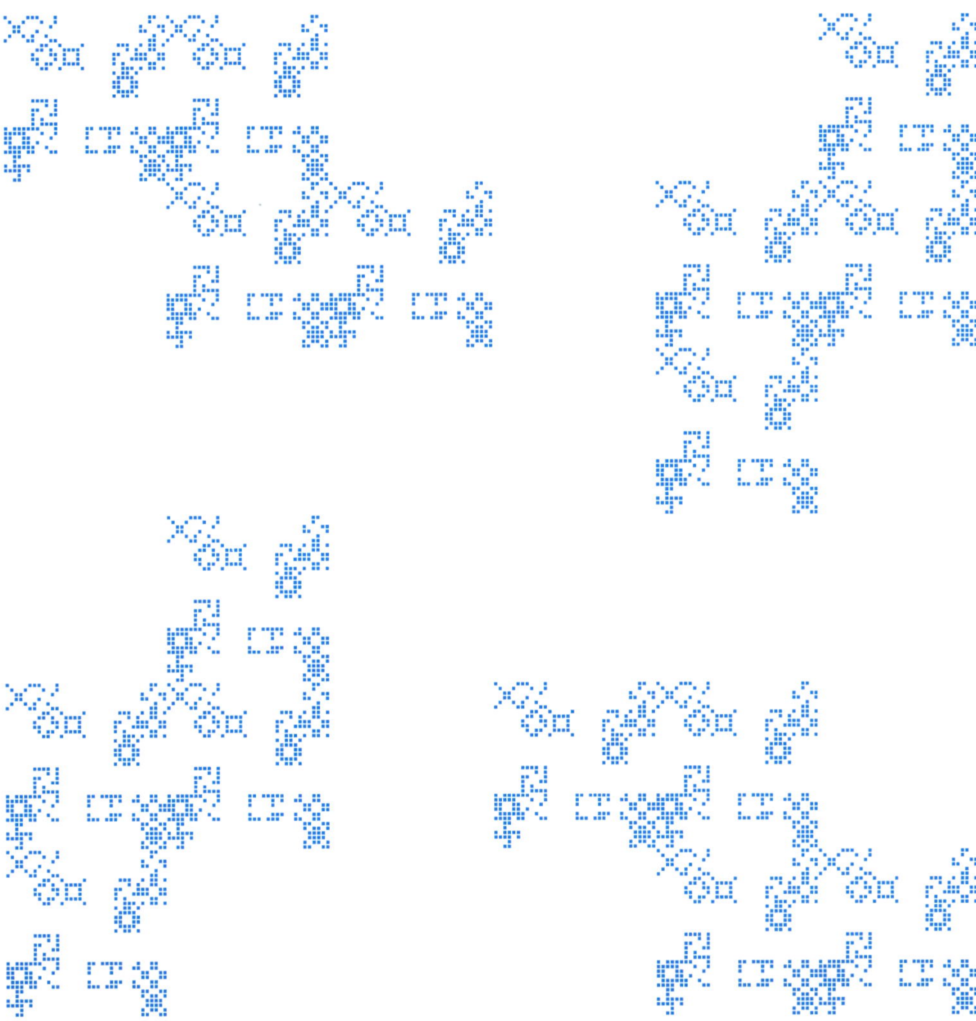

(6) – 초기치 36개

① 1단계(F_1)	② 초기치(X_1)	③ 2단계($F_2 = F_1 \cdot X_1$)
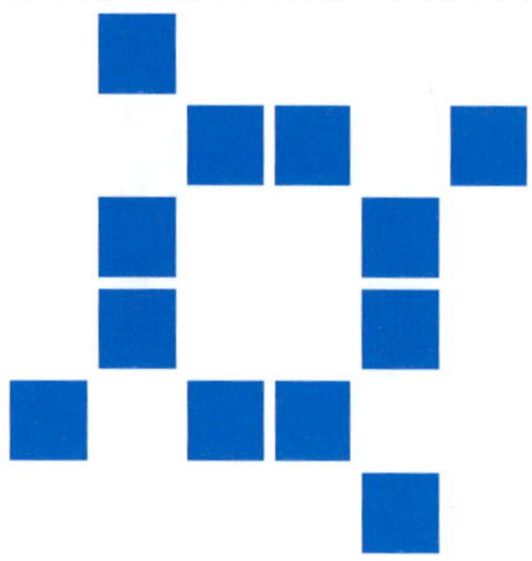		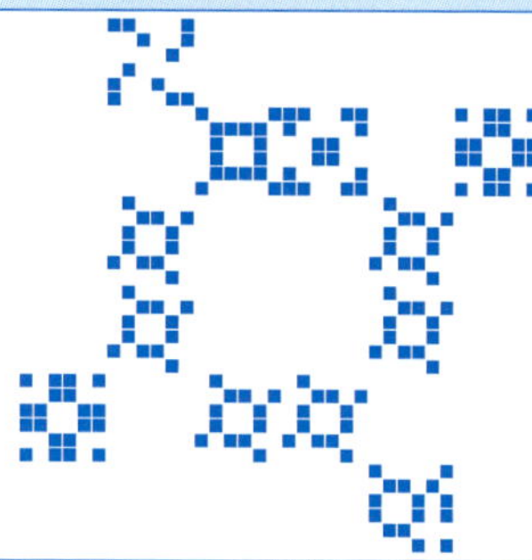

④ 3단계($F_3 = F_1 \cdot F_2$)
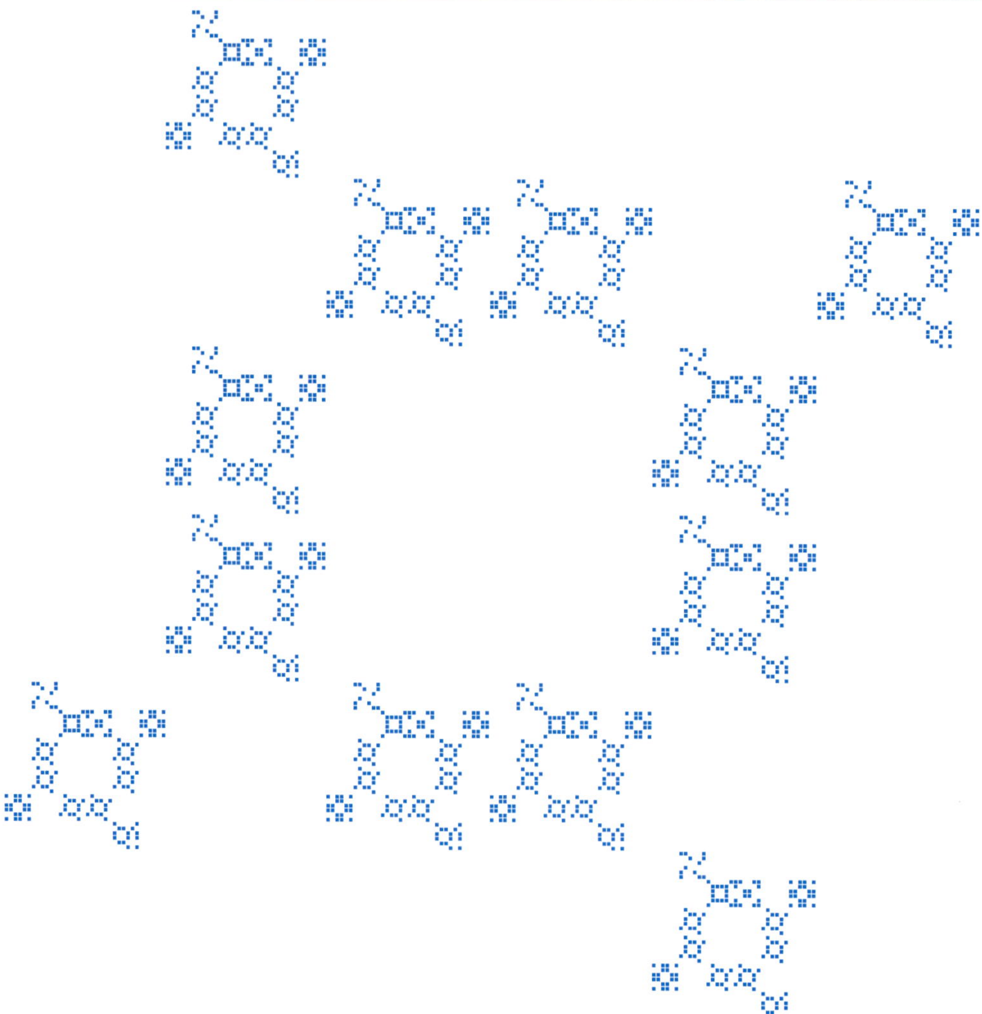

(7)  – 초기치 36개

① 1단계(F_1)	② 초기치(X_1)	③ 2단계($F_2 = F_1 \cdot X_1$)
		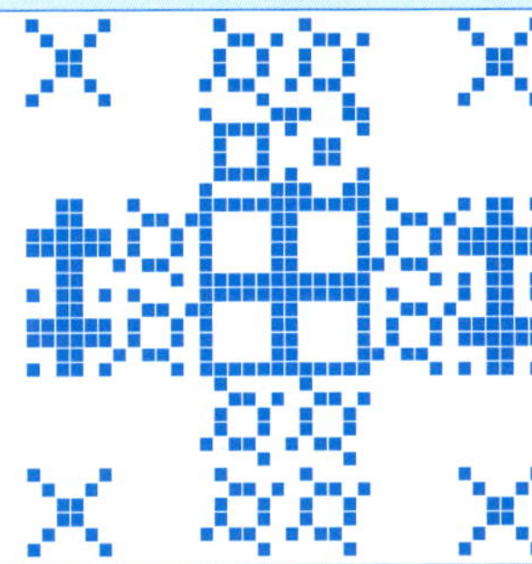
④ 3단계($F_3 = F_1 \cdot F_2$)		

(8)  – 초기치 36개

<table>
<tr><th>① 1단계(F_1)</th><th>② 초기치(X_1)</th><th>③ 2단계($F_2 = F_1 \cdot X_1$)</th></tr>
<tr><td>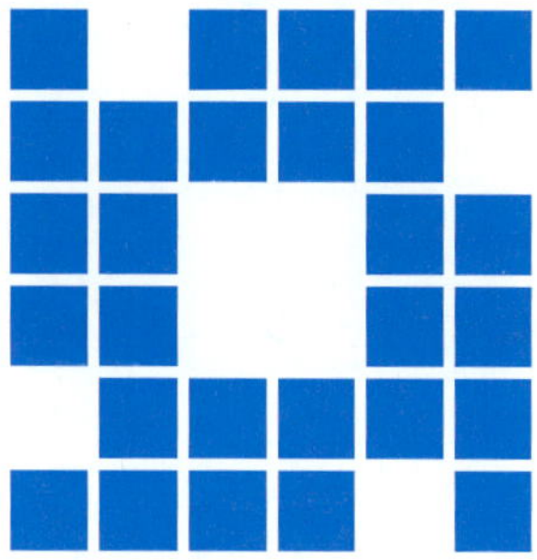</td><td>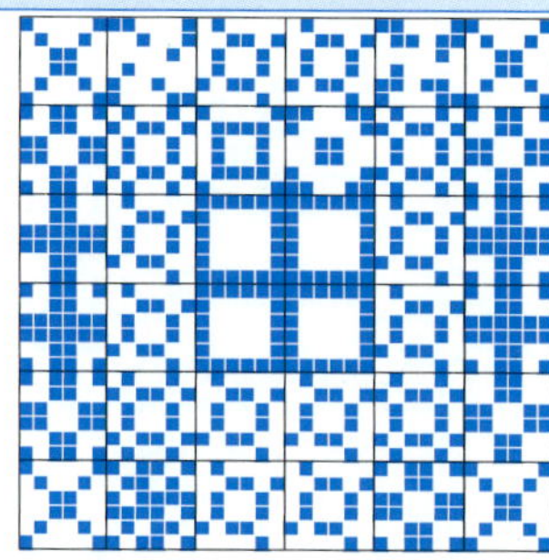</td><td></td></tr>
<tr><th colspan="3">④ 3단계($F_3 = F_1 \cdot F_2$)</th></tr>
<tr><td colspan="3"></td></tr>
</table>

5 1단계 7×7 프랙탈

(1) 초기치 X_1 = 

<table>
<tr><td>① 1단계(F_1)</td><td>② 초기치(X_1)</td><td>③ 2단계($F_2 = F_1 \cdot X_1$)</td></tr>
<tr><td>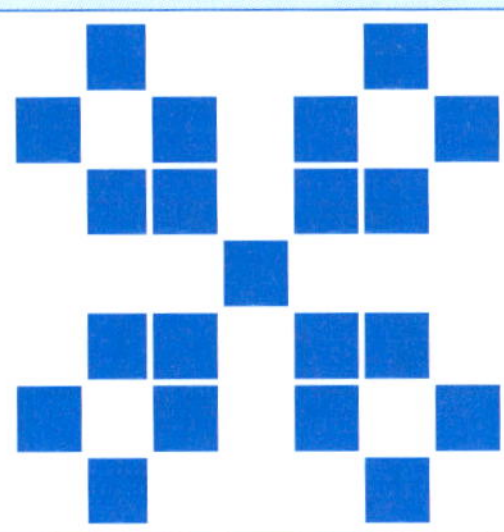</td><td></td><td>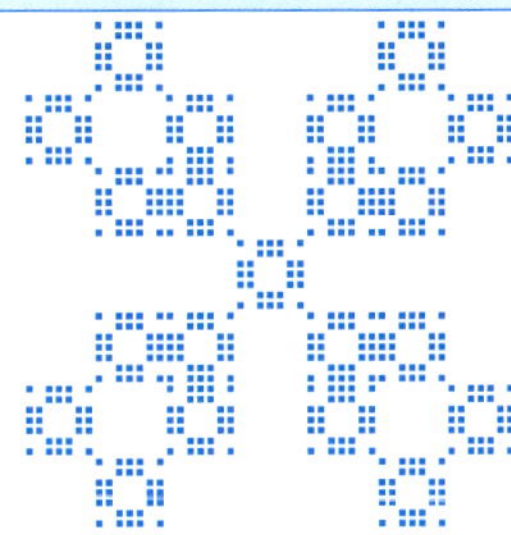</td></tr>
<tr><td colspan="3">④ 3단계($F_3 = F_1 \cdot F_2$)</td></tr>
<tr><td colspan="3">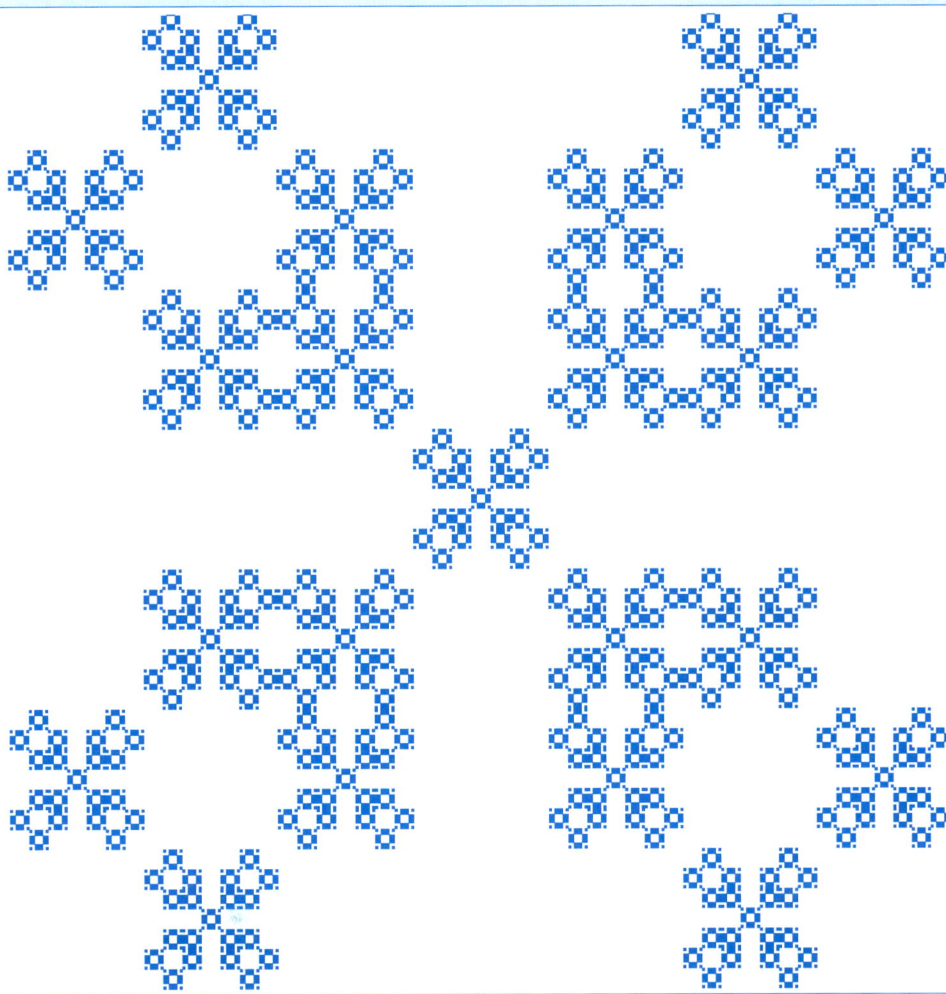</td></tr>
</table>

(2) 초기치 X_1 = 

① 1단계(F_1)	② 초기치(X_1)	③ 2단계($F_2 = F_1 \cdot X_1$)
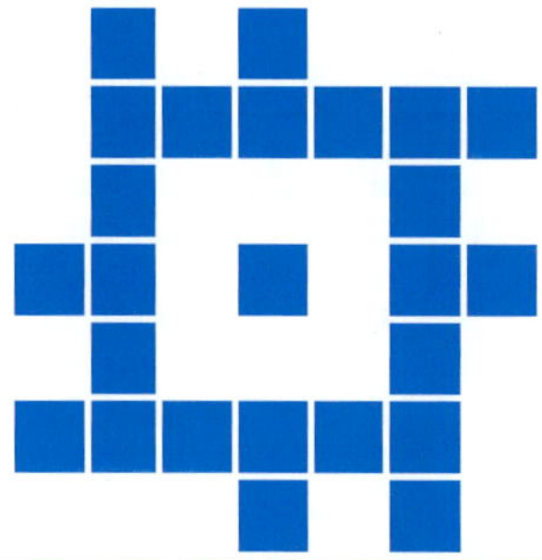	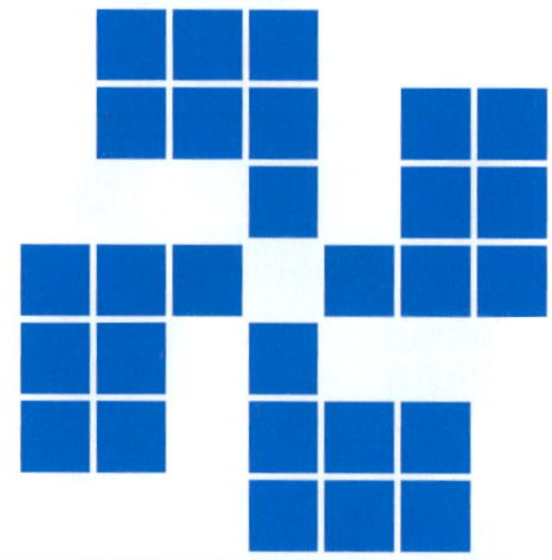	
④ 3단계($F_3 = F_1 \cdot F_2$)		
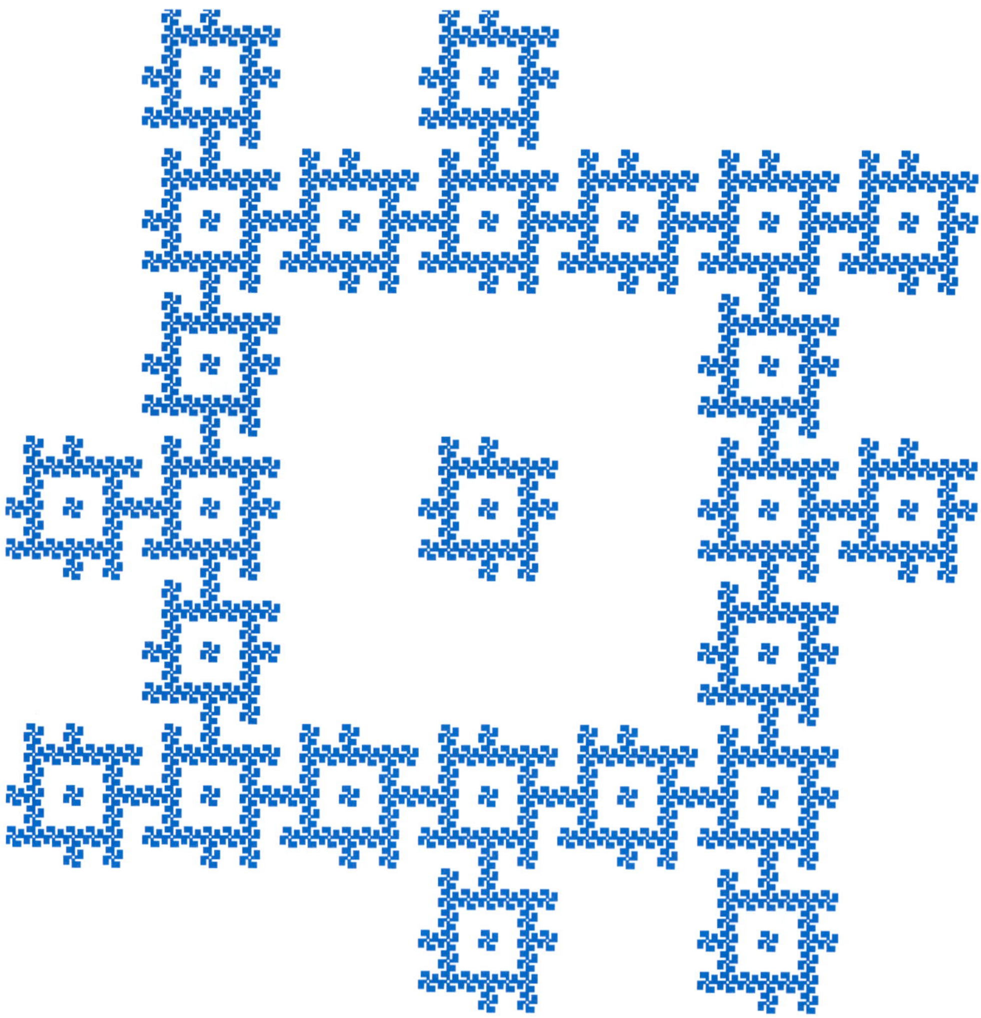		

(3) 초기치 X_1 = 

① 1단계(F_1)	② 초기치(X_1)	③ 2단계($F_2 = F_1 \cdot X_1$)
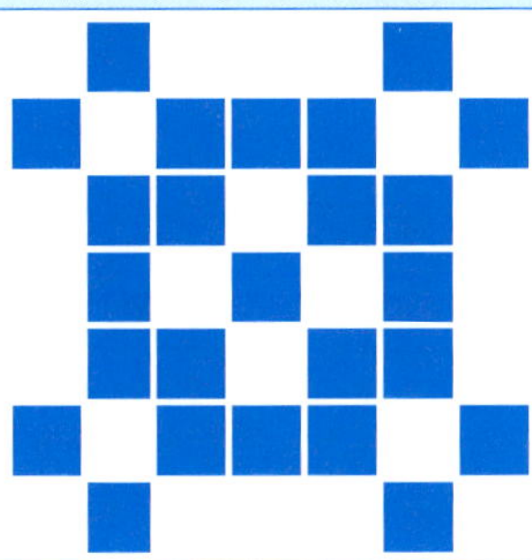	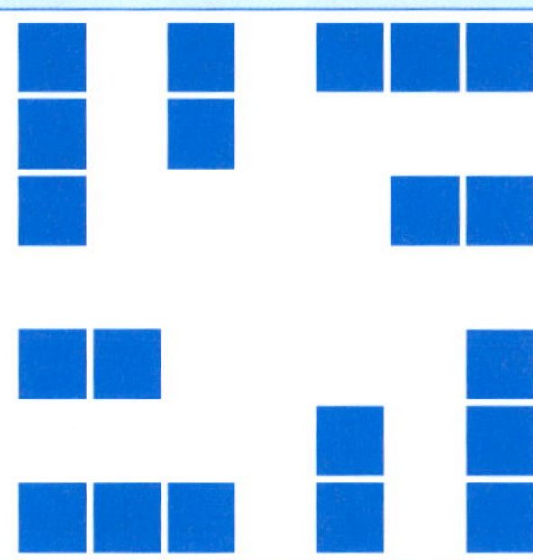	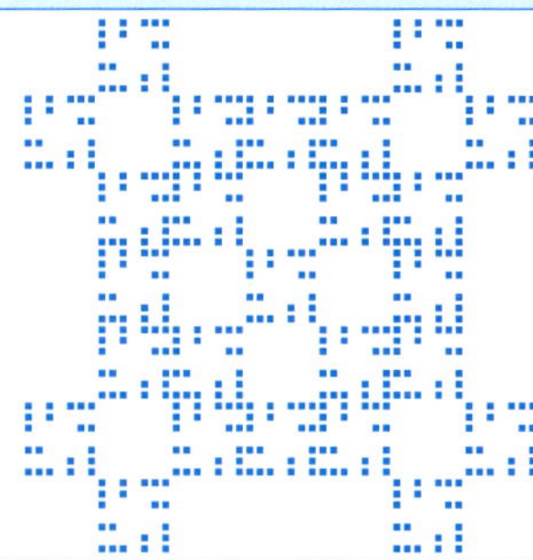

④ 3단계($F_3 = F_1 \cdot F_2$)

(4) 초기치 X_1 = 

① 1단계(F_1)	② 초기치(X_1)	③ 2단계($F_2 = F_1 \cdot X_1$)
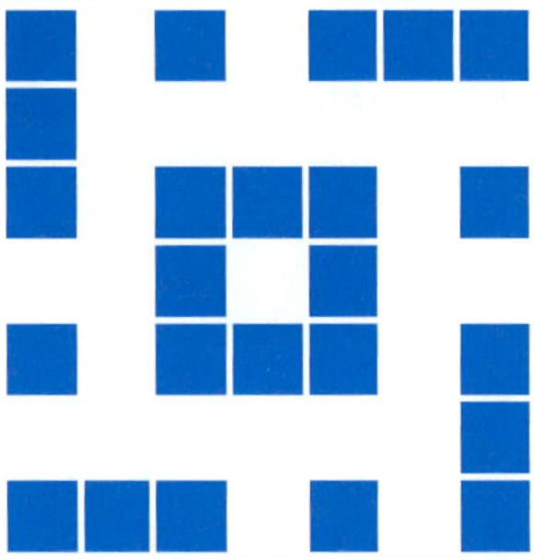		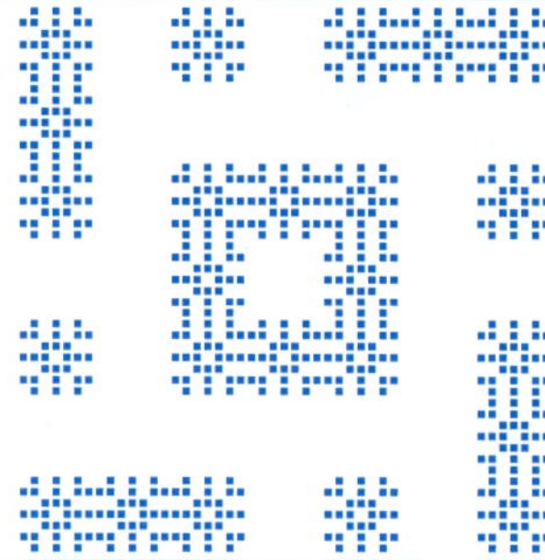
④ 3단계($F_3 = F_1 \cdot F_2$)		

(5)  – 초기치 49개

① 1단계(F_1)	② 초기치(X_1)	③ 2단계($F_2 = F_1 \cdot X_1$)
	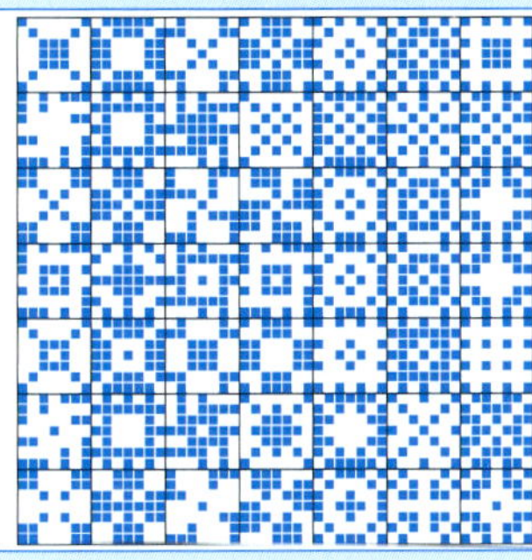	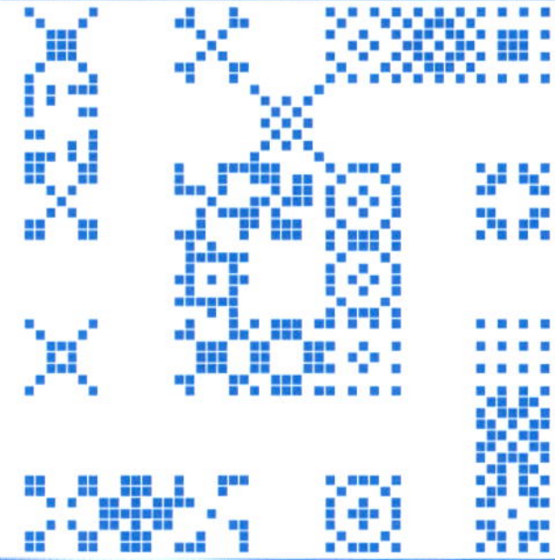
④ 3단계($F_3 = F_1 \cdot F_2$)		
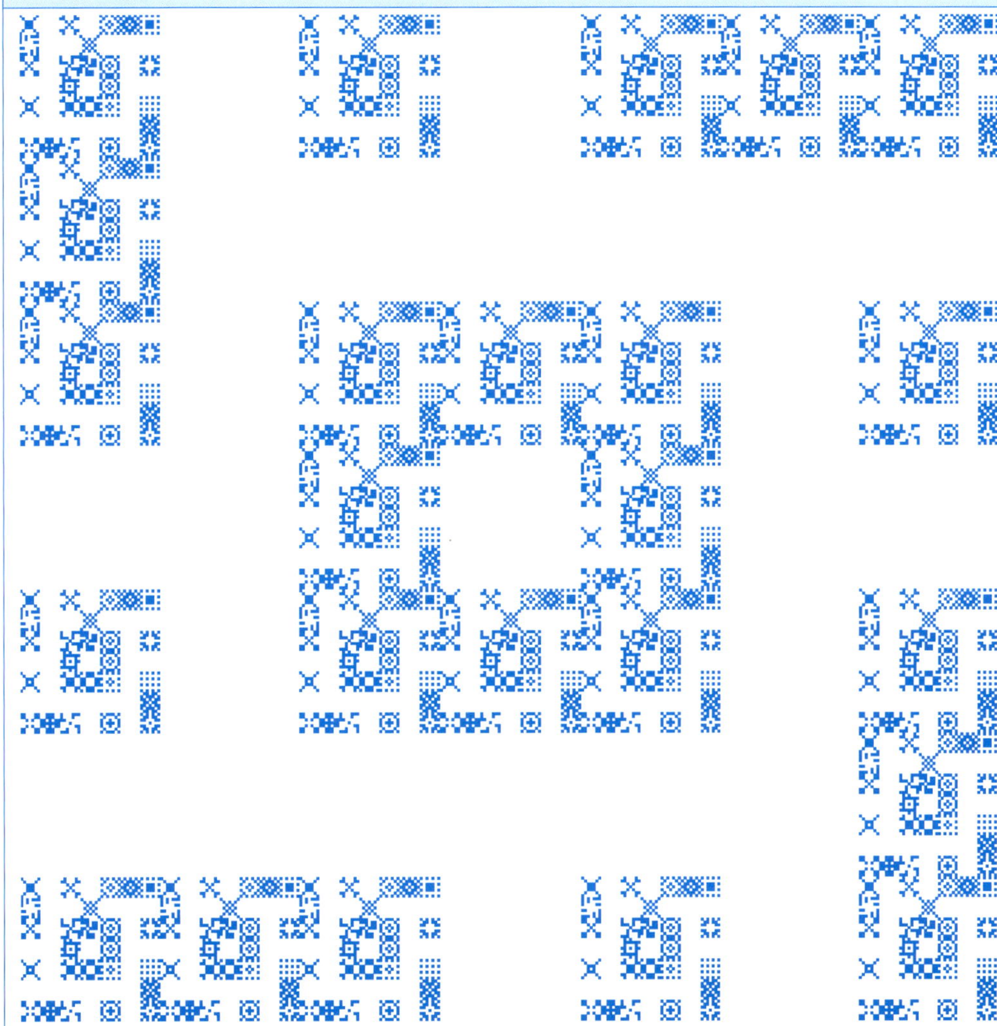		

(6)  – 초기치 49

① 1단계(F_1)	② 초기치(X_1)	③ 2단계($F_2 = F_1 \cdot X_1$)
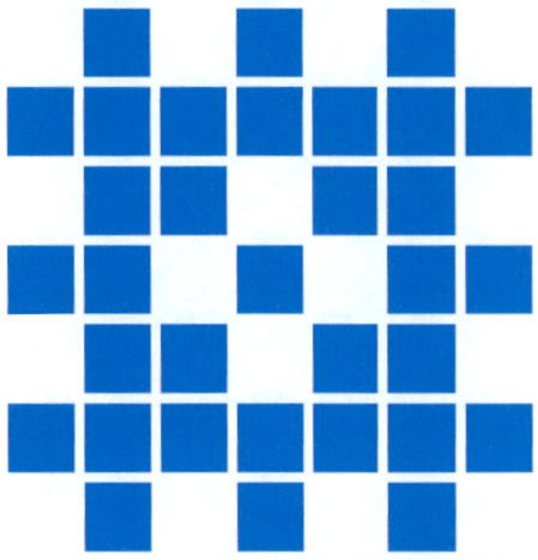		
④ 3단계($F_3 = F_1 \cdot F_2$)		

(7)  – 초기치 49개

① 1단계(F_1)	② 초기치(X_1)	③ 2단계($F_2 = F_1 \cdot X_1$)
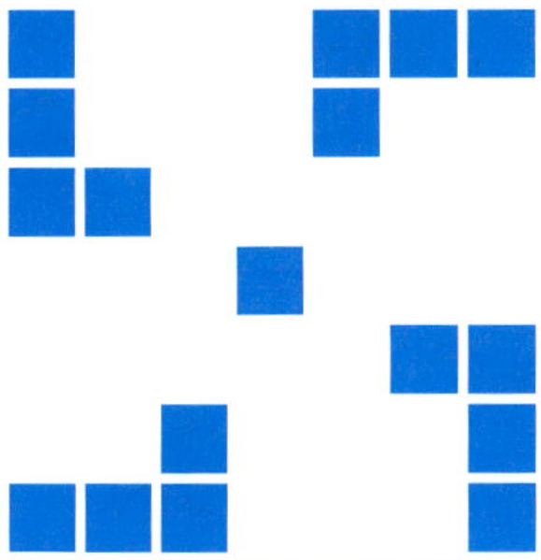	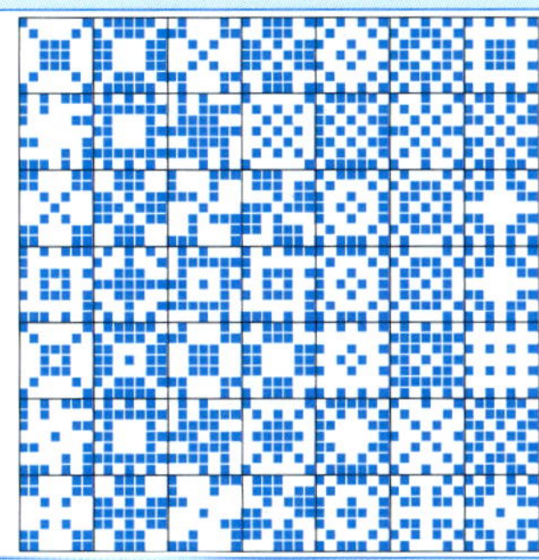	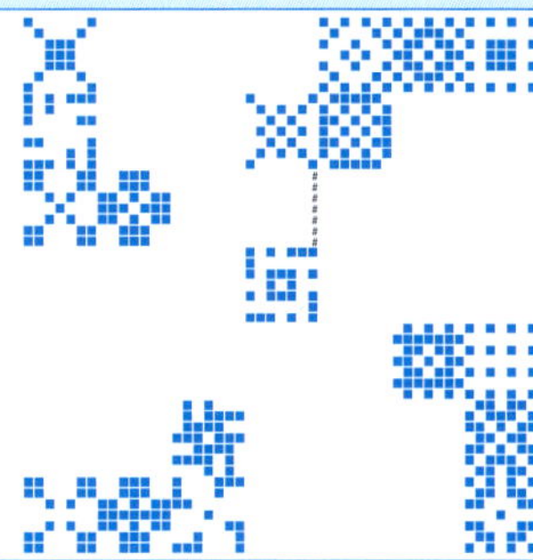

④ 3단계($F_3 = F_1 \cdot F_2$)

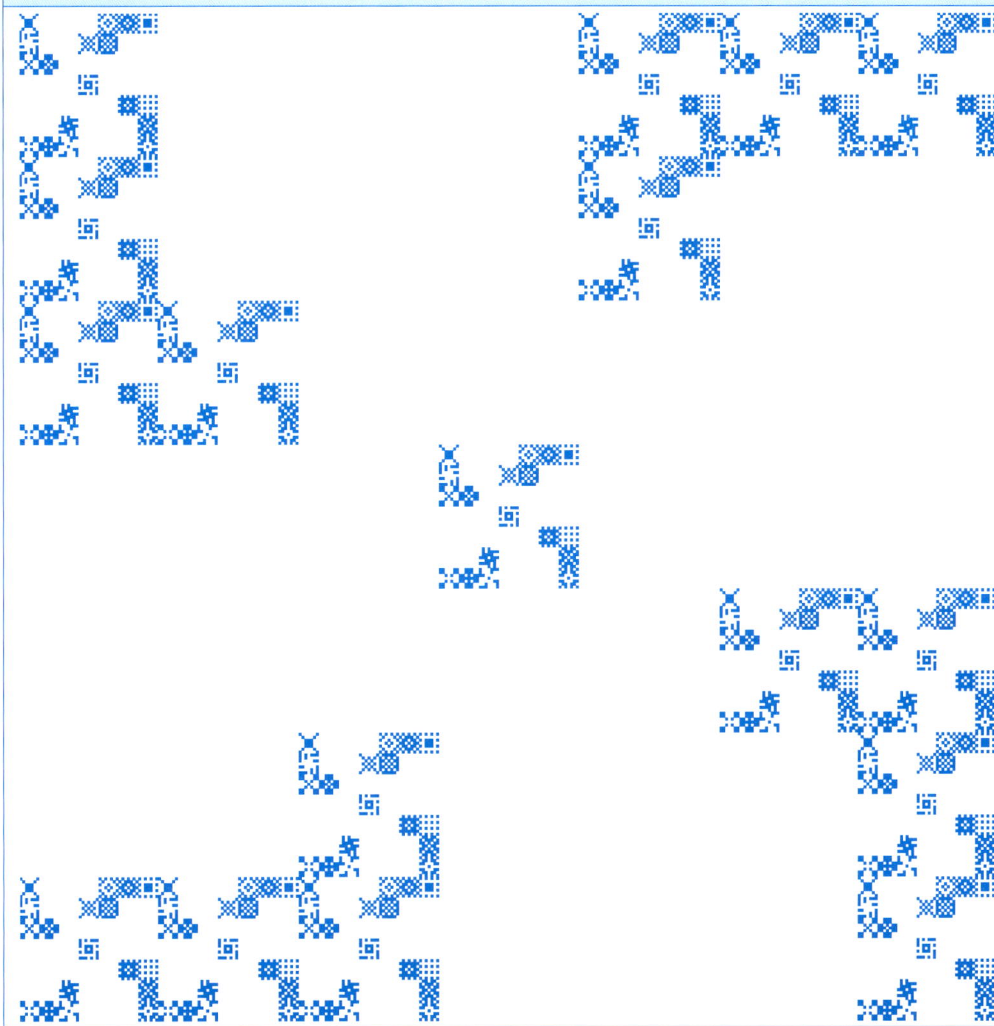

(8)  – 초기치 49개

① 1단계(F_1)	② 초기치(X_1)	③ 2단계($F_2 = F_1 \cdot X_1$)

④ 3단계($F_3 = F_1 \cdot F_2$)

6 1단계 8×8 프랙탈

(1) 초기치 $X_1 =$ 

① 1단계(F_1)	② 초기치(X_1)	③ 2단계($F_2 = F_1 \cdot X_1$)
	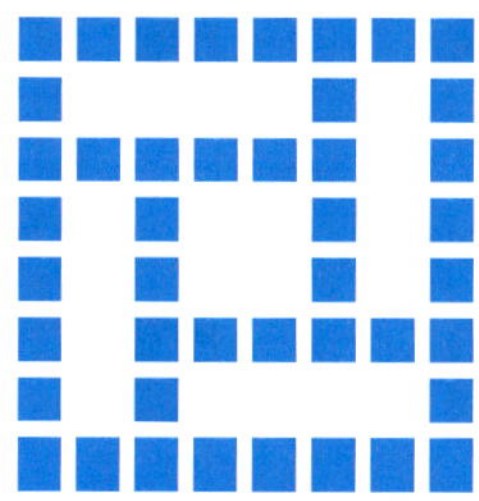	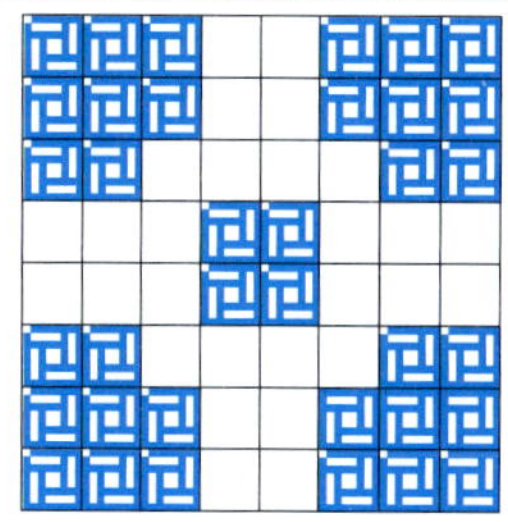

④ 3단계($F_3 = F_1 \cdot F_2$)
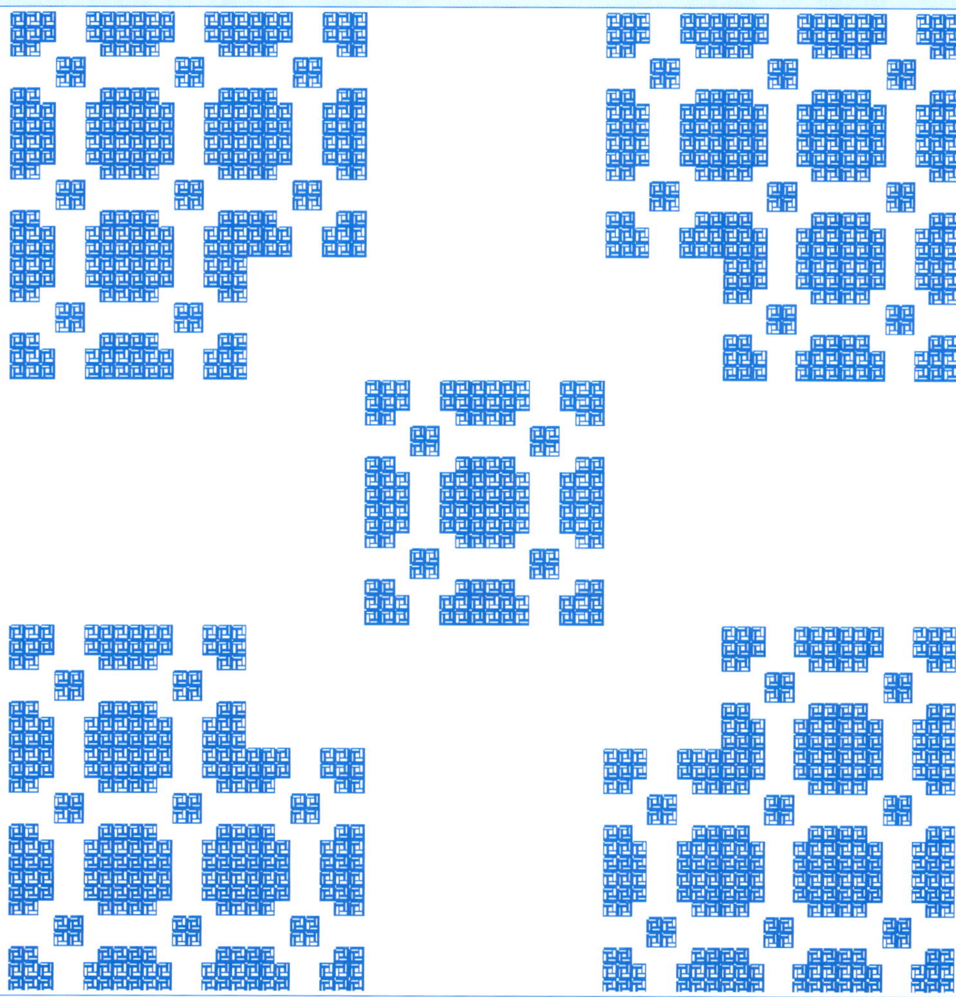

(2) 초기치 $X_1 =$ 

① 1단계(F_1)	② 초기치(X_1)	③ 2단계($F_2 = F_1 \cdot X_1$)
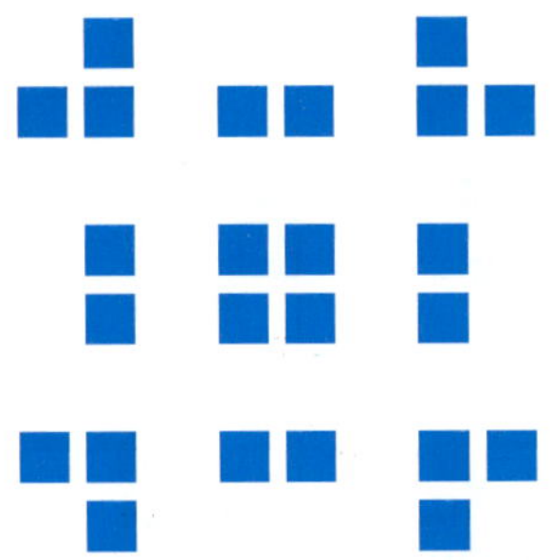	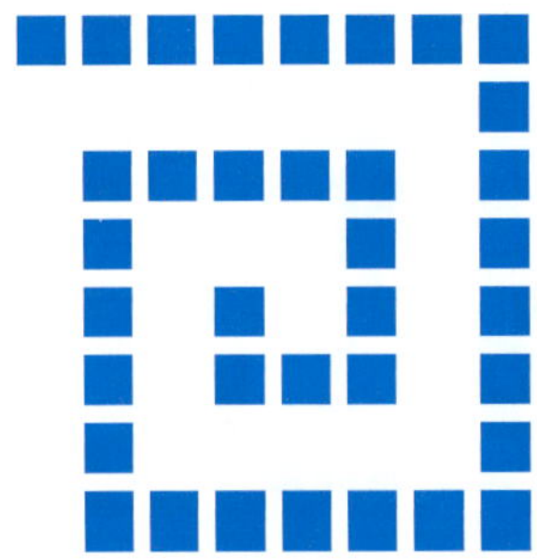	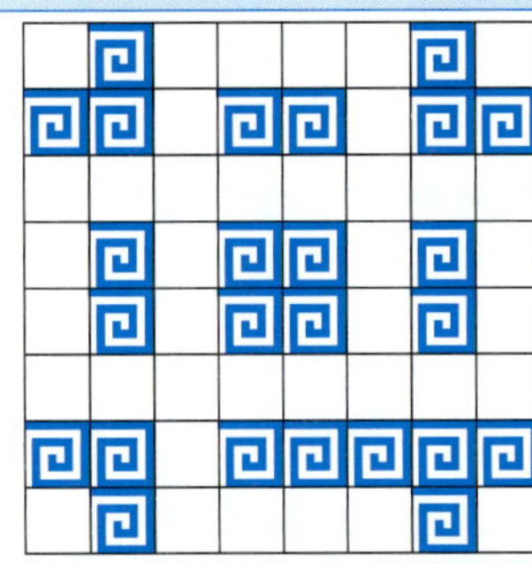

④ 3단계($F_3 = F_1 \cdot F_2$)

(3) 초기치 $X_1 =$ 

① 1단계(F_1)	② 초기치(X_1)	③ 2단계($F_2 = F_1 \cdot X_1$)
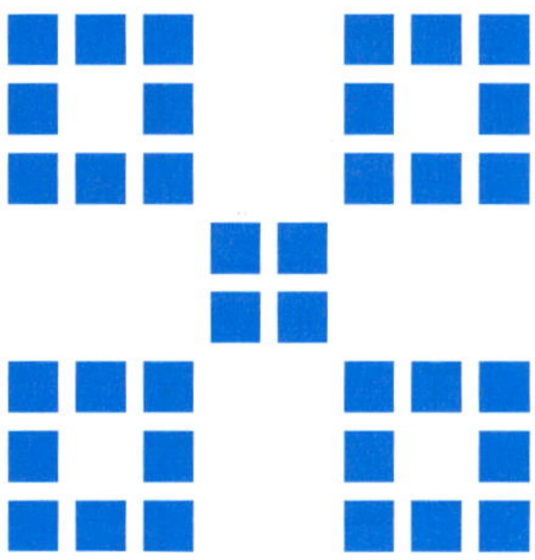	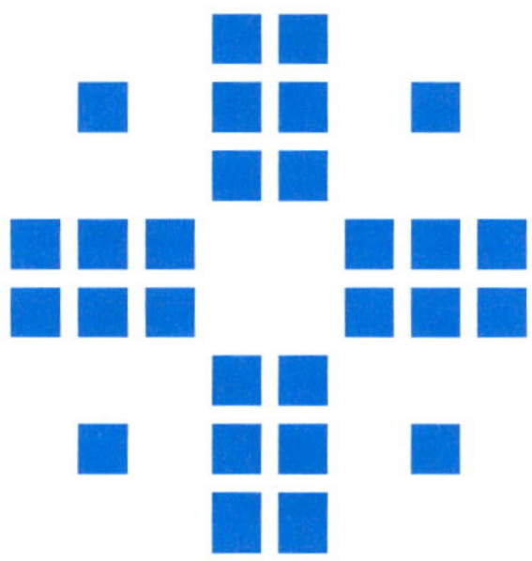	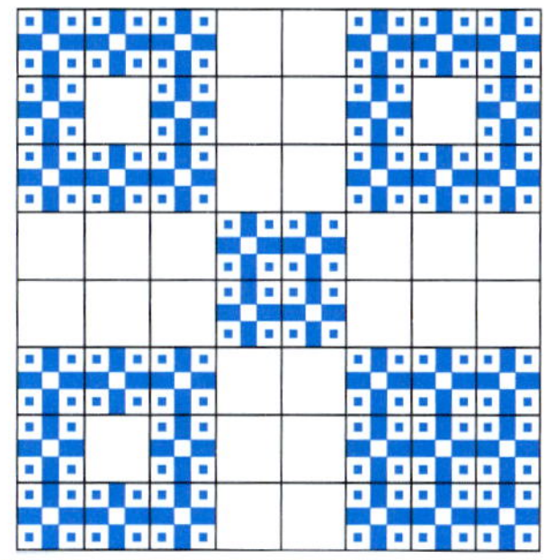

④ 3단계($F_3 = F_1 \cdot F_2$)

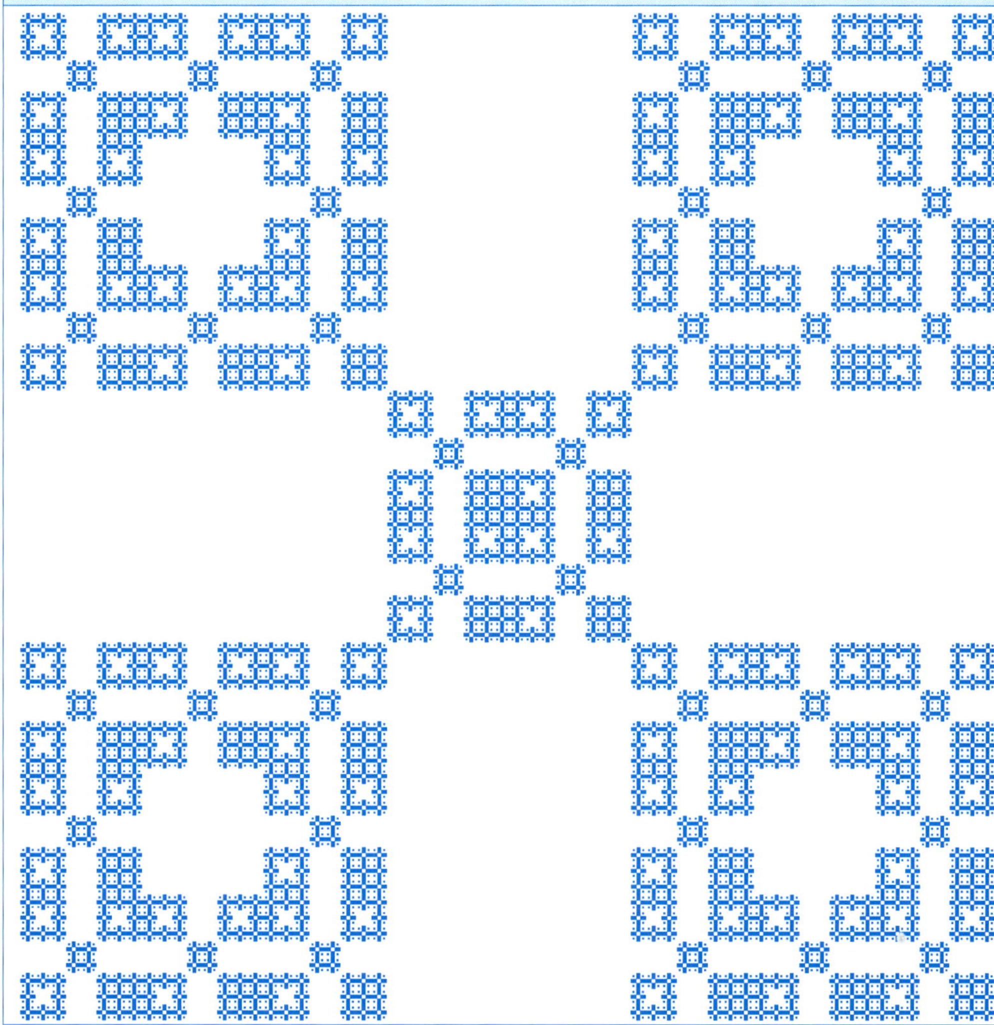

(4) 초기치 $X_1 =$ 

① 1단계(F_1)	② 초기치(X_1)	③ 2단계($F_2 = F_1 \cdot X_1$)
		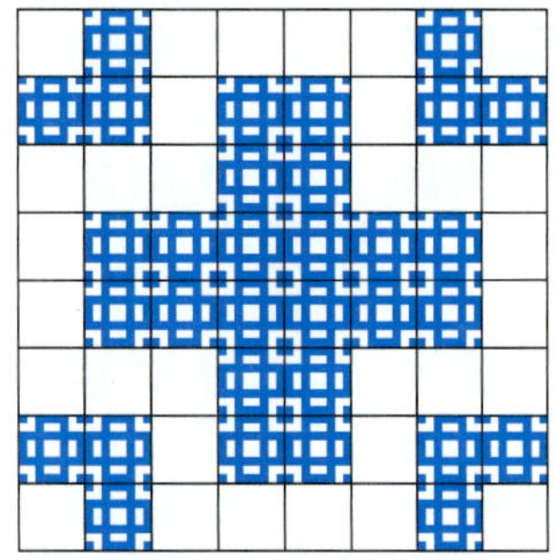

④ 3단계($F_3 = F_1 \cdot F_2$)

(5)  – 초기치 64개

<table>
<tr><th>① 1단계(F_1)</th><th>② 초기치(X_1)</th><th>③ 2단계($F_2 = F_1 \cdot X_1$)</th></tr>
<tr><td>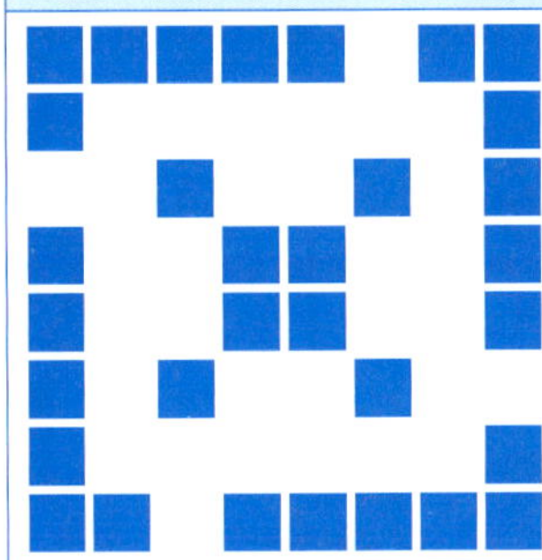</td><td></td><td>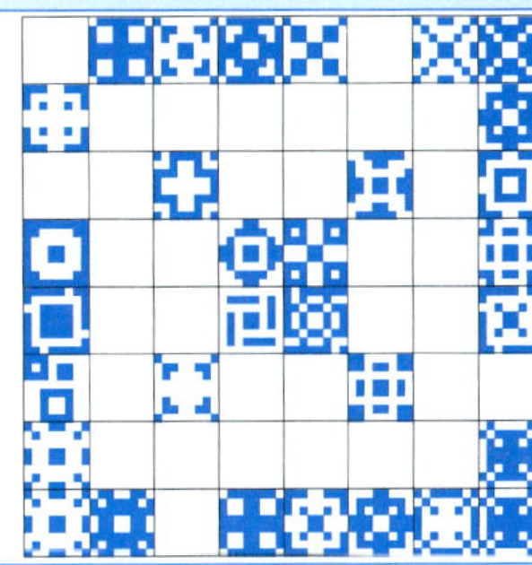</td></tr>
<tr><th colspan="3">④ 3단계($F_3 = F_1 \cdot F_2$)</th></tr>
<tr><td colspan="3">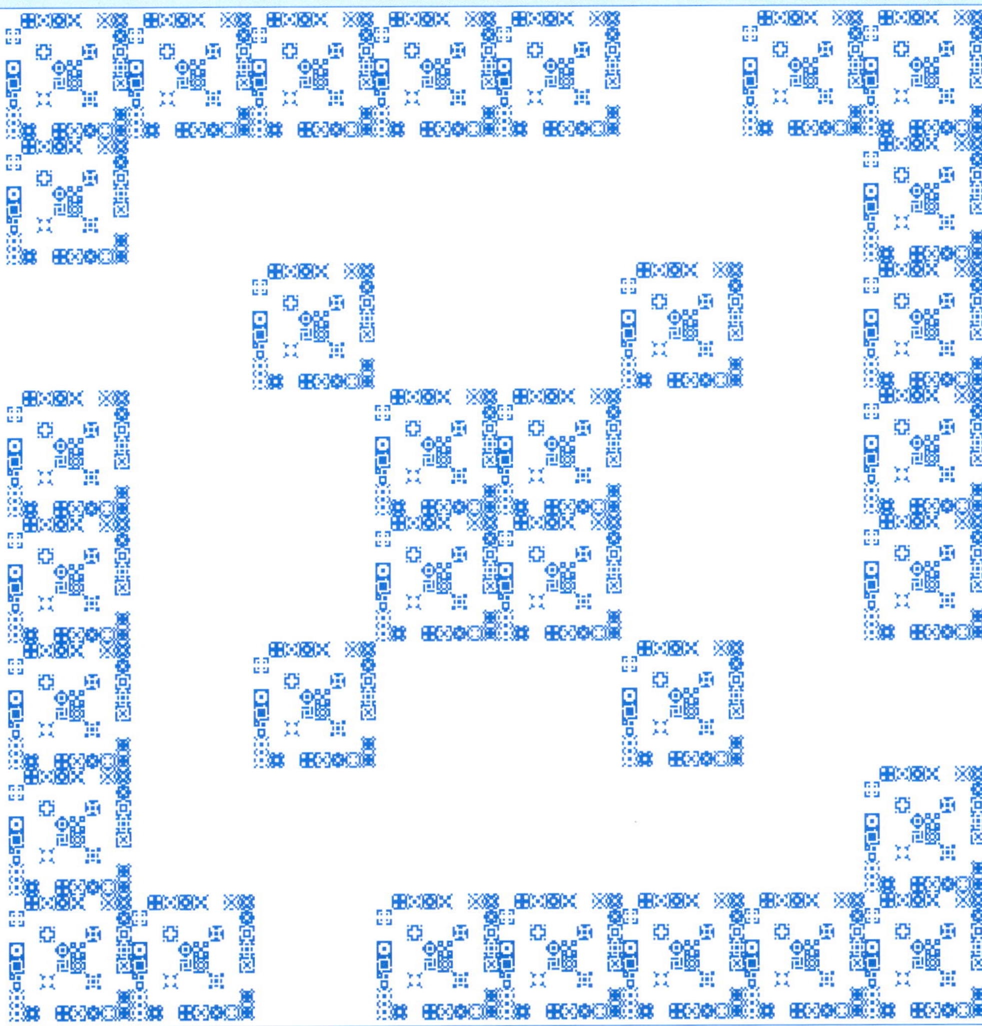</td></tr>
</table>

(6)  – 초기치 64

① 1단계(F_1)	② 초기치(X_1)	③ 2단계($F_2 = F_1 \cdot X_1$)
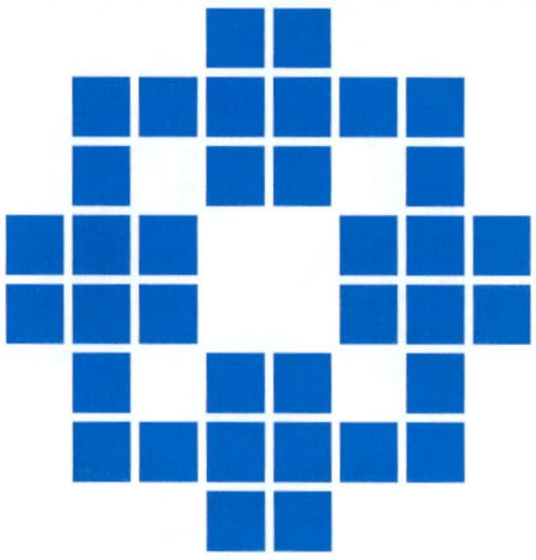		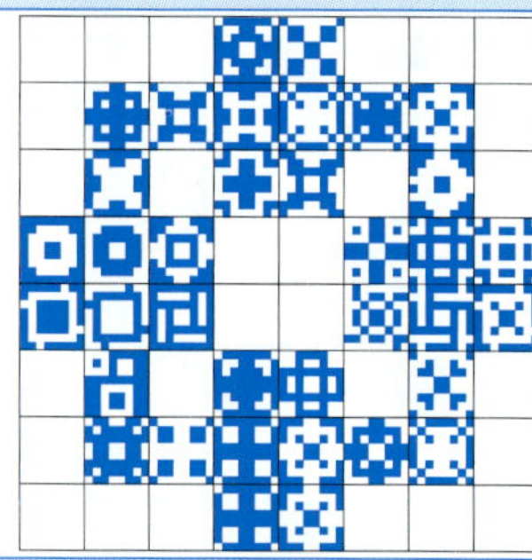
④ 3단계($F_3 = F_1 \cdot F_2$)		

(7)  – 초기치 64개

① 1단계(F_1)	② 초기치(X_1)	③ 2단계($F_2 = F_1 \cdot X_1$)
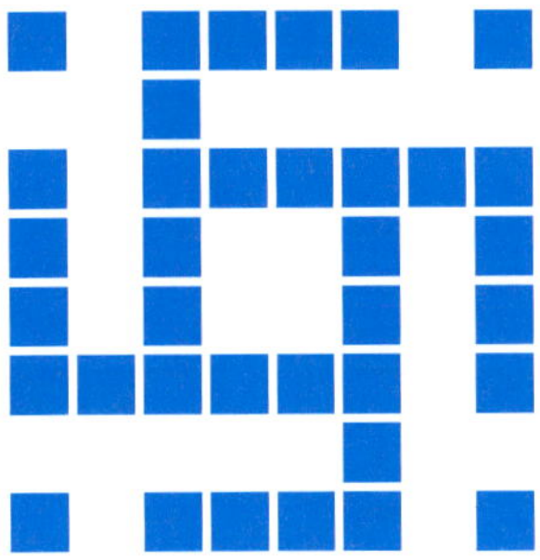		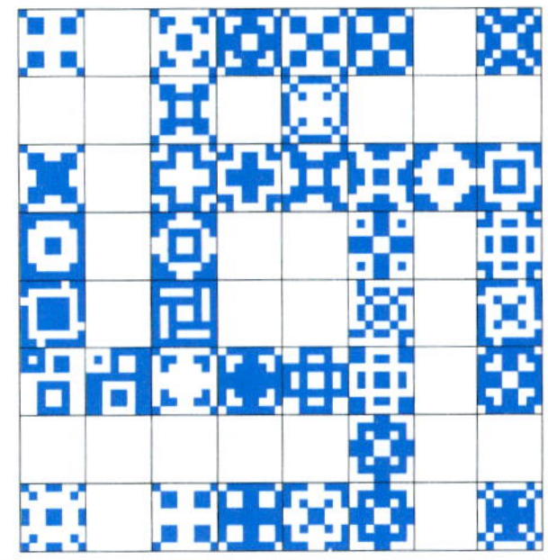

④ 3단계($F_3 = F_1 \cdot F_2$)
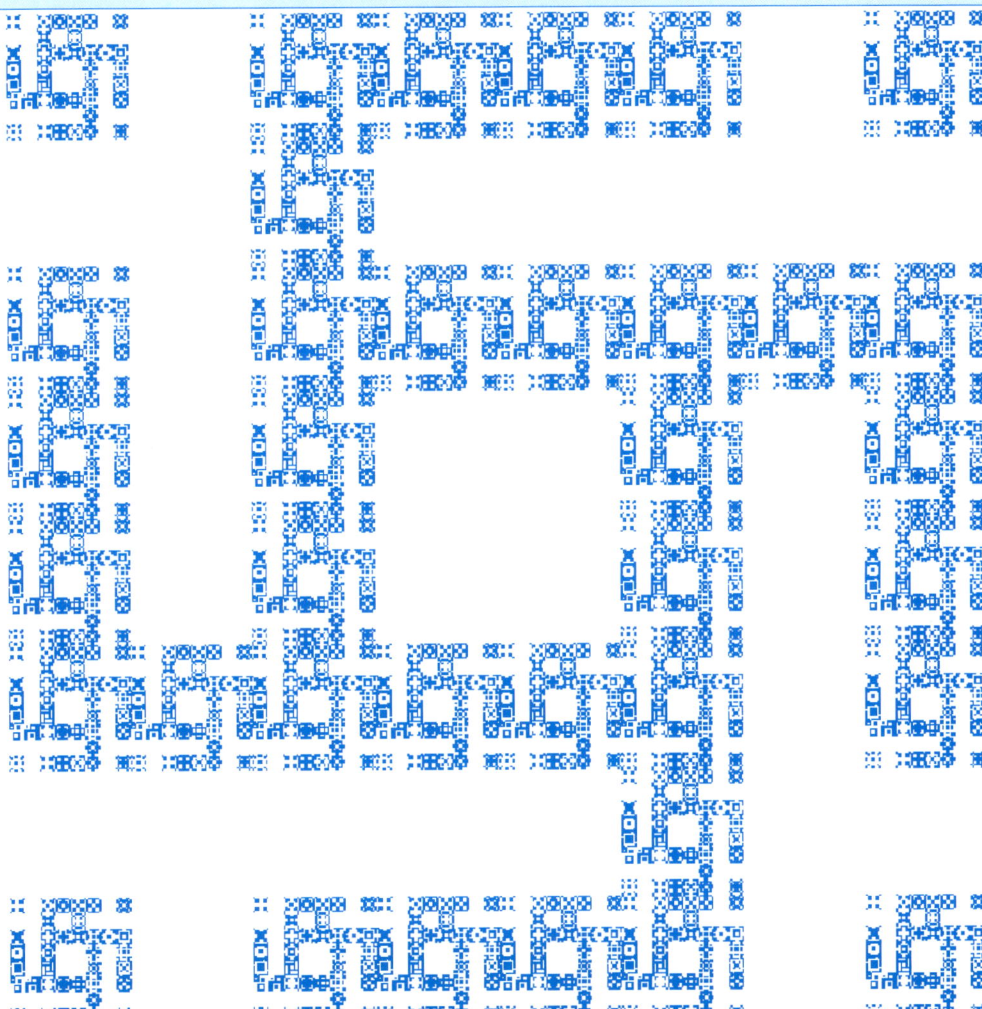

(8)  – 초기치 64개

① 1단계(F_1)	② 초기치(X_1)	③ 2단계($F_2 = F_1 \cdot X_1$)
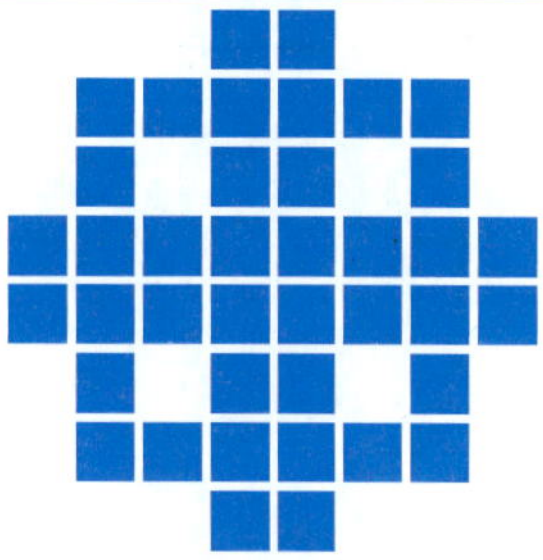	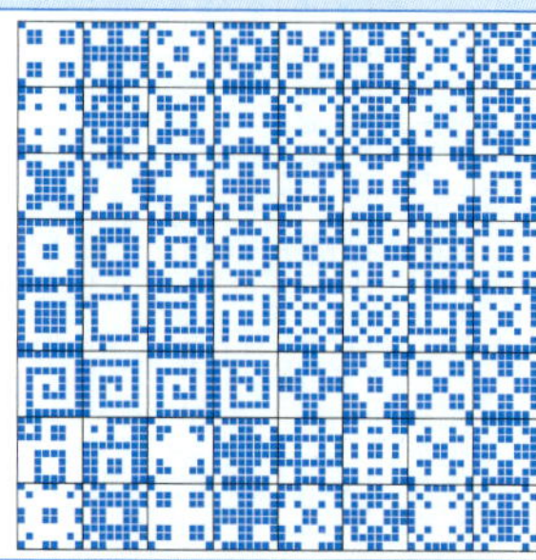	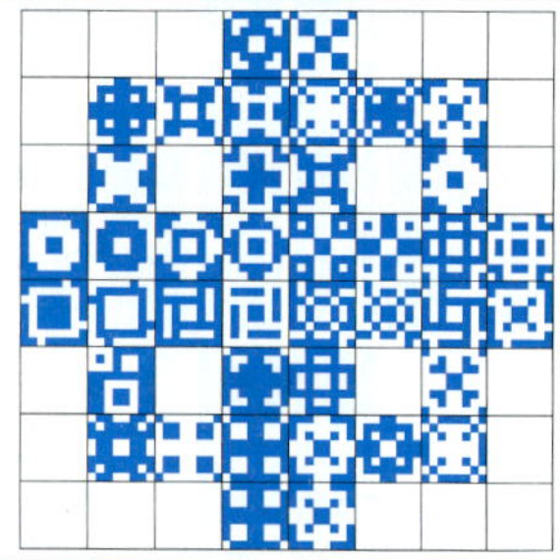

④ 3단계($F_3 = F_1 \cdot F_2$)

7 1단계 9×9 프랙탈

(1) 초기치 $X_1 =$ 

① 1단계(F_1)	② 초기치(X_1)	③ 2단계($F_2 = F_1 \cdot X_1$)
	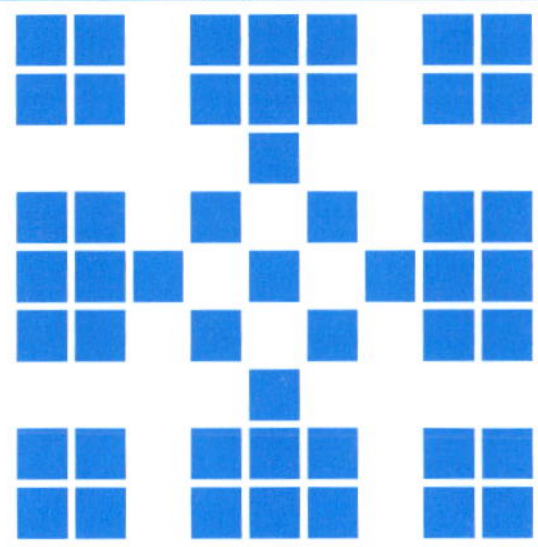	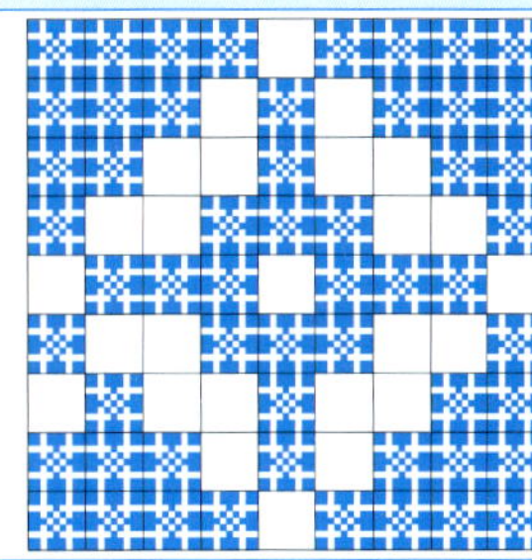
④ 3단계($F_3 = F_1 \cdot F_2$)		

(2) 초기치 $X_1 =$ 

① 1단계(F_1)	② 초기치(X_1)	③ 2단계($F_2 = F_1 \cdot X_1$)
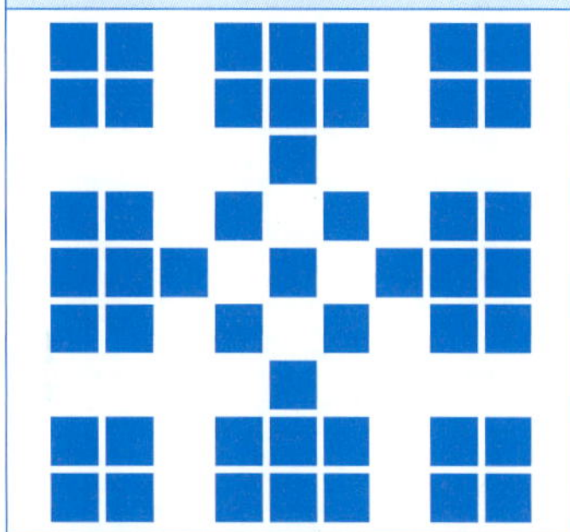	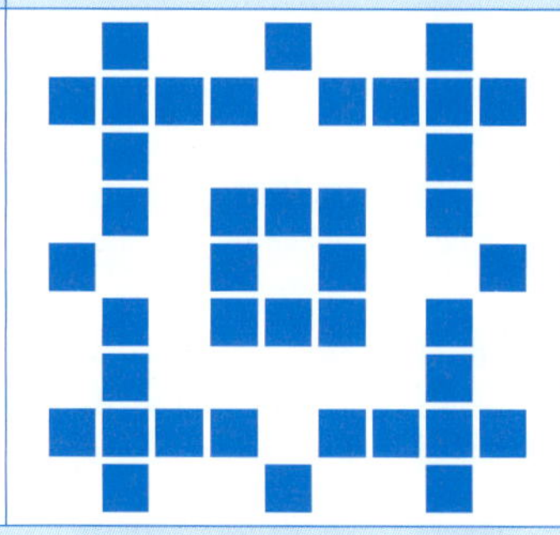	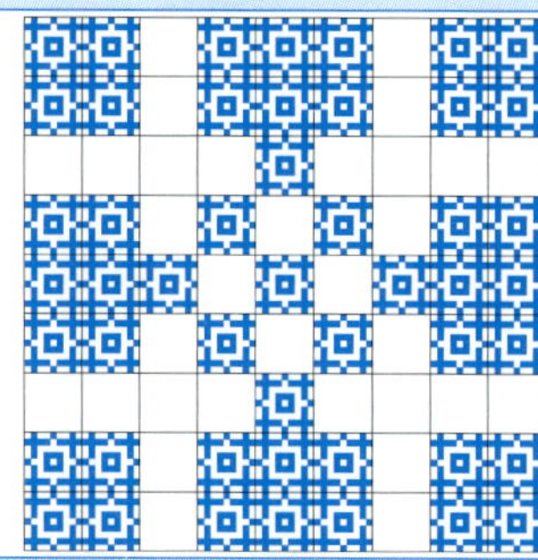
④ 3단계($F_3 = F_1 \cdot F_2$)		

(3) 초기치 $X_1=$

① 1단계(F_1)	② 초기치(X_1)	③ 2단계($F_2 = F_1 \cdot X_1$)
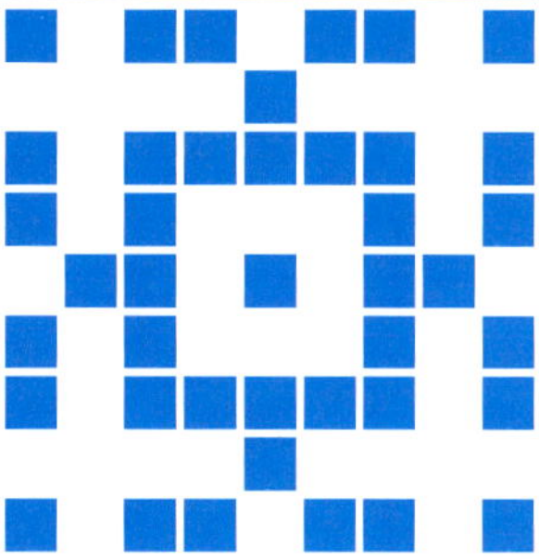		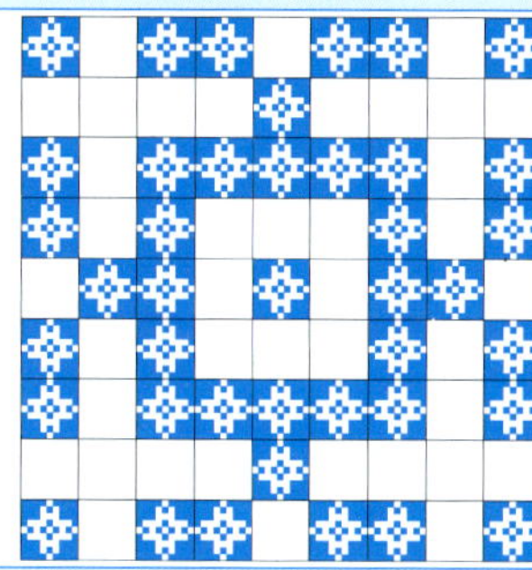
④ 3단계($F_3 = F_1 \cdot F_2$)		

(4) 초기치 $X_1 =$ 

① 1단계(F_1)	② 초기치(X_1)	③ 2단계($F_2 = F_1 \cdot X_1$)
		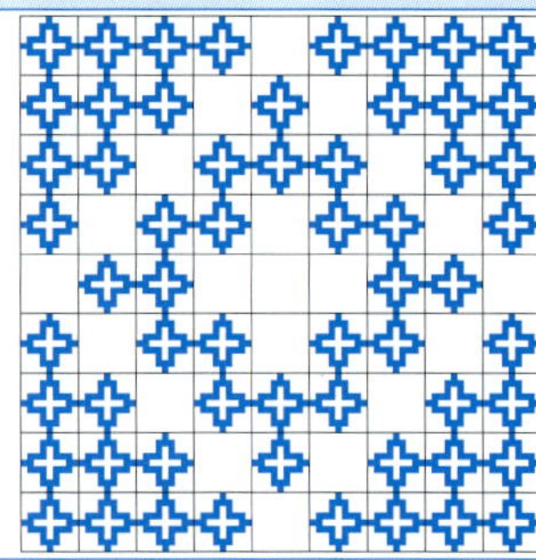

④ 3단계($F_3 = F_1 \cdot F_2$)

(5)  - 초기치 81개

① 1단계(F_1)	② 초기치(X_1)	③ 2단계($F_2 = F_1 \cdot X_1$)
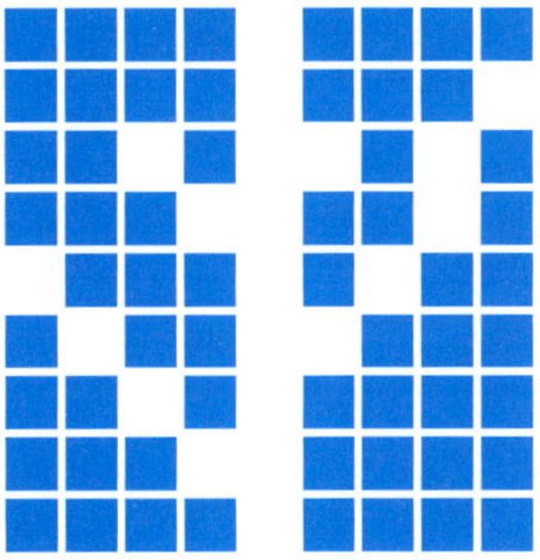		

④ 3단계($F_3 = F_1 \cdot F_2$)

(6)  – 초기치 81개

① 1단계(F_1)	② 초기치(X_1)	③ 2단계($F_2 = F_1 \cdot X_1$)
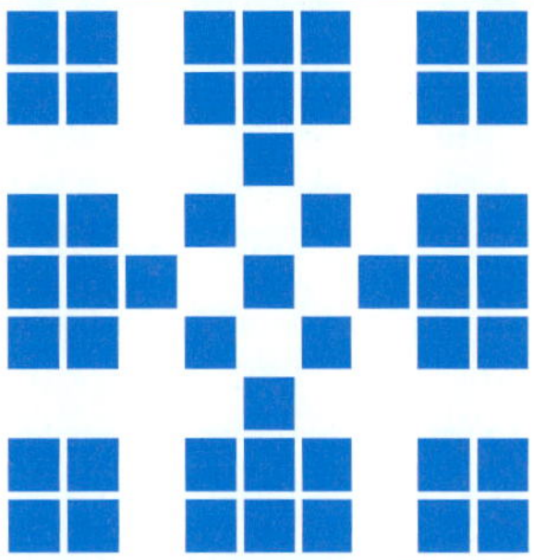		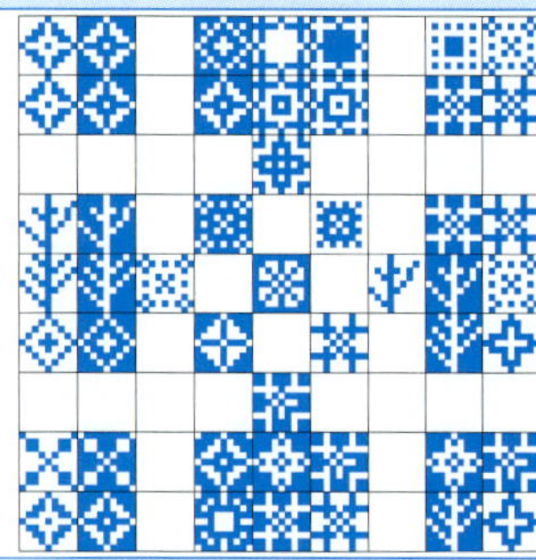

④ 3단계($F_3 = F_1 \cdot F_2$)

(7)  – 초기치 81개

① 1단계(F_1)	② 초기치(X_1)	③ 2단계($F_2 = F_1 \cdot X_1$)
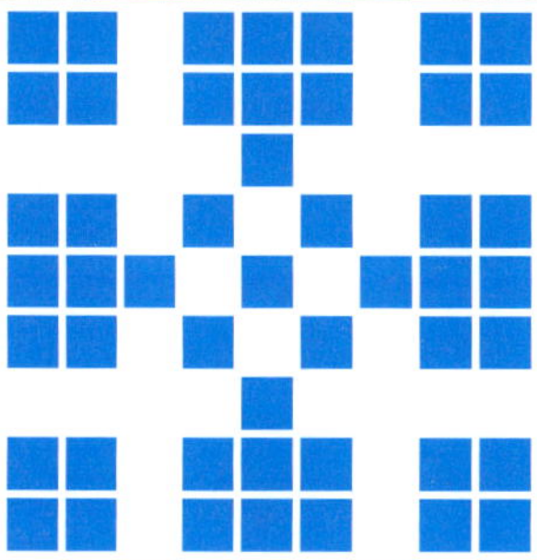	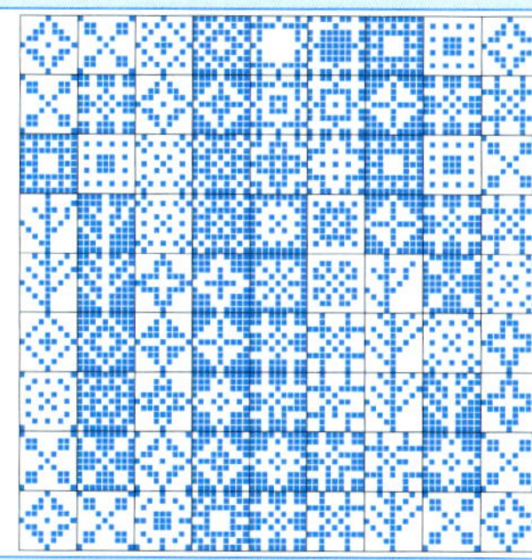	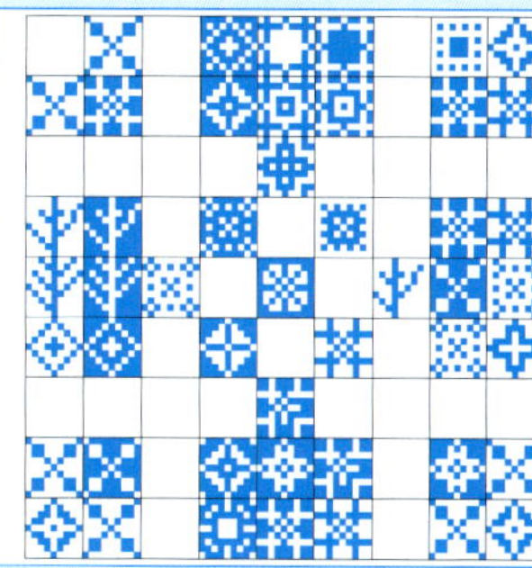

④ 3단계($F_3 = F_1 \cdot F_2$)

(8)  – 초기치 81개

① 1단계(F_1)	② 초기치(X_1)	③ 2단계($F_2 = F_1 \cdot X_1$)
	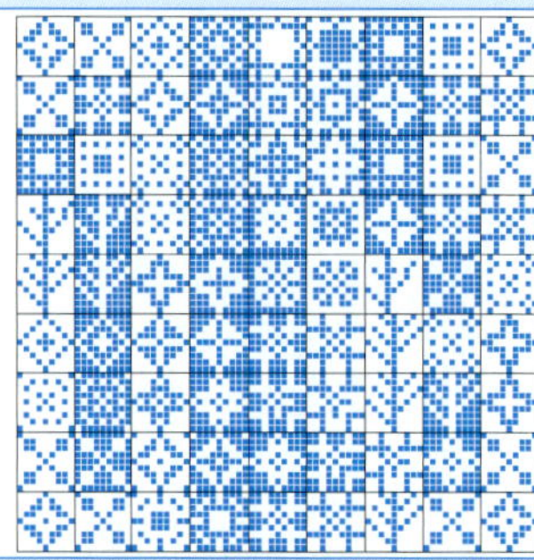	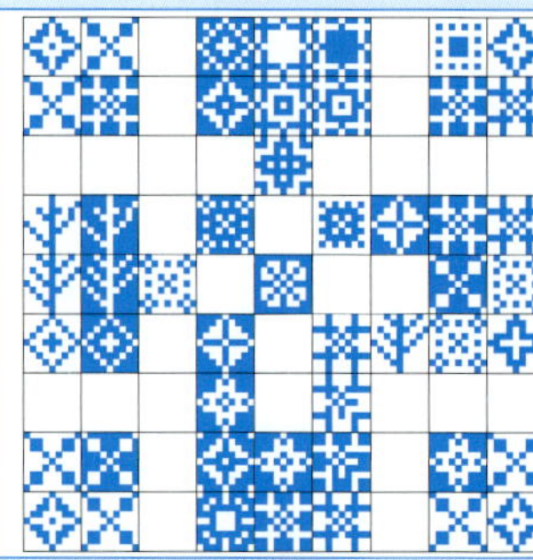
④ 3단계($F_3 = F_1 \cdot F_2$)		

제 3 장

프랙탈 분할 디자인

프랙탈의 1단계는 1과 −1로 구성되어 있다.

0	1	-1	0
-1	0	0	1
1	0	0	-1
0	-1	1	0

양수와 음수로 나누면 다음과 같이 나눌 수 있다.

0	1	-1	0
-1	0	0	1
1	0	0	-1
0	-1	1	0

0	1	-1	0
-1	0	0	1
1	0	0	-1
0	-1	1	0

2단계의 프랙탈은 다음과 같이 구성된다.

0	0	0	0	0	1	-1	0	0	-1	1	0	0	0	0	0
0	0	0	0	-1	0	0	1	1	0	0	-1	0	0	0	0
0	0	0	0	1	0	0	-1	-1	0	0	1	0	0	0	0
0	0	0	0	0	-1	1	0	0	1	-1	0	0	0	0	0
0	-1	1	0	0	0	0	0	0	0	0	0	0	1	-1	0
1	0	0	-1	0	0	0	0	0	0	0	0	-1	0	0	1
-1	0	0	1	0	0	0	0	0	0	0	0	1	0	0	-1
0	1	-1	0	0	0	0	0	0	0	0	0	0	-1	1	0
0	1	-1	0	0	0	0	0	0	0	0	0	0	-1	1	0
-1	0	0	1	0	0	0	0	0	0	0	0	1	0	0	-1
1	0	0	-1	0	0	0	0	0	0	0	0	-1	0	0	1
0	-1	1	0	0	0	0	0	0	0	0	0	0	1	-1	0
0	0	0	0	0	-1	1	0	0	1	-1	0	0	0	0	0
0	0	0	0	1	0	0	-1	-1	0	0	1	0	0	0	0
0	0	0	0	-1	0	0	1	1	0	0	-1	0	0	0	0
0	0	0	0	0	1	-1	0	0	-1	1	0	0	0	0	0

2단계의 프랙탈을 양수와 음수의 영역으로 구분할 수 있다.

0	0	0	0	0	1	-1	0	0	-1	1	0	0	0	0	0
0	0	0	0	-1	0	0	1	1	0	0	-1	0	0	0	0
0	0	0	0	1	0	0	-1	-1	0	0	1	0	0	0	0
0	0	0	0	0	-1	1	0	0	1	-1	0	0	0	0	0
0	-1	1	0	0	0	0	0	0	0	0	0	0	1	-1	0
1	0	0	-1	0	0	0	0	0	0	0	0	-1	0	0	1
-1	0	0	1	0	0	0	0	0	0	0	0	1	0	0	-1
0	1	-1	0	0	0	0	0	0	0	0	0	0	-1	1	0
0	1	-1	0	0	0	0	0	0	0	0	0	0	-1	1	0
-1	0	0	1	0	0	0	0	0	0	0	0	1	0	0	-1
1	0	0	-1	0	0	0	0	0	0	0	0	-1	0	0	1
0	-1	1	0	0	0	0	0	0	0	0	0	0	1	-1	0
0	0	0	0	0	-1	1	0	0	1	-1	0	0	0	0	0
0	0	0	0	1	0	0	-1	-1	0	0	1	0	0	0	0
0	0	0	0	-1	0	0	1	1	0	0	-1	0	0	0	0
0	0	0	0	0	1	-1	0	0	-1	1	0	0	0	0	0

0	0	0	0	0	1	-1	0	0	-1	1	0	0	0	0	0
0	0	0	0	-1	0	0	1	1	0	0	-1	0	0	0	0
0	0	0	0	1	0	0	-1	-1	0	0	1	0	0	0	0
0	0	0	0	0	-1	1	0	0	1	-1	0	0	0	0	0
0	-1	1	0	0	0	0	0	0	0	0	0	0	1	-1	0
1	0	0	-1	0	0	0	0	0	0	0	0	-1	0	0	1
-1	0	0	1	0	0	0	0	0	0	0	0	1	0	0	-1
0	1	-1	0	0	0	0	0	0	0	0	0	0	-1	1	0
0	1	-1	0	0	0	0	0	0	0	0	0	0	-1	1	0
-1	0	0	1	0	0	0	0	0	0	0	0	1	0	0	-1
1	0	0	-1	0	0	0	0	0	0	0	0	-1	0	0	1
0	-1	1	0	0	0	0	0	0	0	0	0	0	1	-1	0
0	0	0	0	0	-1	1	0	0	1	-1	0	0	0	0	0
0	0	0	0	1	0	0	-1	-1	0	0	1	0	0	0	0
0	0	0	0	-1	0	0	1	1	0	0	-1	0	0	0	0
0	0	0	0	0	1	-1	0	0	-1	1	0	0	0	0	0

1 1단계 4×4 프랙탈 분할

부족함은 정신의 힘을 낳는다.

	프랙탈	양수	음수
1단계	0 1 −1 0 −1 0 0 1 1 0 0 −1 0 −1 1 0	0 1 −1 0 −1 0 0 1 1 0 0 −1 0 −1 1 0	0 1 −1 0 −1 0 0 1 1 0 0 −1 0 −1 1 0
	$\log_4 8 = 1.5$	$\log_4 = 1$	$\log_4 = 1$
2단계	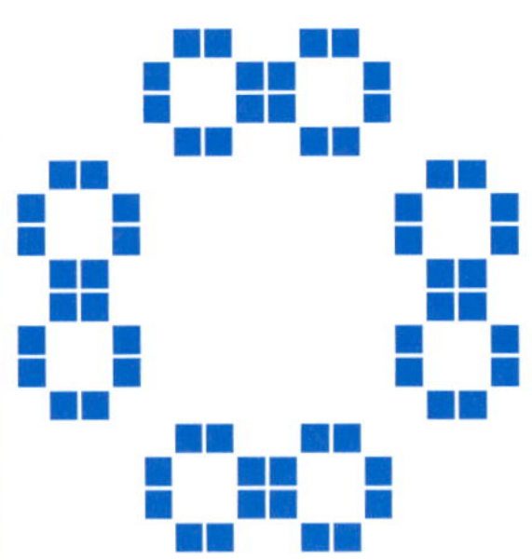	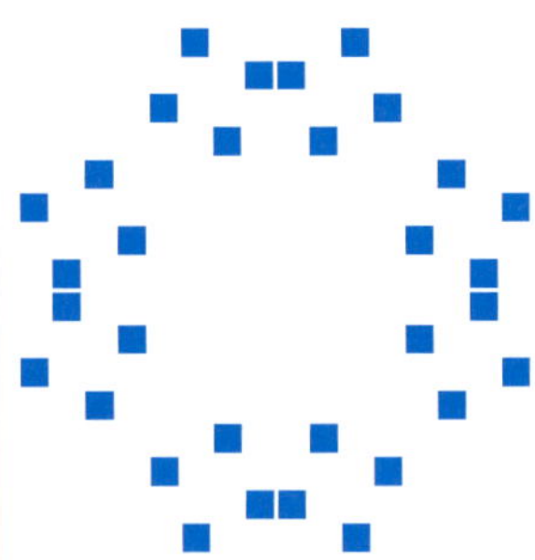	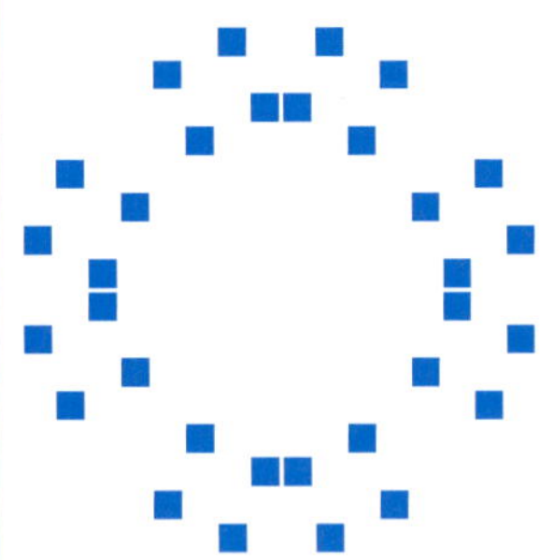
	$\log_{16} 64 = 1.5$	$\log_{16} 32 = 1.25$	$\log_{16} 32 = 1.25$
3단계	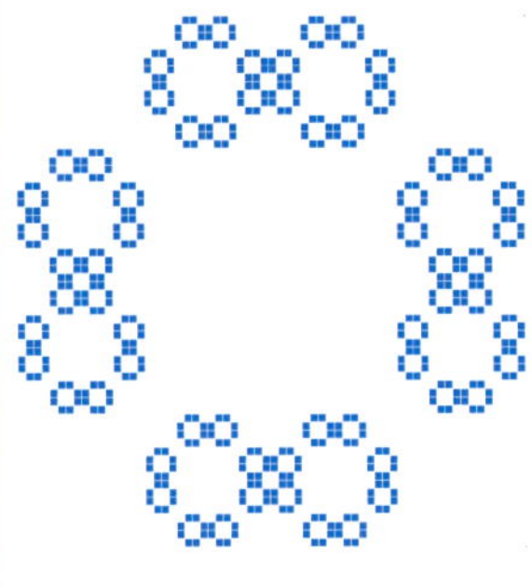	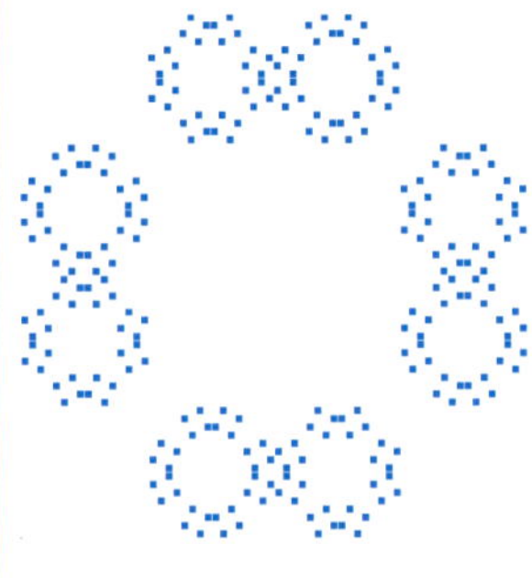	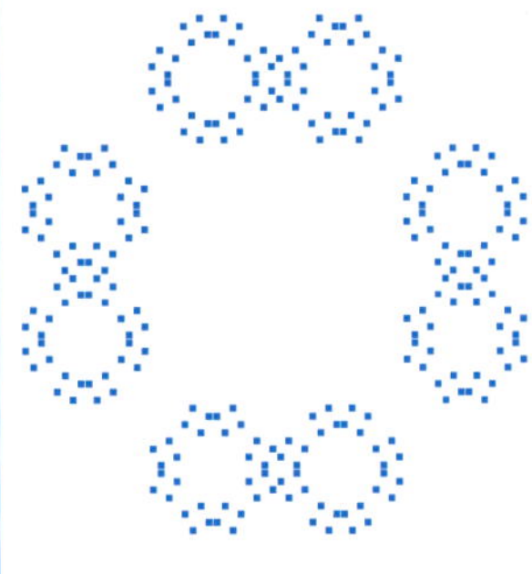
	$\log_{64} 512 = 1.5$	$\log_{64} 256 = 1.333$	$\log_{64} 256 = 1.333$

수학을 배우기만 한다면 무슨 의미가 있을까

<table>
<tr><th></th><th>프랙탈</th><th>양수</th><th>음수</th></tr>
<tr><td rowspan="2">1단계</td><td>-1 0 0 -1
0 1 1 0
0 1 1 0
-1 0 0 -1</td><td>-1 0 0 -1
0 1 1 0
0 1 1 0
-1 0 0 -1</td><td>-1 0 0 -1
0 1 1 0
0 1 1 0
-1 0 0 -1</td></tr>
<tr><td>$\log_4 8 = 1.5$</td><td>$\log_4 = 1$</td><td>$\log_4 = 1$</td></tr>
<tr><td rowspan="2">2단계</td><td>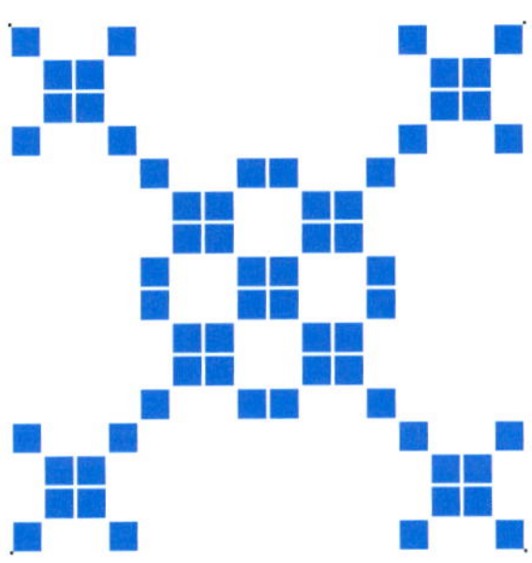</td><td>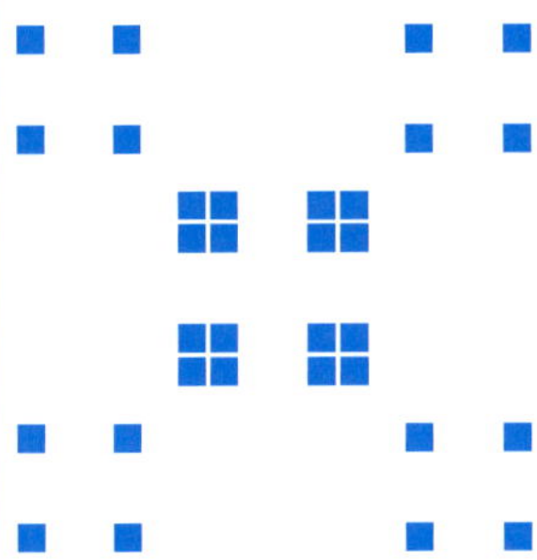</td><td>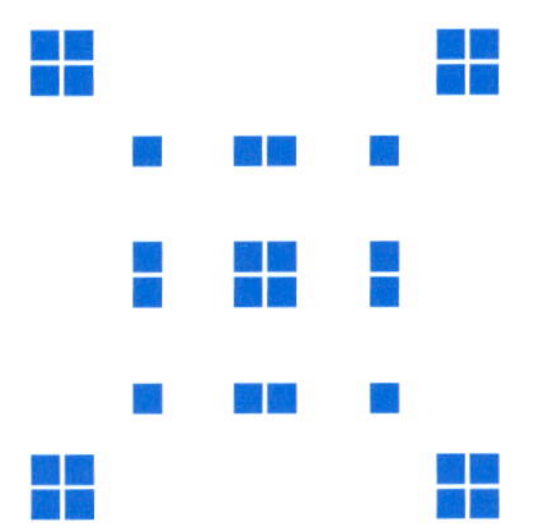</td></tr>
<tr><td>$\log_{16} 64 = 1.5$</td><td>$\log_{16} 32 = 1.25$</td><td>$\log_{16} 32 = 1.25$</td></tr>
<tr><td rowspan="2">3단계</td><td>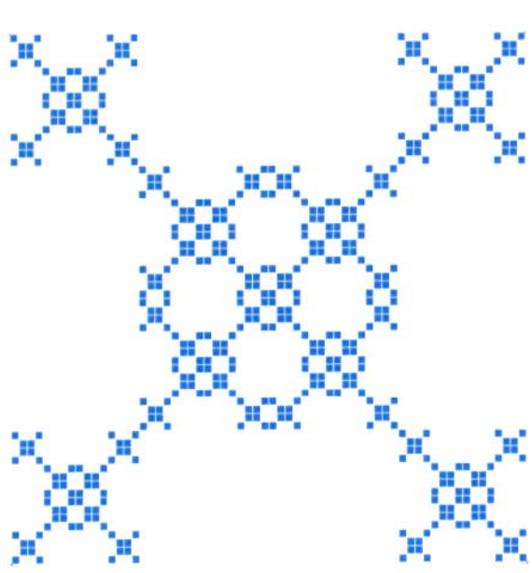</td><td>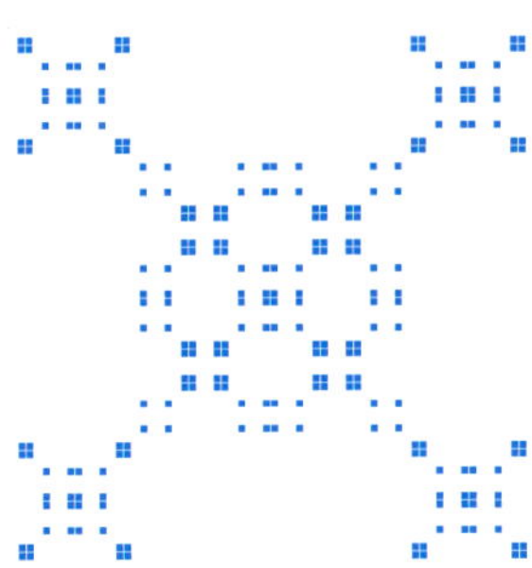</td><td>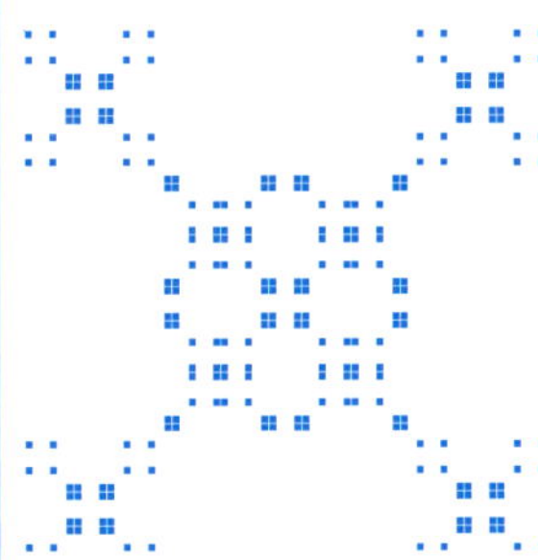</td></tr>
<tr><td>$\log_{64} 512 = 1.5$</td><td>$\log_{64} 256 = 1.333$</td><td>$\log_{64} 256 = 1.333$</td></tr>
</table>

사랑 받기를 원하는 사람, 사랑 하기를 원하는 사람

	F_{16770}	F_{18402}	F_{29262}
1단계	$\begin{matrix} 0 & 1 & 0 & 0 \\ 0 & -1 & -1 & 1 \\ 1 & -1 & -1 & 0 \\ 0 & 0 & 1 & 0 \end{matrix}$	$\begin{matrix} 0 & 1 & 0 & 0 \\ 0 & -1 & -1 & 1 \\ 1 & -1 & -1 & 0 \\ 0 & 0 & 1 & 0 \end{matrix}$	$\begin{matrix} 0 & 1 & 0 & 0 \\ 0 & -1 & -1 & 1 \\ 1 & -1 & -1 & 0 \\ 0 & 0 & 1 & 0 \end{matrix}$
	$\log_4 8 = 1.5$	$\log_4 = 1$	$\log_4 = 1$
2단계		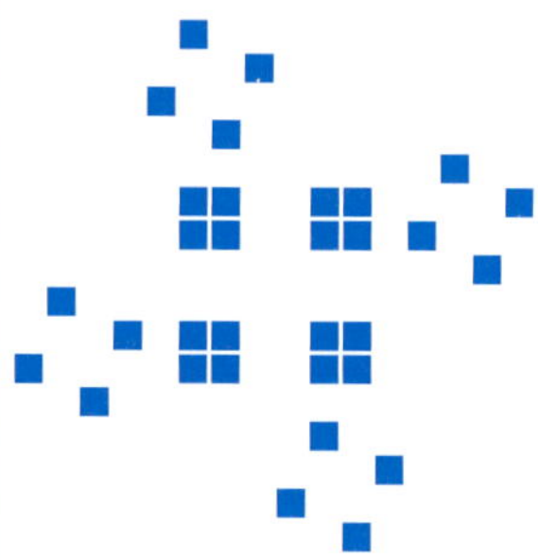	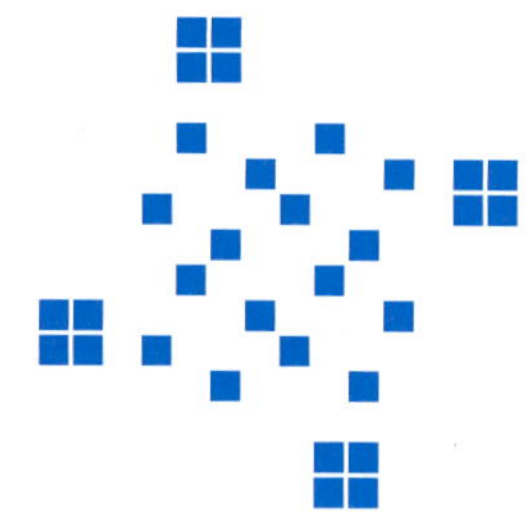
	$\log_{16}64 = 1.5$	$\log_{16}32 = 1.25$	$\log_{16}32 = 1.25$
3단계	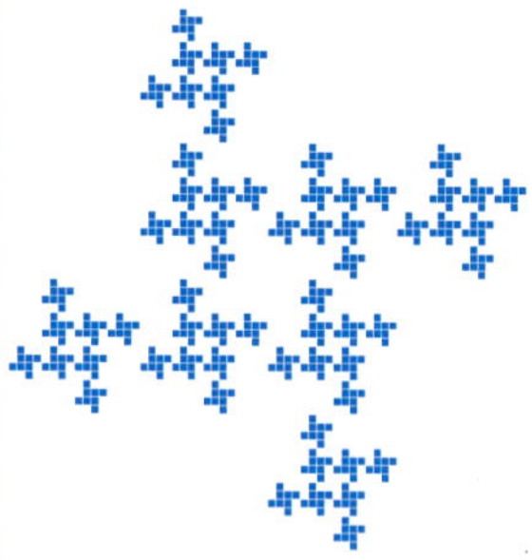		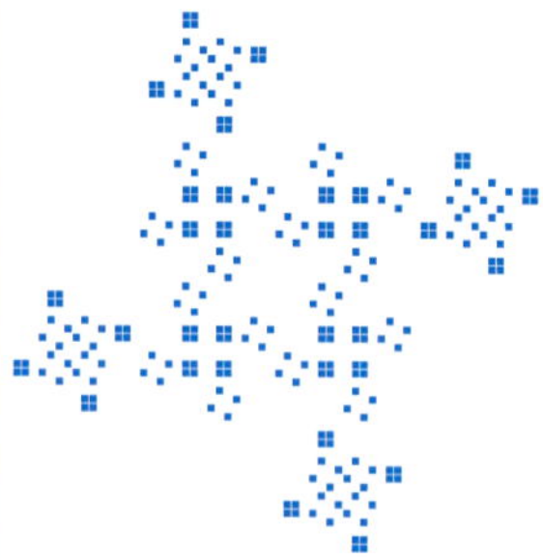
	$\log_{64}512 = 1.5$	$\log_{64}256 = 1.333$	$\log_{64}256 = 1.333$

젊음은 나이와 마음 가짐이다.

<table>
<tr><th></th><th>F_{16770}</th><th>F_{18402}</th><th>F_{29262}</th></tr>
<tr><td rowspan="2">1단계</td><td>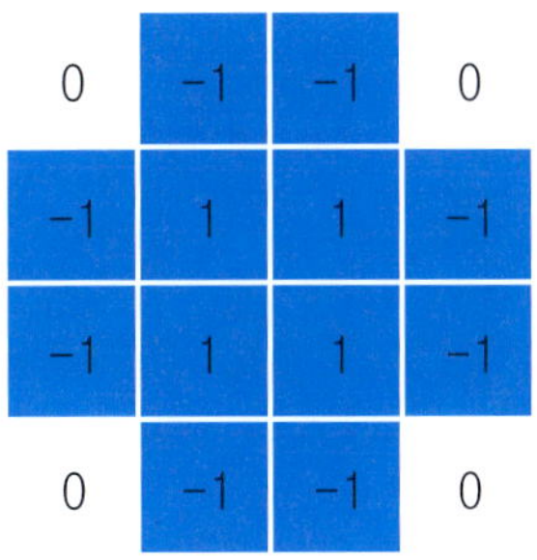
</td><td>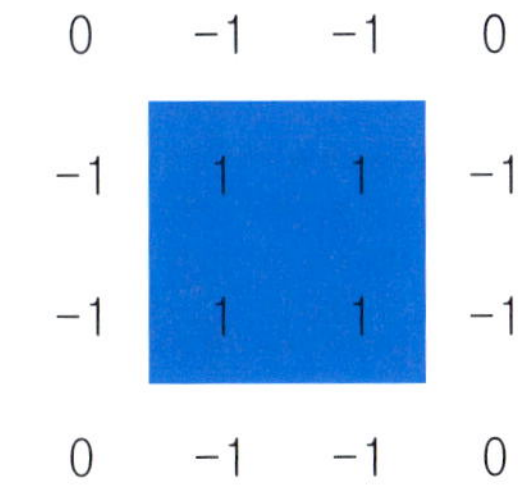
</td><td>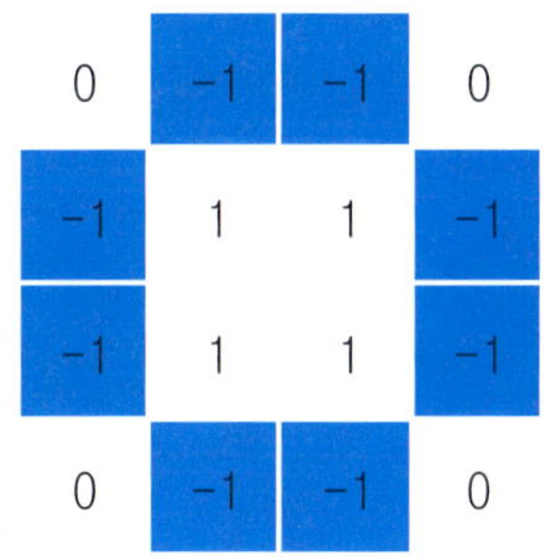
</td></tr>
<tr><td>$\log_4 12 = 1.792$</td><td>$\log_4 4 = 1$</td><td>$\log_4 8 = 1.5$</td></tr>
<tr><td rowspan="2">2단계</td><td>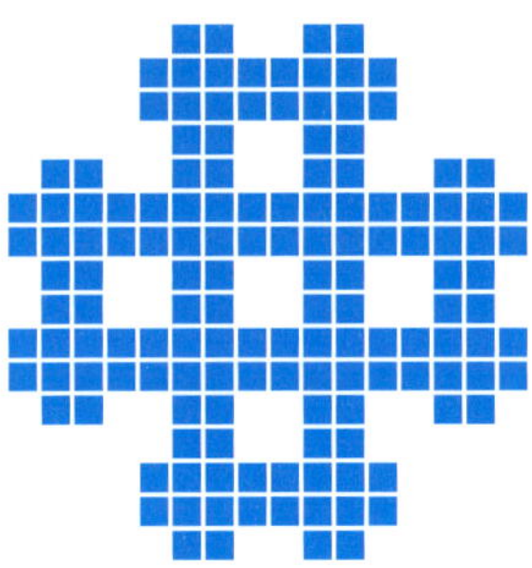</td><td>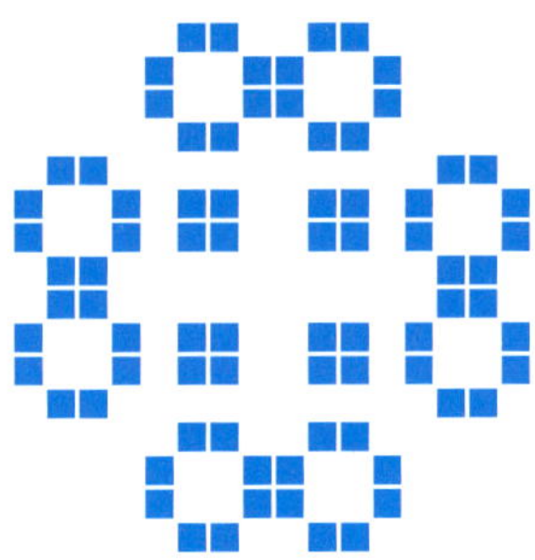</td><td>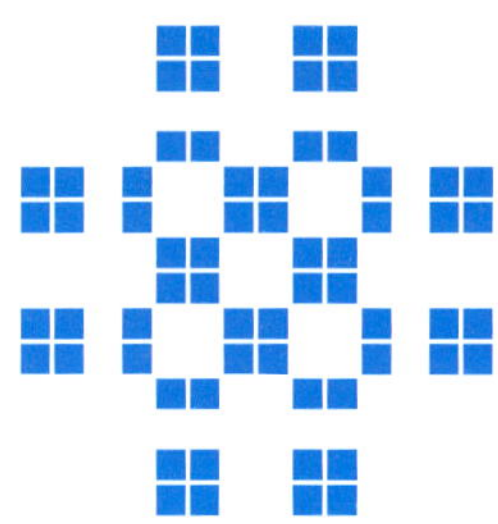</td></tr>
<tr><td>$\log_{16} 144 = 1.792$</td><td>$\log_{16} 80 = 1.581$</td><td>$\log_{16} 64 = 1.5$</td></tr>
<tr><td rowspan="2">3단계</td><td></td><td>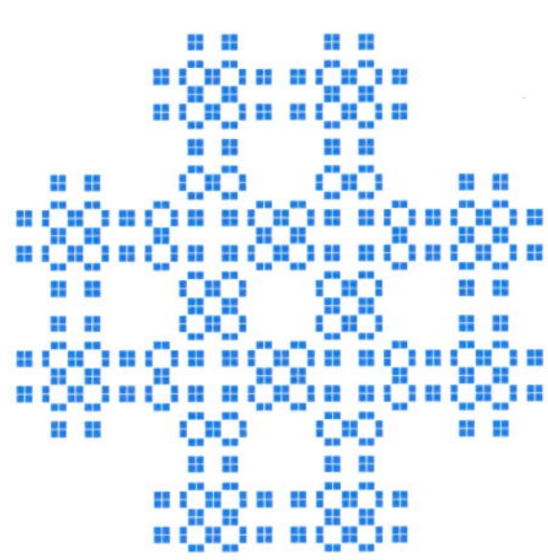</td><td>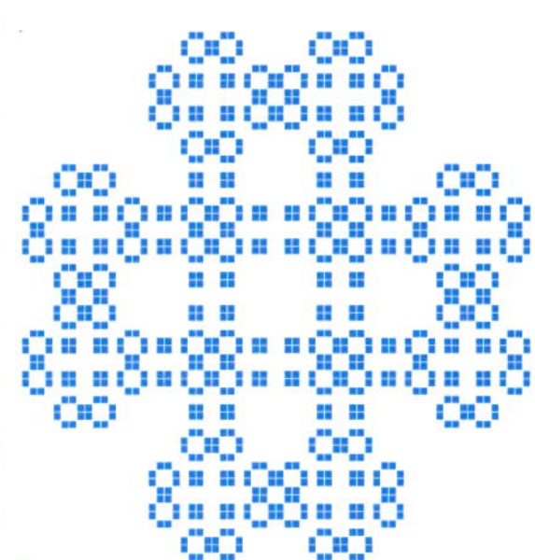</td></tr>
<tr><td>$\log_{64} 1728 = 1.792$</td><td>$\log_{64} 512 = 1.5$</td><td>$\log_{64} 512 = 1.5$</td></tr>
</table>

멋진 삶은 사랑을 베푸는 것

	F_{16770}	F_{18402}	F_{29262}
1단계	−1 −1 0 −1 0 1 1 −1 −1 1 1 0 −1 0 −1 −1	−1 −1 0 −1 0 1 1 −1 −1 1 1 0 −1 0 −1 −1	−1 −1 0 −1 0 1 1 −1 −1 1 1 0 −1 0 −1 −1
	$\log_4 12 = 1.792$	$\log_4 4 = 1$	$\log_4 8 = 1.5$
2단계	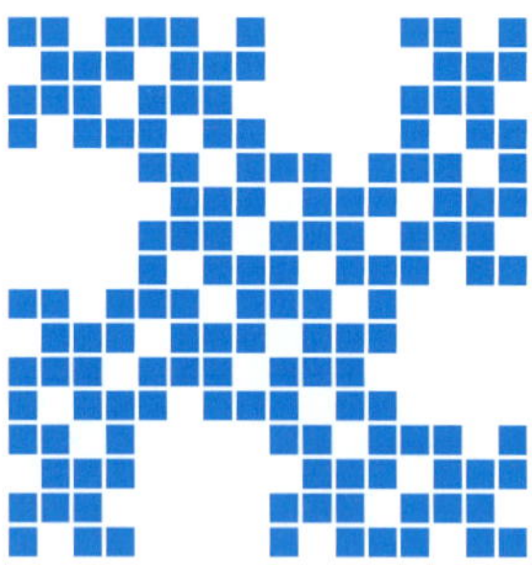	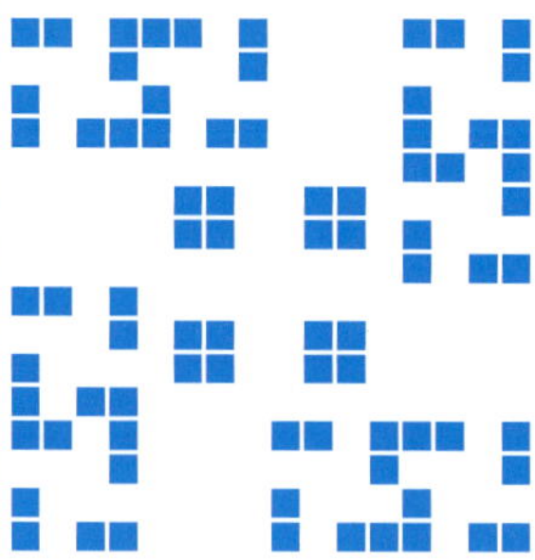	
	$\log_{16} 144 = 1.792$	$\log_{16} 80 = 1.581$	$\log_{16} 64 = 1.5$
3단계	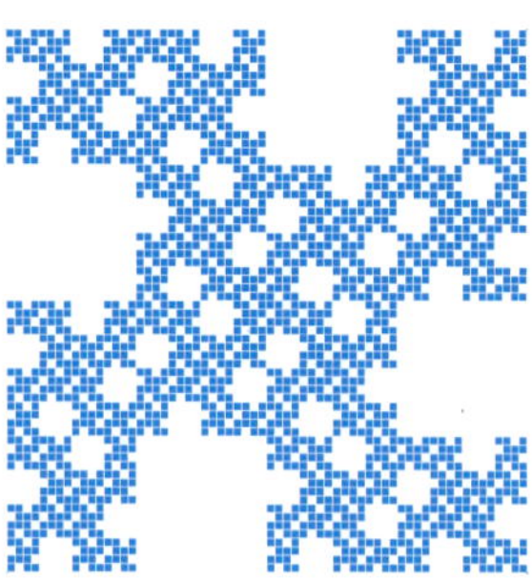		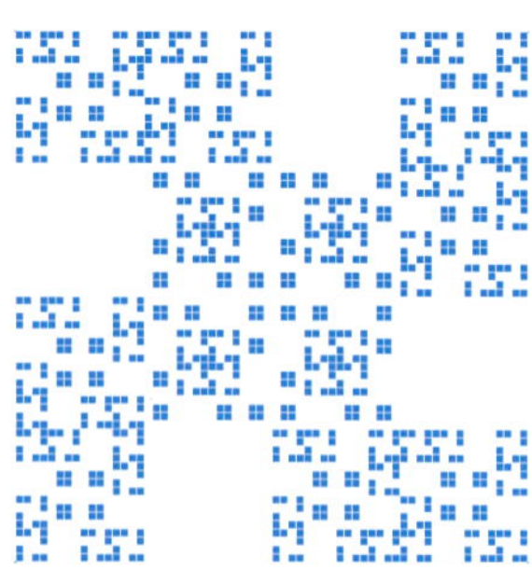
	$\log_{64} 1728 = 1.792$	$\log_{64} 512 = 1.5$	$\log_{64} 512 = 1.5$

가장 중요한 질문은 "타인을 위해 무엇을 하고 있나?"

	프랙탈	양수	음수
1단계	−1 1 1 −1 1 0 0 1 1 0 0 1 −1 1 1 −1	−1 1 1 −1 1 0 0 1 1 0 0 1 −1 1 1 −1	−1 1 1 −1 1 0 0 1 1 0 0 1 −1 1 1 −1
	$\log_4 12 = 1.792$	$\log_4 8 = 1.5$	$\log_4 4 = 1$
2단계	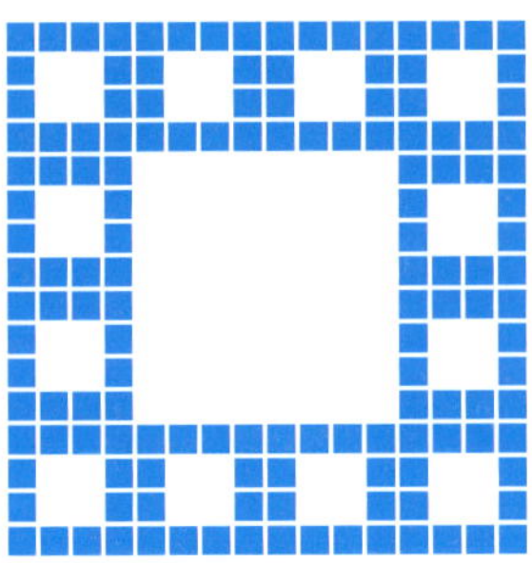	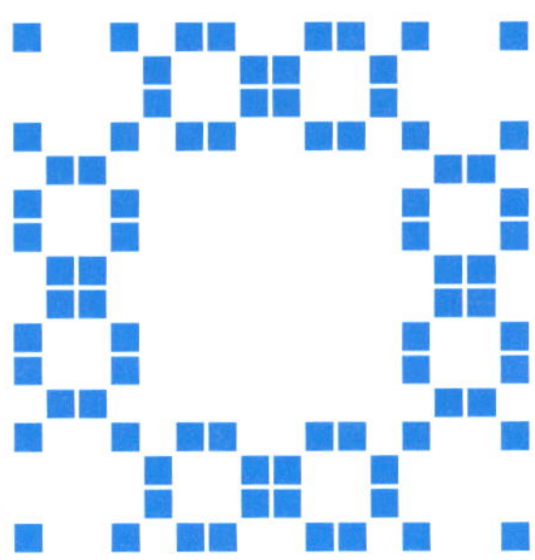	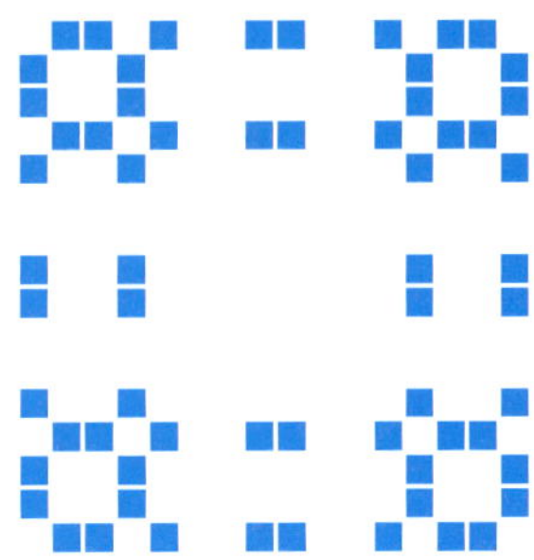
	$\log_{16} 144 = 1.792$	$\log_{16} 80 = 1.581$	$\log_{16} 64 = 1.5$
3단계		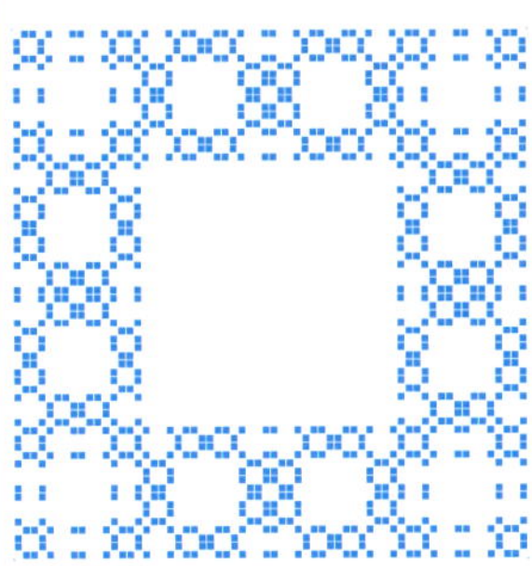	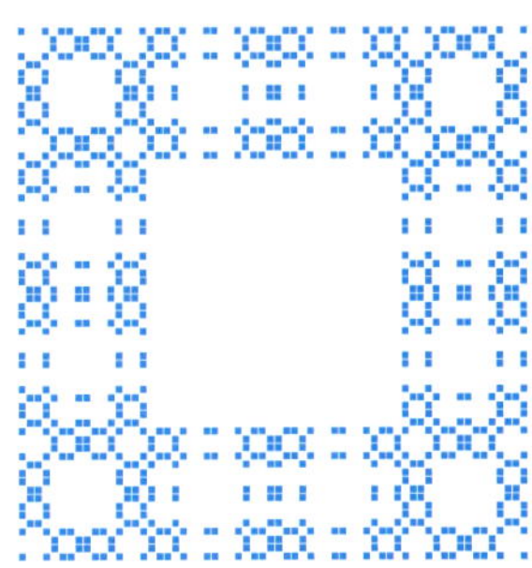
	$\log_{64} 1728 = 1.792$	$\log_{64} 896 = 1.635$	$\log_{64} 832 = 1.617$

2 1단계 5×5 프랙탈 분할

잘못을 지적하는 것보다 한 가지 칭찬을

	프랙탈	양수	음수
1단계	0 1 -1 1 0 1 0 0 0 1 -1 0 0 0 -1 1 0 0 0 1 0 1 -1 1 0	0 1 -1 1 0 1 0 0 0 1 -1 0 0 0 -1 1 0 0 0 1 0 1 -1 1 0	0 1 -1 1 0 1 0 0 0 1 -1 0 0 0 -1 1 0 0 0 1 0 1 -1 1 0
	$\log_4 12 = 1.544$	$\log_4 8 = 1.292$	$\log_4 4 = 1$
2단계	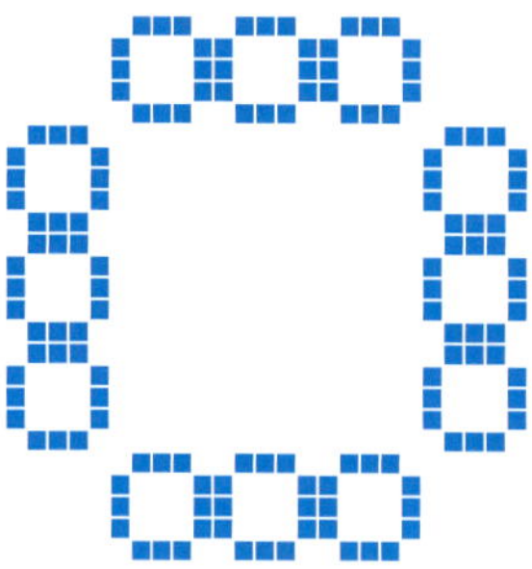	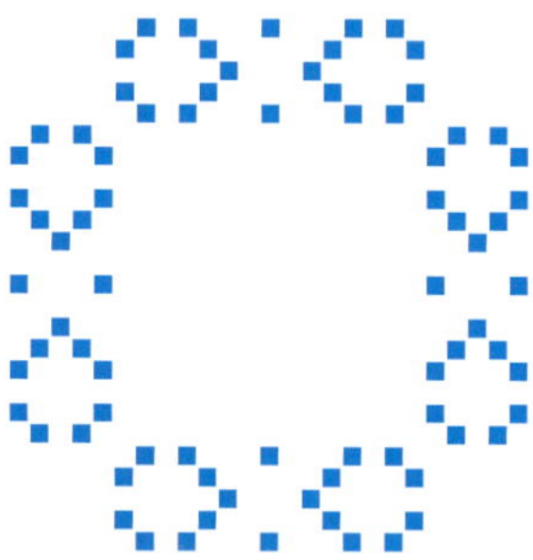	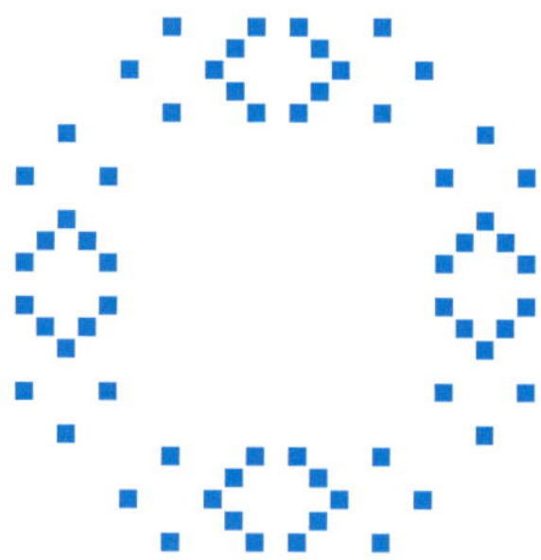
	$\log_{16} 64 = 1.5$	$\log_{16} 32 = 1.25$	$\log_{16} 32 = 1.25$
3단계	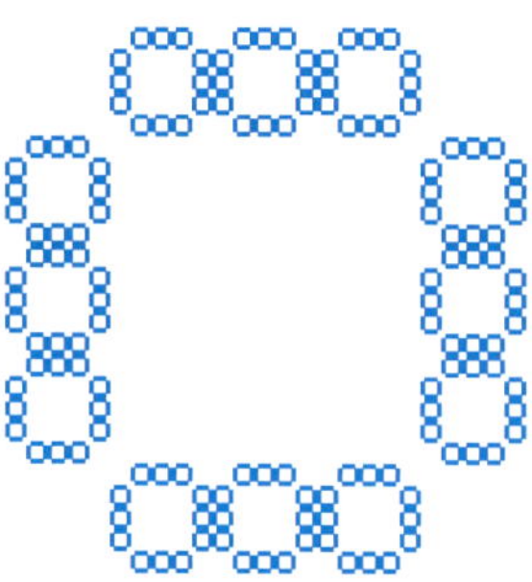		
	$\log_{64} 512 = 1.5$	$\log_{64} 256 = 1.333$	$\log_{64} 256 = 1.333$

괴로움이 깊으면, 삶도 깊다.

	F_{16770}	F_{18402}	F_{29262}
1단계	$\begin{matrix} 1 & 0 & -1 & 0 & 1 \\ 0 & 1 & -1 & 1 & 0 \\ -1 & -1 & -1 & -1 & -1 \\ 0 & 1 & -1 & 1 & 0 \\ 1 & 0 & -1 & 0 & 1 \end{matrix}$	$\begin{matrix} 1 & 0 & -1 & 0 & 1 \\ 0 & 1 & -1 & 1 & 0 \\ -1 & -1 & -1 & -1 & -1 \\ 0 & 1 & -1 & 1 & 0 \\ 1 & 0 & -1 & 0 & 1 \end{matrix}$	$\begin{matrix} 1 & 0 & -1 & 0 & 1 \\ 0 & 1 & -1 & 1 & 0 \\ -1 & -1 & -1 & -1 & -1 \\ 0 & 1 & -1 & 1 & 0 \\ 1 & 0 & -1 & 0 & 1 \end{matrix}$
	$\log_5 17 = 1.760$	$\log_5 8 = 1.292$	$\log_5 9 = 1.365$
2단계	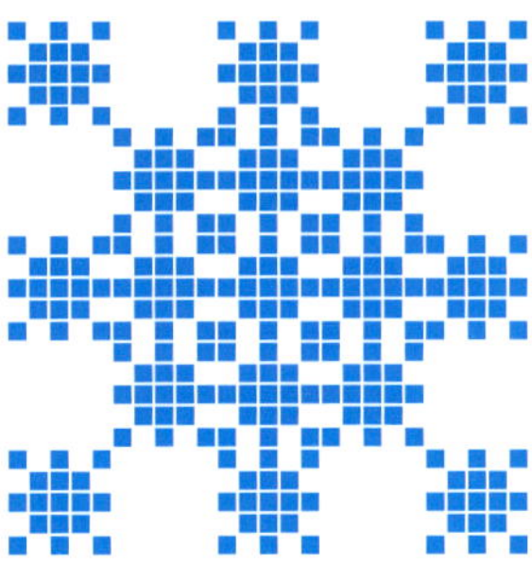		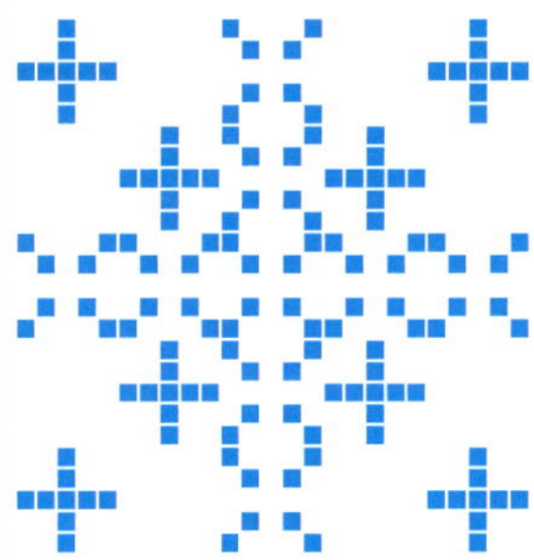
	$\log_{25} 289 = 1760$	$\log_{25} 145 = 1.546$	$\log_{25} 144 = 1.544$
3단계			
	$\log_{125} 4913 = 1.760$	$\log_{125} 2456 = 1.617$	$\log_{125} 2457 = 1.617$

자신이 느낀 것이 세상의 한계다. 나의 한계는

	F_{16770}	F_{18402}	F_{29262}
1단계	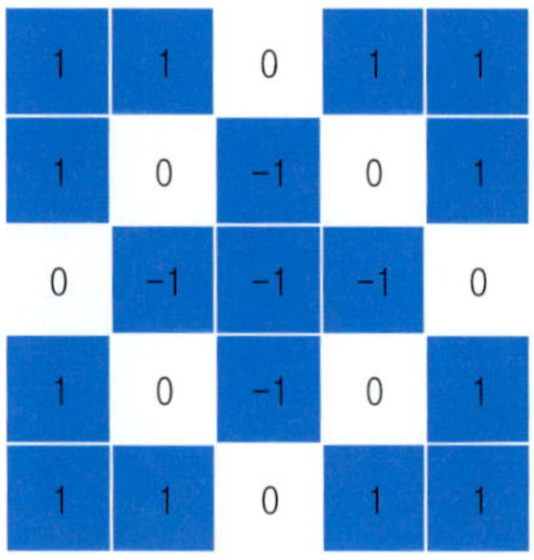	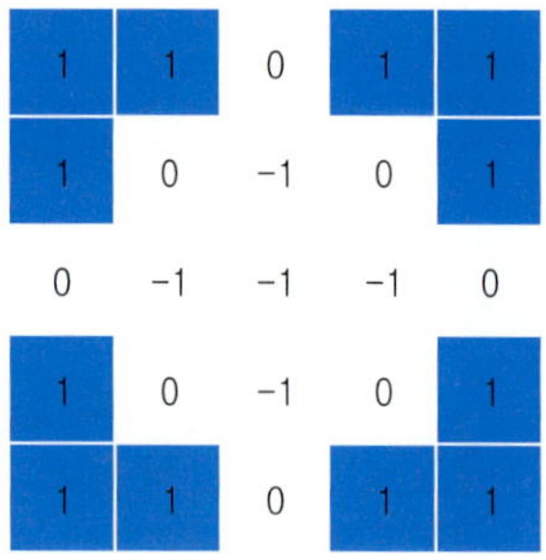	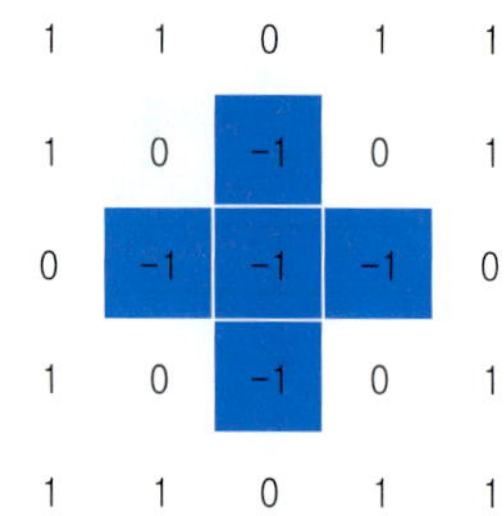
	$\log_5 17 = 1.760$	$\log_5 12 = 1.544$	$\log_5 5 = 1.0$
2단계		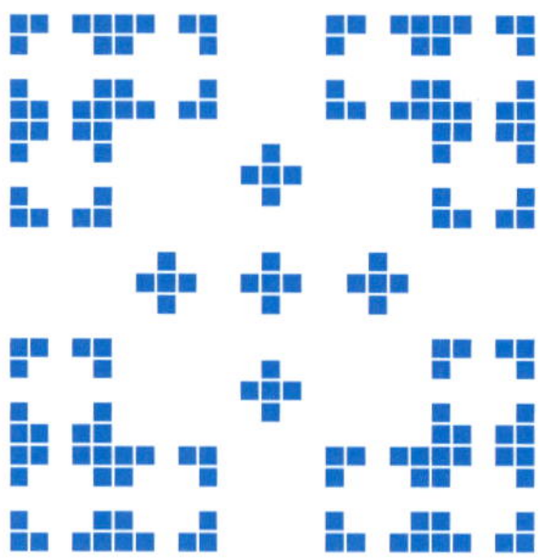	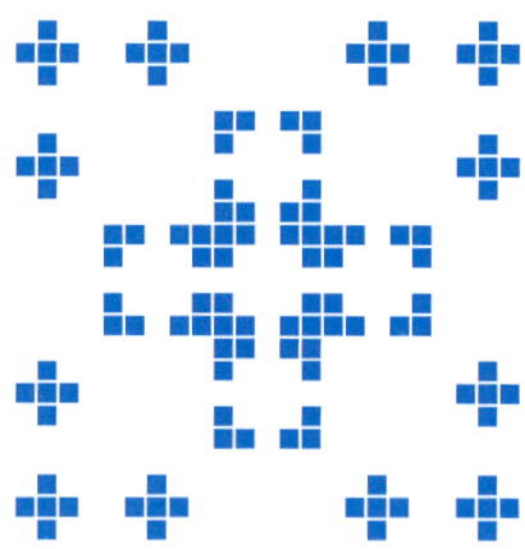
	$\log_{16} 144 = 1.792$	$\log_{25} 80 = 1.581$	$\log_{16} 64 = 1.5$
3단계			
	$\log_{125} 4913 = 1.760$	$\log_{125} 2628 = 1.631$	$\log_{125} 2285 = 1.602$

별처럼 수학도 아름답다고 느낄 수 있을까?

	F_{16770}	F_{18402}	F_{29262}
1단계	$\begin{matrix} -1 & 0 & 0 & -1 & -1 \\ -1 & 1 & 1 & 1 & 0 \\ 0 & 1 & -1 & 1 & 0 \\ 0 & 1 & 1 & 1 & -1 \\ -1 & -1 & 0 & 0 & -1 \end{matrix}$	$\begin{matrix} -1 & 0 & 0 & -1 & -1 \\ -1 & 1 & 1 & 1 & 0 \\ 0 & 1 & -1 & 1 & 0 \\ 0 & 1 & 1 & 1 & -1 \\ -1 & -1 & 0 & 0 & -1 \end{matrix}$	$\begin{matrix} -1 & 0 & 0 & -1 & -1 \\ -1 & 1 & 1 & 1 & 0 \\ 0 & 1 & -1 & 1 & 0 \\ 0 & 1 & 1 & 1 & -1 \\ -1 & -1 & 0 & 0 & -1 \end{matrix}$
	$\log_5 17 = 1.760$	$\log_5 8 = 1.292$	$\log_5 9 = 1.365$
2단계	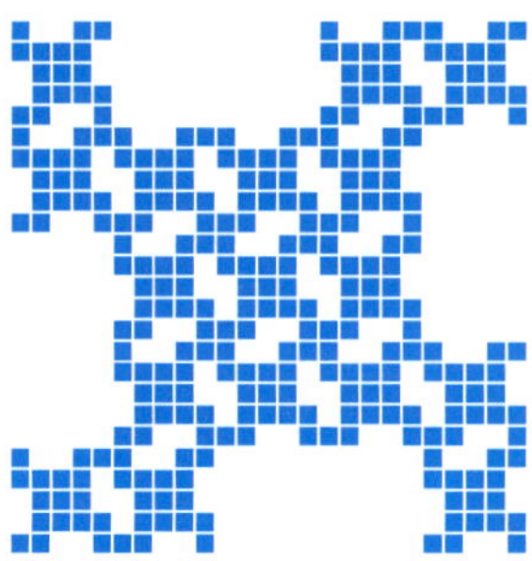	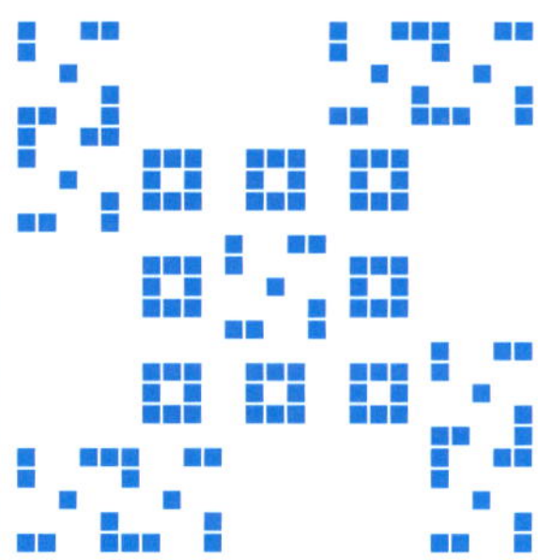	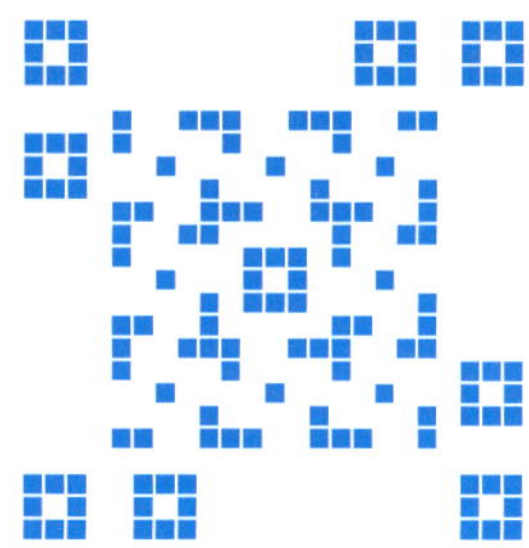
	$\log_{25} 289 = 1.760$	$\log_{25} 145 = 1.546$	$\log_{25} 144 = 1.544$
3단계	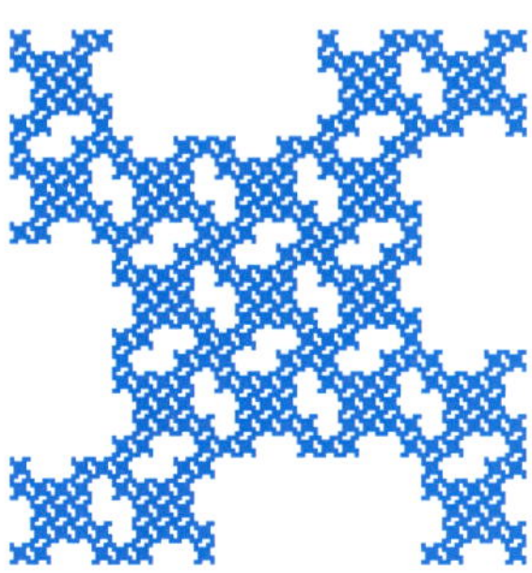	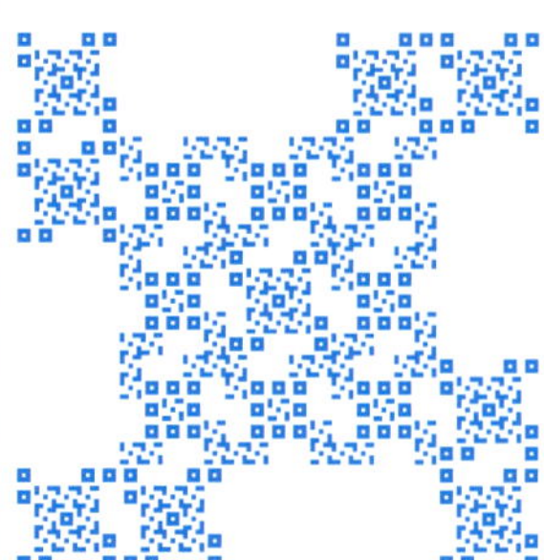	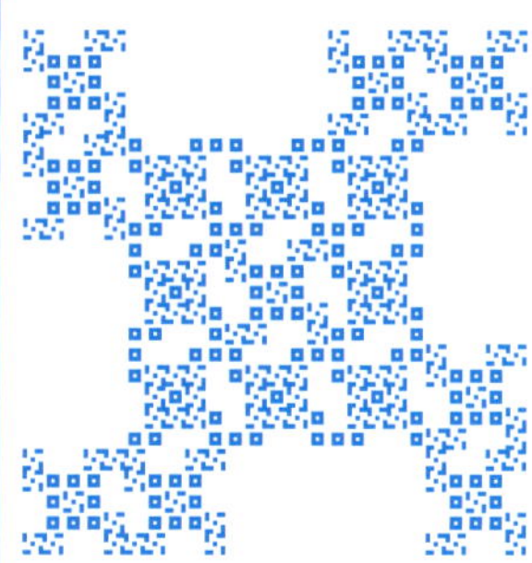
	$\log_{125} 4913 = 1.760$	$\log_{125} 2456 = 1.617$	$\log_{125} 2456 = 1.617$

수학을 많이 한 사람, 수학을 느끼는 사람, 나는?

<table>
<tr><th></th><th>F_{16770}</th><th>F_{18402}</th><th>F_{29262}</th></tr>
<tr><td rowspan="2">1단계</td><td>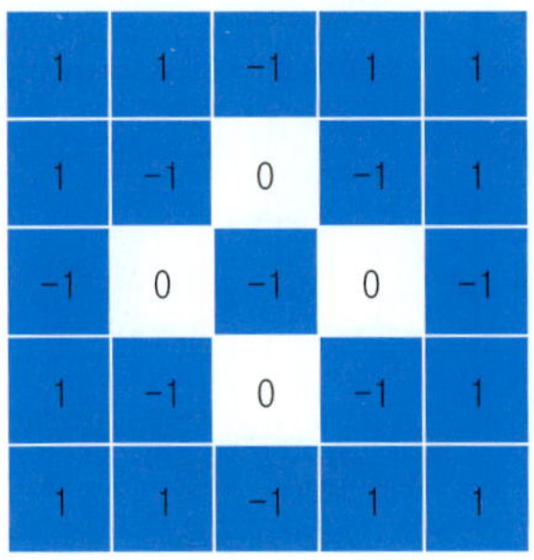</td><td>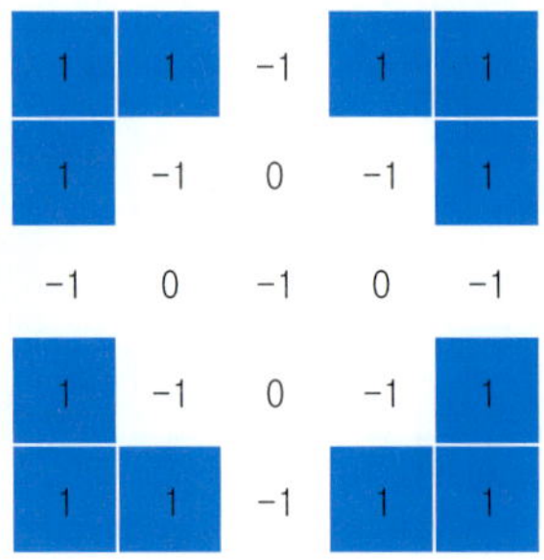</td><td>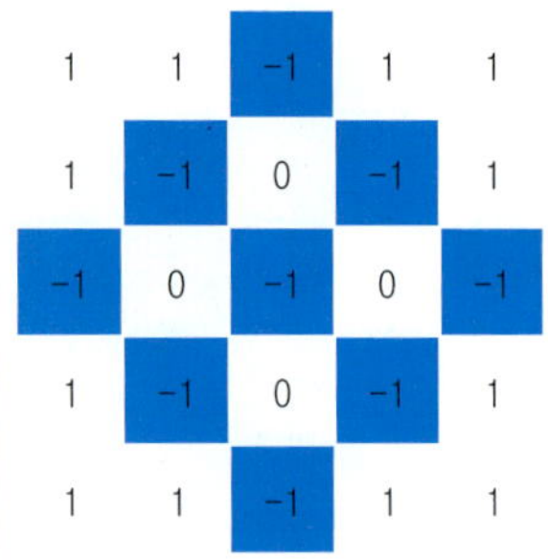</td></tr>
<tr><td>$\log_5 21 = 1.892$</td><td>$\log_5 12 = 1.544$</td><td>$\log_5 9 = 1.365$</td></tr>
<tr><td rowspan="2">2단계</td><td>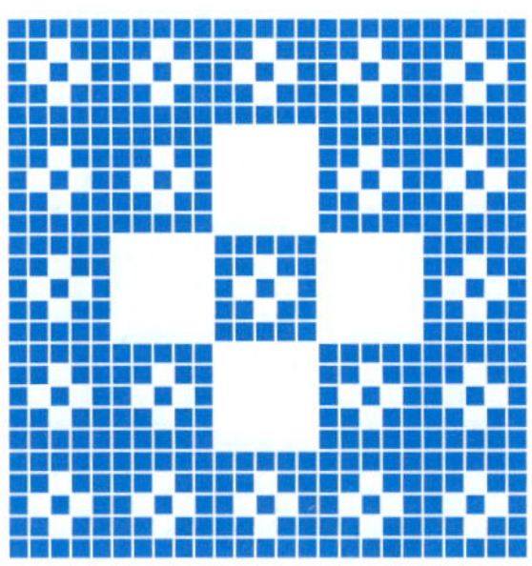</td><td>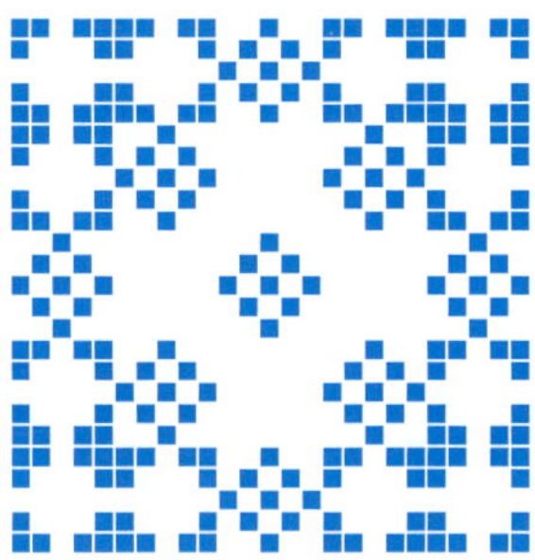</td><td>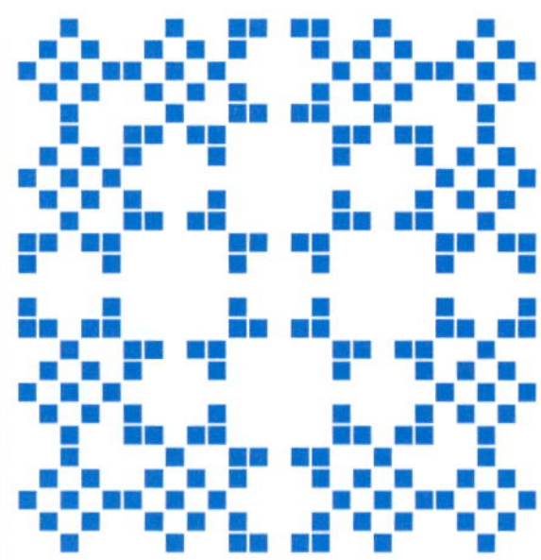</td></tr>
<tr><td>$\log_{25} 441 = 1.892$</td><td>$\log_{25} 225 = 1.683$</td><td>$\log_{25} 216 = 1.670$</td></tr>
<tr><td rowspan="2">3단계</td><td></td><td></td><td></td></tr>
<tr><td>$\log_{125} 9261 = 1.892$</td><td>$\log_{125} 4644 = 1.749$</td><td>$\log_{125} 4617 = 1.748$</td></tr>
</table>

무엇을 보고 웃는가

	F_{16770}	F_{18402}	F_{29262}
1단계	$\begin{matrix} 1 & -1 & 1 & 1 & 1 \\ 1 & 0 & 1 & 0 & -1 \\ 1 & 1 & -1 & 1 & 1 \\ -1 & 0 & 1 & 0 & 1 \\ 1 & 1 & 1 & -1 & 1 \end{matrix}$	$\begin{matrix} 1 & -1 & 1 & 1 & 1 \\ 1 & 0 & 1 & 0 & -1 \\ 1 & 1 & -1 & 1 & 1 \\ -1 & 0 & 1 & 0 & 1 \\ 1 & 1 & 1 & -1 & 1 \end{matrix}$	$\begin{matrix} 1 & -1 & 1 & 1 & 1 \\ 1 & 0 & 1 & 0 & -1 \\ 1 & 1 & -1 & 1 & 1 \\ -1 & 0 & 1 & 0 & 1 \\ 1 & 1 & 1 & -1 & 1 \end{matrix}$
	$\log_5 21 = 1.892$	$\log_5 16 = 1.723$	$\log_5 5 = 1.0$
2단계	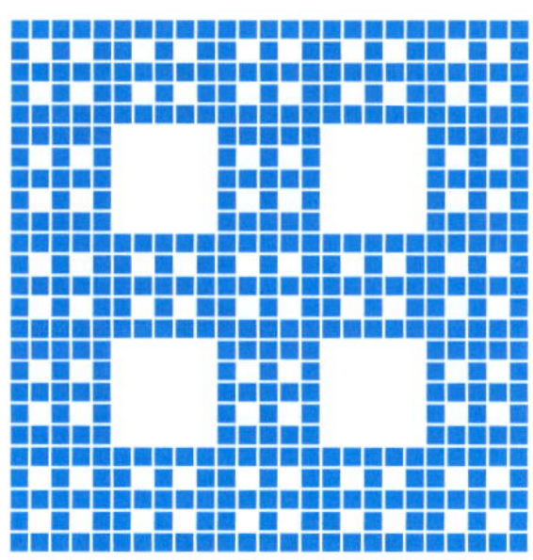		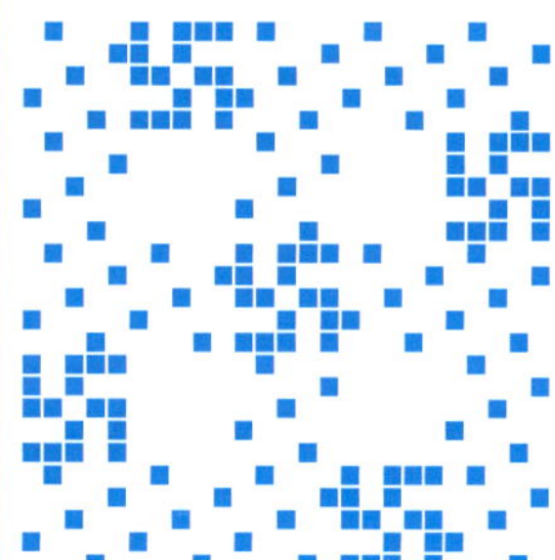
	$\log_{25} 441 = 1.892$	$\log_{25} 281 = 1.752$	$\log_{25} 160 = 1.577$
3단계	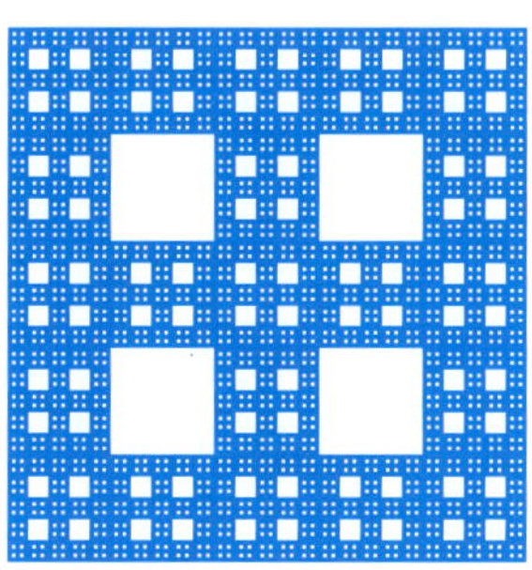	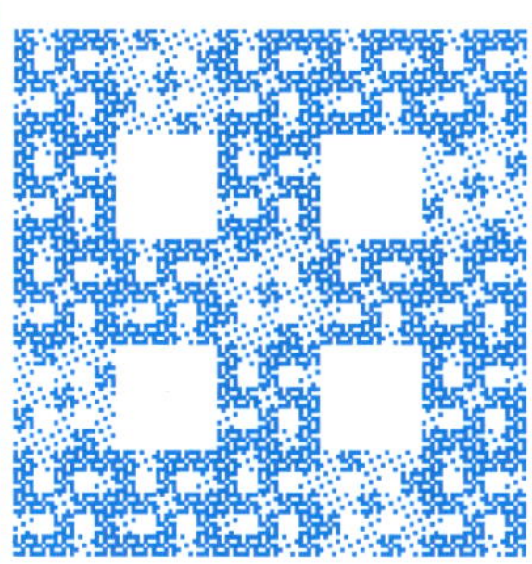	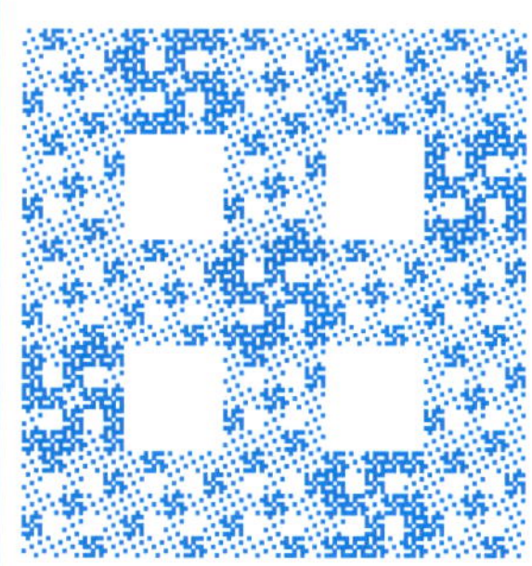
	$\log_{125} 9261 = 1.892$	$\log_{125} 5296 = 1.776$	$\log_{125} 3965 = 1.716$

3 1단계 6×6 프랙탈 분할

(1) $F <> 0$(0 이 아닌값), $\log_6 28 = \log_{36} 784 = \log_{216} 21952 = 1.860$

① 1단계

1	1	1	1	1	1
1	-1	0	-1	-1	1
1	-1	0	0	0	1
1	0	0	0	-1	1
1	-1	-1	0	-1	1
1	1	1	1	1	1

② 2단계

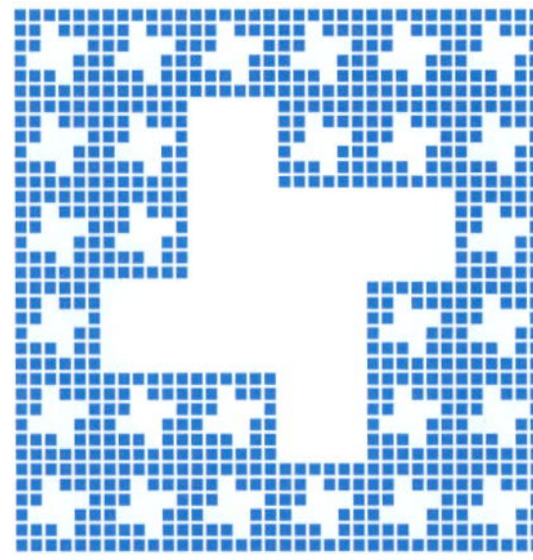

③ 3단계

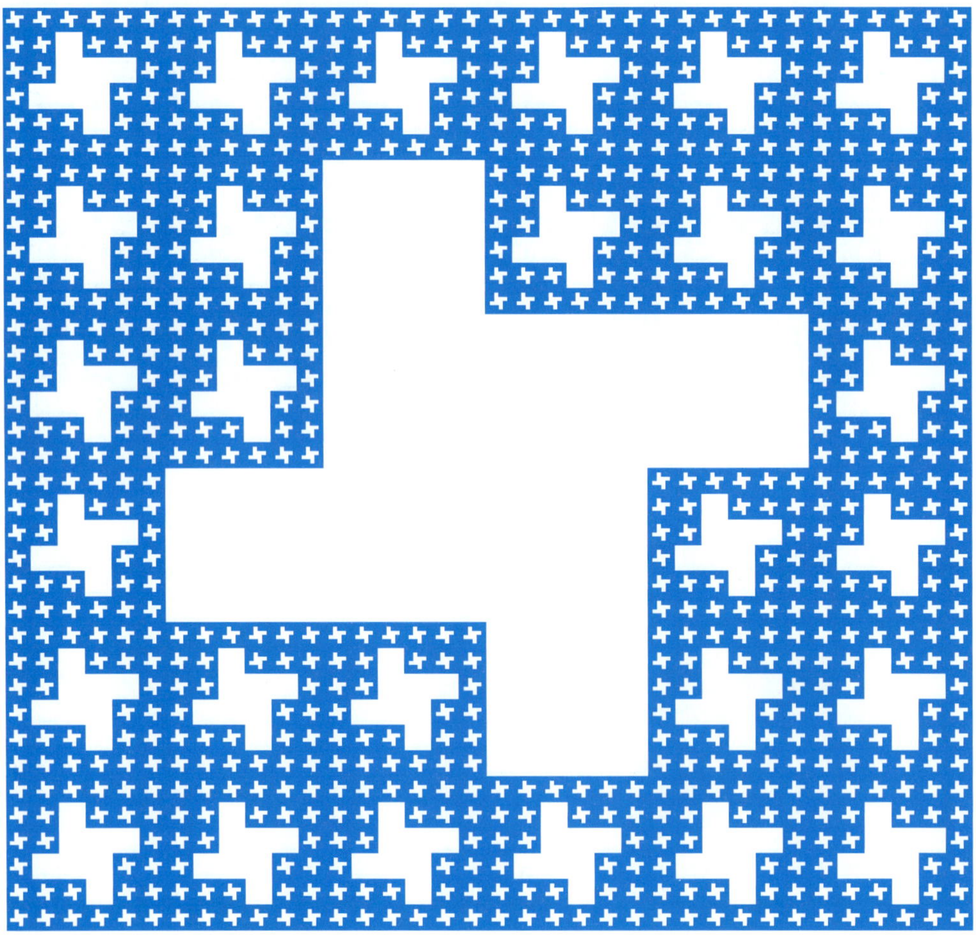

$F > 0$(양의 값만 표시), $\log_6 20 = 1.672$, $\log_{36} 464 = 1.713$, $\log_{216} 11840 = 1.744$

① 1단계

1	1	1	1	1	1
1	−1	0	−1	−1	1
1	−1	0	0	0	1
1	0	0	0	−1	1
1	−1	−1	0	−1	1
1	1	1	1	1	1

② 2단계

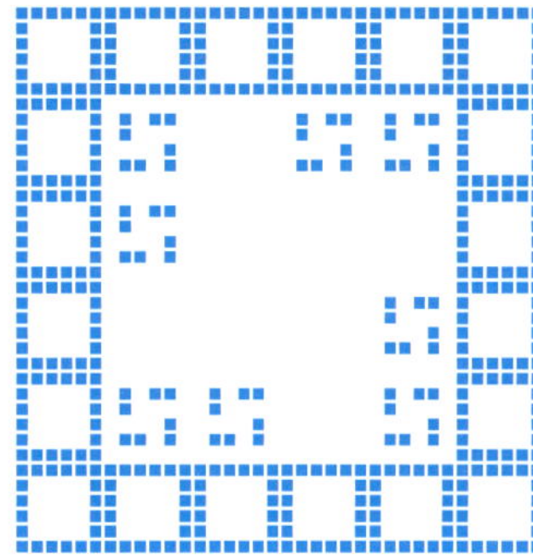

③ 3단계

$F<0$(음의 값만 표시), $\log_6 8 = 1.161$, $\log_{36} 320 = 1.610$, $\log_{216} 11840 = 1.744$

① 1단계

1	1	1	1	1	1
1	-1	0	-1	-1	1
1	-1	0	0	0	1
1	0	0	0	-1	1
1	-1	-1	0	-1	1
1	1	1	1	1	1

② 2단계

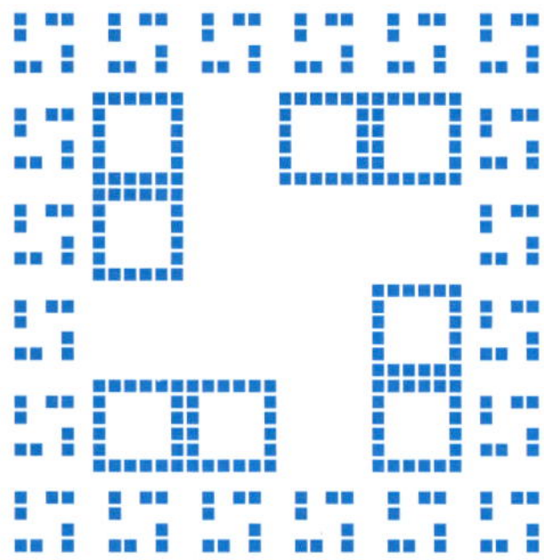

③ 3단계

(2) $F <> 0, \quad \log_6 24 = \log_{36} 576 = \log_{216} 13824 = 1.774$

① 1단계

1	0	1	1	−1	1
−1	−1	0	0	−1	0
1	0	1	1	0	1
1	0	1	1	0	1
0	−1	0	0	−1	−1
1	−1	1	1	0	1

② 2단계

③ 3단계

$F>0$, $\log_6 16=1.547$, $\log_{36} 320=1.610$, $\log_{216} 7168=1.651$

① 1단계

1	0	1	1	−1	1
−1	−1	0	0	−1	0
1	0	1	1	0	1
1	0	1	1	0	1
0	−1	0	0	−1	−1
1	−1	1	1	0	1

② 2단계

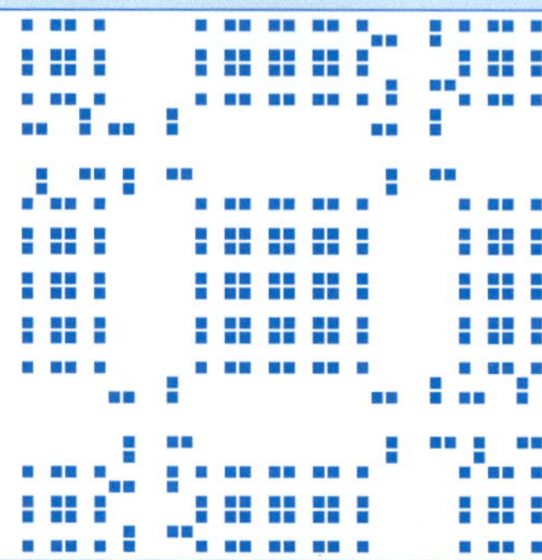

③ 3단계

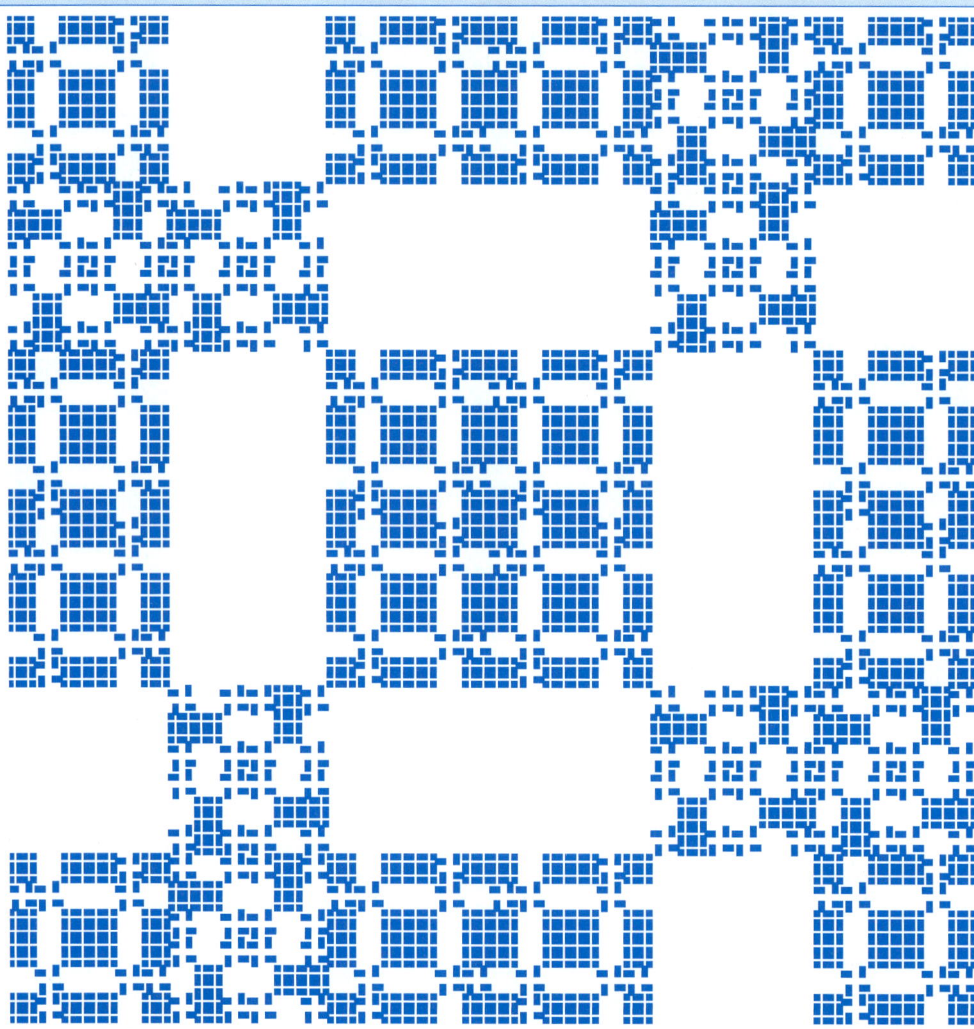

$F < 0$, $\log_6 8 = 1.161$, $\log_{36} 256 = 1.547$, $\log_{216} 6656 = 1.638$

① 1단계

1	0	1	1	-1	1
-1	-1	0	0	-1	0
1	0	1	1	0	1
1	0	1	1	0	1
0	-1	0	0	-1	-1
1	-1	1	1	0	1

② 2단계

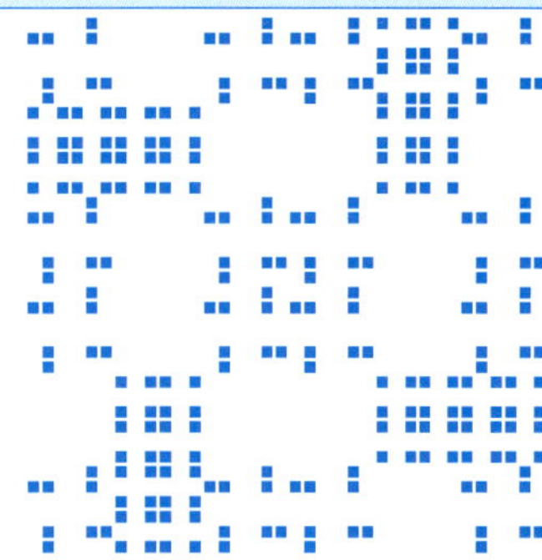

③ 3단계

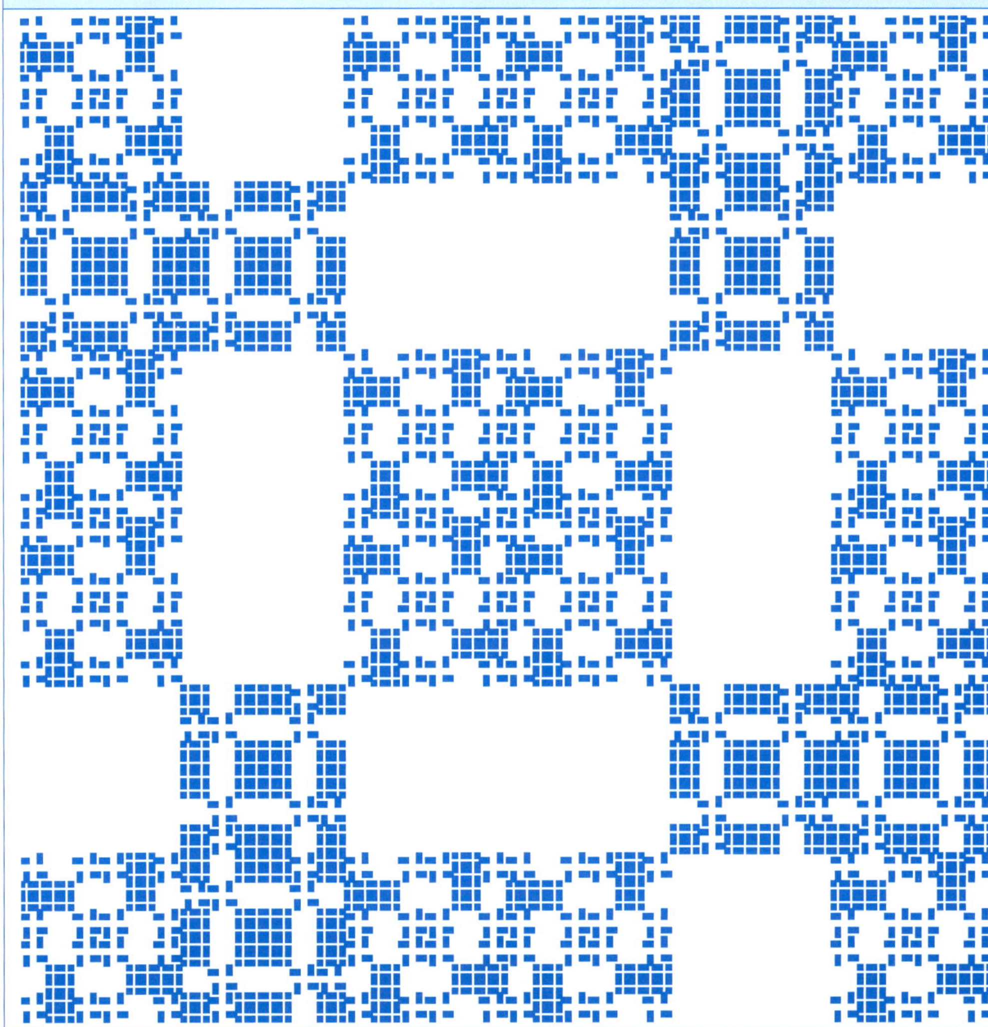

4 1단계 7×7 프랙탈 분할

(1) $F <> 0$, $\log_7 32 = \log_{49} 1024 = \log_{343} 32768 = 1.781$

① 1단계

-1	0	1	0	1	0	-1
0	1	1	1	1	1	0
1	1	-1	0	-1	1	1
0	1	0	0	0	1	0
1	1	-1	0	-1	1	1
0	1	1	1	1	1	0
-1	0	1	0	1	0	-1

② 2단계

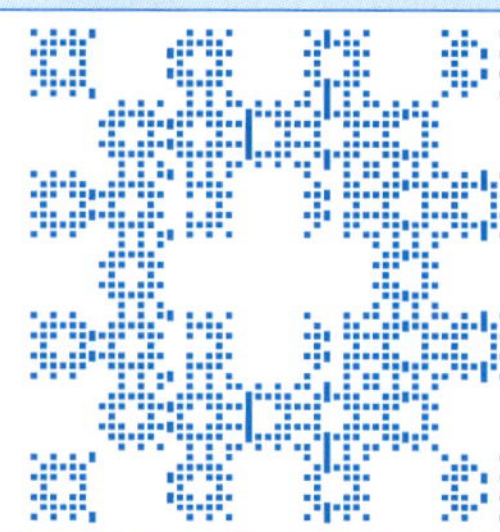

③ 3단계

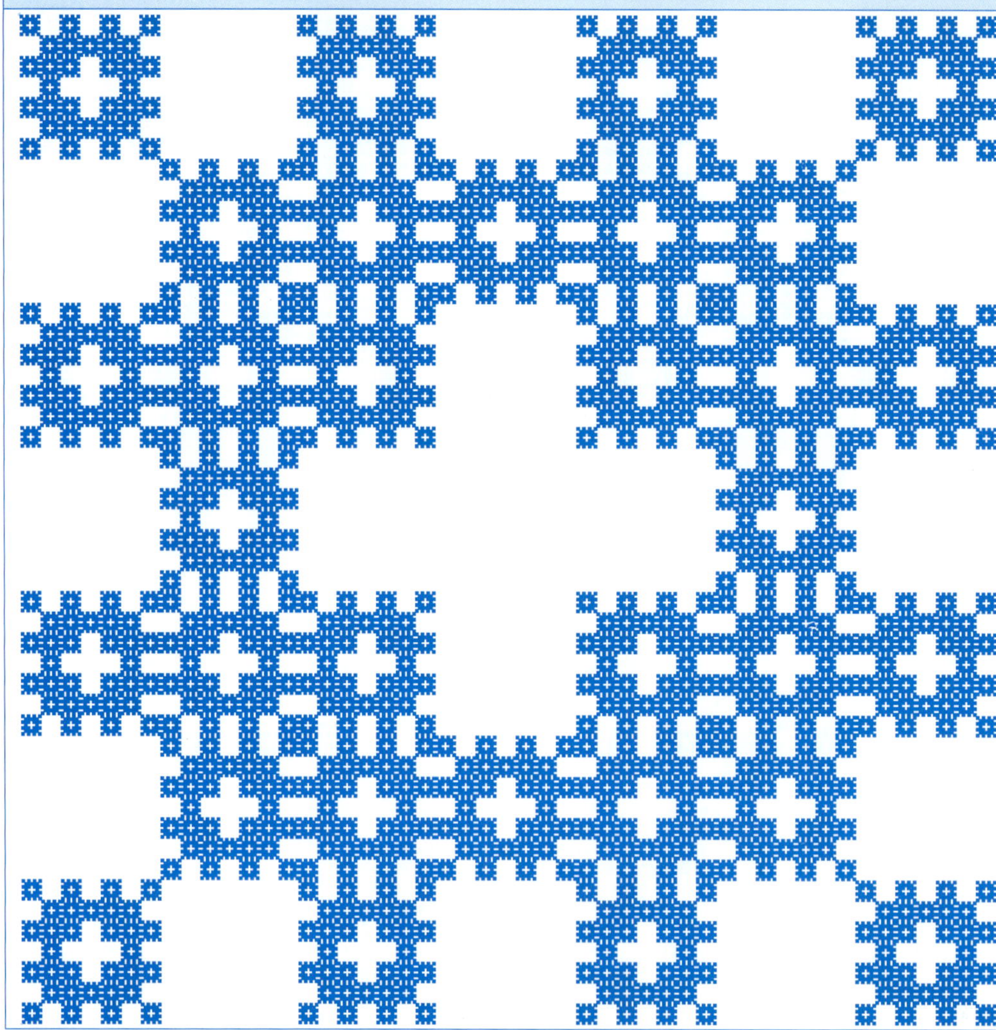

$F > 0$, $\log_7 24 = 1.633$, $\log_{49} 640 = 1.660$, $\log_{343} 18432 = 1.682$

① 1단계

−1	0	1	0	1	0	−1
0	1	1	1	1	1	0
1	1	−1	0	−1	1	1
0	1	0	0	0	1	0
1	1	−1	0	−1	1	1
0	1	1	1	1	1	0
−1	0	1	0	1	0	−1

② 2단계

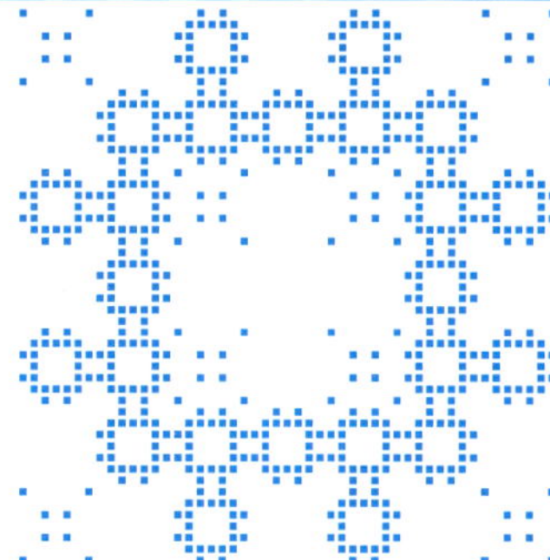

③ 3단계

$F < 0$, $\log_7 24 = 1.633$, $\log_{49} 384 = 1.529$, $\log_{343} 14336 = 1.639$

① 1단계

−1	0	1	0	1	0	−1
0	1	1	1	1	1	0
1	1	−1	0	−1	1	1
0	1	0	0	0	1	0
1	1	−1	0	−1	1	1
0	1	1	1	1	1	0
−1	0	1	0	1	0	−1

② 2단계

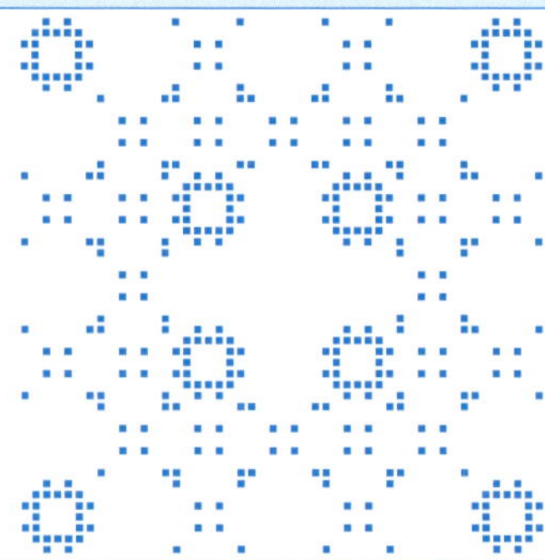

③ 3단계

5 1단계 8×8 프랙탈 분할

(1) $F <> 0$, $\log_8 48 = \log_{64} 2304 = \log_{512} 110592 = 1.862$

① 1단계

-1	-1	1	0	0	1	-1	-1
-1	1	1	-1	-1	1	1	-1
1	1	-1	0	0	-1	1	1
0	-1	0	1	1	0	-1	0
0	-1	0	1	1	0	-1	0
1	1	-1	0	0	-1	1	1
-1	1	1	-1	-1	1	1	-1
-1	-1	1	0	0	1	-1	-1

② 2단계

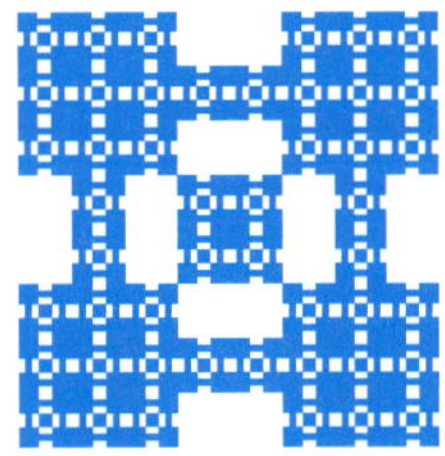

③ 3단계

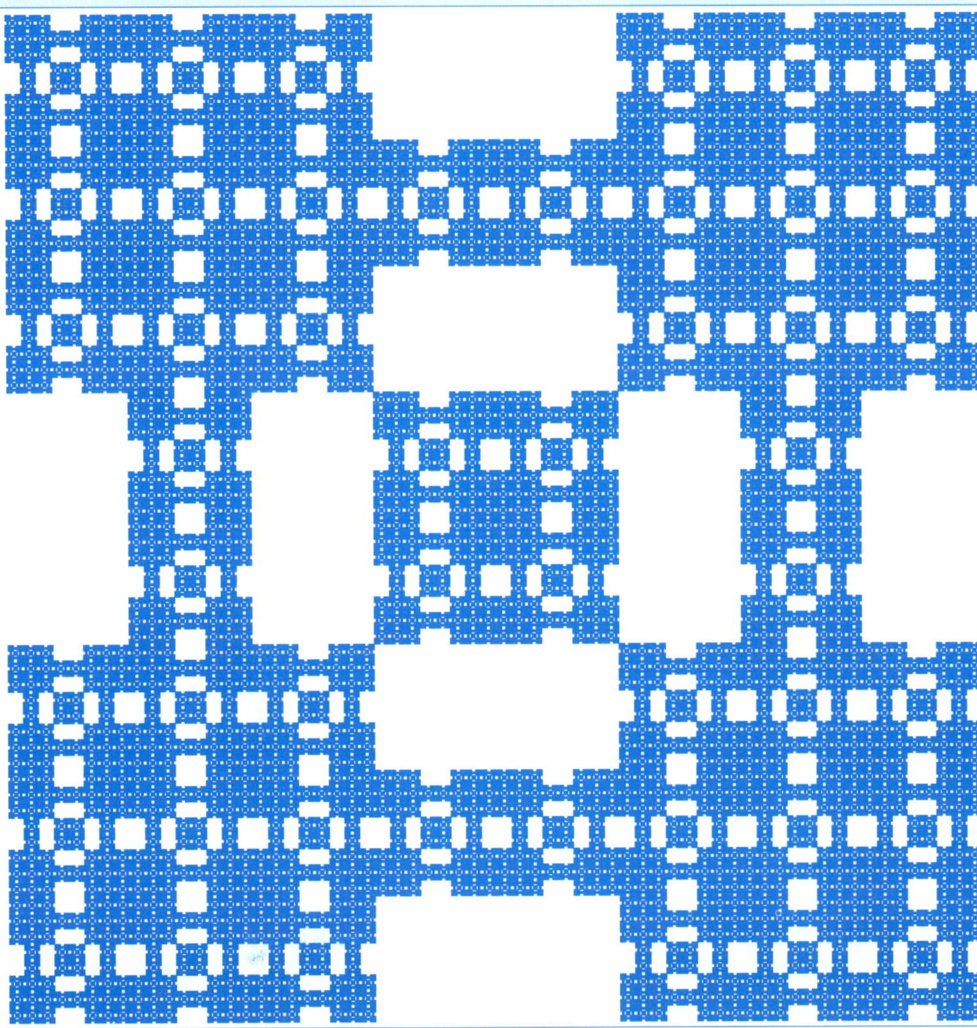

$F > 0, \quad \log_8 24 = 1.528, \ \log_{64} 1152 = 1.695, \ \log_{512} 55300 = 1.751$

① 1단계

-1	-1	1	0	0	1	-1	-1
-1	1	1	-1	-1	1	1	-1
1	1	-1	0	0	-1	1	1
0	-1	0	1	1	0	-1	0
0	-1	0	1	1	0	-1	0
1	1	-1	0	0	-1	1	1
-1	1	1	-1	-1	1	1	-1
-1	-1	1	0	0	1	-1	-1

② 2단계

③ 3단계

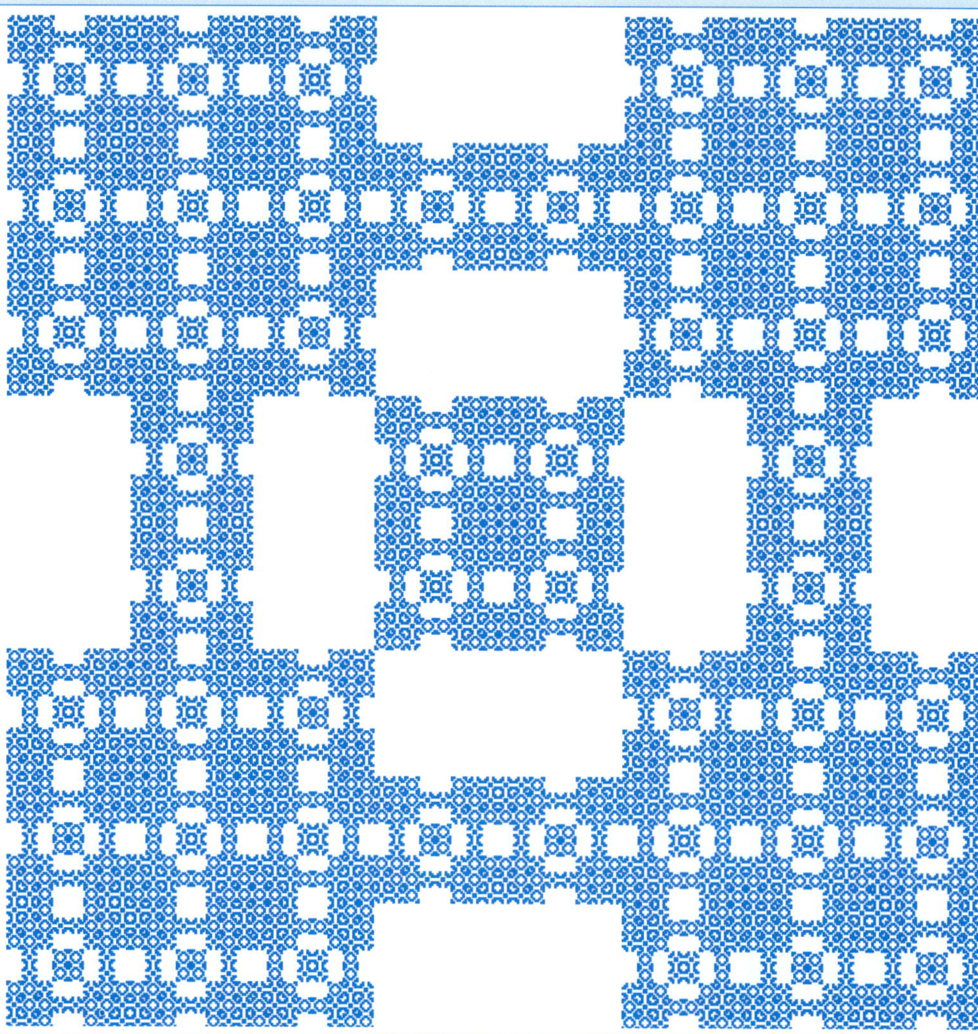

$F < 0$, $\log_{8}24 = 1.528$, $\log_{64}1152 = 1.695$, $\log_{512}55292 = 1.751$

① 1단계

-1	-1	1	0	0	1	-1	-1
-1	1	1	-1	-1	1	1	-1
1	1	-1	0	0	-1	1	1
0	-1	0	1	1	0	-1	0
0	-1	0	1	1	0	-1	0
1	1	-1	0	0	-1	1	1
-1	1	1	-1	-1	1	1	-1
-1	-1	1	0	0	1	-1	-1

② 2단계

③ 3단계

(2) $F <> 0$, $\log_8 44 = \log_{64} 1936 = \log_{512} 85184 = 1.820$

① 1단계

1	1	1	0	0	1	1	1
1	-1	1	-1	-1	1	-1	1
1	1	0	0	0	0	1	1
0	-1	0	-1	-1	0	-1	0
0	-1	0	-1	-1	0	-1	0
1	1	0	0	0	0	1	1
1	-1	1	-1	-1	1	-1	1
1	1	1	0	0	1	1	1

② 2단계

③ 3단계

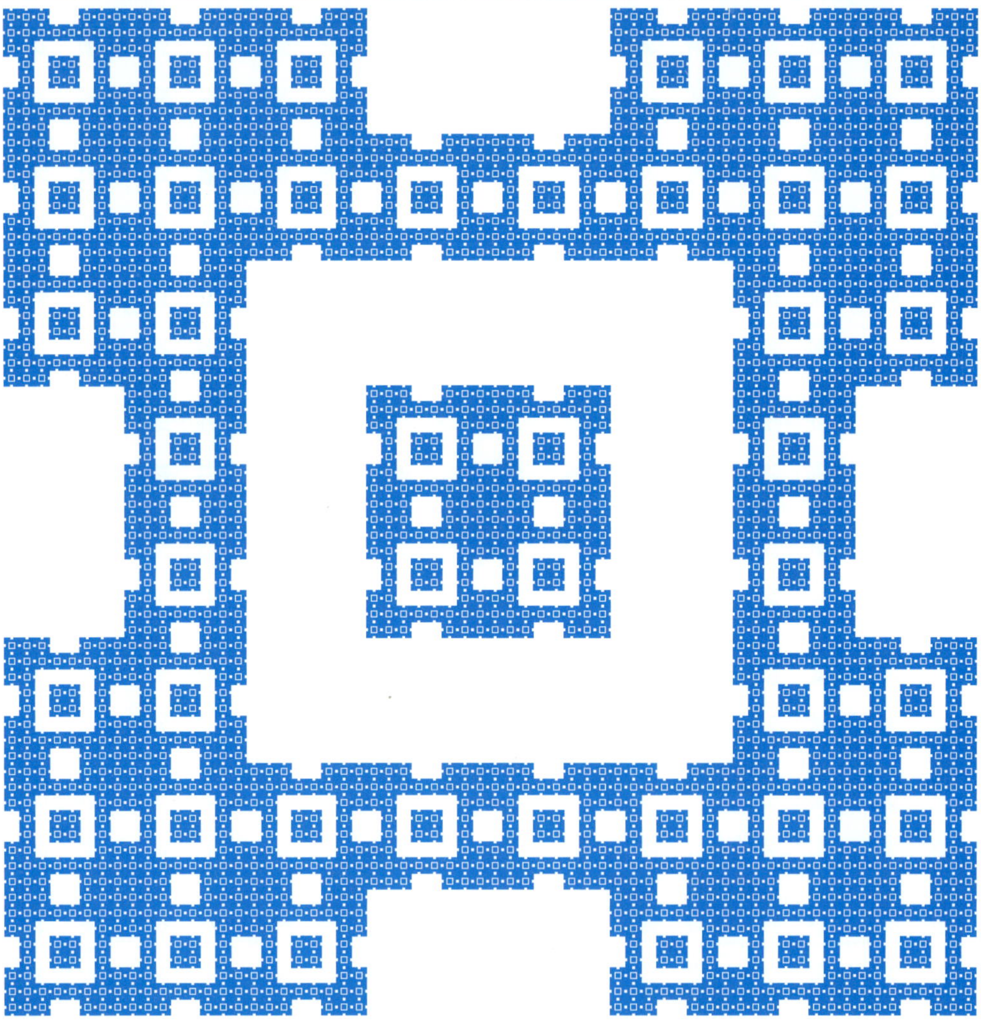

$F > 0$, $\log_8 28 = 1.602$, $\log_{64} 1040 = 1.670$, $\log_{512} 43456 = 1.712$

① 1단계

1	1	1	0	0	1	1	1
1	-1	1	-1	-1	1	-1	1
1	1	0	0	0	0	1	1
0	-1	0	-1	-1	0	-1	0
0	-1	0	-1	-1	0	-1	0
1	1	0	0	0	0	1	1
1	-1	1	-1	-1	1	-1	1
1	1	1	0	0	1	1	1

② 2단계

③ 3단계

$F<0$, $\log_{8}24=1.528$, $\log_{64}896=1.635$, $\log_{512}41728=1.705$

① 1단계

<table>
<tr><td>1</td><td>1</td><td>1</td><td>0</td><td>0</td><td>1</td><td>1</td><td>1</td></tr>
<tr><td>1</td><td>-1</td><td>1</td><td>-1</td><td>-1</td><td>1</td><td>-1</td><td>1</td></tr>
<tr><td>1</td><td>1</td><td>0</td><td>0</td><td>0</td><td>0</td><td>1</td><td>1</td></tr>
<tr><td>0</td><td>-1</td><td>0</td><td>-1</td><td>-1</td><td>0</td><td>-1</td><td>0</td></tr>
<tr><td>0</td><td>-1</td><td>0</td><td>-1</td><td>-1</td><td>0</td><td>-1</td><td>0</td></tr>
<tr><td>1</td><td>1</td><td>0</td><td>0</td><td>0</td><td>0</td><td>1</td><td>1</td></tr>
<tr><td>1</td><td>-1</td><td>1</td><td>-1</td><td>-1</td><td>1</td><td>-1</td><td>1</td></tr>
<tr><td>1</td><td>1</td><td>1</td><td>0</td><td>0</td><td>1</td><td>1</td><td>1</td></tr>
</table>

② 2단계

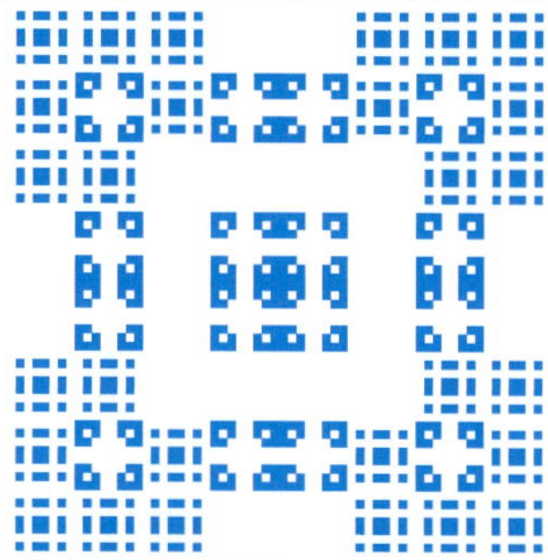

③ 3단계

6 1단계 9×9 프랙탈 분할

(1) $F<>0$, $\log_9 44 = \log_{81} 1936 = \log_{729} 85184 = 1.722$,

① 1단계	② 2단계
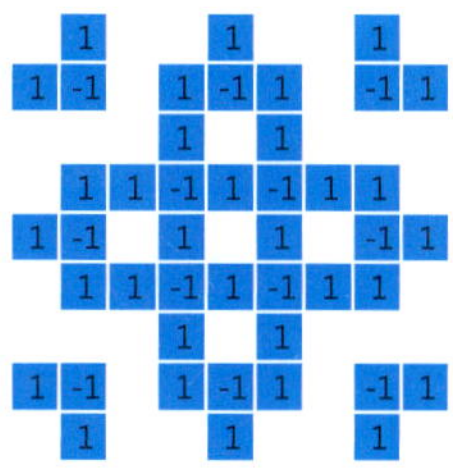	

③ 3단계

$F > 0$, $\log_9 32 = 1.577$, $\log_{81} 1168 = 1.607$, $\log_{729} 46592 = 1.630$

① 1단계	② 2단계
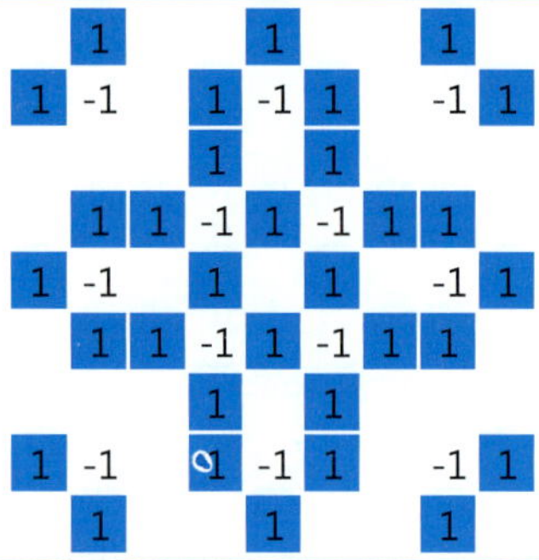	

③ 3단계

$F < 0$, $\log_9 12 = 1.131$, $\log_{81} 768 = 1.512$, $\log_{729} 38592 = 1.602$

① 1단계

1 1 1
1 -1 1 -1 1 -1 1
1 1
1 1 -1 1 -1 1 1
1 -1 1 1 -1 1
1 1 -1 1 -1 1 1
1 1
1 -1 1 -1 1 -1 1
1 1 1

② 2단계

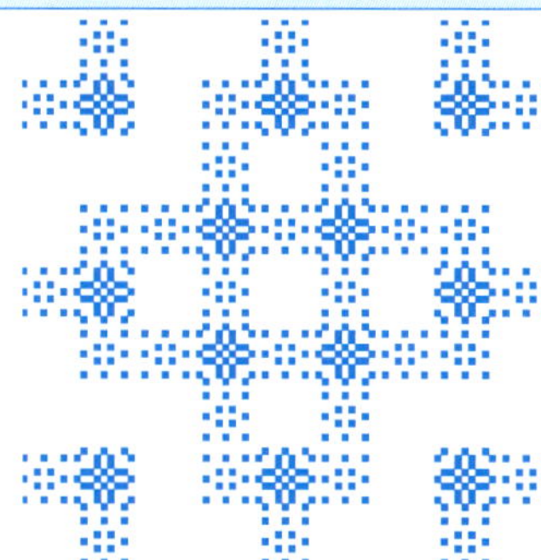

③ 3단계

(2) $F <> 0$, $\log_{9}45 = \log_{81}2025 = \log_{729}91125 = 1.732$

① 1단계

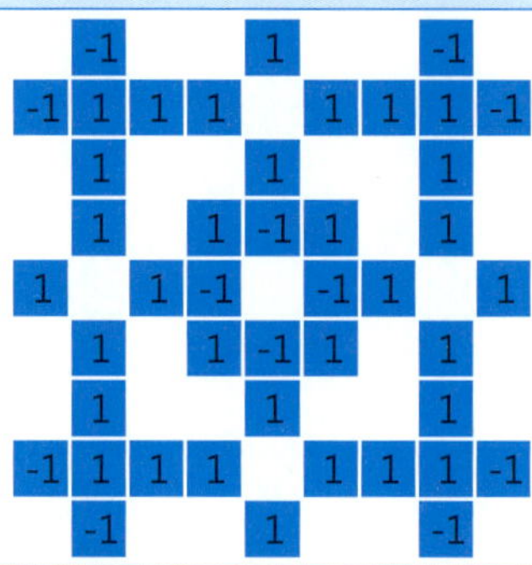

② 2단계

③ 3단계

$F > 0$, $\log_9 32 = 1.577$, $\log_{81} 1168 = 1.607$, $\log_{729} 46592 = 1.630$

① 1단계	② 2단계
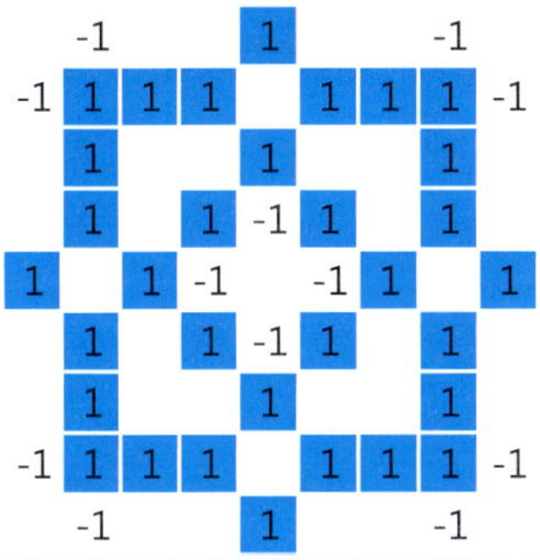	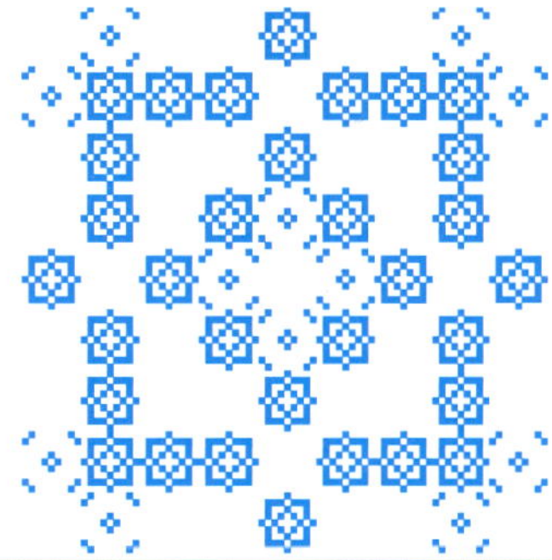
③ 3단계	

$F < 0$, $\log_9 12 = 1.131$ $\log_{81} 768 = 1.512$, $\log_{729} 38592 = 1.602$

① 1단계

	-1			1			-1	
-1	1	1	1		1	1	1	-1
	1			1			1	
	1		1	-1	1		1	
1		1	-1		-1	1		1
	1		1	-1	1		1	
	1			1			1	
-1	1	1	1		1	1	1	-1
	-1			1			-1	

② 2단계

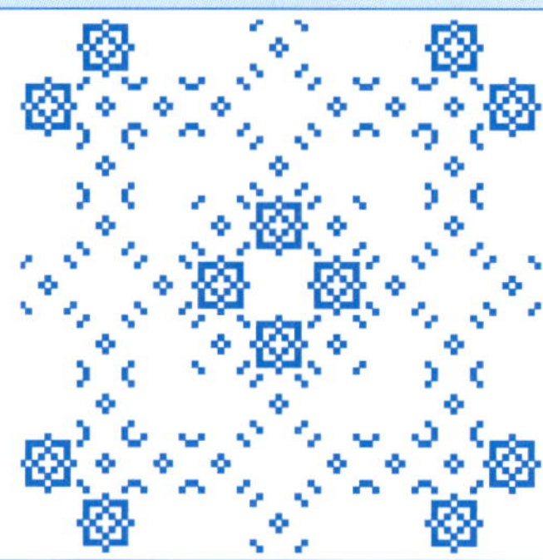

③ 3단계

융합교육 시리즈 ③

프랙탈 디자인을 유혹하다

2014년 4월 30일 초판 발행
2023년 8월 10일 초판 1쇄 발행

저 자 / 안대영
발행자 / 오판근
발행처 / 교우사

주 소 / 서울특별시 동대문구 약령시로 8 교우빌딩 2층
전 화 / 925-2861~2, 편집부 / 925-2825
팩 스 / 070-7966-8610

E-mail / kyowoo@kyowoo.co.kr
http://www.kyowoo.co.kr

등록 / 1994. 3. 24 제6-0256호

ISBN 979-11-251-0030-0 (04410)
979-11-251-0028-7 (세트)

값 27,000원